U0415478

MATLAB 的工程数学应用

孙玺菁　司守奎　编著

国防工業出版社
·北京·

内容简介

本书以同济大学数学系编写的《线性代数》(第六版),浙江大学编写的《概率论与数理统计》(第四版),西安交通大学高等数学教研室编写的《复变函数》(第四版),东南大学数学系编写的《积分变换》(第五版)为基础,通过 MATLAB 软件实现课后习题的求解,从更为基本的角度帮助学生学习 MATLAB 软件,为学生理论联系实际奠定应用基础,同时增加了复变函数画图和可视化、矩阵分析中部分内容的 MATLAB 实现和计算机仿真中常用的 Monte Carlo 模拟。

本书可以作为本科生"数学建模"课程的扩充辅导教材以及本科生"数学实验"课程的教材,同时也可以作为研究生学习"矩阵分析"课程的延展教材。

本书配有程序和数据资源包,可以到国防工业出版社"资源下载"栏目下载(www. ndip. cn)。

图书在版编目(CIP)数据

MATLAB 的工程数学应用/孙玺菁,司守奎编著.—北京:国防工业出版社,2017.1
ISBN 978-7-118-11045-6

Ⅰ.①M… Ⅱ.①孙… ②司… Ⅲ.①Matlab 软件-应用-工程数学 Ⅳ.①TB11

中国版本图书馆 CIP 数据核字(2017)第 007585 号

※

国防工業出版社出版发行
(北京市海淀区紫竹院南路 23 号 邮政编码 100048)
三河市德鑫印刷有限公司印刷
新华书店经售

*

开本 787×1092 1/16 **印张** 18 **字数** 426 千字
2017 年 1 月第 1 版第 1 次印刷 **印数** 1—3000 册 **定价** 45.00 元

国防书店:(010)88540777 发行邮购:(010)88540776
发行传真:(010)88540755 发行业务:(010)88540717

前　　言

本科“工程数学”课程以“线性代数”“概率论与数理统计”“复变函数”“积分变换”四门课程为主体，其目的在于培养学生应用数学知识解决实际问题的基本能力。随着计算机及其软件技术的日趋完善，MATLAB 软件在数学应用于工程实践方面发挥的作用越来越重要。

编者多年来从事本科“工程数学”和“数学建模”教学的相关工作，通过对教学效果和经验进行分析总结，对学生的交流反馈进行汇总，发现了两个现象：一是学生学完“工程数学”课程以后，在面临实际问题时依然无从下手；二是学生不会使用软件求解“工程数学”中的基本问题，包括课后习题中的小问题。很多学生反映，学习了“工程数学”理论后无法与实际相联系，甚至根本不会用，这严重地制约了学生数学应用能力的发展。尽管参加过“数学建模课”程理论及软件培训并参加数学建模竞赛的学生在这些方面稍好一些，但是在第二个现象上依然存在明显的问题。受课时等各方面因素的制约，很多院校的“工程数学”课程理论性较强，同时，虽然介绍 MATLAB 和数学建模应用的书籍琳琅满目，但是系统地以工程数学为角度介绍 MATLAB 软件的书籍还很匮乏，而这正是有效帮助学生对工程数学学以致用，并在应用中反馈理解的有效工具，为此我们编写了这本书。

本书分为 6 章，第 1 章为线性代数，第 2 章为矩阵分析基础，第 3 章为概率论与数理统计，第 4 章为 Monte Carlo 模拟，第 5 章为复变函数，第 6 章为积分变换。其中第 1 章、第 3 章、第 5 章和第 6 章分别以同济大学数学系编写的《线性代数》（第六版）浙江大学编写的《概率论与数理统计》（第四版），西安交通大学高等数学教研室编写的《复变函数》（第四版），东南大学数学系编写的《积分变换》（第五版）为基础，以课后习题作为本书例题，给出 MATLAB 的程序实现，从更加实际、具体的角度引导学生学习 MATLAB 软件，在此基础上对复变函数画图和可视化等内容进行了扩充。由于研究生课程“矩阵分析”也是工程应用的基础，所以第 2 章介绍了矩阵分析中的一些基础知识，并结合实际应用介绍了 MATLAB 软件的实现。第 4 章补充了计算机仿真常用到的 Monte Carlo 模拟方法的 MATLAB 实现。本书各章内容相互独立。

本书是我院进行数学教学课程改革的实验教材，可以作为本科生“数学建模”课程的扩充辅导教材，以及本科生“数学实验”课程的教材，同时也可以作为研究生学习“矩阵分析”课程的延展教材。

本书的第 1 章、第 3 章和第 6 章由孙玺菁编写，第 2 章、第 4 章和第 5 章由司守奎编写。一本好的教材需要经过多年的教学实践,反复锤炼。由于编者的经验和时间所限,书中的错误和纰漏在所难免,敬请同行不吝指正。

本书配有程序和数据资源包,可以到国防工业出版社"资源下载"栏目下载(www.ndip.cn),在使用过程中如果有问题,可以加入QQ群204957415,和编者进行交流;也可以通过电子邮件联系编者:sishoukui@163.com,xijingsun1981@163.com。

编　者

2016年10月

目　　录

第1章 线性代数

线性代数是处理矩阵和向量空间的数学分支，在很多实际领域都有应用。本科线性代数教学多偏重自身的理论体系，多强调基本概念，很少涉及应用定理及其证明，基本不涉及数值计算。对于线性代数中的基本概念和定理，参看同济大学数学系编写的《线性代数》（第六版），本书中不再详述。特征值和特征向量一直是线性代数中应用广泛的一个关键内容，同时也是教学过程中的重点和难点，本章结合具体案例介绍了其在层次分析法、马尔科夫链、Pagerank 算法中的应用。本书没有涉及数值计算的相关理论，而是以课后习题为例题，结合 MATLAB 软件相关工具箱，讲解了线性代数相关问题的计算机实现，并补充了一些实际应用案例，从最基本和低年级学员最容易理解的角度学习 MATLAB 软件。

1.1 行列式

1.1.1 逆序数的计算

对于 n 个不同的元素，先规定各元素之间有一个标准次序（例如 n 个不同的自然数，可规定由小到大为标准次序），于是在这 n 个元素的任一排列中，当某两个元素的先后次序与标准次序不同时，就说有1个逆序。一个排列中所有逆序的总数称为这个排列的逆序数。

下面介绍计算排列的逆序数的方法。

不失一般性，不妨设 n 个元素为 $1\sim n$ 的自然数，并规定由小到大为标准次序，设 $p_1p_2\cdots p_n$ 为这 n 个自然数的一个排列，考虑元素 $p_i(i=1,2,\cdots,n)$，如果比 p_i 大且排在 p_i 前面的元素有 t_i 个，就说 p_i 这个元素的逆序数是 t_i。全体元素的逆序数之总和就是这个排列的逆序数，即

$$t=t_1+t_2+\cdots+t_n=\sum_{i=1}^{n}t_i。$$

例1.1 求排列32514的逆序数。

```
clc,clear,a =32514;
b =num2str(a);                    % 把数值型数据转换成字符型数据
for i =1:length(b);
    c(i) =str2num(b(i));
end
s =0;                             % 逆序数初始化
for i =2:length(b)
```

```
    s = s + sum(c(1:i - 1) - c(i) > 0);
end
s                                          % 显示逆序数
```

求得排列 32514 的逆序数为 5。

1.1.2 行列式的计算及几何性质

MATLAB 计算行列式的命令为 det,该命令既可以计算数值行列式,也可以计算符号行列式的值。

例 1.2 计算下列行列式的值。

(1) $\begin{vmatrix} 2 & 1 & 4 & 1 \\ 3 & -1 & 2 & 1 \\ 1 & 2 & 3 & 2 \\ 5 & 0 & 6 & 2 \end{vmatrix}$; (2) $\begin{vmatrix} a & b & c \\ b & c & a \\ c & a & b \end{vmatrix}$。

```
clc,clear
A1 = [2 1 4 1;3  -1 2 1;1 2 3 2;5 0 6 2];val1 = det(A1)
B = sym(A1),val2 = det(B)                % 转化为符号矩阵计算,结果精确为 0
syms a b c d
A2 = [a b c;b c a;c a b]
val = det(A2)
```

求得

$$\begin{vmatrix} 2 & 1 & 4 & 1 \\ 3 & -1 & 2 & 1 \\ 1 & 2 & 3 & 2 \\ 5 & 0 & 6 & 2 \end{vmatrix} = 0; \begin{vmatrix} a & b & c \\ b & c & a \\ c & a & b \end{vmatrix} = -a^3 - b^3 - c^3 + 3abc。$$

下面的应用给出了行列式的几何解释。

定理 1.1 若 $\boldsymbol{A}$ 是一个 2×2 矩阵,则由 $\boldsymbol{A}$ 的列确定的平行四边形的面积为 $|\det\boldsymbol{A}|$(这里 $\det\boldsymbol{A}$ 表示矩阵 $\boldsymbol{A}$ 的行列式),若 $\boldsymbol{A}$ 是一个 3×3 矩阵,则由 $\boldsymbol{A}$ 的列确定的平行六面体的体积为 $|\det\boldsymbol{A}|$。

证明:若 $\boldsymbol{A}$ 为二阶对角矩阵,定理显然成立。

$$\left|\det\begin{bmatrix} a & 0 \\ 0 & d \end{bmatrix}\right| = |ad| = \text{矩形的面积},$$

见图 1.1。若 $\boldsymbol{A}$ 不为对角情形,只需证 $\boldsymbol{A} = [\alpha_1, \alpha_2]$ 能变换成一个对角矩阵,同时既不改变相应的平行四边形面积又不改变 $|\det\boldsymbol{A}|$。当行列式的两列交换或一列的倍数加到另一列上时,行列式的绝对值不改变。同时容易看到,这样的运算足以能够使 $\boldsymbol{A}$ 变换成对角矩阵。由于列交换一点都不改变对应的平行四边形,所以只需证明下列在 $\mathbb{R}^2$ 和 $\mathbb{R}^3$ 中的向量的简单几何现象就足够了。

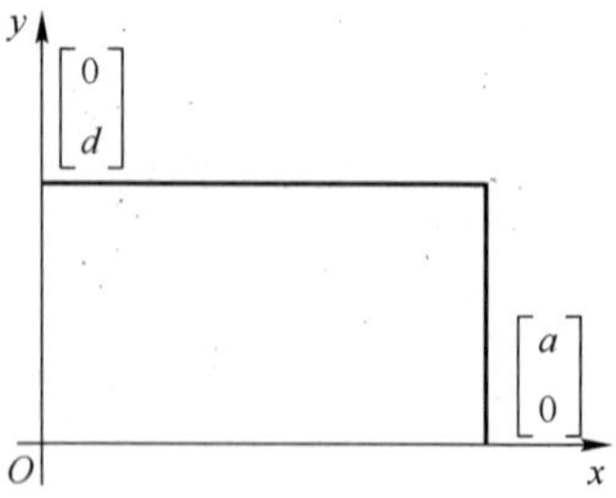

图 1.1 面积 = $|ad|$

引理 1.1 设 α_1 和 α_2 为非零向量，则对任意数 c，由 α_1 和 α_2 确定的平行四边形的面积等于由 α_1 和 $\alpha_2+c\alpha_1$ 确定的平行四边形的面积。

为了证明这个结论，可以假设 α_2 不是 α_1 的倍数，否则这个平行四边形将退化成面积为0。若 L 是通过 O 和 α_1 的直线，则 α_2+L 是通过 α_2 且平行于 L 的直线，$\alpha_2+c\alpha_1$ 在此直线上，见图 1.2，点 α_2 和 $\alpha_2+c\alpha_1$ 到直线 L 具有相同的垂直距离，因此图 1.2 中的两个平行四边形具有相同的底边，即由 O 到 α_1 的线段，所以这两个平行四边形具有相同的面积，这就完成了$\mathbb{R}^2$的情形的证明。

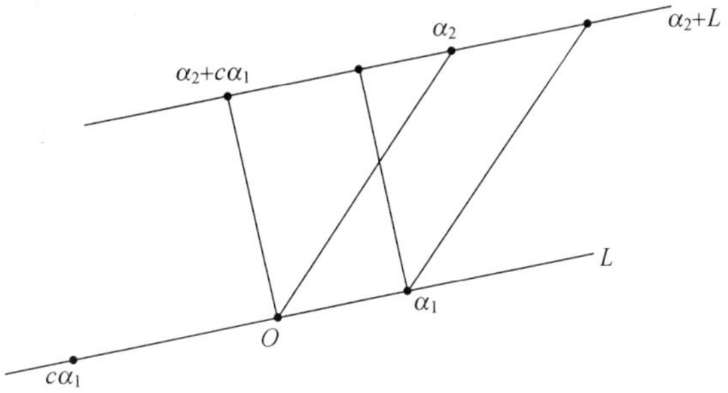

图 1.2　两个等面积的平行四边形

类似地可证明$\mathbb{R}^3$的情形。

例 1.3 计算由点$(-2,-2)$，$(0,3)$，$(4,-1)$和点$(6,4)$确定的平行四边形的面积。

解：先将此平行四边形平移到使原点作为其一顶点的情形。例如，将每个顶点坐标减去顶点$(-2,-2)$坐标。这样，新的平行四边形面积与原平行四边形面积相同，其顶点为$(0,0)$，$(2,5)$，$(6,1)$和$(8,6)$。

此平行四边形由 $\boldsymbol{A}=\begin{bmatrix}2 & 6\\5 & 1\end{bmatrix}$ 的列所确定，由于 $|\det\boldsymbol{A}|=|-28|=28$，所以所求的平行四边形的面积为28。

计算的 MATLAB 程序如下：

```
clc,clear
a=[-2 -2;0 3;4 -1;6 4];                % 输入原来顶点坐标组成的矩阵
b=a-repmat(a(1,:),size(a,1),1)% 把其中的一个顶点平移到坐标原点
s=abs(det(b([2,3],:)))                % 计算面积
```

行列式可用于描述平面和$\mathbb{R}^3$中线性变换的一个重要几何性质。若 $\boldsymbol{T}$ 是一个线性变换，$\boldsymbol{S}$ 是 $\boldsymbol{T}$ 的定义域内的一个集合，用 $\boldsymbol{T}(\boldsymbol{S})$ 表示 $\boldsymbol{S}$ 中点的像集。那么，$\boldsymbol{T}(\boldsymbol{S})$ 的面积（体积）与原来的集合 $\boldsymbol{S}$ 的面积（体积）相对比有何变化呢？

定理 1.2 设 $\boldsymbol{T}:\mathbb{R}^2\to\mathbb{R}^2$是由一个 2×2 矩阵 $\boldsymbol{A}$ 确定的线性变换，若 $\boldsymbol{S}$ 是$\mathbb{R}^2$中一个平行四边形，则

$$\boldsymbol{T}(\boldsymbol{S})\text{ 的面积}=|\det\boldsymbol{A}|\cdot\boldsymbol{S}\text{ 的面积。}\tag{1-1}$$

若 T 是一个由 3×3 矩阵 $\boldsymbol{A}$ 确定的线性变换，而 $\boldsymbol{S}$ 是$\mathbb{R}^3$中的一个平行六面体，则

$$\boldsymbol{T}(\boldsymbol{S})\text{ 的体积}=|\det\boldsymbol{A}|\cdot\boldsymbol{S}\text{ 的体积。}\tag{1-2}$$

注 1.1 定理 1.2 的结论对$\mathbb{R}^2$中任意具有有限面积的区域或$\mathbb{R}^3$中具有有限体积的区域均成立。

例 1.4 若 a,b 是正数,求由方程$\frac{x_1^2}{a^2}+\frac{x_2^2}{b^2}=1$ 确定的椭圆为边界的区域 E 的面积。

解:可以肯定,E 是单位圆盘 D 在线性变换 $\boldsymbol{T}$ 下的像。这里 $\boldsymbol{T}$ 由矩阵 $\boldsymbol{A}=\begin{bmatrix} a & 0 \\ 0 & b \end{bmatrix}$确定,这是因为若 $\boldsymbol{u}=\begin{bmatrix} u_1 \\ u_2 \end{bmatrix}$,$\boldsymbol{x}=\begin{bmatrix} x_1 \\ x_2 \end{bmatrix}$,且 $\boldsymbol{x}=\boldsymbol{A}\boldsymbol{u}$,则

$$u_1=\frac{x_1}{a},u_2=\frac{x_2}{b}。$$

从而把区域 E 映射到 $D:u_1^2+u_2^2\leqslant 1$。所以

$$椭圆的面积=\boldsymbol{T}(D)的面积=|\det\boldsymbol{A}|\cdot D 的面积=ab\pi 1^2=\pi ab。$$

1.1.3 克拉默法则

克拉默法则:含有 n 个未知数 $x_1,x_2,\cdots,x_n$ 的 n 个线性方程的方程组

$$\begin{cases} a_{11}x_1+a_{12}x_2+\cdots+a_{1n}x_n=b_1, \\ a_{21}x_1+a_{22}x_2+\cdots+a_{2n}x_n=b_2, \\ \qquad\vdots \\ a_{n1}x_1+a_{n2}x_2+\cdots+a_{nn}x_n=b_n。\end{cases} \tag{1-3}$$

若线性方程组(1-3)的系数行列式不等于零,即

$$D=\begin{vmatrix} a_{11} & \cdots & a_{1n} \\ \vdots & \ddots & \vdots \\ a_{n1} & \cdots & a_{nn} \end{vmatrix}\neq 0,$$

则方程组(1-3)有唯一解

$$x_1=\frac{D_1}{D},x_2=\frac{D_2}{D},\cdots,x_n=\frac{D_n}{D} \tag{1-4}$$

其中,$D_j(j=1,2,\cdots,n)$是将行列式 D 中第 j 列的元素换成方程组右端的常数项 $b_1,b_2,\cdots,b_n$ 所得到的 n 阶行列式,即

$$D_j=\begin{vmatrix} a_{11} & \cdots & a_{1,j-1} & b_1 & a_{1,j+1} & \cdots & a_{1n} \\ \vdots & \ddots & \vdots & \vdots & \vdots & \ddots & \vdots \\ a_{n1} & \cdots & a_{n,j-1} & b_n & a_{n,j+1} & \cdots & a_{nn} \end{vmatrix}。$$

例 1.5 解线性方程组

$$\begin{cases} 2x_1+x_2-5x_3+x_4=8, \\ x_1-3x_2-6x_4=9, \\ 2x_2-x_3+2x_4=-5, \\ x_1+4x_2-7x_3+6x_4=0。\end{cases}$$

```
clc,clear
a = [2 1 -5 1;1 -3 0 -6;0 2 -1 2;1 4 -7 6];b = [8 9 -5 0]';
```

```
a1 = a;a1(:,1) = b;a2 = a;a2(:,2) = b;a3 = a;a3(:,3) = b;a4 = a;a4(:,4) = b;
for i = 1:4
    str = ['x',int2str(i),' = det(a',int2str(i),')/det(a)']
    % 上面是构造 xi = det(ai)/det(a)的字符串
    eval(str)              % 执行字符串对应的命令
end
```

例 1.6　λ 取何值时,齐次线性方程组

$$\begin{cases}(5-\lambda)x_1+2x_2+2x_3=0,\\ 2x_1+(6-\lambda)x_2=0,\\ 2x_1+(4-\lambda)x_3=0\end{cases}$$

有非零解?

如果该方程组有非零解,则它的系数行列式 $D=0$。而

$$D=\begin{vmatrix}5-\lambda & 2 & 2\\ 2 & 6-\lambda & 0\\ 2 & 0 & 4-\lambda\end{vmatrix}$$

$$=(5-\lambda)(6-\lambda)(4-\lambda)-4(4-\lambda)-4(6-\lambda)$$

$$=(5-\lambda)(2-\lambda)(8-\lambda)$$

由 $D=0$,解得 $\lambda=2,\lambda=5$ 或 $\lambda=8$。

```
clc,clear,syms t                    % 方程组中的参数 lambda 用 t 表示
a = [5 - t 2 2;2 6 - t 0;2 0 4 - t];
D = det(a),DD = factor(D)           % 计算系数行列式的值,并进行因式分解
s = solve(D)                        % 求符号方程的根,也可以写作 s = solve(D == 0)
```

1.2　矩阵运算及线性变换

本节只简单地介绍矩阵的求逆、伴随矩阵及矩阵的一些变换操作,常用的一些命令见表 1.1。

表 1.1　矩阵求逆及一些变换操作命令

命令语法	功　能
inv(**A**)	求矩阵 **A** 的逆阵
pinv(**A**)	求矩阵 **A** 的 Moore – Penrose 伪逆
flip(**A**)	对矩阵 **A** 的行进行逆序变换,得到一个新矩阵
fliplr(**A**)	对矩阵 **A** 进行左右翻转
flipud(**A**)	对矩阵 **A** 进行上下翻转
rot90(**A**)	对矩阵 **A** 逆时针旋转 90°
tril(**A**)	提取矩阵 **A** 的下三角部分
triu(**A**)	提取矩阵 **A** 的上三角部分

（续）

命令语法	功　能
reshape($\boldsymbol{A}$,[m,n])	把矩阵 $\boldsymbol{A}$ 变换成 m 行 n 列的矩阵(变换前后矩阵的元素个数相同)
repmat($\boldsymbol{A}$,m)	把 $\boldsymbol{A}$ 作为一个子块,生成一个 $m\times m$ 分块矩阵(所有子块都是 $\boldsymbol{A}$)
repmat($\boldsymbol{A}$,m,n)	把 $\boldsymbol{A}$ 作为一个子块,生成一个 $m\times n$ 分块矩阵(所有子块都是 $\boldsymbol{A}$)
$\boldsymbol{A}$'	求矩阵 $\boldsymbol{A}$ 的共轭转置矩阵
$\boldsymbol{A}$.'	求矩阵 $\boldsymbol{A}$ 的转置矩阵

1.2.1　矩阵运算

1. 逆阵

例 1.7　设矩阵 $\boldsymbol{A}$ 和 $\boldsymbol{B}$ 满足关系 $\boldsymbol{AB}=\boldsymbol{A}+2\boldsymbol{B}$,已知 $\boldsymbol{A}=\begin{bmatrix}4&2&1\\1&1&0\\1&2&0\end{bmatrix}$,求矩阵 $\boldsymbol{B}$。

解:解矩阵方程,得 $\boldsymbol{B}=(\boldsymbol{A}-2\boldsymbol{E})^{-1}\boldsymbol{A}$,求得

$$\boldsymbol{B}=\begin{bmatrix}15/11&12/11&2/11\\4/11&1/11&2/11\\6/11&-4/11&3/11\end{bmatrix}。$$

```
clc,clear
a=[4,2,1;1,1,0;1,2,0];a=sym(a);      % 这里为了精确求解,转换为符号矩阵
b=inv(a-2*eye(3))*a
```

2. 伴随矩阵

MATLAB 工具箱没有提供计算伴随矩阵的函数,可以利用伴随矩阵的定义和 Hamilton-Cayley 定理两种方法计算并自己编程求解。

例 1.8　求如下方阵 $\boldsymbol{A}$ 的伴随矩阵 $\boldsymbol{A}^*$:

$$\boldsymbol{A}=\begin{bmatrix}3&1&-1&2\\-5&1&3&-4\\2&0&1&-1\\1&-5&3&-3\end{bmatrix}。$$

```
clc,clear
A=[3,1,-1,2;-5,1,3,-4;2,0,1,-1;1,-5,3,-3];
n=length(A);B=zeros(n);
for i=1:n
    for j=1:n
        Hij=A;Hij(i,:)=[];Hij(:,j)=[];
        B(j,i)=(-1)^(i+j)*det(Hij);
    end
end
disp('方阵A的伴随矩阵B如下所示:'),B
```

定理 1.3 (Hamilton - Cayley 定理)n 阶方阵 $\boldsymbol{A}$ 的特征多项式

$$f(\lambda)=|\lambda\boldsymbol{E}-\boldsymbol{A}|=\lambda^n+a_1\lambda^{n-1}+\cdots+a_{n-1}\lambda+a_n,$$

则

$$f(\boldsymbol{A})=\boldsymbol{A}^n+a_1\boldsymbol{A}^{n-1}+\cdots+a_{n-1}\boldsymbol{A}+a_n\boldsymbol{E}=0。\tag{1-5}$$

证明:设 $\boldsymbol{B}(\lambda)$ 为 $\lambda\boldsymbol{E}-\boldsymbol{A}$ 的伴随矩阵,则

$$\boldsymbol{B}(\lambda)(\lambda\boldsymbol{E}-\boldsymbol{A})=|\lambda\boldsymbol{E}-\boldsymbol{A}|\boldsymbol{E}=f(\lambda)\boldsymbol{E}。\tag{1-6}$$

由于矩阵 $\boldsymbol{B}(\lambda)$ 的元素都是行列式 $|\lambda\boldsymbol{E}-\boldsymbol{A}|$ 中的元素的代数余子式,因而都是 λ 的多项式,其次数都不超过 $n-1$,故由矩阵运算性质,$\boldsymbol{B}(\lambda)$ 可以写成

$$\boldsymbol{B}(\lambda)=\lambda^{n-1}\boldsymbol{B}_0+\lambda^{n-2}\boldsymbol{B}_1+\cdots+\boldsymbol{B}_{n-1},\tag{1-7}$$

这里各个 $\boldsymbol{B}_i$ 均为 n 阶数字矩阵。因此有

$$\boldsymbol{B}(\lambda)(\lambda\boldsymbol{E}-\boldsymbol{A})=\lambda^n\boldsymbol{B}_0+\lambda^{n-1}(\boldsymbol{B}_1-\boldsymbol{B}_0\boldsymbol{A})+\cdots+\lambda(\boldsymbol{B}_{n-1}-\boldsymbol{B}_{n-2}\boldsymbol{A})-\boldsymbol{B}_{n-1}\boldsymbol{A}。\tag{1-8}$$

另外,显然有

$$f(\lambda)\boldsymbol{E}=\lambda^n\boldsymbol{E}+a_1\lambda^{n-1}\boldsymbol{E}+\cdots+a_{n-1}\lambda\boldsymbol{E}+a_n\boldsymbol{E}。\tag{1-9}$$

由式(1-6),式(1-8)和式(1-9)即得

$$\begin{cases}\boldsymbol{B}_0=\boldsymbol{E},\\ \boldsymbol{B}_1-\boldsymbol{B}_0A=a_1\boldsymbol{E},\\ \vdots\\ \boldsymbol{B}_{n-1}-\boldsymbol{B}_{n-2}\boldsymbol{A}=a_{n-1}\boldsymbol{E},\\ -\boldsymbol{B}_{n-1}\boldsymbol{A}=a_n\boldsymbol{E}。\end{cases}\tag{1-10}$$

以 $\boldsymbol{A}^n,\boldsymbol{A}^{n-1},\cdots,\boldsymbol{A},\boldsymbol{E}$ 依次右乘式(1-10)的第一式,第二式,…,第 $n+1$ 式,并将它们加起来,则左边变成零矩阵,而右边即为 $f(\boldsymbol{A})$,故有 $f(\boldsymbol{A})=0$。证毕。

由上面的证明过程和式(1-7),可知

$$\boldsymbol{B}(0)=(-\boldsymbol{A})^*=(-1)^{n-1}\boldsymbol{A}^*=\boldsymbol{B}_{n-1},\tag{1-11}$$

以 $\boldsymbol{A}^{n-1},\cdots,\boldsymbol{A},\boldsymbol{E}$ 依次右乘式(1-10)的第一式,第二式,…,第 n 式,并将它们加起来,得

$$\boldsymbol{B}_{n-1}=\boldsymbol{A}^{n-1}+a_1\boldsymbol{A}^{n-2}+a_2\boldsymbol{A}^{n-3}+\cdots+a_{n-1}\boldsymbol{E},\tag{1-12}$$

从而由式(1-11)和(1-12),得到 $\boldsymbol{A}$ 的伴随矩阵

$$\boldsymbol{A}^*=(-1)^{n-1}(\boldsymbol{A}^{n-1}+a_1\boldsymbol{A}^{n-2}+a_2\boldsymbol{A}^{n-3}+\cdots+a_{n-1}\boldsymbol{E})。\tag{1-13}$$

例 1.9 (续例 1.8)用式(1-13)再计算矩阵 $\boldsymbol{A}$ 的伴随矩阵 $\boldsymbol{A}^*$。

```
clc,clear
A = [3,1,-1,2;-5,1,3,-4;2,0,1,-1;1,-5,3,-3];
n = length(A);p1 = poly(A)                  % 求 A 的特征多项式
p2 = p1(1:end-1);                           % 构造新的多项式
B = (-1)^(n-1)*polyvalm(p2,A)               % 计算矩阵多项式,得到伴随矩阵
```

3. 矩阵变换

例 1.10 把矩阵 $\boldsymbol{A}=\begin{bmatrix}a_{11}&a_{12}&a_{13}\\a_{21}&a_{22}&a_{23}\\a_{31}&a_{32}&a_{33}\end{bmatrix}$逆时针旋转 90°。

```
clc,clear,A = sym('a% d% d',3)      % 构造符号矩阵
B = rot90(A)                        % 把矩阵 A 逆时针旋转 90°
```

1.2.2 齐次坐标、线性变换与图像的空间变换

1. 齐次坐标、线性变换

$\mathbb{R}^2$中每个点(x,y)可以对应于$\mathbb{R}^3$中的$(x,y,1)$。它们位于 xy 平面上方 1 单位的平面上。我们称(x,y)有齐次坐标$(x,y,1)$，例如，点$(0,0)$的齐次坐标为$(0,0,1)$。点的齐次坐标不能相加，也不能乘以数，但它们可以乘以 3×3 矩阵来做变换。

例 1.11 形如$(x,y)\mapsto(x+h,y+k)$的平移可以用齐次坐标写成$(x,y,1)\mapsto(x+h,y+k,1)$，这个变换可用矩阵乘法实现，即

$$\begin{bmatrix}1&0&h\\0&1&k\\0&0&1\end{bmatrix}\begin{bmatrix}x\\y\\1\end{bmatrix}=\begin{bmatrix}x+h\\y+k\\1\end{bmatrix}。$$

例 1.12 $\mathbb{R}^2$中的任意线性变换都可通过齐次坐标乘以 3×3 矩阵实现。典型的例子：

$$\begin{bmatrix}\cos\varphi&-\sin\varphi&0\\\sin\varphi&\cos\varphi&0\\0&0&1\end{bmatrix};\quad\begin{bmatrix}0&1&0\\1&0&0\\0&0&1\end{bmatrix};\quad\begin{bmatrix}s&0&0\\0&t&0\\0&0&1\end{bmatrix}。$$

绕原点逆时针旋转角度 φ　关于 $y=x$ 的对称变换　x 乘以 s，y 乘以 t

复合变换相等于使用齐次坐标进行矩阵相乘。

例 1.13 求出 3×3 矩阵，对应于先乘以 0.3 的倍乘变换，然后旋转 90°，最后对图形的每个点的坐标加上$(-0.5,2)$后做平移。

解： 当 $\varphi=\frac{\pi}{2}$时，$\sin\varphi=1$，$\cos\varphi=0$，由例 1.11 和例 1.12，有

$$\begin{bmatrix}x\\y\\z\end{bmatrix}\xrightarrow{\text{缩小}}\begin{bmatrix}0.3&0&0\\0&0.3&0\\0&0&1\end{bmatrix}\begin{bmatrix}x\\y\\1\end{bmatrix}\xrightarrow{\text{旋转}}\begin{bmatrix}0&-1&0\\1&0&0\\0&0&1\end{bmatrix}\begin{bmatrix}0.3&0&0\\0&0.3&0\\0&0&1\end{bmatrix}\begin{bmatrix}x\\y\\1\end{bmatrix}$$

$$\xrightarrow{\text{平移}}\begin{bmatrix}1&0&-0.5\\0&1&2\\0&0&1\end{bmatrix}\begin{bmatrix}0&-1&0\\1&0&0\\0&0&1\end{bmatrix}\begin{bmatrix}0.3&0&0\\0&0.3&0\\0&0&1\end{bmatrix}\begin{bmatrix}x\\y\\1\end{bmatrix},$$

所以复合变换的矩阵为

$$\begin{bmatrix}1&0&-0.5\\0&1&2\\0&0&1\end{bmatrix}\begin{bmatrix}0&-1&0\\1&0&0\\0&0&1\end{bmatrix}\begin{bmatrix}0.3&0&0\\0&0.3&0\\0&0&1\end{bmatrix}=\begin{bmatrix}0&-0.3&-0.5\\0.3&0&2\\0&0&1\end{bmatrix}。$$

几何变换 T 把坐标(x,y)变换为坐标(X,Y)，记作

$$(X,Y)=T(x,y),$$

具体数学表达式为

$$\begin{cases}X=a_0x+a_1y+a_2,\\Y=b_0x+b_1y+b_2。\end{cases}\tag{1-14}$$

写成矩阵形式

$$\begin{bmatrix} X \\ Y \\ 1 \end{bmatrix} = \begin{bmatrix} a_0 & a_1 & a_2 \\ b_0 & b_1 & b_2 \\ 0 & 0 & 1 \end{bmatrix} \begin{bmatrix} x \\ y \\ 1 \end{bmatrix}。 \tag{1-15}$$

例 1.14 (1) 求关于直线 $y = 3x + 5$ 对称的变换,对给定的圆 $(x-1)^2 + y^2 = 1$,求其关于 $y = 3x + 5$ 的镜像曲线,并画出图形。

(2) 利用求出的镜像曲线,利用反变换,求原来的曲线方程。

解:(1) 设 $P_1(x_0, y_0)$ 是平面上的任意一点,它关于直线 $y = 3x + 5$ 的对称点为 $P_2(X, Y)$,则 P_1, P_2 的中点在直线 $y = 3x + 5$ 上,且 P_1P_2 与直线垂直,因而有

$$\begin{cases} \dfrac{Y + y_0}{2} = 3\dfrac{X + x_0}{2} + 5, \\ 3(Y - y_0) = -(X - x_0)。 \end{cases}$$

解得

$$\begin{cases} X = -\dfrac{4}{5}x_0 + \dfrac{3}{5}y_0 - 3, \\ Y = \dfrac{3}{5}x_0 + \dfrac{4}{5}y_0 + 1。 \end{cases} \tag{1-16}$$

式(1-16)即关于直线 $y = 3x + 5$ 对称的变换。

给定圆的参数方程为 $x = 1 + \cos t, y = \sin t, t \in [0, 2\pi]$。把式(1-16)中的 x_0, y_0 分别代入 $x_0 = 1 + \cos t, y_0 = \sin t$,得到镜像曲线的参数方程为

$$\begin{cases} X = \dfrac{3}{5}\sin t - \dfrac{4}{5}\cos t - \dfrac{19}{5}, \\ Y = \dfrac{3}{5}\cos t + \dfrac{4}{5}\sin t + \dfrac{8}{5}。 \end{cases} \tag{1-17}$$

所画出的图形见图 1.3。(注:由于 x 轴、y 轴单位长度比并非 1:1,故图形有所变形)

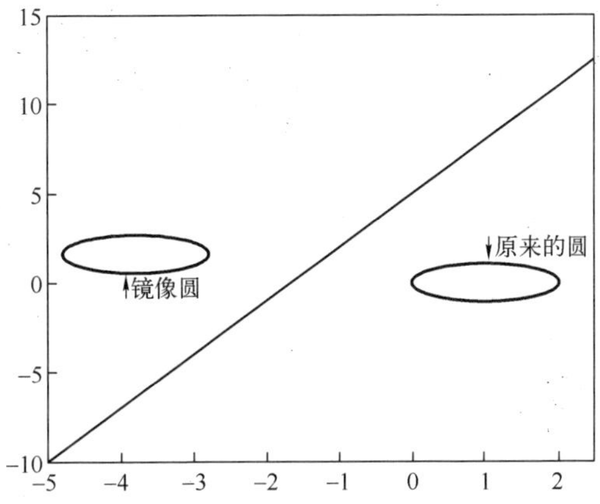

图 1.3　原来的圆与镜像圆

计算及画图的 MATLAB 程序如下:

```
clc,clear,axis square
```

```
syms x0 y0 X Y t
eq1 = (Y +y0)/2 ==3 * (X + x0)/2 +5;
eq2 =3 * (Y - y0) == - (X - x0);
[X,Y] = solve(eq1,eq2,X,Y)
X = subs(X,{x0,y0},{1 + cos(t),sin(t)})
Y = subs(Y,{x0,y0},{1 + cos(t),sin(t)})
t0 =0:0.02:2 * pi;x =1 + cos(t0);y = sin(t0);
plot(x,y,'k'),hold on,fplot(@ (x)3 * x +5,[-5,2.5],'k')       % 画直线 y =3x +5
X = double(subs(X,t0));Y = double(subs(Y,t0));plot(X,Y,'k')   % 画镜像圆
text(1,2,'\downarrow 原来的圆','FontSize',12)
text(-4,0,'\uparrow 镜像圆','FontSize',12)
```

(2) 对照式(1-15),变换(1-16)对应的变换矩阵

$$T_1=\begin{bmatrix}-\frac{4}{5} & \frac{3}{5} & -3\\ \frac{3}{5} & \frac{4}{5} & 1\\ 0 & 0 & 1\end{bmatrix},$$

T_1 的逆矩阵

$$T_2=T_1^{-1}=\begin{bmatrix}-\frac{4}{5} & \frac{3}{5} & -3\\ \frac{3}{5} & \frac{4}{5} & 1\\ 0 & 0 & 1\end{bmatrix}。$$

T_2 对应的逆变换为

$$\begin{cases}x_0=-\frac{4}{5}X+\frac{3}{5}Y-3,\\ y_0=\frac{3}{5}X+\frac{4}{5}Y+1。\end{cases}\tag{1-18}$$

把式(1-17)代入式(1-18),得到参数方程

$$\begin{cases}x_0=1+\cos t,\\ y_0=\sin t,\end{cases}\quad t\in[0,2\pi]。$$

即为所求的原来的曲线方程。

计算的 MATLAB 程序如下:

```
clc,clear
syms x0 y0 X Y t
T1 = [-4/5,3/5,-3;3/5,4/5,1;0,0,1];T1 = sym(T1);T2 = inv(T1)
X =3/5 * sin(t) -4/5 * cos(t) -19/5;
Y =3/5 * cos(t) +4/5 * sin(t) +8/5;
xy01 = T2 * [X;Y;1];
x0 = xy01(1),y0 = xy01(2)
```

2. 齐次三维坐标与透视投影

类似于二维情形,称$(x,y,z,1)$是$\mathbb{R}^3$中点(x,y,z)的齐次坐标。一般地,若$H\neq 0$,则(X,Y,Z,H)是(x,y,z)的齐次坐标,且

$$x=\frac{X}{H},y=\frac{Y}{H},z=\frac{Z}{H}。\tag{1-19}$$

$(x,y,z,1)$乘以一个非零标量都得到一组(x,y,z)的齐次坐标。例如,$(10,-6,14,2)$和$(-15,9,-21,3)$都是$(5,-3,7)$的齐次坐标。

例 1.15 给出下列变换的 4×4 矩阵。

(1) 绕 y 轴旋转 30°(习惯上,正角是从旋转轴(本例中是 y 轴)的正半轴向原点看过去的逆时针方向的角)。

(2) 沿向量$\boldsymbol{p}=[-6,4,5]$的方向平移。

解:(1) 首先构造 3×3 矩阵表示旋转。如图 1.4 所示,向量 $\boldsymbol{e}_1$ 旋转到$[\cos 30°,0,-\sin 30°]=[\sqrt{3}/2,0,-0.5]$,向量 $\boldsymbol{e}_2$ 不变,向量 $\boldsymbol{e}_3$ 旋转到$[\sin 30°,0,\cos 30°]=[0.5,0,\sqrt{3}/2]$。这个旋转变换的标准矩阵为

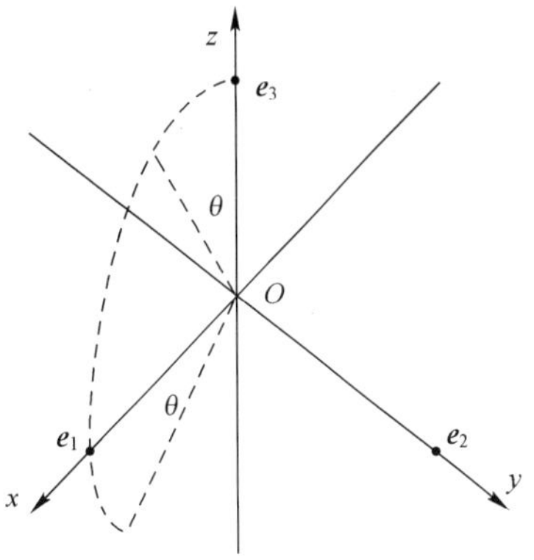

图 1.4 旋转变换示意图

$$\boldsymbol{A}=\begin{bmatrix}\sqrt{3}/2 & 0 & -0.5\\ 0 & 1 & 0\\ 0.5 & 0 & \sqrt{3}/2\end{bmatrix},$$

所以齐次坐标的旋转矩阵为

$$\boldsymbol{B}=\begin{bmatrix}\sqrt{3}/2 & 0 & -0.5 & 0\\ 0 & 1 & 0 & 0\\ 0.5 & 0 & \sqrt{3}/2 & 0\\ 0 & 0 & 0 & 1\end{bmatrix}。$$

(2) 我们希望$(x,y,z,1)$映射到$(x-6,y+4,z+5,1)$,所求矩阵为

$$\begin{bmatrix}1 & 0 & 0 & -6\\ 0 & 1 & 0 & 4\\ 0 & 0 & 1 & 5\\ 0 & 0 & 0 & 1\end{bmatrix}。$$

三维物体在二维计算机屏幕上的表示方法是把它投影在一个可视平面上。为简单起见,设 xy 平面表示计算机屏幕,假设某一观察者的眼睛位置是$(0,0,d)$,透视投影把每个点(x,y,z)映射为点$(x^*,y^*,0)$,使这两点与观测者的眼睛位置(称为透视中心)在一条直线上,见图 1.5(a)。

xz 平面上的三角形画在图 1.5(b)中,由相似三角形知

$$\frac{x^*}{d}=\frac{x}{d-z},\quad x^*=\frac{dx}{d-z}=\frac{x}{1-z/d}。$$

类似地,有

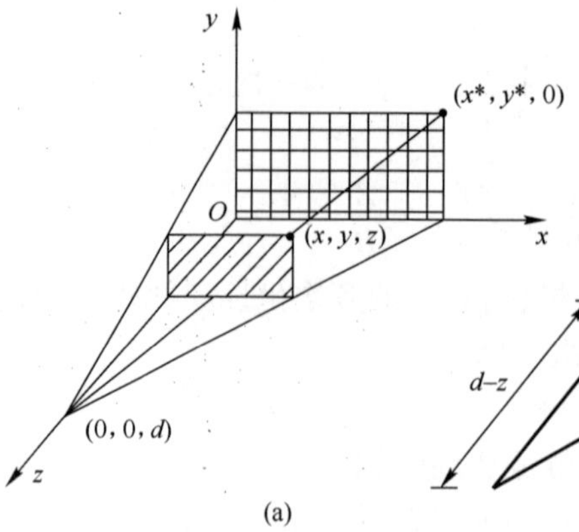

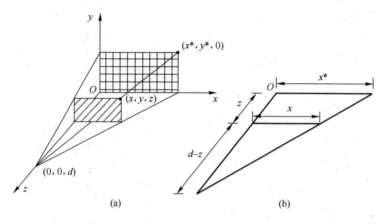

图 1.5　由 (x,y,z) 到 $(x^*,y^*,0)$ 的透视投影

$$y^* = \frac{y}{1-z/d}。$$

使用齐次坐标，可用矩阵表示透视投影，记此矩阵为 $\boldsymbol{P}$，$(x,y,z,1)$ 映射为

$$\left(\frac{x}{1-z/d},\frac{y}{1-z/d},0,1\right)。$$

把这个向量乘以 $1-z/d$，可用 $(x,y,0,1-z/d)$ 作为齐次坐标的像，现在容易求出 $\boldsymbol{P}$。事实上，有

$$\boldsymbol{P}\begin{bmatrix}x\\y\\z\\1\end{bmatrix}=\begin{bmatrix}1&0&0&0\\0&1&0&0\\0&0&0&0\\0&0&-1/d&1\end{bmatrix}\begin{bmatrix}x\\y\\z\\1\end{bmatrix}=\begin{bmatrix}x\\y\\0\\1-z/d\end{bmatrix}。$$

例 1.16　设 S 是顶点为 $(3,1,5)$，$(5,1,5)$，$(5,0,5)$，$(3,0,5)$，$(3,1,4)$，$(5,1,4)$，$(5,0,4)$ 及 $(3,0,4)$ 的长方体，求 S 在透视中心为 $(0,0,10)$ 的透视投影下的像。

解：设 $\boldsymbol{P}$ 为投影矩阵，$\boldsymbol{D}$ 为用齐次坐标的 S 的数据矩阵，则 S 的像的数据矩阵为

$$\boldsymbol{PD}=\begin{bmatrix}1&0&0&0\\0&1&0&0\\0&0&0&0\\0&0&-1/10&1\end{bmatrix}\begin{bmatrix}3&5&5&3&3&5&5&3\\1&1&0&0&1&1&0&0\\5&5&5&5&4&4&4&4\\1&1&1&1&1&1&1&1\end{bmatrix}$$

$$=\begin{bmatrix}3&5&5&3&3&5&5&3\\1&1&0&0&1&1&0&0\\0&0&0&0&0&0&0&0\\0.5&0.5&0.5&0.5&0.6&0.6&0.6&0.6\end{bmatrix}。$$

为得到 $\mathbb{R}^3$ 坐标，使用式(1-19)。把每一列的前 3 个元素除以第 4 行的对应元素，得

$$\begin{matrix}&&&&\text{顶点}&&&\\1&2&3&4&5&6&7&8\end{matrix}$$
$$\begin{bmatrix}6&10&10&6&5&8.3&8.3&5\\2&2&0&0&1.7&1.7&0&0\\0&0&0&0&0&0&0&0\end{bmatrix}$$

计算的 MATLAB 程序如下：

```
clc,clear
a = [3 1 5;5 1 5;5 0 5;3 0 5;3 1 4;5 1 4;5 0 4;3 0 4]';
b = [a;ones(1,length(a))]
P = eye(4);P(3,3) = 0;P(4,3) = -1/10
c = P * b                              % 求像点的齐次坐标
cc = c([1:3],:)./repmat(c(4,:),3,1)    % 求出像点的坐标
```

3. 图像的空间变换

在 MATLAB 的图像处理工具箱中提供了一个专门的函数 imwarp,用户可以定义参数实现多种类型的空间变换,包括仿射变换(如平移、缩放、旋转、剪切)、投影变换等。函数 imwarp 具体的调用格式如下。

B = imwarp(A,tform):该函数中 A 为待变换的图像矩阵;tform 为执行空间变换的所有参数的结构体;B 为按照 tform 参数变换后的图像矩阵。

在 MATLAB 中,利用函数 imwarp 实现图像的空间变换时,需要先定义空间变换的参数。对于空间变换参数的定义,MATLAB 提供了相应的函数 affine2d, affined3d, fitgeotrans 等,它们的作用是创建进行空间变换的参数结构体。affine2d 的具体调用方式如下。

tform = affine2d(C):该函数返回一个 N 维的仿射变换参数结构体 tform,输入参数 C 是一个 $(N+1)\times(N+1)$ 的矩阵。

用户结合使用函数 affine2d 和函数 imwarp,就可以灵活实现图像的线性变换,而变换的结果和变换参数结构体密切相关。以二维仿射变换为例,原图像 $f(x,y)$ 和变换后图像 $g(X,Y)$,仿射变换中原图像中某个像素点坐标 (x,y) 和变换后该像素点坐标 (X,Y) 满足关系式(1-14),写成矩阵形式即满足(1-15)。

例 1.17 利用函数 imwarp,实现图像的旋转和缩放。

```
clc,clear
a = imread('peppers.png');           % MATLAB 工具箱的图像文件
tf1 = affine2d([cosd(30),-sind(30),0;sind(30),cosd(30),0;0 0 1]);% 创建旋转
参数结构体
ta1 = imwarp(a,tf1);
tf2 = affine2d([5 0 0;0 10.5 0;0 0 1]); % 创建缩放参数结构体
ta2 = imwarp(a,tf2);                 % 实现图像缩放
subplot(131),imshow(a),subplot(132),imshow(ta1),subplot(133),imshow(ta2)
```

原图像及变换后的图像见图 1.6。

(a) 原图像 (b) 旋转30°后的图像 (c) 拉伸后的图像

图 1.6 原图像及变换后的图像

1.2.3 密码与破译

1. 古典密码的基本概念及理论

一个密码系统(Cryptosystem)是一个五元组(P,C,K,E,D),其满足条件:

(1) P 是可能的明文的有限集(明文空间)。

(2) C 是可能密文的有限集(密文空间)。

(3) K 是一切可能密钥构成的有限集(密钥空间),其中的每一个密钥 k 均由加密密钥 k_e 和解密密钥 k_d 组成,记为 $k=(k_e,k_d)$。

(4) E 为加密算法,它是一族由 P 到 C 的加密变换(对于每一个具体的 k_e,E 确定出一个具体的加密函数)。

(5) D 为解密算法,它由一族由 C 到 P 的解密变换(对于每一个具体的 k_d,D 确定出一个具体的解密函数)。

在这里,对每一确定的密钥 $k=(k_e,k_d)$,$c=E(l,k_e)$,$l=D(c,k_d)=D(E(l,k_e),k_d)$,其中 l 为明文,c 为密文。

对于正整数 m,记集合 $Z_m=\{0,1,2,\cdots,m-1\}$。

定义 1.1 对于一个元素属于集合 Z_m 的 n 阶方阵 $\boldsymbol{A}$,若存在一个元素属于集合 Z_m 的方阵 $\boldsymbol{B}$,使得

$$\boldsymbol{AB}=\boldsymbol{BA}=\boldsymbol{E}(\bmod m),$$

称 $\boldsymbol{A}$ 为模 m 可逆,$\boldsymbol{B}$ 为 $\boldsymbol{A}$ 的模 m 逆矩阵,记为 $\boldsymbol{B}=\boldsymbol{A}^{-1}(\bmod m)$。

$\boldsymbol{E}(\bmod m)$的意义是,每一个元素减去 m 的整数倍后,可以化成单位矩阵。例如

$$\begin{bmatrix}27 & 52\\26 & 53\end{bmatrix}(\bmod 26)=\boldsymbol{E}。$$

定义 1.2 对 Z_m 的一个整数 a,若存在 Z_m 的一个整数 b,使得 $ab=1(\bmod m)$,称 b 为 a 的模 m 倒数或乘法逆,记为 $b=a^{-1}(\bmod m)$。

可以证明,如果 a 与 m 无公共素数因子,则 a 有唯一的模 m 倒数(素数是指除了 1 与自身外,不能被其他正整数整除的正整数),反之亦然。例如 $3^{-1}(\bmod 26)=9$。利用这点,可以证明下述定理。

定理 1.4 元素属于 Z_m 的方阵 $\boldsymbol{A}$ 模 m 可逆的充要条件是,m 和 $\det\boldsymbol{A}$ 没有公共素数因子,即 m 和 $\det\boldsymbol{A}$ 互素。

显然,所选加密矩阵必须符合该定理的条件。

2. Hill_2 密码的数学模型

一般的加密过程是这样的:

明文⇒加密器⇒密文⇒普通信道⇒解密器⇒明文,

其中的"⇒普通信道⇒解密器"这个环节容易被敌方截获并加以分析。

在这个过程中,运用的数学手段是矩阵运算,加密过程的具体步骤如下:

(1) 根据明文字母的表值,将明文信息用数字表示,设明文信息只需要 26 个英文大写字母(也可以不止 26 个,如还有小写字母、数字、标点符号等),通信双方给出这 26 个字母表值,见表 1.2。

表 1.2　明文字母的表值

A	B	C	D	E	F	G	H	I	J	K	L	M
1	2	3	4	5	6	7	8	9	10	11	12	13
N	O	P	Q	R	S	T	U	V	W	X	Y	Z
14	15	16	17	18	19	20	21	22	23	24	25	0

(2) 选择一个二阶可逆整数方阵 $\boldsymbol{A}$,称为 Hill_2 密码的加密矩阵,它是这个加密体制的"密钥"(是加密的关键,仅通信双方掌握)。

(3) 将明文字母逐对分组。Hill_2 密码的加密矩阵为二阶矩阵,则明文字母每两个一组(可以推广到 Hill_n 密码,则 n 个明文字母为一组)。若最后一组仅有一个字母,则补充一个没有实际意义的哑字母,这样使每一组都由两个明文字母组成。查出每个明文字母的表值,构成一个二维列向量 $\boldsymbol{\alpha}$。

(4) $\boldsymbol{A}$ 乘以 $\boldsymbol{\alpha}$,得一个新的二维列向量 $\boldsymbol{\beta}=\boldsymbol{A}\boldsymbol{\alpha}$,由 $\boldsymbol{\beta}$ 的两个分量反查字母表值得到的两个字母即为密文字母。

以上 4 步即为 Hill_2 密码的加密过程。

解密过程,即为上述过程的逆过程。

例 1.18　明文为"HDSDSXX",$\boldsymbol{A}=\begin{bmatrix}1 & 2\\0 & 3\end{bmatrix}$,求这段明文的 Hill_2 密文。

解:将明文相邻字母每 2 个分为一组:HD SD SX XX,最后一个字母 X 为哑字母,无实际意义。查表 1.2 得到每对的表值,并构造二维列向量,即

$$\begin{bmatrix}8\\4\end{bmatrix},\begin{bmatrix}19\\4\end{bmatrix},\begin{bmatrix}19\\24\end{bmatrix},\begin{bmatrix}24\\24\end{bmatrix},$$

将上述 4 个向量左乘矩阵 $\boldsymbol{A}$,得到 4 个二维列向量为

$$\begin{bmatrix}16\\12\end{bmatrix},\begin{bmatrix}27\\12\end{bmatrix},\begin{bmatrix}67\\72\end{bmatrix},\begin{bmatrix}72\\72\end{bmatrix},$$

作模 26 运算(每个元素都加减 26 的整数倍,使其化为 0 ~ 25 的一个整数),得

$$\begin{bmatrix}16\\12\end{bmatrix}(\text{mod}26)=\begin{bmatrix}16\\12\end{bmatrix},\begin{bmatrix}27\\12\end{bmatrix}(\text{mod}26)=\begin{bmatrix}1\\12\end{bmatrix},$$

$$\begin{bmatrix}67\\72\end{bmatrix}(\text{mod}26)=\begin{bmatrix}15\\20\end{bmatrix},\begin{bmatrix}72\\72\end{bmatrix}(\text{mod}26)=\begin{bmatrix}20\\20\end{bmatrix}。$$

反查表 1.2,得到每对表值对应的字母为 PL AL OT TT,这就得到了"HDSDSXX"密文。

计算的 MATLAB 程序如下:

```
clc,clear
s ='HDSDSXX';
s = [s,'X']                          % 补充哑字母'X'
L = length(s);                       % 计算字符总数
num = double(s) - 64;                % 字母编码
num = mod(num,26)                    % mod26,变换 Z 的编码
mm = reshape(num,[2,L/2]);           % 把行向量变成两行的矩阵
```

```
A = [1 2;0 3];                    % 输入密钥矩阵
mw = A * mm                       % 求密文的编码值
mw = mod(mw,26)                   % mod26
mw(mw == 0) = 26;                 % 变换 Z 的编码值
mw = reshape(mw,[1,L]) + 64       % 变换到字母的 ASCII 码值
mwzf = char(mw)                   % 转换成密文的字符
mwzf(end) = []                    % 删除最后一个字符
```

例 1.19 甲方收到与之有秘密通信往来的乙方的一个密文信息,密文内容:

WKVACPEAOCIXGWIZUROQWABALOHDKCEAFCLWWCVLEMIMCC

按照甲方与乙方的约定,他们之间的密文通信采用 Hill_2 密码,密钥为二阶矩阵 $\boldsymbol{A}=\begin{bmatrix}1 & 2\\0 & 3\end{bmatrix}$,问这段密文的原文是什么?

解:所选择的明文字母共 26 个,$m=26$,26 的素数因子为 2 和 13,所以 Z_{26}上的方阵 $\boldsymbol{A}$ 可逆的充要条件为 $\det\boldsymbol{A}(\mathrm{mod}\,m)$不能被 2 和 13 整除。设 $\boldsymbol{A}=\begin{bmatrix}a & b\\c & d\end{bmatrix}$,若 $\boldsymbol{A}$ 满足上述定理 1.4 的条件,不难验证

$$\boldsymbol{A}^{-1}(\mathrm{mod}26)=(ad-bc)^{-1}(\mathrm{mod}26)\begin{bmatrix}d & -b\\-c & a\end{bmatrix}(\mathrm{mod}26),$$

式中:$(ad-bc)^{-1}(\mathrm{mod}26)$为$(ad-bc)$的模 26 倒数。

显然,$(ad-bc)(\mathrm{mod}26)$是 Z_{26}中的数。Z_{26}中有模 26 倒数的整数及其倒数可见表 1.3。

表 1.3　模 26 倒数表

a	1	3	5	7	9	11	15	17	19	21	23	25
$a^{-1}(\mathrm{mod}26)$	1	9	21	15	3	19	7	23	11	5	17	25

表 1.3 可用下列程序求得。

```
clc,clear
m = 26;
for a = 1:m
    for i = 1:m
        if mod(a * i,m) == 1
            fprintf('The Inverse (mod % d) of number:% d is:% d\n',m,a,i)
        end
    end
end
```

利用表 1.3 可以反演求出 $\boldsymbol{A}^{-1}(\mathrm{mod}26)$如下:

$$\boldsymbol{A}^{-1}(\mathrm{mod}26)=3^{-1}(\mathrm{mod}26)\begin{bmatrix}3 & -2\\0 & 1\end{bmatrix}(\mathrm{mod}26)=9\begin{bmatrix}3 & -2\\0 & 1\end{bmatrix}(\mathrm{mod}26)=\begin{bmatrix}27 & -18\\0 & 9\end{bmatrix}(\mathrm{mod}26)$$

$$=\begin{bmatrix}1 & 8\\0 & 9\end{bmatrix}=\boldsymbol{B}$$

下面利用 $\boldsymbol{B}$ 把例 1.18 中的密文再变换成明文。

$$\boldsymbol{B}\begin{bmatrix}16\\12\end{bmatrix}=\begin{bmatrix}112\\108\end{bmatrix},\boldsymbol{B}\begin{bmatrix}1\\12\end{bmatrix}=\begin{bmatrix}97\\108\end{bmatrix},$$

$$\boldsymbol{B}\begin{bmatrix}15\\20\end{bmatrix}=\begin{bmatrix}175\\180\end{bmatrix},\boldsymbol{B}\begin{bmatrix}20\\20\end{bmatrix}=\begin{bmatrix}180\\180\end{bmatrix},$$

再进行模 26 运算,得

$$\begin{bmatrix}8\\4\end{bmatrix},\begin{bmatrix}19\\4\end{bmatrix},\begin{bmatrix}19\\24\end{bmatrix},\begin{bmatrix}24\\24\end{bmatrix},$$

即得到明文 HD SD SX XX。

类似地,利用 MATLAB 软件计算得到所求的明文为 GUDIANMIMASHIYIZIFUWEIJIBENJIAMIDANYUANDEMIMAA。中文即为“古典密码是以字符为基本加密单元的密码”。

计算逆阵及解密的 MATLAB 程序如下:

```
clc,clear,m=26;
a=[1 2;0 3];                  % 输入密钥矩阵
ad=det(a);                    % 计算对应的行列式值
if gcd(ad,m)~=1
   disp('密钥矩阵不可逆,矩阵格式:[a11 a12;a21 a22]')
   a=input('请重新输入矩阵 a=');
end
for i=1:m
   if mod(ad*i,m)==1
      nb=i;                   % 计算 ad 的倒数(mod26)
      break
   end
end
B=mod(nb*[a(2,2),-a(1,2);-a(2,1),a(1,1)],26)          % 计算 a 的 mod26 逆阵 B
s='WKVACPEAOCIXGWIZUROQWABALOHDKCEAFCLWWCVLEMIMCC';
L=length(s);
if mod(L,2)==1
   s=[s,'X'];                 % 如果字符是奇数个,在最后补一个哑字母
   L=L+1;
end
jm=double(s)-64;              % 求字母对应的编码
jm(jm==26)=0;                 % 如果存在 Z,把 Z 的编码改成 0
jm2=reshape(jm,[2,L/2]);      % 把行向量变成两行的矩阵
mjm=mod(B*jm2,26);            % 求明文的编码值
mjm(mjm==0)=26;               % 变换 Z 的编码值
bm=reshape(mjm,[1,L])+64;     % 变换到字母的 ASCII 码值
mzf=char(bm)                  % 转换成明文的字符
```

例 1.20 甲方截获了一段密文

MOFAXJEABAUCRSXJLUYHQATCZHWBCSCP

经分析，这段密文是用$Hill_2$密码编译的，且这段密文的字母 UCRS 依次代表字母 TACO，问能否破译这段密文的内容？

解：该问题属于破译问题。前面两个例题的加密与解密过程类似于在二维向量空间进行线性变换与其逆变换，每个明文向量是一个 Z_m 上的二维向量，乘以加密矩阵后，仍为 Z_m 上的一个二维向量。由于加密矩阵 $\boldsymbol{A}$ 为可逆矩阵，所以，如果知道了两个线性无关的二维明文向量与其对应的密文向量，就可以求出它的加密矩阵 $\boldsymbol{A}$ 及$\boldsymbol{A}^{-1}$。

本例的密文中只出现一些字母，当然它可以是汉语拼音，或英文字母或其他语言的字母。所以可猜测秘密信息由 26 个字母组成，设 $m=26$。通常由破译部门通过大量的统计分析与语言分析确定表值。假如，所确定的表值为表 1.2，已知

$$\begin{bmatrix} \mathrm{U} \\ \mathrm{C} \end{bmatrix} \leftrightarrow \begin{bmatrix} \mathrm{T} \\ \mathrm{A} \end{bmatrix}, \begin{bmatrix} \mathrm{R} \\ \mathrm{S} \end{bmatrix} \leftrightarrow \begin{bmatrix} \mathrm{C} \\ \mathrm{O} \end{bmatrix},$$

其中“↔”前为密文，“↔”后为明文。

按照表 1.2，有

$$\begin{bmatrix} \mathrm{U} \\ \mathrm{C} \end{bmatrix} \leftrightarrow \boldsymbol{\beta}_1 = \begin{bmatrix} 21 \\ 3 \end{bmatrix} = \boldsymbol{A}\boldsymbol{\alpha}_1 \Leftrightarrow \boldsymbol{\alpha}_1 = \begin{bmatrix} 20 \\ 1 \end{bmatrix} \leftrightarrow \begin{bmatrix} \mathrm{T} \\ \mathrm{A} \end{bmatrix},$$

$$\begin{bmatrix} \mathrm{R} \\ \mathrm{S} \end{bmatrix} \leftrightarrow \boldsymbol{\beta}_2 = \begin{bmatrix} 18 \\ 19 \end{bmatrix} = \boldsymbol{A}\boldsymbol{\alpha}_2 \Leftrightarrow \boldsymbol{\alpha}_2 = \begin{bmatrix} 3 \\ 15 \end{bmatrix} \leftrightarrow \begin{bmatrix} \mathrm{C} \\ \mathrm{O} \end{bmatrix},$$

在模 26 意义下，$\det(\boldsymbol{\beta}_1,\boldsymbol{\beta}_2)(\mathrm{mod}26) = \begin{vmatrix} 21 & 18 \\ 3 & 19 \end{vmatrix}(\mathrm{mod}26) = 345(\mathrm{mod}26) = 7$，它有模 26 倒数，所以，$\boldsymbol{\beta}_1,\boldsymbol{\beta}_2$ 在模 26 意义下线性无关。类似地，也可以验证 $\det(\boldsymbol{\alpha}_1,\boldsymbol{\alpha}_2)(\mathrm{mod}26) = 11$，$\boldsymbol{\alpha}_1,\boldsymbol{\alpha}_2$ 线性无关。

记 $\boldsymbol{P} = (\boldsymbol{\beta}_1,\boldsymbol{\beta}_2)$，$\boldsymbol{C} = (\boldsymbol{\alpha}_1,\boldsymbol{\alpha}_2)$，则 $\boldsymbol{P} = \boldsymbol{AC}$，$\boldsymbol{A}^{-1} = \boldsymbol{CP}^{-1} = \begin{bmatrix} 1 & 17 \\ 0 & 9 \end{bmatrix}$。

利用与例 1.19 同样的解密方法，可以求得这段密文的明文是

HEWILLVISITACOLLEGETHISAFTERNOON

分析这段文字，并适当划分单词，则这段密文可理解为如下一段文字：

He will visit a college this afternoon.

计算的 MATLAB 程序如下：

```
clc,clear,m=26;
P=[21 18;3 19];P=sym(P);          % 输入已知密文对应的矩阵;为精确计算转化为符号矩阵
pd=mod(det(P),26)                  % 计算对应的行列式值
for i=1:m
    if mod(pd*i,m)==1
        nb=i;                      % 计算 ad 的倒数(mod26)
```

```
        break
    end
end
P = double(P);                          % 把符号数转换为数值数
pn = mod(nb * [P(2,2), - P(1,2); - P(2,1),P(1,1)],26);        % 计算 P 的 mod26 逆阵
C = [20 3;1 15];
B = mod(C * pn,26)                      % 计算密钥矩阵的逆阵
s ='MOFAXJEABAUCRSXJLUYHQATCZHWBCSCP';            % 输入密文字符
L = length(s);
if mod(L,2) ==1
    s = [s,'X'];                        % 如果字符是奇数个,在最后补一个哑字母
    L = L +1;
end
jm = double(s) - 64;                    % 求字母对应的编码
jm(jm ==26) =0;                         % 如果存在 Z,把 Z 的编码改成 0
jm2 = reshape(jm,[2,L/2]);              % 把行向量变成两行的矩阵
mjm = mod(B * jm2,26);                  % 求明文的编码值
mjm(mjm ==0) =26;                       % 变换 Z 的编码值
bm = reshape(mjm,[1,L]) +64;            % 变换到字母的 ASCII 码值
mzf = char(double(bm))                  % 转换成明文的字符
```

1.3 矩阵初等变换与线性方程组

1.3.1 矩阵的初等变换和矩阵的秩

把矩阵 $\boldsymbol{A}$ 化成行最简形的 MATLAB 命令为 rref。

例 1.21 设 $\boldsymbol{A}=\begin{bmatrix}1&2&3\\2&1&2\\1&3&4\end{bmatrix}$,用初等行变换法求 $\boldsymbol{A}^{-1}$。

解:做初等行变换,计算得

$$[\boldsymbol{A} \vdots \boldsymbol{E}]=\begin{bmatrix}1&2&3&\vdots&1&0&0\\2&1&2&\vdots&0&1&0\\1&3&4&\vdots&0&0&1\end{bmatrix}\sim\begin{bmatrix}1&0&0&\vdots&-2&1&1\\0&1&0&\vdots&-6&1&4\\0&0&1&\vdots&5&-1&-3\end{bmatrix},$$

所以 $\boldsymbol{A}^{-1}=\begin{bmatrix}-2&1&1\\-6&1&4\\5&-1&-3\end{bmatrix}$。

```
clc,clear
a = [1 2 3;2 1 2;1 3 4];ae = [a,eye(3)];
b = rref(ae)                 % 做初等行变换,把矩阵 ae 化成行最简形
c = inv(sym(a))              % 直接调用 MATLAB 求逆阵,为了精确求解,这里使用了符号矩阵
```

矩阵 $\boldsymbol{A}$ 的秩记为 $R(\boldsymbol{A})$，线性方程组 $\boldsymbol{Ax}=\boldsymbol{b}$ 的增广阵 $[\boldsymbol{A},\boldsymbol{b}]$ 的秩记为 $R(\boldsymbol{A},\boldsymbol{b})$。

例 1.22 设 $\boldsymbol{A}=\begin{bmatrix}1 & -2 & 2 & -1\\ 2 & -4 & 8 & 0\\ -2 & 4 & -2 & 3\\ 3 & -6 & 0 & -6\end{bmatrix}$，利用初等行变换求矩阵 $\boldsymbol{A}$ 的秩。

解：对矩阵 $\boldsymbol{A}$ 做初等行变换，计算得

$$\boldsymbol{A}=\begin{bmatrix}1 & -2 & 2 & -1\\ 2 & -4 & 8 & 0\\ -2 & 4 & -2 & 3\\ 3 & -6 & 0 & -6\end{bmatrix}\sim\begin{bmatrix}1 & -2 & 0 & -2\\ 0 & 0 & 1 & 0.5\\ 0 & 0 & 0 & 0\\ 0 & 0 & 0 & 0\end{bmatrix},$$

所以，矩阵 $\boldsymbol{A}$ 的秩为 2。

```
clc,clear
a=[1 -2 2 -1;2 -4 8 0;-2 4 -2 3;3 -6 0 -6];
b=rref(a)          % 把矩阵 a 化成行最简形
r=rank(a)          % 直接调用 MATLAB 工具箱求矩阵秩的命令
```

1.3.2 线性方程组的解

定理 1.5 n 元线性方程组 $\boldsymbol{Ax}=\boldsymbol{b}$：

(1) 无解的充分必要条件是 $R(\boldsymbol{A})<R(\boldsymbol{A},\boldsymbol{b})$。

(2) 有唯一解的充分必要条件是 $R(\boldsymbol{A})=R(\boldsymbol{A},\boldsymbol{b})=n$。

(3) 有无穷多解的充分必要条件是 $R(\boldsymbol{A})=R(\boldsymbol{A},\boldsymbol{b})<n$。

MATLAB 中求解线性方程组 $\boldsymbol{Ax}=\boldsymbol{b}$ 的命令为

```
x=pinv(A)*b     % 当 A 列满秩时,可以使用 x=A\b
```

无论数学上 $\boldsymbol{Ax}=\boldsymbol{b}$ 是否存在解，或者是多解，MATLAB 的求解命令 x = pinv(A) * b 总是给出唯一解，给出解的情况如下：

(1) 当方程组有无穷多解时，MATLAB 给出的是最小范数解。

(2) 当方程组无解时，MATLAB 给出的是最小二乘解(详见第 2 章)。

例 1.23 求非齐次方程组

$$\begin{cases}x_1+x_2-3x_3-x_4=1,\\ 3x_1-x_2-3x_3+4x_4=4,\\ x_1+5x_2-9x_3-8x_4=0\end{cases}$$

的通解。

解：求通解只能使用 MATLAB 命令 rref 把增广矩阵化成行最简形。

```
clc,clear,format rat              % 有理数的显示格式
a=[1 1 -3 -1;3 -1 -3 -4;1 5 -9 -8];b=[1 4 0]';
c=rref([a,b])
format                            % 恢复到短小数的默认显示格式
```

求得的行最简形为

```
c =
      1   0   -3/2   3/4    5/4
      0   1   -3/2   -7/4   -1/4
      0   0    0      0      0
```

通过行最简形可以写出原方程组的等价方程组为

$$\begin{cases} x_1 = \dfrac{3}{2}x_3 - \dfrac{3}{4}x_4 + \dfrac{5}{4}, \\ x_2 = \dfrac{3}{2}x_3 + \dfrac{7}{4}x_4 - \dfrac{1}{4}。\end{cases}$$

所以方程组的通解为

$$\begin{bmatrix} x_1 \\ x_2 \\ x_3 \\ x_4 \end{bmatrix} = c_1 \begin{bmatrix} 3/2 \\ 3/2 \\ 1 \\ 0 \end{bmatrix} + c_2 \begin{bmatrix} -3/4 \\ 7/4 \\ 0 \\ 1 \end{bmatrix} + \begin{bmatrix} 5/4 \\ -1/4 \\ 0 \\ 0 \end{bmatrix}, c_1, c_2 \in \mathbb{R}。$$

例 1.24 求解非齐次线性方程组

$$\begin{cases} x_1 - 2x_2 + 3x_3 - x_4 = 1, \\ 3x_1 - x_2 + 5x_3 - 3x_4 = 2, \\ 2x_1 + x_2 + 2x_3 - 2x_4 = 3。\end{cases}$$

解: 计算得系数矩阵的秩 $R(\boldsymbol{A}) = 2$,增广矩阵的秩 $R(\boldsymbol{A}, \boldsymbol{b}) = 3$,所以线性方程组无解,MATLAB 给出的最小二乘解为$[151/393 \quad 61/131 \quad 65/393 \quad -151/393]^{\mathrm{T}}$。所谓的最小二乘解是指方程组无解,把最小二乘解代入方程组,方程组两边的误差平方和最小。

计算的 MATLAB 程序如下:

```
clc,clear,format rat                  % 有理数的显示格式
a = [1  -2 3  -1;3  -1 5  -3;2 1 2  -2];b = [1 2 3]';
r1 = rank(a),r2 = rank([a,b])         % 求系数矩阵和增广矩阵的秩
x = pinv(a) * b                       % 这里不能使用 x = a\b
format                                % 恢复到短小数的默认显示格式
```

可以利用 MATLAB 求解线性方程组的命令,做线性最小二乘拟合。

例 1.25 已知(x,y)的 8 对观测值(x_i, y_i) $(i = 1, 2, \cdots, 8)$见表 1.4。拟合下列 3 类函数:

(1) $y = ax + b$;(2) $y = cx^2 + dx + e$;(3) $y = f\ln x + \dfrac{g}{x}$。

其中 $a, b, \cdots, g$ 是待定的参数。

表 1.4 (x,y)的 8 对观测值

x_i	1	2	3	4	5	6	7	8
y_i	8	12	7	14	15	16	18	21

分析：拟合参数 a,b，我们最希望的结果是把观测值代入 $y=ax+b$，得到的线性方程组

$$\begin{cases} y_1 = ax_1 + b, \\ \quad\vdots \\ y_8 = ax_8 + b \end{cases}$$

有解，而该线性方程组有两个未知数 a 和 b，有 8 个方程，一般情况下是无解的，求解该方程组，MATLAB 刚好就给出了最小二乘解。类似地，可以拟合另外两个函数。

利用 MATLAB 拟合的函数分别为

(1) $y=1.7738x+5.8929$；　(2) $y=0.1131x^2+0.7560x+7.5893$；

(3) $y=8.5557\ln x+\dfrac{7.6742}{x}$。

计算的 MATLAB 程序如下：

```
clc,clear
x0 = [1:8]';y0 = [8 12 7 14 15 16 18 21]';
xs = [x0,ones(8,1)];                     % 构造线性方程组的系数矩阵
ab1 = xs\y0                              % 拟合参数 a,b
ab2 = polyfit(x0,y0,1)                   % 直接利用 MATLAB 工具箱拟合 1 次多项式
cde = polyfit(x0,y0,2)                   % 直接利用 MATLAB 工具箱拟合 2 次多项式
xs3 = [log(x0),1./x0];                   % 构造拟合 f,g 时线性方程组的系数矩阵
fg = xs3\y0                              % 拟合参数 f 和 g
```

在求解大规模线性方程组时，为了提高求解效率，可以使用稀疏矩阵，使用稀疏矩阵比使用普通矩阵的效率可能提高 10 倍。

稀疏矩阵在数学上是指一个矩阵的零元素很多、非零元素很少的矩阵。在数据结构中，稀疏矩阵只是一种存储数据的方式，只存放矩阵中非零元素的行地址、列地址和非零元素值。

例 1.26　利用稀疏矩阵和普通矩阵两种格式分别求解方程组，并比较两种求解方式的效率。

$$\begin{cases} 4x_1 + x_2 = 1, \\ x_1 + 4x_2 + x_3 = 2, \\ x_2 + 4x_3 + x_4 = 3, \\ \quad\ddots \\ x_{998} + 4x_{999} + x_{1000} = 999, \\ x_{999} + 4x_{1000} = 1000。 \end{cases}$$

解：通过比较知道，稀疏矩阵比普通矩阵能提高效率数百倍。求解的 MATLAB 程序如下：

```
clc,clear,b = ones(1,999);
a1 = 4 * eye(1000) + diag(b,1) + diag(b,-1);       % 构造系数矩阵
c = [1:1000]';                                     % 常数项列
a2 = sparse(a1);          % 把 a1 转换为稀疏矩阵 a2,把稀疏矩阵换成普通矩阵的命令是 full
```

```
tic,x1 = a1 \c;toc                          % tic 为计时开始,toc 为计时结束
tic,x2 = a2 \c;toc
cha = sum(abs(x1 - x2))                     % 比较计算的误差
```

例 1.27 在图 1.7 所示的双杆系统中,已知杆 1 重 $G_1 = 300\text{N}$,长 $L_1 = 2\text{m}$,与水平方向的夹角为 $\theta_1 = \pi/6$,杆 2 重 $G_2 = 200\text{N}$,长 $L_2 = \sqrt{2}\,\text{m}$,与水平方向的夹角为 $\theta_2 = \pi/4$。三个铰接点 A,B,C 所在平面垂直于水平面。求杆 1、杆 2 在铰接点处所受到的力。

解:假设两杆都是均匀的,在铰接点处的受力情况如图 1.8 所示。记 $\theta_1 = \pi/6, \theta_2 = \pi/4$。

对于杆 1:水平方向受到的合力为零,故

$$N_1 = N_3;$$

竖直方向受到的合力为零,故

$$N_2 + N_4 = G_1。$$

以点 A 为支点的合力矩为零,故

$$(L_1\sin\theta_1)N_3 + (L_1\cos\theta_1)N_4 = \left(\frac{1}{2}L_1\cos\theta_1\right)G_1。$$

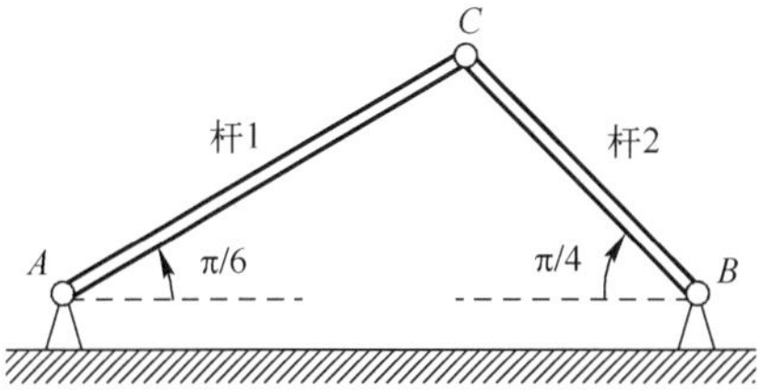

图 1.7 双杆系统

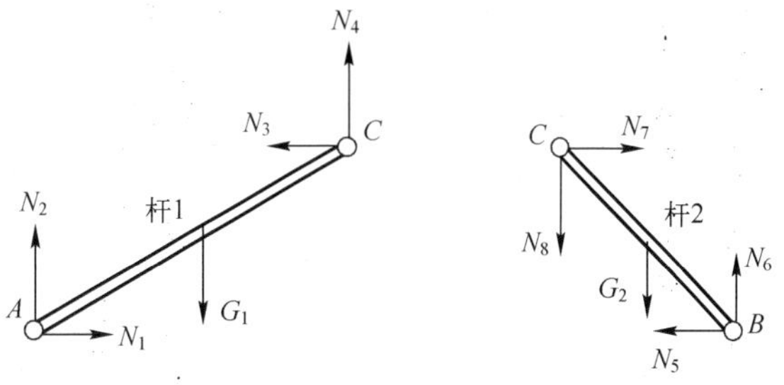

图 1.8 两杆受力情况

对于杆 2,类似地,有

$$N_5 = N_7, \quad N_6 = N_8 + G_2, \quad (L_2\sin\theta_2)N_7 = (L_2\cos\theta_2)N_8 + \left(\frac{1}{2}L_2\cos\theta_2\right)G_2。$$

此外还有

$$N_3 = N_7, N_4 = N_8。$$

将上述 8 个等式联立起来可以得到关于 $N_1, N_2, \cdots, N_8$ 的线性方程组:

$$\begin{cases}
N_1 - N_3 = 0, \\
N_2 + N_4 = G_1, \\
(L_1\sin\theta_1)N_3 + (L_1\cos\theta_1)N_4 = \left(\dfrac{1}{2}L_1\cos\theta_1\right)G_1, \\
N_5 - N_7 = 0, \\
N_6 - N_8 = G_2, \\
(L_2\sin\theta_2)N_7 - (L_2\cos\theta_2)N_8 = \left(\dfrac{1}{2}L_2\cos\theta_2\right)G_2, \\
N_3 - N_7 = 0, \\
N_4 - N_8 = 0。
\end{cases}$$

解线性方程组,得

$$N_1 = 158.4936, N_2 = 241.5064, N_3 = 158.4936, N_4 = 58.4936,$$
$$N_5 = 158.4936, N_6 = 258.4936, N_7 = 158.4936, N_8 = 58.4936。$$

计算的 MATLAB 程序如下:

```
clc,clear
G1 =300;L1 =2;theta1 =pi/6;G2 =200;L2 =sqrt(2);theta2 =pi/4;
a =zeros(8);a(1,[1 3]) =[1 -1];a(2,[2 4]) =1;
a(3,[3 4]) =L1 * [sin(theta1),cos(theta1)];
a(4,[5 7]) =[1 -1];a(5,[6 8]) =[1 -1];
a(6,[7 8]) =L2 * [sin(theta2) -cos(theta2)];
a(7,[3 7]) =[1 -1];a(8,[4 8]) =[1 -1];
b =[0 G1 L1 * cos(theta1) * G1/2 0 G2 L2 * cos(theta2) * G2/2 0 0]';
x =a\b
```

1.4 相似矩阵与二次型

1.4.1 施密特正交化方法

在线性代数中,如果内积空间上的一组向量能够张成一个子空间,那么这一组向量就成为这个子空间的一个基,施密特正交化过程提供了一种方法,能够将这组基转化为子空间的一组正交基,进而转化为标准正交基。

设向量空间 V 的一组基为 $\boldsymbol{\alpha}_1, \boldsymbol{\alpha}_2, \cdots, \boldsymbol{\alpha}_r$,取

$$\boldsymbol{\beta}_1 = \boldsymbol{\alpha}_1,$$
$$\boldsymbol{\beta}_2 = \boldsymbol{\alpha}_2 - \frac{[\boldsymbol{\beta}_1, \boldsymbol{\alpha}_2]}{[\boldsymbol{\beta}_1, \boldsymbol{\beta}_1]}\boldsymbol{\beta}_1,$$
$$\vdots$$
$$\boldsymbol{\beta}_r = \boldsymbol{\alpha}_r - \frac{[\boldsymbol{\beta}_1, \boldsymbol{\alpha}_r]}{[\boldsymbol{\beta}_1, \boldsymbol{\beta}_1]}\boldsymbol{\beta}_1 - \frac{[\boldsymbol{\beta}_2, \boldsymbol{\alpha}_r]}{[\boldsymbol{\beta}_2, \boldsymbol{\beta}_2]}\boldsymbol{\beta}_2 - \cdots - \frac{[\boldsymbol{\beta}_{r-1}, \boldsymbol{\alpha}_r]}{[\boldsymbol{\beta}_{r-1}, \boldsymbol{\beta}_{r-1}]}\boldsymbol{\beta}_{r-1},$$

容易验证 $\boldsymbol{\beta}_1, \boldsymbol{\beta}_2, \cdots, \boldsymbol{\beta}_r$ 两两正交,且 $\boldsymbol{\beta}_1, \boldsymbol{\beta}_2, \cdots, \boldsymbol{\beta}_r$ 与 $\boldsymbol{\alpha}_1, \boldsymbol{\alpha}_2, \cdots, \boldsymbol{\alpha}_r$ 等价,其中 $[\boldsymbol{\beta}_i, \boldsymbol{\beta}_j] = \boldsymbol{\beta}_i^{\mathrm{T}}\boldsymbol{\beta}_j$,为向量 $\boldsymbol{\beta}_i$ 和 $\boldsymbol{\beta}_j$ 的内积。

把它们单位化,即取

$$\boldsymbol{e}_1 = \frac{\boldsymbol{\beta}_1}{\|\boldsymbol{\beta}_1\|}, \boldsymbol{e}_2 = \frac{\boldsymbol{\beta}_2}{\|\boldsymbol{\beta}_2\|}, \cdots, \boldsymbol{e}_r = \frac{\boldsymbol{\beta}_r}{\|\boldsymbol{\beta}_r\|},$$

就是 V 的一个规范正交基。

上述从线性无关向量组 $\boldsymbol{\alpha}_1, \boldsymbol{\alpha}_2, \cdots, \boldsymbol{\alpha}_r$ 导出正交向量组 $\boldsymbol{\beta}_1, \boldsymbol{\beta}_2, \cdots, \boldsymbol{\beta}_r$ 的过程称为施密特(Schmidt)正交化方法。

例 1.28 设 $\boldsymbol{\alpha}_1 = \begin{bmatrix} 1 \\ 2 \\ -1 \end{bmatrix}, \boldsymbol{\alpha}_2 = \begin{bmatrix} -1 \\ 3 \\ 1 \end{bmatrix}, \boldsymbol{\alpha}_3 = \begin{bmatrix} 4 \\ -1 \\ 0 \end{bmatrix}$,试用施密特正交化过程把这组向量规范正交化。

```
clc,clear
a = [1  -1 4;2 3  -1; -1 1 0];              % 输入矩阵,由线性无关的列向量组构成
a = sym(a)                                  % 为了和手工计算结果一样,使用符号运算
[m,n] = size(a)                             % 求矩阵的行数和列数
e(:,1) = a(:,1)/norm(a(:,1));               % 归一化
for j = 2:n                                 % 求解第 j 个列正交向量
    bj = a(:,j);
    for i = 1:j -1
        bj = bj - (e(:,i)' * bj) * e(:,i);  % 减去新加入向量在已构造好向量上的投影
    end
    e(:,j) = bj/norm(bj);                   % 归一化
end
e = simplify(e);pretty(e)                   % 以书写格式显示求得的列规范化向量构成的矩阵
```

说明:MATLAB 工具箱中也有正交化命令 orth,但它的算法不是施密特正交化算法。为了以后应用方便,我们定义了自己的施密特正交化函数如下。

```
function B = myschmidt(a);                     % 自定义的施密特正交化函数
a = sym(a);                                    % 为了和手工计算结果一样,使用符号运算
[m,n] = size(a);                               % 求矩阵的行数和列数
e(:,1) = a(:,1)/norm(a(:,1));                  % 归一化
for j = 2:n                                    % 求解第 j 个列正交向量
    bj = a(:,j);
    for i = 1:j -1
        bj = bj - (e(:,i)' * bj) * e(:,i);     % 减去新加入向量在已构造好向量上的投影
    end
    e(:,j) = bj/norm(bj);                      % 归一化
end
B = simplify(e);
```

1.4.2 矩阵的特征值与特征向量

对于线性变换 $\boldsymbol{y} = \boldsymbol{Ax}$,向量 $\boldsymbol{x}$ 在线性变换的过程中,主要发生旋转和伸缩的变换。设列向量 $\boldsymbol{x} \neq \boldsymbol{0}$,$\lambda$ 是一个数,如果通过变换矩阵 $\boldsymbol{A}$ 使得 $\boldsymbol{Ax} = \lambda\boldsymbol{x}$,即线性变换将 $\boldsymbol{x}$ 拉长或压缩了 λ 倍。其中 λ 为矩阵 $\boldsymbol{A}$ 的特征值,非零向量 $\boldsymbol{x}$ 为对应于特征值 λ 的特征向量。可以说特征向量在一个矩阵的作用下做伸缩运动,特征值 λ 决定了伸缩的幅度:$\lambda > 1$,则向量拉长;$0 < \lambda < 1$,向量缩短;$\lambda < 0$,向量变到反方向。可见,特征向量是线性不变量,以三维空间为例,通俗地说,线性变换把一条线(向量),变成另一条线(向量),一般情况下变换前后向量的方向和长度都会发生改变,但是特征向量只是改变了长度,而没有改变方向,当特征向量变化到反方向时,把符号给特征值,即特征值是负的。矩阵的特征值和特征向量在工程上有广泛的应用,本节首先介绍 MATLAB 工具箱中与特征值和特征向量有关的函数。

1. 函数 eig

MATLAB 求特征向量和特征值的命令为

```
[V,D] = eig(A)
```

其中,返回值 D 是对角矩阵,对角线元素为矩阵 A 的特征值,V 的列是对应于特征值的特征向量。

2. 函数 poly

```
p = poly(A)
```

其中,A 是一个 $n\times n$ 的矩阵时,此函数返回矩阵 A 的特征多项式 p,p 是 $n+1$ 维向量;A 是向量时,此函数返回以向量中的元素为根的多项式。

3. 函数 trace

```
trace(A)
```

计算矩阵 A 的迹,即矩阵 A 对角线元素的和,也等于所有特征值的和。

下面给出 MATLAB 相关函数的一些计算例子。

例 1.29 求 $\boldsymbol{A}=\begin{bmatrix}-1&1&0\\-4&3&0\\1&0&2\end{bmatrix}$ 的特征值与特征向量。

解: 特征多项式 $|\boldsymbol{A}-\lambda\boldsymbol{E}|=\begin{vmatrix}-1-\lambda&1&0\\-4&3-\lambda&0\\1&0&2-\lambda\end{vmatrix}=(2-\lambda)(1-\lambda)^2$,所以 $\boldsymbol{A}$ 的特征值为 $\lambda_1=2,\lambda_2=\lambda_3=1$。

求 $\lambda_1=2$ 的特征向量,解方程 $(\boldsymbol{A}-2\boldsymbol{E})\boldsymbol{x}=\boldsymbol{0}$,得到特征向量

$$\boldsymbol{p}_1=\begin{bmatrix}0\\0\\1\end{bmatrix}。$$

求 $\lambda_2=\lambda_3=1$ 的特征向量,解方程 $(\boldsymbol{A}-\boldsymbol{E})\boldsymbol{x}=0$,得到特征向量

$$\boldsymbol{p}_2=\begin{bmatrix}-1\\-2\\1\end{bmatrix}。$$

```
clc,clear
a = [-1 1 0;-4 3 0;1 0 2];
p = poly(a)          % 计算特征多项式
r = roots(p)         % 计算特征根
[vec,val] = eig(a)   % 直接求得特征向量 vec 和特征值 val
```

例 1.30 已知 $\boldsymbol{p}=\begin{bmatrix}1\\1\\-1\end{bmatrix}$ 是矩阵 $\boldsymbol{A}=\begin{bmatrix}2&-1&2\\5&a&3\\-1&b&-2\end{bmatrix}$ 的一个特征向量,求参数 a,b 及特征向量 $\boldsymbol{p}$ 所对应的特征值。

解:设特征向量 $\boldsymbol{p}$ 所对应的特征值为 t,则 $\boldsymbol{A}\boldsymbol{p}=t\boldsymbol{p}$,解矩阵方程 $\boldsymbol{A}\boldsymbol{p}-t\boldsymbol{p}=0$,其中 a,b,t 为未知数,就可以求得所求问题的解。利用 MATLAB 求得

$$a=-3,b=0,t=-1。$$

计算的 MATLAB 程序如下:

```
clc,clear,syms a b t          % 定义符号变量
p = [1 1 -1]';A = [2 -1 2;5 a 3;-1 b -2];
eq = A * p - t * p            % 定义符号方程组
[a,b,t] = solve(eq)           % 解符号方程
```

例 1.31 设矩阵 $\boldsymbol{A}=\begin{bmatrix}1&-2&-4\\-2&x&-2\\-4&-2&1\end{bmatrix}$ 与 $\boldsymbol{B}=\begin{bmatrix}5&&\\&-4&\\&&y\end{bmatrix}$ 相似,求 x,y;并求一个正交阵 $\boldsymbol{P}$,使 $\boldsymbol{P}^{-1}\boldsymbol{A}\boldsymbol{P}=\boldsymbol{B}$。

由于矩阵 $\boldsymbol{A}$ 和 $\boldsymbol{B}$ 相似,所以它们的特征值相同,设它们的特征值为 $\lambda_1,\lambda_2,\lambda_3$。则有 $\det\boldsymbol{A}=\det\boldsymbol{B}=\lambda_1\lambda_2\lambda_3$,$\mathrm{tr}\boldsymbol{A}=\mathrm{tr}\boldsymbol{B}=\lambda_1+\lambda_2+\lambda_3$,这里 $\det\boldsymbol{A}$ 表示矩阵 $\boldsymbol{A}$ 的行列式,$\mathrm{tr}\boldsymbol{A}$ 表示矩阵 $\boldsymbol{A}$ 的迹。解关于 x,y 的方程组

$$\begin{cases}\det\boldsymbol{A}=\det\boldsymbol{B},\\ \mathrm{tr}\boldsymbol{A}=\mathrm{tr}\boldsymbol{B}\end{cases}$$

就可以求得 x,y 的值。对于数值矩阵 $\boldsymbol{A}$,所需要的正交矩阵 $\boldsymbol{P}$,刚好就是[V,D] = eig(A)中的返回值 V。

对于符号矩阵 $\boldsymbol{A}$,[V,D] = eig(A)返回值中 V 和 D 满足 $V^{-1}AV=D$,但 V 不是正交阵。可以利用施密特正交化方法,把相似矩阵 V 转换为正交矩阵。

利用 MATLAB 求得 $x=4,y=5$,正交矩阵

$$\boldsymbol{P}=\begin{bmatrix}\frac{2}{3}&-\frac{\sqrt{5}}{5}&-\frac{4\sqrt{5}}{15}\\\frac{1}{3}&\frac{2\sqrt{5}}{5}&-\frac{2\sqrt{5}}{15}\\\frac{2}{3}&0&\frac{\sqrt{5}}{3}\end{bmatrix}。$$

计算的 MATLAB 程序如下:

```
clc,clear,syms x y
A = [1 -2 -4;-2 x -2;-4 -2 1];B = diag([5 -4 y]);% 定义符号矩阵
eq1 = det(A) - det(B)             % 定义第 1 个符号方程
eq2 = trace(A) - trace(B)         % 定义第 2 个符号方程
[x0,y0] = solve(eq1,eq2)          % 解符号代数方程组
A = subs(A,{x,y},{x0,y0})         % 符号矩阵 A 中代入 x,y 的取值
[V1,D1] = eig(double(A))          % 求数值矩阵的特征向量和特征值
[V2,D2] = eig(A)                  % 求符号矩阵的特征向量和特征值
V2 = myschmidt(V2)                % 利用 Schmidt 正交化方法把相似矩阵 V2 变换成正交矩阵
pretty(V2)                        % 书写习惯的显示格式
```

例 1.32 在某国家,每年有比例为 p 的农村居民移居城镇,有比例为 q 的城镇居民移居农村。假设该国总人数不变,且上述人口迁移的规律也不变。把 n 年后农村人口和城镇人口占总人口的比例依次记为 x_n 和 $y_n(x_n+y_n=1)$。

(1) 求关系式 $\begin{bmatrix} x_{n+1} \\ y_{n+1} \end{bmatrix} = \boldsymbol{A}\begin{bmatrix} x_n \\ y_n \end{bmatrix}$ 中的矩阵 $\boldsymbol{A}$;

(2) 设目前农村人口与城镇人口相等,即 $\begin{bmatrix} x_0 \\ y_0 \end{bmatrix} = \begin{bmatrix} 0.5 \\ 0.5 \end{bmatrix}$,求 $\begin{bmatrix} x_n \\ y_n \end{bmatrix}$。

解:(1) 由题设,有

$$\begin{cases} x_{n+1} = (1-p)x_n + qy_n, \\ y_{n+1} = px_n + (1-q)y_n, \end{cases}$$

即

$$\begin{bmatrix} x_{n+1} \\ y_{n+1} \end{bmatrix} = \begin{bmatrix} 1-p & q \\ p & 1-q \end{bmatrix}\begin{bmatrix} x_n \\ y_n \end{bmatrix}, \tag{1-20}$$

故 $\boldsymbol{A} = \begin{bmatrix} 1-p & q \\ p & 1-q \end{bmatrix}$。

(2) 由式(1-20),得

$$\begin{bmatrix} x_n \\ y_n \end{bmatrix} = \boldsymbol{A}\begin{bmatrix} x_{n-1} \\ y_{n-1} \end{bmatrix} = \cdots = \boldsymbol{A}^n\begin{bmatrix} x_0 \\ y_0 \end{bmatrix} = \frac{1}{2}\boldsymbol{A}^n\begin{bmatrix} 1 \\ 1 \end{bmatrix}。$$

为了求 $\boldsymbol{A}^n$,需要把矩阵 $\boldsymbol{A}$ 相似对角化。先求 $\boldsymbol{A}$ 的特征值和特征向量,易求得 $\boldsymbol{A}$ 的特征值 $\lambda_1=1,\lambda_2=1-p-q$。

对应于 $\lambda_1=1$ 的特征向量为 $\boldsymbol{\xi}_1 = \begin{bmatrix} q/p \\ 1 \end{bmatrix}$;对应于 $\lambda_2=1-p-q$ 的特征向量为 $\boldsymbol{\xi}_2 = \begin{bmatrix} -1 \\ 1 \end{bmatrix}$,令 $\boldsymbol{P}=[\xi_1,\xi_2]$,则 $\boldsymbol{P}$ 可逆,且 $\boldsymbol{P}^{-1}\boldsymbol{AP} = \begin{bmatrix} 1 & 0 \\ 0 & r \end{bmatrix}$,其中 $r=1-p-q$。因此,有

$$\boldsymbol{A} = \boldsymbol{P}\begin{bmatrix} 1 & 0 \\ 0 & r \end{bmatrix}\boldsymbol{P}^{-1},$$

$$\begin{bmatrix} x_n \\ y_n \end{bmatrix} = \frac{1}{2}\boldsymbol{A}^n\begin{bmatrix} 1 \\ 1 \end{bmatrix} = \frac{1}{2}\boldsymbol{P}\begin{bmatrix} 1 & 0 \\ 0 & r^n \end{bmatrix}\boldsymbol{P}^{-1}\begin{bmatrix} 1 \\ 1 \end{bmatrix}$$

$$= \frac{1}{2(p+q)}\begin{bmatrix} 2q+(p-q)r^n \\ 2p+(q-p)r^n \end{bmatrix}, r=1-p-q。$$

计算的 MATLAB 程序如下:

```
clc,clear,syms p q
syms n positive                          % 如果不定义 n 为正,下面的符号表达式无法化简
A = [1 -p,q;p,1 -q];P = charpoly(A)      % 求特征多项式
t = roots(P)                             % 求特征值
[V,D] = eig(A)                 % 直接求特征向量和特征值,上面的求特征值实际上是不需要的
An = V * D.^n * inv(V),An = simplify(An) % 求 A 的 n 次幂,并进行化简
Xn = 1/2 * An * [1;1];Xn = simplify(Xn)
```

例 1.33 求一个正交变换，把二次型

$$f = -2x_1x_2 + 2x_1x_3 + 2x_2x_3$$

化为标准形。

解：二次型的矩阵为

$$A = \begin{bmatrix} 0 & -1 & 1 \\ -1 & 0 & 1 \\ 1 & 1 & 0 \end{bmatrix},$$

可以求得正交矩阵

$$P = \begin{bmatrix} -\frac{\sqrt{3}}{3} & -\frac{\sqrt{2}}{2} & \frac{\sqrt{6}}{6} \\ -\frac{\sqrt{3}}{3} & \frac{\sqrt{2}}{2} & \frac{\sqrt{6}}{6} \\ \frac{\sqrt{3}}{3} & 0 & \frac{\sqrt{6}}{3} \end{bmatrix},$$

使

$$P^{-1}AP = \Lambda = \begin{bmatrix} -2 & 0 & 0 \\ 0 & 1 & 0 \\ 0 & 0 & 1 \end{bmatrix},$$

于是有正交变换

$$\begin{bmatrix} x_1 \\ x_2 \\ x_3 \end{bmatrix} = \begin{bmatrix} -\frac{\sqrt{3}}{3} & -\frac{\sqrt{2}}{2} & \frac{\sqrt{6}}{6} \\ -\frac{\sqrt{3}}{3} & \frac{\sqrt{2}}{2} & \frac{\sqrt{6}}{6} \\ \frac{\sqrt{3}}{3} & 0 & \frac{\sqrt{6}}{3} \end{bmatrix} \begin{bmatrix} y_1 \\ y_2 \\ y_3 \end{bmatrix},$$

把二次型 f 化成标准形，得

$$f = -2y_1^2 + y_2^2 + y_3^2。$$

```
clc,clear
a = [0 -1 1; -1 0 1;1 1 0];
a = sym(a)                  % 把数值矩阵转换成符号矩阵
[v,d] = eig(a)              % 求符号矩阵的特征向量和特征值
v = myschmidt(v)            % 把特征向量进行施密特正交化
pretty(v)                   % 以书写习惯的方式显示
```

例 1.34 设 $A = \begin{bmatrix} 2 & 1 & 2 \\ 1 & 2 & 2 \\ 2 & 2 & 1 \end{bmatrix}$，求 $\phi(A) = A^{10} - 6A^9 + 5A^8$。

如果手工操做，需要把矩阵 A 相似对角化。这里直接利用 MATLAB 求解，使用三种方式计算矩阵多项式，并比较三种方法的效率。

```
clc,clear
```

```
f1 =@ (x,k)(factorial(10)/factorial(10 -k) * x.^(10 -k) -6 * factorial(9)/fac-
torial(9 -k) * x.^(9 -k) +5 * factorial(8)/factorial(8 -k) * x.^(8 -k)) * (k< =8)
 +(factorial(10) * x -6 * factorial(9)) * (k ==9) + factorial(10) * (k ==10);
f2 =@ (x)x^10 -6 * x^9 +5 * x^8;                % 定义多项式的匿名函数
A = [2 1 2;1 2 2;2 2 1];
tic,B1 = funm(A,f1),toc                         % 调用 MATLAB 函数 funm 计算矩阵函数
tic,B2 =A^10 -6 * A^9 +5 * A^8,toc              % 直接写出表达式计算
tic,B3 = f2(A),toc                              % 利用自定义匿名函数计算
```

说明:使用 MATLAB 函数 funm(A,fun)计算矩阵函数,一般要求函数具有收敛半径 $r=+\infty$ 的泰勒级数,函数 fun 的返回值是函数的各阶导数,对于本例中的函数 $\phi(x)=x^{10}-6x^9+5x^8$,它的各阶导数为

$$\phi^{(k)}(x)=\begin{cases}\dfrac{10!}{(10-k)!}x^{10-k}-6\cdot\dfrac{9!}{(9-k)!}x^{9-k}+5\cdot\dfrac{8!}{(9-k)!}x^{8-k}, & k\leqslant 8\\ 10!\ x-6\cdot 9!, & k=9,\\ 10!, & k=10,\\ 0, & k>10。\end{cases}$$

计算结果表明,使用 MATLAB 的一般矩阵函数求解,效率并不高。使用自定义的匿名函数计算效率最高。

1.4.3 最大模特征值及对应的特征向量

求矩阵最大模特征值和特征向量的应用很多,例如应用在层次分析法、马尔科夫链和 PageRank 等算法中,下面首先介绍 MATLAB 的求解命令。

求矩阵模最大的特征值及对应的特征向量的命令为

```
[V,D] = eigs(A,1)
```

其中,D 返回的是模最大的特征值,V 是模最大特征值对应的特征向量。

```
[V,D] = eigs(A,k,sigma)
```

其中,sigma 可取的值如下:

'lm':求前 k 个最大模的特征值及对应的特征向量。

'sm':求后 k 个最小模的特征值及对应的特征向量。

例 1.35 设有半径为 1 的球,球心在坐标原点。球上点 $P(x_1,x_2,x_3)$ 处的温度(℃)为

$$T(x_1,x_2,x_3)=3x_1^2+6x_2^2+x_3^2+2x_1x_2+4x_1x_3-4x_2x_3。$$

问球面上哪些点处温度最高,哪些点处温度最低,最高温度和最低温度分别是多少?

解:二次型 $T(x_1,x_2,x_3)$ 对应的矩阵

$$\boldsymbol{A}=\begin{bmatrix}3 & 1 & 2\\ 1 & 6 & -2\\ 2 & -2 & 1\end{bmatrix},$$

做正交变换,得

$$\begin{bmatrix}x_1\\x_2\\x_3\end{bmatrix}=\begin{bmatrix}-0.4905 & -0.8663 & -0.0946\\0.3054 & -0.0693 & -0.9497\\0.8162 & -0.4947 & 0.2986\end{bmatrix}\begin{bmatrix}y_1\\y_2\\y_3\end{bmatrix},$$

把二次型 $T(x_1,x_2,x_3)$ 化为 $T_2(y_1,y_2,y_3)=-0.9504y_1^2+4.2221y_2^2+6.7283y_3^2$，从而二次型 $T_2(y_1,y_2,y_3)$ 的最小值为 -0.9504，在 $[y_1,y_2,y_3]=[\pm1,0,0]^{\mathrm{T}}$ 达到；最大值为 6.7283，在 $[y_1,y_2,y_3]=[0,0,\pm1]^{\mathrm{T}}$ 达到。

对应地，二次型 $T(x_1,x_2,x_3)$ 的最小值也为 -0.9504，在

$$\begin{bmatrix}x_1\\x_2\\x_3\end{bmatrix}=\pm\begin{bmatrix}-0.4905 & -0.8663 & -0.0946\\0.3054 & -0.0693 & -0.9497\\0.8162 & -0.4947 & 0.2986\end{bmatrix}\begin{bmatrix}1\\0\\0\end{bmatrix}$$

达到最小值，即

$$\begin{bmatrix}x_1\\x_2\\x_3\end{bmatrix}=\begin{bmatrix}-0.4905\\0.3054\\0.8162\end{bmatrix}\text{或}\begin{bmatrix}x_1\\x_2\\x_3\end{bmatrix}=\begin{bmatrix}0.4905\\-0.3054\\-0.8162\end{bmatrix}$$

二次型达到最小值。

同理求得，二次型在

$$\begin{bmatrix}x_1\\x_2\\x_3\end{bmatrix}=\begin{bmatrix}-0.0946\\-0.9497\\0.2986\end{bmatrix}\text{或}\begin{bmatrix}x_1\\x_2\\x_3\end{bmatrix}=\begin{bmatrix}0.0946\\0.9497\\-0.2986\end{bmatrix}$$

达到最大值 6.7283。

由于正交变换把单位球面变换到单位球面，因而在单位球面上，有

$$-0.9504\leqslant T_2(y_1,y_2,y_3)=-0.9504y_1^2+4.2221y_2^2+6.7283y_3^2\leqslant6.7283。$$

即二次型对应矩阵 $\boldsymbol{A}$ 的最大特征值为二次型的最大值；二次型对应矩阵 $\boldsymbol{A}$ 的最小特征值为二次型的最小值。

设 $\lambda_{\max}$ 为矩阵 $\boldsymbol{A}$ 的最大特征值，对应的单位特征向量为 $\boldsymbol{v}$，即有

$$\boldsymbol{A}\boldsymbol{v}=\lambda_{\max}\boldsymbol{v},\ \|\boldsymbol{v}\|=1。$$

所以 $\boldsymbol{v}^{\mathrm{T}}\boldsymbol{A}\boldsymbol{v}=\lambda_{\max}\|\boldsymbol{v}\|^2=\lambda_{\max}$，因而二次型在矩阵的最大特征值对应的单位特征向量上取得最大值。下面利用 MATLAB 程序很简洁地进行计算。

计算的 MATLAB 程序如下：

```
clc,clear
a=[3 1 2;1 6 -2;2 -2 1];
[v1,d1]=eigs(a,1)       % 求最大特征值及对应的单位特征向量，±单位特征向量即为最大点
[v2,d2]=eigs(a,1,'sm')% 求最小特征值及对应的单位特征向量，±单位特征向量即为最小点
% 下面用另一种方法求最大点与最小点
[v,d]=eig(a)            % 求所有的特征值及对应的特征向量
vv1=v*[0 0 1]'          % 求一个最大点,另一个最大点为相反数的向量
vv2=v*[1 0 0]'          % 求一个最小点
```

1.4.4 层次分析法

层次分析法(the Analytic Hierarchy Process, AHP),在 20 世纪 70 年代中期由美国运筹学家托马斯·塞蒂(T. L. Saaty)正式提出。它是一种定性和定量相结合、系统化、层次化的分析方法。层次分析法是将决策问题按总目标、各层子目标、评价准则直至具体备选方案的顺序分解为不同的层次结构,然后用求解判断矩阵归一化特征向量的办法,求得每一层次的各元素对上一层次某元素的优先权重,最后加权递归各备选方案对总目标的最终权重,权重最大的即为最优方案。层次分析法比较适合于具有分层交错评价指标的目标系统,而且目标值又难于定量描述的决策问题。本节我们将通过一个具体的案例介绍层次分析法的应用和求解。

例 1.36 某单位拟从 3 名干部中选拔 1 人担任领导职务,选拔的标准有健康状况、业务知识、写作能力、口才、政策水平和工作作风。把这 6 个标准进行成对比较后,得到判断矩阵 $\boldsymbol{A}$ 如下:

$$\boldsymbol{A}=\begin{array}{r}\text{健康状况}\\\text{业务知识}\\\text{写作能力}\\\text{口才}\\\text{政策水平}\\\text{工作作风}\end{array}\begin{bmatrix}1 & 1 & 1 & 4 & 1 & 1/2\\1 & 1 & 2 & 4 & 1 & 1/2\\1 & 1/2 & 1 & 5 & 3 & 1/2\\1/4 & 1/4 & 1/5 & 1 & 1/3 & 1/3\\1 & 1 & 1/3 & 3 & 1 & 1\\2 & 2 & 2 & 3 & 1 & 1\end{bmatrix}。$$

矩阵 $\boldsymbol{A}$ 表明,这个单位选拔干部时最重视工作作风,而最不重视口才。$\boldsymbol{A}$ 的最大特征值为 6.4203,相应的特征向量为

$$\boldsymbol{B}_1=[0.1584\quad 0.1892\quad 0.1980\quad 0.0483\quad 0.1502\quad 0.2558]^{\mathrm{T}}。$$

用Ⅰ、Ⅱ、Ⅲ表示 3 个干部,假设成对比较的结果为

健康情况

$$\begin{array}{c}\\ \text{Ⅰ}\\ \text{Ⅱ}\\ \text{Ⅲ}\end{array}\begin{array}{c}\begin{array}{ccc}\text{Ⅰ} & \text{Ⅱ} & \text{Ⅲ}\end{array}\\ \begin{bmatrix}1 & 1/4 & 1/2\\4 & 1 & 3\\2 & 1/3 & 1\end{bmatrix}\end{array}$$

业务知识

$$\begin{array}{c}\\ \text{Ⅰ}\\ \text{Ⅱ}\\ \text{Ⅲ}\end{array}\begin{array}{c}\begin{array}{ccc}\text{Ⅰ} & \text{Ⅱ} & \text{Ⅲ}\end{array}\\ \begin{bmatrix}1 & 1/4 & 1/5\\4 & 1 & 1/2\\5 & 2 & 1\end{bmatrix}\end{array}$$

写作能力

$$\begin{array}{c}\\ \text{Ⅰ}\\ \text{Ⅱ}\\ \text{Ⅲ}\end{array}\begin{array}{c}\begin{array}{ccc}\text{Ⅰ} & \text{Ⅱ} & \text{Ⅲ}\end{array}\\ \begin{bmatrix}1 & 3 & 1/3\\1/3 & 1 & 1\\3 & 1 & 1\end{bmatrix}\end{array}$$

口才

$$\begin{array}{c}\\ \text{Ⅰ}\\ \text{Ⅱ}\\ \text{Ⅲ}\end{array}\begin{array}{c}\begin{array}{ccc}\text{Ⅰ} & \text{Ⅱ} & \text{Ⅲ}\end{array}\\ \begin{bmatrix}1 & 1/4 & 1/2\\4 & 1 & 3\\2 & 1/3 & 1\end{bmatrix}\end{array}$$

政策水平

$$\begin{array}{c}\\ \text{Ⅰ}\\ \text{Ⅱ}\\ \text{Ⅲ}\end{array}\begin{array}{c}\begin{array}{ccc}\text{Ⅰ} & \text{Ⅱ} & \text{Ⅲ}\end{array}\\ \begin{bmatrix}1 & 1/4 & 1/5\\4 & 1 & 1/2\\5 & 2 & 1\end{bmatrix}\end{array}$$

工作水平

$$\begin{array}{c}\\ \text{Ⅰ}\\ \text{Ⅱ}\\ \text{Ⅲ}\end{array}\begin{array}{c}\begin{array}{ccc}\text{Ⅰ} & \text{Ⅱ} & \text{Ⅲ}\end{array}\\ \begin{bmatrix}1 & 3 & 1/3\\1/3 & 1 & 1\\3 & 1 & 1\end{bmatrix}\end{array}$$

由此可求得各属性的最大特征值,见表 1.5。

表 1.5 各属性的最大特征值

属　性	健康水平	业务知识	写作能力	口　才	政策水平	工作作风
最大特征值	3.0183	3.0246	3.5608	3.0649	3.0000	3.2085

把对应的特征向量，按列组成矩阵 $\boldsymbol{B}_2$，得

$$\boldsymbol{B}_2=\begin{bmatrix}0.1365 & 0.0974 & 0.3189 & 0.2790 & 0.4667 & 0.7720\\0.6250 & 0.3331 & 0.2211 & 0.6491 & 0.4667 & 0.1734\\0.2385 & 0.5695 & 0.4600 & 0.0719 & 0.0667 & 0.0545\end{bmatrix}。$$

从而，得各对象的评价值

$$\boldsymbol{B}_3=\boldsymbol{B}_2\boldsymbol{B}_1=[0.3843\quad 0.3517\quad 0.2641]^{\mathrm{T}}。$$

即在 3 人中应选拔 I 担任领导职务。

计算的 MATLAB 程序如下：

```
clc,clear
a = [1 1 1 4 1 1/2;1 1 2 4 1 1/2;1 1/2 1 5 3 1/2;
  1/4 1/4 1/5 1 1/3 1/3;1 1 1/3 3 1 1;2 2 2 3 1 1];
[v1,d1] = eigs(a,1)                 % 求矩阵 a 模最大的特征值及对应的特征向量
B1 = v1 /sum(v1)                    % 归一化
a1 = [1 1/4 1/2;4 1 3;2 1/3 1];     % 健康情况的判断矩阵
a2 = [1 1/4 1/5;4 1 1/2;5 2 1];     % 业务知识的判断矩阵
a3 = [1 3 1/3;1/3 1 1;3 1 1];       % 写作能力的判断矩阵
a4 = [1 1/3 5;3 1 7;1/5 1/7 1];     % 口才的判断矩阵
a5 = [1 1 7;1 1 7;1/7 1/7 1];       % 政策水平的判断矩阵
a6 = [1 7 9;1/7 1 5;1/9 1/5 1];     % 工作作风的判断矩阵
lambda = [];B2 = [];                % 初始化
for i =1:6
    str = ['[v,d] = eigs(a',int2str(i),',',int2str(1),');v = v/sum(v);']
                                                  % 构造下面执行语句的字符串
    eval(str)                       % 执行 str 对应的命令
    lambda = [lambda,d];B2 = [B2,v];
end
lambda,B2                           % 显示计算结果
B3 = B2 * B1                        % 求各对象的评价值
```

1.4.5 马尔科夫链

一个随机实验的结果有多种可能性，在数学上用一个随机变量（或随机向量）描述。在许多情况下，人们不仅需要对随机现象进行一次观测，而且要进行多次，甚至接连不断地观测它的变化过程。这就要研究无限多个随机变量，即一族随机变量。随机过程理论就是研究随机现象变化过程的概率规律性的。现实世界中有很多这样的现象，某一系统在已知现在情况的条件下，其未来时刻的情况只与现在有关，而与过去的历史无直接关系。例如，研究一个商店的累计销售额，如果现在时刻的累计销售额已知，则未来某一时刻的累计销售额与现在时刻以前的任一时刻累计销售额无关，描述这类随机现象的数学模型称为马尔科夫模型。马尔科夫链（Markov Chain）描述的正是这样一种状态序列，其每个状态值取决于前面有限个状态。

定义 1.3 设 $\{\xi_t, t\in T\}$ 是一族随机变量，T 是一个实数集合，若对任意实数 $t\in T$，ξ_t

是一个随机变量，则称$\{\xi_t, t \in T\}$为随机过程。

定义 1.4 设$\{\xi_n, n=1,2,\cdots\}$是一个随机序列，状态空间E为有限或可列集，对于任意的正整数m,n，若$i,j,i_k \in E(k=1,\cdots,n-1)$，有

$$P\{\xi_{n+m}=j|\xi_n=i,\xi_{n-1}=i_{n-1},\cdots,\xi_1=i_1\}=P\{\xi_{n+m}=j|\xi_n=i\}, \qquad (1-21)$$

则称$\{\xi_n, n=1,2,\cdots\}$为一个马尔可夫链（简称马氏链），式（1-21）称为马氏性。

事实上，可以证明若式（1-21）对于$m=1$成立，则它对于任意的正整数m也成立。因此，只要当$m=1$时式（1-21）成立，就可以称随机序列$\{\xi_n, n=1,2,\cdots\}$具有马氏性，即$\{\xi_n, n=1,2,\cdots\}$是一个马氏链。

定义 1.5 设$\{\xi_n, n=1,2,\cdots\}$是一个马氏链。如果式（1-21）右边的条件概率与n无关，即

$$P\{\xi_{n+m}=j|\xi_n=i\}=p_{ij}(m), \qquad (1-22)$$

则称$\{\xi_n, n=1,2,\cdots\}$为时齐的马氏链。称$p_{ij}(m)$为系统由状态i经过m个时间间隔（或m步）转移到状态j的转移概率。式（1-22）称为时齐性。它的含义：系统由状态i到状态j的转移概率只依赖于时间间隔的长短，与起始的时刻无关。

定义 1.6 对于一个马氏链$\{\xi_n, n=1,2,\cdots\}$，状态空间$E=\{1,2,\cdots,N\}$，称以m步转移概率$p_{ij}(m)$为元素的矩阵$\boldsymbol{P}(m)=(p_{ij}(m))$为马氏链的$m$步转移矩阵。当$m=1$时，记$\boldsymbol{P}(1)=\boldsymbol{P}$称为马氏链的一步转移矩阵，简称转移矩阵。

定理 1.6 （柯尔莫哥洛夫—开普曼定理）设$\{\xi_n, n=1,2,\cdots\}$是一个马氏链，其状态空间$E=\{1,2,\cdots\}$，则对任意正整数m,n有

$$p_{ij}(n+m)=\sum_{k \in E} p_{ik}(n) p_{kj}(m),$$

其中的$i,j \in E$。

定理 1.7 设$\boldsymbol{P}$是一个马氏链转移矩阵（$\boldsymbol{P}$的行向量是概率向量），$\boldsymbol{P}^{(0)}$是初始分布行向量，则第n步的概率分布为

$$\boldsymbol{P}^{(n)}=\boldsymbol{P}^{(0)}\boldsymbol{P}^{n}。$$

一般地，设时齐马氏链的状态空间为$E=\{1,2,\cdots,N\}$，如果对于所有$i,j \in E$，转移概率$p_{ij}(n)$存在极限

$$\lim_{n\to\infty} p_{ij}(n)=\pi_j（不依赖于 i），$$

或

$$\boldsymbol{P}(n)=\boldsymbol{P}^{n} \underset{(n\to\infty)}{\longrightarrow} \begin{bmatrix} \pi_1 & \pi_2 & \cdots & \pi_N \\ \pi_1 & \pi_2 & \cdots & \pi_N \\ \vdots & \vdots & \ddots & \vdots \\ \pi_1 & \pi_2 & \cdots & \pi_N \end{bmatrix},$$

则称此链具有遍历性，同时称$\boldsymbol{\Pi}=[\pi_1,\pi_2,\cdots,\pi_N]$为链的极限分布。

下面就有限链的遍历性给出一个充分条件。

定理 1.8 设时齐（齐次）马氏链$\{\xi_n, n=1,2,\cdots\}$的状态空间为$E=\{1,2,\cdots,N\}$，$\boldsymbol{P}=(p_{ij})_{N\times N}$是它的一步转移概率矩阵，如果存在正整数$m$，使对任意的$i,j \in E$，都有

$$p_{ij}(m)>0, i,j=1,2,\cdots,N,$$

则此链具有遍历性；且有极限分布$\boldsymbol{\Pi}=[\pi_1,\pi_2,\cdots,\pi_N]$，它是方程组

$$\boldsymbol{\Pi} = \boldsymbol{\Pi P} \text{ 即 } \sum_{i=1}^{N} \pi_i p_{ij} = \pi_j, j = 1, \cdots, N$$

的满足条件

$$\pi_j > 0, \sum_{j=1}^{N} \pi_j = 1$$

的唯一解。

例 1.37 某商品的市场状态有畅销、平销、滞销三种，三年中有如表 1.6 所示记录。其中，"1"表示"畅销"，用"2"表示平销，用"3"代表滞销。

表 1.6 某商品各月份的市场状态

月 份	1	2	3	4	5	6	7	8	9	10	11
市场状态	1	1	2	3	3	2	2	1	1	1	3
月 份	12	13	14	15	16	17	18	19	20	21	22
市场状态	2	2	3	1	1	2	3	1	3	2	2
月 份	23	24	25	26	27	28	29	30	31	32	
市场状态	3	2	3	2	2	1	3	2	1	1	

(1) 求一步状态转移概率矩阵 $\boldsymbol{P}$ 的估计值。

(2) 求未来第 33 个月和第 34 个月市场状态概率预测。

(3) 求极限分布。

解：(1) 从表 1.6 可以得出 32 次记录中状态转移情况见表 1.7。

表 1.7 状态转移表

		下一次状态		
		1	2	3
当前状态	1	5	2	3
	2	3	4	5
	3	2	6	1

由表 1.7，可得一步状态转移矩阵为

$$\boldsymbol{P} = \begin{bmatrix} \frac{5}{10} & \frac{2}{10} & \frac{3}{10} \\ \frac{3}{12} & \frac{4}{12} & \frac{5}{12} \\ \frac{2}{9} & \frac{6}{9} & \frac{1}{9} \end{bmatrix} = \begin{bmatrix} \frac{1}{2} & \frac{1}{5} & \frac{3}{10} \\ \frac{1}{4} & \frac{1}{3} & \frac{5}{12} \\ \frac{2}{9} & \frac{2}{3} & \frac{1}{9} \end{bmatrix}。$$

(2) 二步转移概率矩阵为

$$\boldsymbol{P}(2) = \boldsymbol{P}^2 = \begin{bmatrix} 11/30 & 11/30 & 4/15 \\ 65/216 & 79/180 & 281/1080 \\ 49/162 & 46/135 & 289/810 \end{bmatrix}。$$

将第 32 个月的市场状态记为 $\boldsymbol{\Pi}(0)$，因为第 32 月份为状态"1"，故 $\boldsymbol{\Pi}(0) = [1,0,0]$，这也是预测未来月份的初始状态向量。

该商品在未来第一个月的市场状态向量为

$$\boldsymbol{\Pi}(1)=\boldsymbol{\Pi}(0)\boldsymbol{P}=\left[\frac{1}{2},\quad \frac{1}{5},\quad \frac{3}{10}\right],$$

也就是说该商品在第 33 月份有 1/2 的概率处于畅销,有 1/5 的概率处于平销状态,有 3/10 的概率处于滞销状态。

该商品在未来第二个月的市场状态向量

$$\boldsymbol{\Pi}(2)=\boldsymbol{\Pi}(0)\boldsymbol{P}^2=\left[\frac{11}{30},\quad \frac{11}{30},\quad \frac{4}{15}\right],$$

也就是说该商品在第 34 月份有 11/30 的概率处于畅销状态,有 11/30 的概率处于平销状态,有 4/15 的概率处于滞销状态。

(3) 极限状态概率计算。设极限状态的概率为 $\boldsymbol{\Pi}=[\pi_1,\pi_2,\pi_3]$,则 $\boldsymbol{\Pi}$ 满足线性方程组

$$\begin{cases}\dfrac{1}{2}\pi_1+\dfrac{1}{4}\pi_2+\dfrac{2}{9}\pi_3=\pi_1,\\[2mm] \dfrac{1}{5}\pi_1+\dfrac{1}{3}\pi_2+\dfrac{2}{3}\pi_3=\pi_2,\\[2mm] \dfrac{3}{10}\pi_1+\dfrac{5}{12}\pi_2+\dfrac{1}{9}\pi_3=\pi_3,\\[2mm] \pi_1+\pi_2+\pi_3=1。\end{cases}$$

解上述线性方程组,得 $\pi_1=10/31$,$\pi_2=12/31$,$\pi_3=9/31$。这也说明,该商品市场状态的变化过程,在无穷多次状态转移之后,该商品处于"畅销"状态的概率为 10/31,处于"滞销"状态的概率为 9/31,但都小于处于"平销"状态的概率为 12/31。

或者利用求状态转移矩阵 $\boldsymbol{P}$ 的转置矩阵 $\boldsymbol{P}^{\mathrm{T}}$ 的最大特征值 1 对应的特征(概率)向量,求得极限概率。

计算的 MATLAB 程序如下:

```
clc,clear,format rat                     % 有理数的显示格式
a=textread('gs_data1_6.txt');a=a([2:2:end],:);a=a';
a=nonzeros(a)'                           % 构造市场状态数据的行向量
for i=1:3
    for j=1:3
        f(i,j)=length(findstr([i j],a));
    end
end
f                                        % 显示频数统计数据
p=f./repmat(sum(f,2),1,size(f,2))        % 计算一步状态转移矩阵
p2=p^2                                   % 计算二步状态转移矩阵
p0=[1 0 0];                              % 初始状态概率向量
X1=p0*p                                  % 求未来第一月的状态概率
X2=p0*p2                                 % 求未来第二月的状态概率
a=[p'-eye(3);ones(1,3)];                 % 构造线性方程组的系数矩阵
b=[zeros(3,1);1];                        % 线性方程组右端的常数项列
```

```
p_limit = a\b                  % 求解线性方程组
[v,lamda] = eigs(p',1)         % 求 p 的转置矩阵的最大特征值(一定为 1)对应的特征向量
vv = v/sum(v)                  % 归一化为概率向量
```

1.4.6 PageRank 算法

Google 拥有多项专利技术,其中 PageRank 算法是关键技术之一,它奠定了 Google 强大的检索功能及提供各种特色功能的基础。虽然 Google 每天有很多工程师负责全面改进 Google 系统,但是仍把 PageRank 算法作为所有网络搜索工具的基础结构。

1. PageRank 原理

PageRank 算法是 Google 搜索引擎对检索结果的一种排序算法。它的基本思想主要来自传统文献计量学中的文献引文分析,即一篇文献的质量和重要性可以通过其他文献对其引用的数量和引文质量来衡量,也就是说,一篇文献被其他文献引用越多,并且引用它的文献的质量越高,则该文献本身就越重要。Google 在给出页面排序时也有两条标准:一是看有多少超级链接指向它;二是要看超级链接指向它的那个页面是否重要。这两条直观的想法就是 PageRank 算法的数学基础,也是 Google 搜索引擎最基本的工作原理。

PageRank 算法利用了互联网独特的超链接结构。在庞大的超链接资源中,Google 提取出上亿个超链接页面进行分析,制作出一个巨大的网络地图。具体地讲,就是把所有的网页看作图中相应的顶点,如果网页 A 有一个指向网页 B 的链接,则认为存在一条从顶点 A 到顶点 B 的有向边。这样就可以利用图论来研究网络的拓扑结构。

PageRank 算法正是利用网络的拓扑结构来判断网页的重要性。具体来说,假如网页 A 有一个指向网页 B 的超链接,Google 就认为网页 A 投了网页 B 一票,说明网页 A 认为网页 B 有链接价值,因而 B 可能是一个重要的网页。Google 根据指向网页 B 的超链接数及其重要性来判断页面 B 的重要性,并赋予相应的页面等级值(PageRank)。网页 A 的页面等级值被平均分配给网页 A 所链接指向的网页,从而当网页 A 的页面等级值比较高时,则网页 B 可从网页 A 到它的超链接分得一定的重要性。根据这样的分析,得到了高评价的重要页面会被赋予较高的网页等级,在检索结果内的排名也会较高。页面等级值是 Google 表示网页重要性的综合性指标,当然,重要性高的页面如果和检索关键词无关同样也没有任何意义。为此,Google 使用了完善的超文本匹配分析技术,使得能够检索出重要且正确的网页。

2. 基础的 PageRank 算法

PageRank 算法的具体实现可以利用网页所对应图的邻接矩阵来表达超链接关系。为此,首先写出所对应图的邻接矩阵 $\boldsymbol{B}$。为了能将网页的页面等级值平均分配给该网页所链接指向的网页,对各个行向量进行归一化处理,得矩阵 $\boldsymbol{P}$。矩阵 $\boldsymbol{P}$ 被称为状态转移概率矩阵,它的各个行向量元素之和全为 1,$\boldsymbol{P}^{\mathrm{T}}$ 的最大特征值(一定为 1)所对应的归一化特征向量即为各顶点的 PageRank 值。

PageRank 值的计算步骤如下:

(1) 构造有向图 $D=(V,A,\boldsymbol{W})$,其中 $V=\{v_1,v_2,\cdots,v_N\}$ 为顶点集合,每一个网页是图的一个顶点,A 为弧的集合,网页间的每一个超链接是图的一条弧,邻接矩阵

$\boldsymbol{W}=(w_{ij})_{N\times N}$,如果从网页 i 到网页 j 有超链接,则 $w_{ij}=1$,否则为 0。

(2) 记矩阵 $\boldsymbol{W}$ 的行和为 $r_i=\sum_{j=1}^{N}w_{ij}$,它给出了页面 i 的链出链接数目。定义矩阵 $\boldsymbol{P}=(p_{ij})_{N\times N}$:

$$p_{ij}=\frac{w_{ij}}{r_i},i,j=1,2,\cdots,N,$$

$\boldsymbol{P}$ 为马氏链的状态转移概率矩阵;p_{ij} 为从页面 i 转移到页面 j 的概率。

(3) 求马氏链的平稳分布 $\boldsymbol{x}=[x_1,\cdots,x_N]^{\mathrm{T}}$,它满足

$$\boldsymbol{P}^{\mathrm{T}}\boldsymbol{x}=\boldsymbol{x},\quad \sum_{i=1}^{N}x_i=1。$$

式中:$\boldsymbol{x}$ 为在极限状态(转移次数趋于无限)下各网页被访问的概率分布,Google 将它定义为各网页的 PageRank 值。假设 $\boldsymbol{x}$ 已经得到,则它按分量满足方程

$$x_k=\sum_{i=1}^{N}p_{ik}x_i=\sum_{i=1}^{N}\frac{w_{ik}}{r_i}x_i。$$

网页 i 的 PageRank 值是 x_i,它链出的页面有 r_i 个,于是页面 i 将它的 PageRank 值分成 r_i 份,分别"投票"给它链出的网页。x_k 为网页 k 的 PageRank 值,即网络上所有页面"投票"给网页 k 的最终值。

根据马氏链的基本性质还可以得到,平稳分布(即 PageRank 值)是状态转移概率矩阵 $\boldsymbol{P}$ 的转置矩阵 $\boldsymbol{P}^{\mathrm{T}}$ 的最大特征值(=1)所对应的归一化特征向量。

例 1.38 计算图 1.9 所示有向图中各顶点的 PageRank 值。

解:用 $D=(V,E,\boldsymbol{W})$ 表示图 1.9 中所示的有向图,其中顶点集 $V=\{v_1,v_2,v_3,v_4\}$,这里 v_1,v_2,v_3,v_4 分别表示 A,B,C,D;E 为弧的集合,邻接矩阵

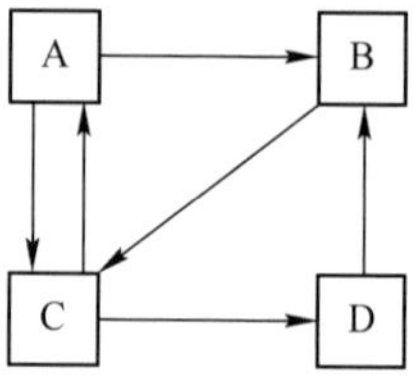

图 1.9 一个向图

$$\boldsymbol{W}=\begin{bmatrix}0&1&1&0\\0&0&1&0\\1&0&0&1\\0&1&0&0\end{bmatrix},$$

对 $\boldsymbol{W}$ 各个行向量进行归一化处理,得状态转移概率矩阵

$$\boldsymbol{P}=\begin{bmatrix}0&1/2&1/2&0\\0&0&1&0\\1/2&0&0&1/2\\0&1&0&0\end{bmatrix}。$$

求 $\boldsymbol{P}^{\mathrm{T}}$ 的最大特征值 1 对应的归一化特征向量 $\boldsymbol{x}=[0.1818,0.2727,0.3636,0.1818]^{\mathrm{T}}$,由此可以确定顶点的排序为 C,B,A,D,其中 A,D 的 PageRank 值是相同的。

计算的 MATLAB 程序如下:

```
clc,clear
a=zeros(4);a(1,[2 3])=1;a(2,3)=1;a(3,[1 4])=1;a(4,2)=1;
b=a./repmat(sum(a,2),1,size(a,2))  % 对矩阵逐行进行归一化
[x,c]=eigs(b',1),x=x/sum(x)        % 求最大特征值 1 对应的归一化特征向量
```

3. 随机冲浪模型的 PageRank 值

PageRank 算法原理中有一个重要的假设：所有的网页形成一个闭合的链接图，除了这些文档以外没有其他任何链接的出入，并且每个网页能从其他网页通过超链接达到。但是在现实的网络中，并不完全是这样的情况。当一个页面没有出链的时候，它的 PageRank 值就不能被分配给其他的页面。同样道理，只有出链接而没有入链接的页面也是存在的。但 PageRank 并不考虑这样的页面，因为没有流入的 PageRank 而只有流出的 PageRank，从对称性角度来考虑是很奇怪的。同时，有时候也有链接只在一个集合内部旋转而不向外界链接的现象。在现实中的页面，无论怎样顺着链接前进，但仅仅顺着链接绝对不能进入的页面群总是存在的。PageRank 技术为了解决这样的问题，提出用户的随机冲浪模型：用户虽然在大多数场合都顺着当前页面中的链接前进，但有时会突然重新打开浏览器随机进入到完全无关的页面。Google 认为用户在 85% 的情况下沿着链接前进，但在 15% 的情况下会跳跃到无关的页面中。用公式表示相应的转移概率矩阵为

$$\widetilde{\boldsymbol{P}}=\frac{(1-d)}{N}\boldsymbol{e}\boldsymbol{e}^{\mathrm{T}}+d\boldsymbol{P},$$

式中：$\boldsymbol{e}$ 为分量全为 1 的 N 维列向量，从而 $\boldsymbol{e}\boldsymbol{e}^{\mathrm{T}}$ 为全 1 矩阵；$d\in(0,1)$ 为阻尼因子（damping factor），在实际中 Google 取 $d=0.85$。

也就是说，在随机冲浪模型中，求各个页面等级的 PageRank 值问题归结为求矩阵 $\widetilde{\boldsymbol{P}}^{\mathrm{T}}$ 的最大特征值 1 对应的归一化特征向量问题。

例 1.39 （续例 1.38）用随机冲浪模型计算图 1.9 所示有向图中各顶点的 PageRank 值。

解： 取 $d=0.85$，计算得状态转移概率矩阵

$$\widetilde{\boldsymbol{P}}=\frac{(1-0.85)}{4}\boldsymbol{e}\boldsymbol{e}^{\mathrm{T}}+0.85\boldsymbol{P}=\begin{bmatrix}0.0375 & 0.4625 & 0.4625 & 0.0375\\ 0.0375 & 0.0375 & 0.8875 & 0.0375\\ 0.4625 & 0.0375 & 0.0375 & 0.4625\\ 0.0375 & 0.8875 & 0.0375 & 0.0375\end{bmatrix}。$$

状态转移概率矩阵的转置矩阵 $\widetilde{\boldsymbol{P}}^{\mathrm{T}}$ 的最大特征值为 1，对应的归一化特征向量为

$$\boldsymbol{x}=[0.1867,0.2755,0.3511,0.1867]^{\mathrm{T}}。$$

由此可以确定各顶点的排序仍然为 C，B，A，D，PageRank 值与例 1.37 的计算结果差异不大。

计算的 MATLAB 程序如下：

```
clc,clear
a=zeros(4);a(1,[2 3])=1;a(2,3)=1;a(3,[1 4])=1;a(4,2)=1;
b=a./repmat(sum(a,2),1,size(a,2));        % 对矩阵逐行进行归一化
c=0.15/4*ones(size(a))+0.85*b             % 计算冲浪模型的状态转移概率矩阵
[x,d]=eigs(c',1),x=x/sum(x)               % 求最大特征值 1 对应的归一化特征向量
```

4. PageRank 的应用

首先从图论的角度解释 PageRank 算法的原理：一是看这个页面对应顶点的入度；二是要给指向该顶点的边赋予权重，表明这个超级链接的重要性。具体地讲，就是把所有

的页面看作图中的点，然后给每一个页面一个数量，用这个数量来刻画页面的重要性，这样网页的重要性就脱离了它的具体内容。只需从网络拓扑结构出发研究网页的重要性，这样就可以用图论来研究像互联网这样的复杂网络。而且按照这个原理对网页排序具有三个优点：第一，排序与特定搜索关键词无关；第二，网页排序与网页的具体内容无关；第三，只需要知道网页所对应的图的结构。

PageRank 算法的这个特点使得它可以被应用于社会领域的其他问题，如体育比赛的排名问题。下面针对 1993 年全国大学生数学建模竞赛 B 题，利用 PageRank 算法讨论足球队排名次问题。通过例 1.40 可以发现随机冲浪模型能有效克服数据缺损等方面的困难。

例 1.40 足球赛排名问题

表 1.8 给出了我国 12 支足球队在 1988—1989 年全国足球甲级联赛中的成绩，要求设计一个依据这些成绩排出诸队名次的算法，并给出用该算法排名次的结果。

表 1.8 1988—1989 年全国足球甲级联赛成绩表

	T_1	T_2	T_3	T_4	T_5	T_6	T_7	T_8	T_9	T_{10}	T_{11}	T_{12}
T_1	×	0:1 1:0 0:0	2:2 1:0 0:2	2:0 3:1 1:0	3:1	1:0	0:1 1:3	0:2 2:1	1:0 4:0	1:1 1:1	×	×
T_2		×	2:0 0:1 1:3	0:0 2:0 0:0	1:1	2:1	1:1 1:1	0:0 0:0	2:0 1:1	0:2 0:0	×	×
T_3			×	4:2 1:1 0:0	2:1	3:0	1:0 1:4	0:1 3:1	1:0 2:3	0:1 2:0	×	×
T_4				×	2:3	0:1	0:5 2:3	2:1 1:3	0:1 0:0	0:1 1:1	×	×
T_5					×	0:1	×	×	×	×	1:0 1:2	0:1 1:1
T_6						×	×	×	×	×	×	×
T_7							×	1:0 2:0 0:0	2:1 3:0 1:0	3:1 3:0 2:2	3:1	2:0
T_8								×	0:1 1:2 2:0	1:1 1:0 0:1	3:1	0:0
T_9									×	3:0 1:0 0:0	1:0	1:0
T_{10}										×	1:0	2:0
T_{11}											×	1:1 1:2 1:1
T_{12}												×

对表 1.8 的说明如下：

(1) 12 支球队依次记为 $T_1, T_2, \cdots, T_{12}$。

(2) 符号 × 表示两队未曾比赛。

(3) 表中的数字表示两队比赛结果，如 T_3 行与 T_8 列交叉处的数字表示 T_3 与 T_8 的进球之比为 0:1 和 3:1。

1. 问题的分析

足球队排名次问题要求我们建立一个客观的评估方法，只依据过去一段时间（几个赛季或几年）内每个球队的战绩给出各个球队的名次，具有很强的实际背景。通过分析题中 12 支足球队在联赛中的成绩，不难发现表中的数据残缺不全，队与队之间的比赛场数相差很大，直接根据比赛成绩排名次比较困难。下面利用 PageRank 算法的随机冲浪模型来求解。类比 PageRank 算法，可以综合考虑各队的比赛成绩为每支球队计算相应的等级分，然后根据各队的等级分高低来确定名次。直观上看，给定球队的等级分应该由它所战胜和战平的球队的数量以及被战胜或战平的球队的实力共同决定。具体来说，确定球队 T_i 的等级分的依据应为：一是看它战胜和战平了多少支球队；二要看它所战胜或战平球队的等级分的高低。这两条依据就是确定排名的基本原理，在实际中，若出现等级分相同的情况，可以进一步根据净胜球的多少来确定排名。

由于表中包含的数据量较大，因此先不计平局，在只考虑获胜局的情形下计算出各队的等级分，以说明算法原理。然后综合考虑获胜局和平局，加权后得到各队的等级分，并据此进行排名。考虑到竞技比赛的结果的不确定性，最后建立等级分的随机冲浪模型，分析表明等级分排名结果具有良好的参数稳定性。

2. 获胜局的等级分

首先构造赋权有向图 $D=(V,A,\boldsymbol{W}_1)$，其中顶点集合 $V=\{v_1,v_2,\cdots,v_{12}\}$，这里 v_i 表示球队 $T_i(i=1,2,\cdots,12)$；A 为弧的集合，邻接矩阵 $\boldsymbol{W}_1=(w_{ij}^{(1)})_{12\times 12}$，这里

$$w_{ij}^{(1)}=\begin{cases} n, & T_i \text{ 队输给 } T_j \text{ 队 } n \text{ 次}, n=1,2,3, \\ 0, & \text{其他}。\end{cases}$$

由此，可以写出表 1.8 中 12 支球队所对应的有向赋权图的邻接矩阵：

$$\boldsymbol{W}_1=\begin{bmatrix} 0&1&1&0&0&0&2&1&0&0&0&0\\ 1&0&2&0&0&0&0&0&0&1&0&0\\ 1&1&0&0&0&0&1&0&0&1&0&0\\ 3&1&1&0&1&1&2&1&1&1&0&0\\ 1&0&1&0&0&1&0&1&1&0&1&1\\ 1&1&1&0&0&0&0&0&0&0&0&0\\ 0&0&1&0&0&0&0&0&0&0&0&0\\ 1&0&1&1&0&0&2&0&2&1&0&0\\ 2&1&1&0&0&0&3&1&0&0&0&0\\ 0&0&1&0&0&0&2&1&2&0&0&0\\ 0&0&0&0&1&0&1&1&1&1&0&1\\ 0&0&0&0&0&0&1&0&1&1&0&0 \end{bmatrix}。$$

将邻接矩阵的各个行向量进行归一化，得状态转移概率矩阵 $\boldsymbol{P}_1=(p_{ij}^{(1)})_{12\times 12}$，其中

$$p_{ij}^{(1)}=w_{ij}^{(1)}/r_i^{(1)},\ r_i^{(1)}=\sum_{j=1}^{12}w_{ij}^{(1)},i,j=1,2,\cdots,12。$$

现设每个队 T_i 的等级分为 x_i，这些等级分应由被 T_i 战胜的那些队的等级分确定，即

$$\sum_{i=1}^{12}p_{ij}^{(1)}x_i=\lambda x_j,j=1,2,\cdots,12, \tag{1-23}$$

式中：λ 为比例系数。

令 $\boldsymbol{x}=[x_1,x_2,\cdots,x_n]^{\mathrm{T}}$，则由矩阵乘法，等式(1-23)可以写成

$$\boldsymbol{P}_1^{\mathrm{T}}\boldsymbol{x}=\lambda\boldsymbol{x},$$

即各个队的等级分的计算，转化为状态转移概率矩阵 $\boldsymbol{P}_1$ 的转置矩阵 $\boldsymbol{P}_1^{\mathrm{T}}$ 的最大正特征值 λ 所对应的归一化特征向量。

直接利用 MATLAB 软件计算得 $\lambda=1$，相应的等级分为

0.13046　0.11379　0.32150　0.00658　0.00056　0.00063

0.20520　0.05263　0.05249　0.11599　0.00008　0.00009。

由此可以确定只算获胜局的情况下各队的排名为

$$T_3,T_7,T_1,T_{10},T_2,T_8,T_9,T_4,T_6,T_5,T_{12},T_{11}。$$

计算的 MATLAB 程序如下：

```
clc,clear
a = zeros(12);a(1,[2 3 8]) =1;a(1,7) =2;a(2,[1 10]) =1;a(2,3) =2;
a(3,[1 2 7 10]) =1;a(4,[2 3 5 6 8:10]) =1;a(4,1) =3;a(4,7) =2;
a(5,[1 3 6 8 9 11 12]) =1;a(6,[1:3]) =1;a(7,3) =1;a(8,[1 3 4 10]) =1;
a(8,[7 9]) =2;a(9,[2 3 8]) =1;a(9,[1 7]) = [2 3];
a(10,[3 8]) =1;a(10,[7 9]) =2;a(11,[5 7:10 12]) =1;a(12,[7 9 10]) =1;
b = a./repmat(sum(a,2),1,size(a,2))    % 逐行归一化,即求状态转移概率矩阵
format long g                          % 长小数的显示格式
[x,c] = eigs(b',1),x = x/sum(x)        % 求最大特征值 1 对应的归一化特征向量
[sx,ind] = sort(x,'descend')           % 把特征向量的分量按照从大到小排列
format                                 % 恢复到短小数的显示格式
save bdata b                           % 把矩阵 b 保存起来,供下面使用
```

3. 加权等级分

在实际中，平局也会对双方的排名产生影响，因此也有必要考虑平局对等级分的贡献。因为平局是相互的，所以可以利用无向图来表示各队之间的平局关系。为此，构造无向图 $G=(V,E,\boldsymbol{W}_2)$，其中顶点集 $V=\{v_1,v_2,\cdots,v_{12}\}$ 同上，E 为边的集合，邻接矩阵 $\boldsymbol{W}_2=(w_{ij}^{(2)})_{12\times 12}$，其中

$$w_{ij}^{(2)}=\begin{cases}n, & T_i \text{ 与 } T_j \text{ 平局的次数为 } n(n=1,2),\\ 0, & \text{其他。}\end{cases}$$

可以写出对应的邻接矩阵：

$$W_2=\begin{bmatrix}0&1&1&0&0&0&0&0&0&2&0&0\\1&0&0&2&1&0&2&2&1&1&0&0\\1&0&0&1&0&0&0&0&0&0&0&0\\0&2&1&0&0&0&0&0&1&1&0&0\\0&1&0&0&0&0&0&0&0&0&0&2\\0&0&0&0&0&0&0&0&0&0&0&0\\0&2&0&0&0&0&0&1&0&1&0&0\\0&2&0&0&0&0&1&0&0&1&0&1\\0&1&0&1&0&0&0&0&0&1&0&0\\2&1&0&1&0&0&1&1&1&0&0&0\\0&0&0&0&0&0&0&0&0&0&0&2\\0&0&0&0&2&0&0&1&0&0&2&0\end{bmatrix}。$$

将邻接矩阵的各个行向量进行归一化,得矩阵 $P_2=(p_{ij}^{(2)})_{12\times12}$,其中

$$p_{ij}^{(2)}=\begin{cases}w_{ij}^{(2)}/r_i^{(2)}, & 当\ r_i^{(2)}=\sum\limits_{j=1}^{12}w_{ij}^{(2)}\neq 0,\\ w_{ij}^{(2)}, & 当\ r_i^{(2)}=\sum\limits_{j=1}^{12}w_{ij}^{(2)}=0。\end{cases}$$

根据常识,在一场比赛中平局出现的概率为1/3。同时,考虑到通常平局与获胜局的得分比为1:3,可以对获胜局和平局的状态转移概率矩阵进行加权处理,得到加权权重矩阵 $W_3=\frac{2}{3}\times3P_1+\frac{1}{3}\times1P_2=(w_{ij}^{(3)})_{12\times12}$。同样,将加权权重矩阵的各个行向量进行归一化处理,得到状态转移概率矩阵 $P_3=(p_{ij}^{(3)})_{12\times12}$,这里 $p_{ij}^{(3)}=w_{ij}^{(3)}/r_i^{(3)}$, $r_i^{(3)}=\sum\limits_{j=1}^{12}w_{ij}^{(3)}$, $i,j=1,2,\cdots,12$。

类似地,求得矩阵 $P_3^{\mathrm T}$ 的最大特征1对应的归一化特征向量为

0.13829　0.12080　0.27342　0.03475　0.00448　0.00303

0.18477　0.06230　0.05624　0.11824　0.00072　0.00296。

由此可以确定加权等级分的情况下各队的排名为

$$T_3,T_7,T_1,T_2,T_{10},T_8,T_9,T_4,T_5,T_6,T_{12},T_{11}。$$

计算的MATLAB程序如下:

```
clc,clear,format long g,load bdata          % 加载b矩阵的数据
a=zeros(12);a(1,[2 3 10])=[1 1 2];a(2,[1 5 9 10])=1;a(2,[4 7 8])=2;
a(3,[1 4])=1;a(4,2)=2;a(4,[3 9 10])=1;a(5,[2 12])=[1 2];
a(7,[2 8 10])=[2 1 1];a(8,2)=2;a(8,[7 10 12])=1;a(9,[2 4 10])=1;
a(10,1)=2;a(10,[2 4 7:9])=1;a(11,12)=2;a(12,[5 8 11])=[2 1 2];
b2=a./repmat(sum(a,2),1,size(a,2)),b2(isnan(b2))=0   % 把不确定值NaN换成0
b3=b*2+b2/3;                               % 构造加权矩阵
c=b3./repmat(sum(b3,2),1,size(b3,2))       % 把b3矩阵的行向量进行归一化
[y,d]=eigs(c',1),y=y/sum(y)                % 求最大正特征值1对应的归一化特征向量
```

```
[sy,ind2]=sort(y,'descend')          % 把向量按从大到小顺序排序
save cdata c                         % 把矩阵 c 保存供下面使用
format                               % 恢复到短小数的显示格式
```

4. 等级分的随机冲浪模型

在大多数时候,竞技比赛的结果都是两队之间实力的客观反映。但是,竞技比赛的结果有时具有一定的不确定性,很容易受到某些偶然或人为因素的影响。为了消除这些不确定因素的影响,需要建立等级分的随机冲浪模型。

设球队的实力能确定比赛的结果的概率为 d,即强队因为不确定因素输掉任意一支球队的概率为 $1-d$。则可得到下面的状态转移概率矩阵:

$$\boldsymbol{W}_3 = d\,\boldsymbol{W}_2 + \frac{1-d}{12}\boldsymbol{e}\boldsymbol{e}^{\mathrm{T}},$$

式中:$\boldsymbol{e}$ 为分量全为1的12维列向量,从而 $\boldsymbol{e}\boldsymbol{e}^{\mathrm{T}}$ 为全1矩阵;$d\in(0,1]$ 为权重因子,在实际中可以根据历史数据确定。

同样,各个队的等级分的计算,转化为求状态转移概率矩阵 $\boldsymbol{W}_3$ 的转置矩阵 $\boldsymbol{W}_3^{\mathrm{T}}$ 的最大特征值1对应的归一化特征向量。

下面着重分析权重因子 $d\in(0,1]$ 的变化对排名的影响。为此,利用 MATLAB 软件计算出权重因子 d 取不同的值时的排名情况,见表1.9。

表1.9 权重因子 d 取不同值时的排名情况

d 取值范围	球队排名
$d=1$	$T_3,T_7,T_1,T_2,T_{10},T_8,T_9,T_4,T_5,T_6,T_{12},T_{11}$
$d=0.95$	$T_3,T_7,T_1,T_2,T_{10},T_8,T_9,T_4,T_5,T_{12},T_6,T_{11}$
$0.66\leqslant d\leqslant 0.85$	$T_3,T_7,T_1,T_2,T_{10},T_9,T_8,T_4,T_{12},T_5,T_6,T_{11}$
$0.47\leqslant d\leqslant 0.65$	$T_3,T_7,T_1,T_{10},T_2,T_9,T_8,T_4,T_{12},T_5,T_6,T_{11}$
$0.1\leqslant d\leqslant 0.46$	$T_3,T_7,T_1,T_{10},T_2,T_9,T_8,T_{12},T_4,T_5,T_6,T_{11}$

从表1.9中可以看出,根据等级分的排名结果具有良好的稳定性;并且,权重因子的变化只对没有比赛场数较多的球队有较大影响。例如,当 $0.66\leqslant d\leqslant 0.85$ 时,排名结果都是一样的。因此,等级分随机冲浪模型可以成功地处理数据缺损方面的困难。

计算的 MATLAB 程序如下:

```
clc,clear,format long g,load cdata  % 加载矩阵 c 到工作空间中
d=[1 0.95 0.85 0.66 0.65 0.47 0.46  0.1];
for k=1:length(d);
    P=d(k)*c+(1-d(k))/12*ones(12);
    [x,a]=eigs(P',1);  x=x/sum(x);
    [sx,ind(:,k)]=sort(x,'descend');
end
ind                                  % 显示不同参数 d 的排序结果,每一列对应一个参数
```

习 题 1

1. 求一个顶点在原点，向量顶点在(1,0,-2)，(1,2,4)，(7,1,0)的平行六面体的体积。

2. 求线性方程组

$$\begin{cases}2x_1 - x_2 + 3x_3 = 5, \\ 3x_1 + x_2 - 5x_3 = 5, \\ 4x_1 - x_2 + x_3 = 9\end{cases}$$

的符号解和数值解。

3. 已知矩阵 $\boldsymbol{A} = \begin{bmatrix} a_{11} & a_{12} & a_{13} & a_{14} \\ a_{21} & a_{22} & a_{23} & a_{24} \\ a_{31} & a_{32} & a_{33} & a_{34} \\ a_{41} & a_{42} & a_{43} & a_{44} \end{bmatrix}$。

(1) 求 $|\boldsymbol{A}|$。

(2) 交换矩阵 $\boldsymbol{A}$ 的第 1 行与第 2 行，得到新矩阵 $\boldsymbol{A}_2$，求 $|\boldsymbol{A}_2|$，并验证 $|\boldsymbol{A}| + |\boldsymbol{A}_2| = 0$。

4. 问 λ,μ 取何值时，齐次线性方程组

$$\begin{cases}\lambda x_1 + x_2 + x_3 = 0, \\ x_1 + \mu x_2 + x_3 = 0, \\ x_1 + 2\mu x_2 + x_3 = 0\end{cases}$$

有非零解？

5. 求齐次线性方程组

$$\begin{cases}x_1 + 2x_2 + x_3 - x_4 = 0, \\ 3x_1 + 6x_2 - x_3 - 3x_4 = 0, \\ 5x_1 + 10x_2 + x_3 - 5x_4 = 0\end{cases}$$

的基础解系。

6. 求非齐次线性方程组

$$\begin{cases}x_1 - 5x_2 + 2x_3 - 3x_4 = 11, \\ 5x_1 + 3x_2 + 6x_3 - x_4 = -1, \\ 2x_1 + 4x_2 + 2x_3 + x_4 = -6\end{cases}$$

的通解。

7. 某一电网的输电线路，电网负荷量及流向如图 1.10 所示。

(1) 计算各个线路的负荷量。

(2) 若线路 BC 出现故障无法运行，那么线路 AD 段的负荷量控制在什么范围内，才

能使所有线路的负荷流量都不超过 300。

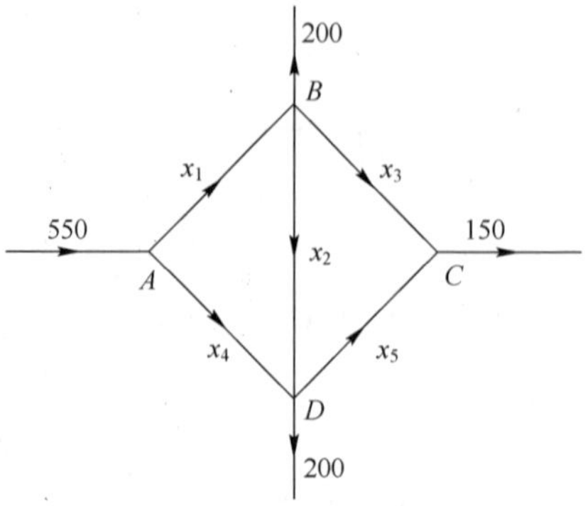

图 1.10 电网负荷量及流向图

8. 利用施密特正交化法把下列列向量组正交化：

$$[\boldsymbol{\alpha}_1,\boldsymbol{\alpha}_2,\boldsymbol{\alpha}_3]=\begin{bmatrix}1 & 1 & -1\\ 0 & -1 & 1\\ -1 & 0 & 1\\ 1 & 1 & 0\end{bmatrix}。$$

9. 求二次型 $f=\boldsymbol{x}^{\mathrm{T}}\boldsymbol{A}\boldsymbol{x}=[x_1,x_2,x_3]\begin{bmatrix}2 & 1 & 2\\ 1 & 2 & 2\\ 2 & 2 & 1\end{bmatrix}\begin{bmatrix}x_1\\ x_2\\ x_3\end{bmatrix}$ 在单位球面 $x_1^2+x_2^2+x_3^2=1$ 上的最大值和最小值。

10. 画出圆 $(x-2)^2+y^2=4$ 关于直线 $y=2x+1$ 对称的图形。

11. 设初始正方形顶点坐标为 $A(0,0)$，$B(1,0)$，$C(1,1)$，$D(0,1)$，对正方形 $ABCD$ 做线性变换

$$\begin{cases}X=2x+3y+4,\\ Y=x+4y+5。\end{cases}$$

求变换以后 4 个顶点的坐标，并画出原来的正方形 $ABCD$ 及变换后的正方形 $A'B'C'D'$。

12. 求出矩阵 $\boldsymbol{A}$ 的特征多项式，并验证 Hamilton - Cayley 定理：

$$\boldsymbol{A}=\begin{bmatrix}-1 & 1 & 1 & 1\\ 1 & 1 & 1 & 1\\ 1 & -1 & 1 & -1\\ -1 & 1 & -1 & 1\end{bmatrix}。$$

13. 设 S 是顶点为 $(9,3,-5)$，$(12,8,2)$，$(1.8,2.7,1)$ 的三角形，求出透视中心在 $(0,0,10)$ 处时 S 的透视投影的像。

14. 图 1.11 给出了 6 支球队的比赛结果，即 1 队战胜 2，4，5，6 队，而输给了 3 队；5 队战胜 3，6 队，而输给 1，2，4 队等。

（1）利用竞赛图的适当方法，给出 6 支球队的一个排名顺序。

（2）利用 PageRank 算法，再次给出 6 支球队的排名顺序。

（3）比较前面两个排序结果是否有差异，如果有差异，解释差异的原因。

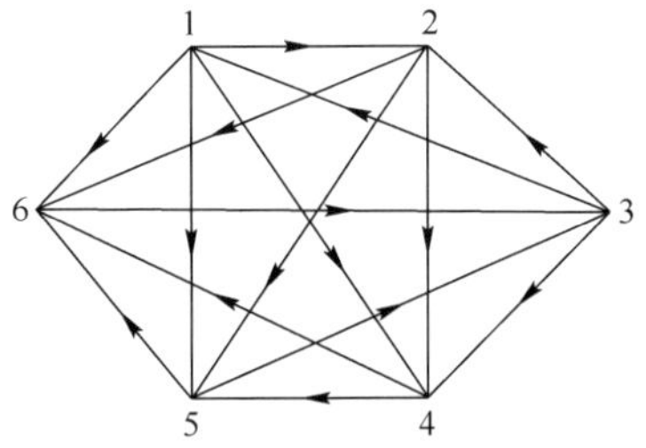

图 1.11　球队的比赛结果

15. 金融机构为保证现金充分支付，设立一笔总额 5400 万的基金，分开放置在位于 A 城和 B 城的两家公司，基金在平时可以使用，但每周末结算时必须确保总额仍然为 5400 万。经过相当长的一段时期的现金流动，发现每过一周，各公司的支付基金在流通过程中多数还留在自己的公司内，而 A 城公司有 10% 支付基金流动到 B 城公司，B 城公司则有 12% 支付基金流动到 A 城公司。起初 A 城公司基金为 2600 万，B 城公司基金为 2800 万。按此规律，两公司支付基金数额变化趋势如何？如果金融专家认为每个公司的支付基金不能少于 2200 万，那么是否需要在必要时调动基金？

第 2 章　矩阵分析基础

矩阵作为一种语言，是表示复杂系统的有利工具。“矩阵分析”作为研究生的一门基础课，是线性代数的延伸内容，可以进一步帮助学生利用矩阵这一工具来灵活解决工程技术中的大量问题。本章只介绍矩阵分析中的范数理论、奇异值分解和广义逆等基础知识，并列举了线性代数中一些有趣的反问题，从另一个角度加深学生对线性代数的理解。

2.1　范 数 理 论

2.1.1　线性空间

线性空间的建立离不开相应的数域。我们知道，如果复数的一个非空集合$\mathbb{P}$含有非零的数，且其中任意两个数的和、差、积、商(除数不等于零)仍属于该集合，则称$\mathbb{P}$为一个数域。例如有理数域$\mathbb{Q}$、实数域$\mathbb{R}$、复数域$\mathbb{C}$等，而且有理数域是最小的数域，其他所有的数域都包含有理数域。

定义 2.1　设 $\boldsymbol{V}$ 是一个非空集合，$\mathbb{P}$ 是一个数域。如果

(1) 在集合 $\boldsymbol{V}$ 上定义了一个二元运算“+”(称为加法)，使得对任意的 $\boldsymbol{x},\boldsymbol{y}\in\boldsymbol{V}$，都有 $\boldsymbol{x}+\boldsymbol{y}\in\boldsymbol{V}$。

(2) 在数域$\mathbb{P}$的元素与集合 $\boldsymbol{V}$ 的元素之间定义了数量乘法运算，使得对任意的 $\lambda\in\mathbb{P}$，$\boldsymbol{x}\in\boldsymbol{V}$，都有 $\lambda\boldsymbol{x}\in\boldsymbol{V}$。

(3) 上述两个运算满足下列 6 条规则：

① 对任意的 $\boldsymbol{x},\boldsymbol{y}\in\boldsymbol{V}$，都有 $\boldsymbol{x}+\boldsymbol{y}=\boldsymbol{y}+\boldsymbol{x}$(交换律)。

② 对任意的 $\boldsymbol{x},\boldsymbol{y},\boldsymbol{z}\in\boldsymbol{V}$，都有$(\boldsymbol{x}+\boldsymbol{y})+\boldsymbol{z}=\boldsymbol{x}+(\boldsymbol{y}+\boldsymbol{z})$(结合律)。

③ $\boldsymbol{V}$ 中存在零元素，记为 ϑ，对于任意的 $\boldsymbol{x}\in\boldsymbol{V}$，都有 $\boldsymbol{x}+\vartheta=\boldsymbol{x}$。

④ 对任意的 $\boldsymbol{x}\in\boldsymbol{V}$，存在 $\boldsymbol{y}\in\boldsymbol{V}$，使得 $\boldsymbol{x}+\boldsymbol{y}=\vartheta$，$\boldsymbol{y}$ 称为 $\boldsymbol{x}$ 的负元素，记为 $\boldsymbol{y}=-\boldsymbol{x}$。

⑤ 对任意的 $\boldsymbol{x}\in\boldsymbol{V}$，都有 $1\boldsymbol{x}=\boldsymbol{x}$。

⑥ 对任意的 $\lambda,\mu\in\mathbb{P}$，对任意的 $\boldsymbol{x},\boldsymbol{y}\in\boldsymbol{V}$，下列三条成立：

$\lambda(\mu\boldsymbol{x})=(\lambda\mu)\boldsymbol{x}$;

$(\lambda+\mu)\boldsymbol{x}=\lambda\boldsymbol{x}+\mu\boldsymbol{x}$;

$\lambda(\boldsymbol{x}+\boldsymbol{y})=\lambda\boldsymbol{x}+\lambda\boldsymbol{y}$。

则集合 $\boldsymbol{V}$ 称为数域$\mathbb{P}$上的线性空间或向量空间，简称线性空间。当$\mathbb{P}$是实数域时，$\boldsymbol{V}$ 称为实线性空间；当$\mathbb{P}$是复数域时，$\boldsymbol{V}$ 称为复线性空间。

例 2.1　设$\mathbb{P}$是一个数域，由分量属于$\mathbb{P}$的 n 维向量的全体构成的集合记为

$$\mathbb{P}^n = \{\boldsymbol{x} = [x_1, x_2, \cdots, x_n] \mid x_i \in \mathbb{P}, i = 1, 2, \cdots, n\},$$

则$\mathbb{P}^n$按照通常的向量加法运算和数乘向量运算成为数域$\mathbb{P}$上一个线性空间。

例 2.2 设$\mathbb{P}$是一个数域,由元素属于$\mathbb{P}$的 $m \times n$ 矩阵的全体构成的集合记为

$$\mathbb{P}^{m \times n} = \{\boldsymbol{A} = (a_{ij})_{m \times n} \mid a_{ij} \in \mathbb{P}, i = 1, 2, \cdots, m, j = 1, 2, \cdots, n\},$$

则$\mathbb{P}^{m \times n}$按照通常的矩阵加法运算和数乘矩阵运算成为$\mathbb{P}^n$上的一个线性空间。

例 2.3 设 $\boldsymbol{A}$ 是 $m \times n$ 矩阵,则齐次线性方程组 $\boldsymbol{Ax} = \boldsymbol{0}$的所有解(包括零解)的集合,按照向量加法运算和数乘向量运算构成一个线性空间,称为该方程组的解空间,也称为矩阵 $\boldsymbol{A}$ 的核或零空间,记为$\mathbb{N}(\boldsymbol{A})$。

例 2.4 设 $\boldsymbol{A}$ 是 $m \times n$ 矩阵,则集合

$$\boldsymbol{V} = \{\boldsymbol{y} = \boldsymbol{Ax} \in \mathbb{C}^m \mid \boldsymbol{x} \in \mathbb{C}^n\}$$

按照向量加法运算和数乘向量运算构成一个复线性空间,称为矩阵 $\boldsymbol{A}$ 的列空间或值域,记为 $\mathfrak{R}(\boldsymbol{A})$。

定义 2.2 设 $\boldsymbol{V}$ 是实数域$\mathbb{R}$上的线性空间。如果对于 $\boldsymbol{V}$ 中任意两个向量 $\boldsymbol{x}, \boldsymbol{y}$,都有一个实数(记为$(\boldsymbol{x}, \boldsymbol{y})$)与它们对应,并且满足下列条件:

(1) $(\boldsymbol{x}, \boldsymbol{x}) \geqslant 0$,当且仅当 $\boldsymbol{x} = \vartheta$ 时,等号成立。

(2) $(\boldsymbol{x}, \boldsymbol{y}) = (\boldsymbol{y}, \boldsymbol{x})$。

(3) $(\lambda \boldsymbol{x}, \boldsymbol{y}) = \lambda(\boldsymbol{x}, \boldsymbol{y}), \lambda \in \mathbb{R}$。

(4) $(\boldsymbol{x} + \boldsymbol{y}, \boldsymbol{z}) = (\boldsymbol{x}, \boldsymbol{z}) + (\boldsymbol{y}, \boldsymbol{z}), \boldsymbol{z} \in \boldsymbol{V}$。

则实数$(\boldsymbol{x}, \boldsymbol{y})$称为向量 $\boldsymbol{x}, \boldsymbol{y}$ 的内积。定义了内积的实线性空间 $\boldsymbol{V}$ 称为实内积空间。

例 2.5 对于$\mathbb{R}^n$中的任意两个向量

$$\boldsymbol{x} = [\xi_1, \xi_2, \cdots, \xi_n]^{\mathrm{T}}, \boldsymbol{y} = [\eta_1, \eta_2, \cdots, \eta_n]^{\mathrm{T}},$$

定义内积

$$(\boldsymbol{x}, \boldsymbol{y}) = \boldsymbol{x}^{\mathrm{T}} \boldsymbol{y} = \sum_{i=1}^{n} \xi_i \eta_i,$$

则$\mathbb{R}^n$称为一个内积空间。

实内积空间$\mathbb{R}^n$称为欧几里得空间。由于 n 维实内积空间都与$\mathbb{R}^n$同构,所以也称有限维的实内积空间为欧几里得空间。

定义 2.3 设 $\boldsymbol{V}$ 是复数域$\mathbb{C}$上的线性空间。若对任意的 $\boldsymbol{x}, \boldsymbol{y} \in \boldsymbol{V}$ 都有一个复数$(\boldsymbol{x}, \boldsymbol{y})$与之对应,并且满足下列各个条件

(1) $(\boldsymbol{x}, \boldsymbol{x}) \geqslant 0$,当且仅当 $\boldsymbol{x} = \vartheta$ 时,等号成立。

(2) $(\boldsymbol{x}, \boldsymbol{y}) = \overline{(\boldsymbol{y}, \boldsymbol{x})}$。

(3) $(\lambda \boldsymbol{x}, \boldsymbol{y}) = \lambda(\boldsymbol{x}, \boldsymbol{y})$。

(4) $(\boldsymbol{x} + \boldsymbol{y}, \boldsymbol{z}) = (\boldsymbol{x}, \boldsymbol{z}) + (\boldsymbol{y}, \boldsymbol{z}), \boldsymbol{z} \in \boldsymbol{V}$。

则称复数$(\boldsymbol{x}, \boldsymbol{y})$为向量 $\boldsymbol{x}, \boldsymbol{y}$ 的内积,此时线性空间称为复内积空间,或酉空间。

显然,欧几里得空间是酉空间的特例,酉空间有一套和欧几里得空间基本相似的理论。

例 2.6 在$\mathbb{C}^n$中定义向量 $\boldsymbol{x} = [\xi_1, \xi_2, \cdots, \xi_n]^{\mathrm{T}}, \boldsymbol{y} = [\eta_1, \eta_2, \cdots, \eta_n]^{\mathrm{T}}$ 的内积为

$$(\boldsymbol{x}, \boldsymbol{y}) = \boldsymbol{y}^{\mathrm{H}} \boldsymbol{x} = \sum_{i=1}^{n} \xi_i \overline{\eta_i},$$

式中：

$$\boldsymbol{y}^{\mathrm{H}}=\overline{\boldsymbol{y}}^{\mathrm{T}}=[\overline{\eta}_1,\overline{\eta}_2,\cdots,\overline{\eta}_n]$$

表示向量 $\boldsymbol{y}$ 的共轭转置，则 $\mathbb{C}^n$ 称为一个酉空间。

2.1.2 向量范数

定义 2.4 设 $\boldsymbol{V}$ 是数域 $\mathbb{P}$ 上的线性空间，如果对于 $\boldsymbol{V}$ 中的任一向量 $\boldsymbol{x}$，都有一非负实数 $\|\boldsymbol{x}\|$ 与之对应，并且满足下列三个条件：

（1）正定性：当 $\boldsymbol{x}\neq\vartheta$ 时，$\|\boldsymbol{x}\|>0$；当 $\boldsymbol{x}=\vartheta$ 时 $\|\boldsymbol{x}\|=0$。

（2）齐次性：$\|k\boldsymbol{x}\|=|k|\|\boldsymbol{x}\|, k\in\mathbb{P}$。

（3）三角不等式：$\|\boldsymbol{x}+\boldsymbol{y}\|\leqslant\|\boldsymbol{x}\|+\|\boldsymbol{y}\|, \boldsymbol{x},\boldsymbol{y}\in\boldsymbol{V}$。

则称 $\|\boldsymbol{x}\|$ 是向量 $\boldsymbol{x}$ 的范数。

由欧几里得空间及酉空间中的向量长度

$$|\boldsymbol{x}|=\sqrt{(\boldsymbol{x},\boldsymbol{x})}$$

的性质知，它们都是向量范数，但向量范数要比向量长度广义得多。

定理 2.1（Minkowski 不等式） 对任意的 $p\geqslant1$，有

$$\left(\sum_{i=1}^{n}|a_i+b_i|^p\right)^{\frac{1}{p}}\leqslant\left(\sum_{i=1}^{n}|a_i|^p\right)^{\frac{1}{p}}+\left(\sum_{i=1}^{n}|b_i|^p\right)^{\frac{1}{p}}。$$

由 Minkowski 不等式，可以引入常用的 p－范数。

定理 2.2（p－范数） 设 $p\geqslant1$，则向量 $\boldsymbol{x}=[x_1,x_2,\cdots,x_n]^{\mathrm{T}}\in\mathbb{C}^n$ 的 p－范数定义为

$$\|\boldsymbol{x}\|_p=\left(\sum_{i=1}^{n}|x_i|^p\right)^{\frac{1}{p}}。$$

分别令 $p=1,2$，得

$$\|\boldsymbol{x}\|_1=\sum_{i=1}^{n}|x_i|;$$

$$\|\boldsymbol{x}\|_2=\left(\sum_{i=1}^{n}|x_i|^2\right)^{\frac{1}{2}}=(\boldsymbol{x}^H\boldsymbol{x})^{\frac{1}{2}}=\sqrt{(\boldsymbol{x},\boldsymbol{x})},$$

分别称为向量 $\boldsymbol{x}$ 的1－范数和2－范数，且

$$\|\boldsymbol{x}\|_\infty=\max_{1\leqslant i\leqslant n}|x_i|=\lim_{p\to\infty}\|\boldsymbol{x}\|_p。$$

事实上，令 $\alpha=\max\limits_{1\leqslant i\leqslant n}|x_i|$，则 $\beta_i=\dfrac{|x_i|}{\alpha}\leqslant1$。于是

$$1\leqslant\left(\sum_{i=1}^{n}\beta_i^p\right)^{\frac{1}{p}}\leqslant n^{\frac{1}{p}},$$

故

$$\lim_{p\to\infty}\left(\sum_{i=1}^{n}\beta_i^n\right)^{\frac{1}{p}}=1。$$

所以

$$\lim_{p\to\infty}\|\boldsymbol{x}\|_p=\lim_{p\to\infty}\alpha\left(\sum_{i=1}^{n}\beta_i^p\right)^{\frac{1}{p}}=\alpha=\max_{1\leqslant 1\leqslant n}|x_i|=\|\boldsymbol{x}\|_\infty。$$

因此，往往也把∞－范数作为 p－范数的一类。

2.1.3 矩阵范数

矩阵空间$\mathbb{C}^{m\times n}$是 $m\times n$ 维的线性空间，所以定义 2.4 仍然适用，只不过由于矩阵之间还存在乘法运算，所以在定义矩阵范数时应该予以体现。

定义 2.5 在矩阵空间$\mathbb{C}^{m\times n}$上定义一个非负实值函数$\|\cdot\|$，如果对于任意的$\boldsymbol{A}\in\mathbb{C}^{m\times n}$，它满足下列四个条件：

(1) 正定性：$\|\boldsymbol{A}\|\geqslant 0$，并且当且仅当$\boldsymbol{A}=\boldsymbol{O}$时，$\|\boldsymbol{A}\|=0$。

(2) 齐次性：$\|\alpha\boldsymbol{A}\|=|\alpha|\|\boldsymbol{A}\|,\alpha\in\mathbb{C}$。

(3) 三角不等式：$\|\boldsymbol{A}+\boldsymbol{B}\|\leqslant\|\boldsymbol{A}\|+\|\boldsymbol{B}\|,B\in\mathbb{C}^{m\times n}$。

(4) 矩阵乘法的相容性：对于$\mathbb{C}^{m\times n}$，$\mathbb{C}^{n\times l}$，$\mathbb{C}^{m\times l}$的同类非负实值函数$\|\cdot\|$，有

$$\|\boldsymbol{AB}\|\leqslant\|\boldsymbol{A}\|\cdot\|\boldsymbol{B}\|,A\in\mathbb{C}^{m\times n},B\in\mathbb{C}^{n\times l},$$

则称$\|\boldsymbol{A}\|$是矩阵$\boldsymbol{A}$的范数。

例 2.7 对于任意的$\boldsymbol{A}=(a_{ij})_{m\times n}\in\mathbb{C}^{m\times n}$，规定

$$\|\boldsymbol{A}\|=\sum_{i=1}^{m}\sum_{j=1}^{n}|a_{ij}|$$

是矩阵范数。

定义 2.6 矩阵$\boldsymbol{A}=(a_{ij})_{n\times n}\in\mathbb{C}^{n\times n}$的对角线元素之和，称为矩阵的迹，记为trace($\boldsymbol{A}$)或 tr($\boldsymbol{A}$)，即

$$\mathrm{trace}(\boldsymbol{A})=\sum_{i=1}^{n}a_{ii}。$$

矩阵$\boldsymbol{A}$的所有特征值之和等于$\boldsymbol{A}$的迹，而所有特征值之积等于$\boldsymbol{A}$的行列式。

例 2.8 对于任意的$\boldsymbol{A}=(a_{ij})_{m\times n}\in\mathbb{C}^{m\times n}$，规定

$$\|\boldsymbol{A}\|_F=\left(\sum_{i=1}^{m}\sum_{j=1}^{n}|a_{ij}|^2\right)^{\frac{1}{2}}=\sqrt{\mathrm{trace}(\boldsymbol{A}^{\mathrm{H}}\boldsymbol{A})}$$

是一种矩阵范数。其中，$\boldsymbol{A}^{\mathrm{H}}$为$\boldsymbol{A}$的共轭转置。该范数称为矩阵$\boldsymbol{A}$的 Frobenius 范数。

定义 2.7 对于$\mathbb{C}^{m\times n}$上的矩阵范数$\|\cdot\|_\beta$和$\mathbb{C}^n$上的向量范数$\|\cdot\|_\alpha$，如果满足

$$\|\boldsymbol{Ax}\|_\alpha\leqslant\|\boldsymbol{A}\|_\beta\|\boldsymbol{x}\|_\alpha,\boldsymbol{A}\in\mathbb{C}^{m\times n},\boldsymbol{x}\in\mathbb{C}^n,$$

则称矩阵范数$\|\cdot\|_\beta$和向量范数$\|\cdot\|_\alpha$是相容的。

定理 2.3 已知$\mathbb{C}^m$和$\mathbb{C}^n$上的同类向量范数$\|\cdot\|$，则

$$\|\boldsymbol{A}\|=\max_{\|\boldsymbol{x}\|=1}\|\boldsymbol{Ax}\|,\boldsymbol{A}\in\mathbb{C}^{m\times n},\boldsymbol{x}\in\mathbb{C}^n \tag{2-1}$$

是$\mathbb{C}^{m\times n}$上与向量范数$\|\cdot\|$相容的矩阵范数。

定义 2.8 由式(2-1)所定义的矩阵范数称为由向量范数$\|\cdot\|$所诱导的诱导范数。由向量的p-范数$\|\boldsymbol{x}\|_p$所诱导的矩阵范数称为矩阵p-范数，即

$$\|\boldsymbol{A}\|_p=\max_{\|\boldsymbol{x}\|_p=1}\|\boldsymbol{Ax}\|_p。 \tag{2-2}$$

常用的矩阵p-范数有$\|\boldsymbol{A}\|_1$，$\|\boldsymbol{A}\|_2$和$\|\boldsymbol{A}\|_\infty$，并且有如下的具体计算方法。

定理 2.4 设$\boldsymbol{A}=(a_{ij})_{m\times n}$，则

(1) 列和范数

$$\|\boldsymbol{A}\|_1=\max_{1\leqslant j\leqslant n}\sum_{i=1}^{m}|a_{ij}|。 \tag{2-3}$$

(2) 谱范数

$$\|A\|_2 = \max_{1\leqslant j\leqslant n}(\lambda_j(A^H A))^{\frac{1}{2}}, \tag{2-4}$$

式中:$\lambda_j(A^H A)$为矩阵 $A^H A$ 的第 j 个特征值。

(3) 行和范数

$$\|A\|_\infty = \max_{1\leqslant i\leqslant m}\sum_{j=1}^{n}|a_{ij}|。\tag{2-5}$$

定义 2.9 设矩阵 $A\in\mathbb{C}^{n\times n}$的 n 个特征值为 $\lambda_1,\lambda_2,\cdots,\lambda_n$,称

$$\rho(A) = \max\{|\lambda_1|,|\lambda_2|,\cdots,|\lambda_n|\}$$

为 A 的谱半径。

定理 2.5 设矩阵 $A\in\mathbb{C}^{n\times n}$,则

$$\rho(A)\leqslant\|A\|,$$

式中:$\|A\|$为 A 的任一种范数。

例 2.9 计算矩阵 $A=\begin{bmatrix}5 & 2 & -2\\ -1 & 4 & 3\\ 2 & 6 & 5\end{bmatrix}$的 1-范数、$\infty$ -范数、Frobenius 范数和 2-范数。

解:由矩阵范数的定义

$$\|A\|_1 = \max\{5+1+2,2+4+6,2+3+5\} = 12,$$

$$\|A\|_\infty = \max\{5+2+2,1+4+3,2+6+5\} = 13,$$

$$\|A\|_F = \sqrt{25+4+4+1+9+16+4+36+25} = \sqrt{124},$$

$$A^H A = \begin{bmatrix}30 & 18 & -3\\ 18 & 56 & 38\\ -3 & 38 & 38\end{bmatrix},$$

可求得$A^H A$ 的最大特征值 $\lambda_{max}=88.7129$,因此

$$\|A\|_2 = \sqrt{\lambda_{max}} = 9.4188。$$

计算的 MATLAB 程序如下:

```
clc,clear
a = [5 2 -2;-1 4 3;2 6 5];
L1 = norm(a,1)                % 其 1-范数
Linf = norm(a,inf)            % 求∞ -范数
Lf = norm(a,'fro')            % 求 Frobenius 范数
L2 = sqrt(eigs(a'*a,1))       % 求 2-范数
L22 = max(svd(a))             % 2-范数也等价于矩阵的最大奇异值
```

2.2 矩阵的奇异值分解及应用

2.2.1 矩阵的奇异值分解

矩阵奇异值分解在最优化问题、特征值问题、最小二乘问题、广义逆矩阵及统计学等

方面有着重要作用。

定义 2.10 设矩阵 $\boldsymbol{A}\in\mathbb{C}^{n\times n}$,如果满足

$$\boldsymbol{A}^{\mathrm{H}}\boldsymbol{A}=\boldsymbol{A}\boldsymbol{A}^{\mathrm{H}}=\boldsymbol{I},$$

则称 $\boldsymbol{A}$ 为酉矩阵。$\boldsymbol{I}$ 为 n 阶单位阵。

定义 2.11 设 $\boldsymbol{A}\in\mathbb{C}^{n\times n}$,且$\boldsymbol{A}^{\mathrm{H}}\boldsymbol{A}=\boldsymbol{A}\boldsymbol{A}^{\mathrm{H}}$,则 $\boldsymbol{A}$ 称为正规矩阵。

容易验证,对角矩阵,实对称矩阵($\boldsymbol{A}^{\mathrm{T}}=\boldsymbol{A}$),实反对称矩阵($\boldsymbol{A}^{\mathrm{T}}=-\boldsymbol{A}$),Hermite 矩阵($\boldsymbol{A}^{\mathrm{H}}=\boldsymbol{A}$),反 Hermite 矩阵($\boldsymbol{A}^{\mathrm{H}}=-\boldsymbol{A}$),正交矩阵及酉矩阵等都是正规矩阵。

引理 2.1 对任意的 $\boldsymbol{A}\in\mathbb{C}^{m\times n}$,都有

$$\mathrm{R}(\boldsymbol{A}\boldsymbol{A}^{\mathrm{H}})=\mathrm{R}(\boldsymbol{A}^{\mathrm{H}}\boldsymbol{A})=\mathrm{R}(\boldsymbol{A})。$$

引理 2.2 $\boldsymbol{A}^{\mathrm{H}}\boldsymbol{A}$ 和 $\boldsymbol{A}\boldsymbol{A}^{\mathrm{H}}$ 是半正定的 Hermite 矩阵。

定义 2.12 设 $\boldsymbol{A}\in\mathbb{C}_r^{m\times n}$,这里 $r=\mathrm{R}(\boldsymbol{A})(r>0)$,$\boldsymbol{A}^{\mathrm{H}}\boldsymbol{A}$ 的特征值为

$$\lambda_1\geqslant\lambda_2\geqslant\cdots\geqslant\lambda_r>\lambda_{r+1}=\cdots=\lambda_n=0。\tag{2-6}$$

则称 $d_i=\sqrt{\lambda_i}(i=1,2,\cdots,n)$ 为 $\boldsymbol{A}$ 的奇异值。当 $\boldsymbol{A}$ 是零矩阵时,规定它的奇异值都是 0。

易见,矩阵 $\boldsymbol{A}$ 的奇异值的个数等于 $\boldsymbol{A}$ 的列数,$\boldsymbol{A}$ 的非零奇异值的个数等于 $\mathrm{R}(\boldsymbol{A})$。

定理 2.6 设 $\boldsymbol{A}\in\mathbb{C}_r^{m\times n}(r>0)$,则存在 m 阶酉矩阵 $\boldsymbol{P}$ 和 n 阶酉矩阵 $\boldsymbol{Q}$,使得

$$\boldsymbol{P}^{\mathrm{H}}\boldsymbol{A}\boldsymbol{Q}=\begin{bmatrix}\boldsymbol{D}&\boldsymbol{O}\\\boldsymbol{O}&\boldsymbol{O}\end{bmatrix},\tag{2-7}$$

式中:$\boldsymbol{D}=\mathrm{diag}(d_1,\cdots,d_r)$,$d_i(i=1,2,\cdots,r)$为 $\boldsymbol{A}$ 的正奇异值。

证明:记 Hermite 矩阵 $\boldsymbol{A}^{\mathrm{H}}\boldsymbol{A}$ 的特征值如式(2-6)所述。

根据 Hermite 矩阵的性质,存在 n 阶酉矩阵 $\boldsymbol{Q}$,使得

$$\boldsymbol{Q}^{\mathrm{H}}(\boldsymbol{A}^{\mathrm{H}}\boldsymbol{A})\boldsymbol{Q}=\begin{bmatrix}\lambda_1&&\\&\ddots&\\&&\lambda_n\end{bmatrix}=\begin{bmatrix}\boldsymbol{D}^2&\boldsymbol{O}\\\boldsymbol{O}&\boldsymbol{O}\end{bmatrix}。\tag{2-8}$$

将 $\boldsymbol{Q}$ 分块为

$$\boldsymbol{Q}=[\boldsymbol{Q}_1,\boldsymbol{Q}_2],\boldsymbol{Q}_1\in\mathbb{C}_r^{n\times r},\boldsymbol{Q}_2\in\mathbb{C}_{n-r}^{n\times(n-r)},$$

并将式(2-8)改写为

$$(\boldsymbol{A}^{\mathrm{H}}\boldsymbol{A})\boldsymbol{Q}=\boldsymbol{Q}\begin{bmatrix}\boldsymbol{D}^2&\boldsymbol{O}\\\boldsymbol{O}&\boldsymbol{O}\end{bmatrix},$$

则有

$$\boldsymbol{A}^{\mathrm{H}}\boldsymbol{A}\boldsymbol{Q}_1=\boldsymbol{Q}_1\boldsymbol{D}^2,\boldsymbol{A}^{\mathrm{H}}\boldsymbol{A}\boldsymbol{Q}_2=0。\tag{2-9}$$

注意到$\boldsymbol{Q}_1^{\mathrm{H}}\boldsymbol{Q}_1=\boldsymbol{I}_r$,所以由式(2-9)的第一式,得

$$\boldsymbol{Q}_1^{\mathrm{H}}\boldsymbol{A}^{\mathrm{H}}\boldsymbol{A}\boldsymbol{Q}_1=\boldsymbol{D}^2,$$

或写成

$$(\boldsymbol{A}\boldsymbol{Q}_1\boldsymbol{D}^{-1})^{\mathrm{H}}(\boldsymbol{A}\boldsymbol{Q}_1\boldsymbol{D}^{-1})=\boldsymbol{I}_r$$

由式(2-9)的第二式,得

$$\boldsymbol{Q}_2^{\mathrm{H}}\boldsymbol{A}^{\mathrm{H}}\boldsymbol{A}\boldsymbol{Q}_2=O,$$

即 $\boldsymbol{A}\boldsymbol{Q}_2=\boldsymbol{O}$。

令 $\boldsymbol{P}_1=\boldsymbol{A}\boldsymbol{Q}_1\boldsymbol{D}^{-1}$,则$\boldsymbol{P}_1^{\mathrm{H}}\boldsymbol{P}_1=\boldsymbol{I}_r$,即$\boldsymbol{P}_1$ 的列向量是两两正交的单位向量。

记 $\boldsymbol{P}_1=[\boldsymbol{p}_1,\boldsymbol{p}_2,\cdots,\boldsymbol{p}_r]$，将 $\boldsymbol{p}_1,\boldsymbol{p}_2,\cdots,\boldsymbol{p}_r$ 扩充为$\mathbb{C}^m$的标准正交基，记增添的向量为 $\boldsymbol{p}_{r+1},\boldsymbol{p}_{r+2},\cdots,\boldsymbol{p}_m$，并构造矩阵 $\boldsymbol{P}_2=[\boldsymbol{p}_{r+1},\boldsymbol{p}_{r+2},\cdots,\boldsymbol{p}_m]$，则 $\boldsymbol{P}=[\boldsymbol{P}_1,\boldsymbol{P}_2]$是 m 阶酉矩阵，且有

$$\boldsymbol{P}_1^{\mathrm{H}}\boldsymbol{P}_1=\boldsymbol{I}_r,\boldsymbol{P}_2^{\mathrm{H}}\boldsymbol{P}_1=\boldsymbol{O}。$$

于是，得

$$\boldsymbol{P}^{\mathrm{H}}\boldsymbol{A}\boldsymbol{Q}=\boldsymbol{P}^{\mathrm{H}}[\boldsymbol{A}\boldsymbol{Q}_1,\boldsymbol{A}\boldsymbol{Q}_2]=\begin{bmatrix}\boldsymbol{P}_1^{\mathrm{H}}\\ \boldsymbol{P}_2^{\mathrm{H}}\end{bmatrix}[\boldsymbol{P}_1\boldsymbol{D},\boldsymbol{O}]=\begin{bmatrix}\boldsymbol{D}&\boldsymbol{O}\\ \boldsymbol{O}&\boldsymbol{O}\end{bmatrix}。$$

注 2.1 式(2-7)可以写成

$$\boldsymbol{A}=\boldsymbol{P}\begin{bmatrix}\boldsymbol{D}&\boldsymbol{O}\\ \boldsymbol{O}&\boldsymbol{O}\end{bmatrix}\boldsymbol{Q}^{\mathrm{H}},\tag{2-10}$$

称为 $\boldsymbol{A}$ 的奇异值分解。

注 2.2 矩阵 $\boldsymbol{A}$ 的奇异值由 $\boldsymbol{A}$ 唯一确定，但酉矩阵 $\boldsymbol{P}$ 和 $\boldsymbol{Q}$ 一般不是唯一的，因此奇异值分解一般也不是唯一的。

注 2.3 记

$$\boldsymbol{P}=[\boldsymbol{P}_1,\boldsymbol{P}_2],\boldsymbol{Q}=[\boldsymbol{Q}_1,\boldsymbol{Q}_2],$$

式中：$\boldsymbol{P}_1$ 为 $m\times r$ 的列正交矩阵；$\boldsymbol{Q}_1$ 为 $r\times m$ 的列正交矩阵。

则奇异值分解式(2-10)等价于

$$\boldsymbol{A}=\boldsymbol{P}_1\boldsymbol{D}\boldsymbol{Q}_1^{\mathrm{H}}。\tag{2-11}$$

例 2.10 试求矩阵 $\boldsymbol{A}=\begin{bmatrix}1&0&1\\0&1&1\\0&0&0\end{bmatrix}$的奇异值。

解：$\boldsymbol{A}^{\mathrm{H}}\boldsymbol{A}=\begin{bmatrix}1&0&1\\0&1&1\\1&1&2\end{bmatrix}$的特征值为 3，1，0，对应的特征向量分别为

$$\begin{bmatrix}1\\1\\2\end{bmatrix},\begin{bmatrix}1\\-1\\0\end{bmatrix},\begin{bmatrix}1\\1\\-1\end{bmatrix},$$

故 $\mathrm{R}(\boldsymbol{A})=2$，

$$\boldsymbol{D}=\begin{bmatrix}\sqrt{3}&\\&1\end{bmatrix},$$

而

$$\boldsymbol{Q}=\begin{bmatrix}\frac{1}{\sqrt{6}}&\frac{1}{\sqrt{2}}&\frac{1}{\sqrt{3}}\\ \frac{1}{\sqrt{6}}&-\frac{1}{\sqrt{2}}&\frac{1}{\sqrt{3}}\\ \frac{2}{\sqrt{6}}&0&-\frac{1}{\sqrt{3}}\end{bmatrix},$$

计算得

$$
\boldsymbol{P}_1=\boldsymbol{A}\boldsymbol{Q}_1\boldsymbol{D}^{-1}=\begin{bmatrix}\frac{1}{\sqrt{2}} & \frac{1}{\sqrt{2}}\\ \frac{1}{\sqrt{2}} & -\frac{1}{\sqrt{2}}\\ 0 & 0\end{bmatrix},
$$

构造

$$
\boldsymbol{P}_2=\begin{bmatrix}0\\0\\1\end{bmatrix},\boldsymbol{P}=\begin{bmatrix}\frac{1}{\sqrt{2}} & \frac{1}{\sqrt{2}} & 0\\ \frac{1}{\sqrt{2}} & -\frac{1}{\sqrt{2}} & 0\\ 0 & 0 & 1\end{bmatrix},
$$

则矩阵 $\boldsymbol{A}$ 的奇异值分解为

$$
\boldsymbol{A}=\boldsymbol{P}\begin{bmatrix}\sqrt{3} & & \\ & 1 & \\ & & 0\end{bmatrix}\boldsymbol{Q}^{\mathrm{H}}。
$$

计算的 MATLAB 程序如下：

```
clc,clear
a = [1 0 1;0 1 1;0 0 0];a = sym(a);% 转换为符号矩阵
sigma = svd(a)                    % 求奇异值
[p,d,q] = svd(a)                  % 直接利用工具箱进行奇异值分解
```

下面几小节将介绍奇异值分解的一些应用。

2.2.2 图像压缩

一幅图像经过采样和量化后便可以得到一幅数字图像。通常可以用一个矩阵来表示，如图 2.1 所示。

$$
f(x,y)=\begin{bmatrix}f(0,0) & f(0,0) & \cdots & f(0,N-1)\\ f(1,0) & f(1,1) & \cdots & f(1,N-1)\\ \vdots & \vdots & \ddots & \vdots\\ f(M-1,0) & f(M-1,1) & \cdots & f(M-1,N-1)\end{bmatrix}
$$

图 2.1 数字图像的矩阵表示

一幅数字图像在 MATLAB 中可以很自然地表示成矩阵

$$
\boldsymbol{g}=\begin{bmatrix}g(1,1) & g(1,2) & \cdots & g(1,N)\\ g(2,1) & g(2,2) & \cdots & g(2,N)\\ \vdots & \vdots & \ddots & \vdots\\ g(M,1) & g(M,2) & \cdots & g(M,N)\end{bmatrix},
$$

式中：$g(x+1,y+1)=f(x,y)$，$(x=0,\cdots,M-1;y=0,\cdots,N-1)$。

矩阵中的元素称为像素。每一个像素都有 x 和 y 两个坐标，表示其在图像中的位置。另外还有一个值，称灰度值，对应于原始模拟图像在该点处的亮度。量化后的灰度值，代表了相应的色彩浓淡程度，以 256 色灰度等级的数字图像为例，一般有 8bit，即用 1B 表示灰度值，由 0～255 对应于由黑到白的颜色变化。对只有黑白二值采用 1bit 表示的特定二值图像，就可以用 0 和 1 来表示黑白二色。

一幅彩色数字图像用 3 个矩阵表示，分别表示红、绿、蓝像素的取值。在 MATLAB 中用一个三维矩阵表示。

图像压缩是数据压缩技术在数字图像上的应用，它的目的是减少图像数据中的冗余信息，从而用更加高效的格式存储和传输数据。图像数据之所以能被压缩，就是因为数据中存在着冗余。图像数据的冗余主要表现为：图像中相邻像素间的相关性引起的空间冗余；图像序列中不同帧之间存在相关性引起的时间冗余；不同彩色平面或频谱带的相关性引起的频谱冗余。

图像压缩可以是有损数据压缩，也可以是无损数据压缩。无损图像压缩方法主要有行程长度编码、熵编码法（如 LZW）；有损压缩方法主要有变换编码，如离散余弦变换（DCT）或小波变换这样的傅里叶相关变换，然后进行量化和用熵编码法压缩和分形压缩（Fractal Compression）。

图像矩阵 $\boldsymbol{A}$ 的奇异值（Singular Value）及其特征空间反映了图像中的不同成分和特征。奇异值分解（Singular Value Decomposition，SVD）是一种基于特征向量的矩阵变换方法，在信号处理、模式识别、数字水印技术等方面都得到了应用。

1. 奇异值分解的图像性质

设 $\boldsymbol{A}\in\mathbb{C}_r^{m\times n}$，$r=\mathrm{R}(\boldsymbol{A})$，$d_1,d_2,\cdots,d_r$ 是 $\boldsymbol{A}$ 的正奇异值，它是唯一的，它刻画了矩阵数据的分布特征。直观上，可以这样理解矩阵的奇异值分解：将矩阵 $\boldsymbol{A}\in\mathbb{C}_r^{m\times n}$ 看成是一个线性变换，它将 n 维空间的点映射到 m 维空间。$\boldsymbol{A}\in\mathbb{C}_r^{m\times n}$ 经过奇异值分解后，这种变换被分割成 3 个部分，分别为 $\boldsymbol{U}$、$\boldsymbol{D}$ 和 $\boldsymbol{V}$，其中 $\boldsymbol{U}$ 和 $\boldsymbol{V}$ 都是标准正交矩阵，它们对应的线性变换就相当于对 m 维和 n 维坐标系中坐标轴的旋转变换。

若 $\boldsymbol{A}$ 为数字图像，则 $\boldsymbol{A}$ 可视为二维时频信息，可将 $\boldsymbol{A}$ 的奇异值分解公式写为

$$\boldsymbol{A}=\boldsymbol{UDV}^{\mathrm{H}}=\boldsymbol{U}\begin{bmatrix}\boldsymbol{\Delta} & \boldsymbol{O}\\ \boldsymbol{O} & \boldsymbol{O}\end{bmatrix}\boldsymbol{V}^{\mathrm{H}}=\sum_{i=1}^{r}\boldsymbol{A}_i=\sum_{i=1}^{r}\delta_i\boldsymbol{u}_i\boldsymbol{v}_i^{\mathrm{H}},$$

式中：$\boldsymbol{u}_i$ 和 $\boldsymbol{v}_i$ 分别为 $\boldsymbol{U}$ 和 $\boldsymbol{V}$ 的列向量；δ_i 为 $\boldsymbol{A}$ 的非零奇异值；$\boldsymbol{U}=[\boldsymbol{u}_1,\boldsymbol{u}_2,\cdots,\boldsymbol{u}_m]$，$\boldsymbol{V}=[\boldsymbol{v}_1,\boldsymbol{v}_2,\cdots,\boldsymbol{v}_n]$，$\boldsymbol{\Delta}=\mathrm{diag}\{\delta_1,\delta_2,\cdots,\delta_r\}$ 为对角阵。

故上式表示的数字图像 $\boldsymbol{A}$ 可以看成是 r 个秩为 1 的子图 $\boldsymbol{u}_i\boldsymbol{v}_i^{\mathrm{H}}$ 叠加的结果，而奇异值 δ_i 为权系数。所以$\boldsymbol{A}_i$ 也表示时频信息，对应的 $\boldsymbol{u}_i$ 和 $\boldsymbol{v}_i$ 可分别视为频率向量和时间向量，因此数字图像 $\boldsymbol{A}$ 中的时频信息就被分解到一系列由 $\boldsymbol{u}_i$ 和 $\boldsymbol{v}_i$ 构成的时频平面中。

若以 F－范数（Frobenious－范数）的平方表示图像的能量，则由矩阵奇异值分解的定义知

$$\|\boldsymbol{A}\|_F^2=\mathrm{trace}(\boldsymbol{A}^{\mathrm{H}}\boldsymbol{A})=\mathrm{trace}\left(\boldsymbol{V}\begin{bmatrix}\boldsymbol{\Delta} & \boldsymbol{O}\\ \boldsymbol{O} & \boldsymbol{O}\end{bmatrix}\boldsymbol{U}^{\mathrm{H}}\boldsymbol{U}\begin{bmatrix}\boldsymbol{\Delta} & \boldsymbol{O}\\ \boldsymbol{O} & \boldsymbol{O}\end{bmatrix}\boldsymbol{V}^{\mathrm{H}}\right)=\sum_{i=1}^{r}\delta_i^2。\tag{2-12}$$

也就是说，数字图像 $\boldsymbol{A}$ 经奇异值分解后，其纹理和几何信息都集中在 $\boldsymbol{U}$、$\boldsymbol{V}$ 之中，而 $\boldsymbol{\Delta}$ 中的奇异值则代表图像的能量信息。

性质 2.1 矩阵的奇异值代表图形的能量信息，且具有稳定性。

设 $\boldsymbol{A}\in\mathbb{C}^{m\times n}$，$\boldsymbol{B}=\boldsymbol{A}+\boldsymbol{\delta}$，$\boldsymbol{\delta}$ 是矩阵 $\boldsymbol{A}$ 的一个扰动矩阵。$\boldsymbol{A}$ 和 $\boldsymbol{B}$ 的非零奇异值分别记为 $\delta_{11}\geqslant\delta_{12}\geqslant\cdots\geqslant\delta_{1r}$ 和 $\delta_{21}\geqslant\delta_{22}\geqslant\cdots\geqslant\delta_{2r}$，这里 $r=\mathrm{R}(\boldsymbol{A})$。$\delta_1$ 是 $\boldsymbol{\delta}$ 的最大奇异值。则有

$$|\delta_{1i}-\delta_{2i}|\leqslant\|\boldsymbol{A}-\boldsymbol{B}\|_2=\|\boldsymbol{\delta}\|_2=\delta_1。$$

由此可知，当图像被施加小的扰动时，图像矩阵的奇异值变化不会超过扰动矩阵的最大奇异值，所以图像奇异值的稳定性很好。

性质 2.2 矩阵的奇异值具有比例不变性。

设 $\boldsymbol{A}\in\mathbb{C}^{m\times n}$，矩阵 $\boldsymbol{A}$ 的奇异值为 $\delta_i(i=1,2,\cdots,r)$，$r=\mathrm{R}(\boldsymbol{A})$，矩阵 $k\boldsymbol{A}(k\neq0)$ 的奇异值为 $\gamma_i(i=1,2,\cdots,r)$，则有 $|k|[\delta_1,\delta_2,\cdots,\delta_r]=[\gamma_1,\gamma_2,\cdots,\gamma_r]$。

性质 2.3 矩阵的奇异值具有旋转不变性。

设 $\boldsymbol{A}\in\mathbb{C}^{m\times n}$，矩阵 $\boldsymbol{A}$ 的奇异值为 $\delta_i(i=1,2,\cdots,r)$，$r=\mathrm{R}(\boldsymbol{A})$。若 $\boldsymbol{T}$ 是酉矩阵，则矩阵 $\boldsymbol{TA}$ 的奇异值与矩阵 $\boldsymbol{A}$ 的奇异值相同。

性质 2.4 设 $\boldsymbol{A}\in\mathbb{C}^{m\times n}$，$\mathrm{R}(\boldsymbol{A})=r\geqslant s$。若 $\boldsymbol{\Delta}_s=\mathrm{diag}(\delta_1,\delta_2,\cdots,\delta_s)$，$\boldsymbol{A}_s=\sum_{i=1}^{s}\delta_i u_i v_i$，则有 $\mathrm{R}(\boldsymbol{A}_s)=\mathrm{R}(\boldsymbol{\Delta}_s)=s$，且

$$\|\boldsymbol{A}-\boldsymbol{A}_s\|=\min\{\|\boldsymbol{A}-\boldsymbol{B}\|\,|\,\boldsymbol{B}\in\mathbb{C}^{m\times n}\}=\sqrt{\delta_{s+1}^2+\delta_{s+2}^2+\cdots+\delta_r^2}。\tag{2-13}$$

上式表明，在 F－范数意义下，$\boldsymbol{A}_s$ 是在空间 $\mathbb{C}_r^{m\times n}$ 中对 $\boldsymbol{A}$ 的一个最佳秩逼近。因此可根据需要保留 $s(s<r)$ 个大于某个阈值 M 的 δ_i 而舍弃其余 $r-s$ 个小于阈值 M 的 δ_i，且保证两幅图像在某种意义下的近似。这就为奇异值的数据压缩等应用找到了依据。

2. 奇异值分解压缩原理分析

用奇异值分解来压缩图像的基本思想是对图像矩阵进行奇异值分解，选取部分的奇异值和对应的左、右奇异向量来重构图像矩阵。根据奇异值分解的图像性质 2.1 和性质 2.4 可以知道，奇异值分解可以代表图像的能量信息，并且可以降低图像的维数。如果 $\boldsymbol{A}$ 表示 n 个 m 维向量，可以通过奇异值分解将 $\boldsymbol{A}$ 表示为 $m+n$ 个 r 维向量。若 $\boldsymbol{A}$ 的秩远远小于 m 和 n，则通过奇异值分解可以大大降低保存数据的数量。

对于一个 $m\times n$ 像素的图像矩阵 $\boldsymbol{A}$，设 $\boldsymbol{A}=\widetilde{\boldsymbol{U}}\boldsymbol{D}\widetilde{\boldsymbol{V}}^{\mathrm{H}}$，其中 $\boldsymbol{D}=\mathrm{diag}(\delta_1,\delta_2,\cdots,\delta_r)$，$\delta_1\geqslant\delta_2\geqslant\cdots\geqslant\delta_r$，按奇异值从大到小取 k 个奇异值和这些奇异值对应的左奇异向量及右奇异向量重构原图像矩阵 $\boldsymbol{A}$。如果选择的 $k=r$，这是无损的压缩；基于奇异值分解的图像压缩讨论的是 $k<r$，即有损压缩的情况。这时，可以只用 $m\times k+k+n\times k=k(m+n+1)$ 个数值代替原来的 $m\times n$ 个图像数据，这 $k(m+n+1)$ 个数据分别是矩阵 $\boldsymbol{A}$ 的前 k 个奇异值，左奇异向量矩阵 $\widetilde{\boldsymbol{U}}$ 的前 k 列的 $m\times k$ 个元素，和右奇异向量矩阵 $\widetilde{\boldsymbol{V}}$ 的前 k 列的 $n\times k$ 个元素。

比率

$$\rho=\left(1-\frac{k(m+n+1)}{m\times n}\right)\times100\%$$

称为图像的压缩比率。

3. 奇异值分解压缩举例

例 2.11 利用奇异值压缩一幅图像,并计算压缩比率。

解:奇异值分解的图像压缩的 MATLAB 程序如下:

```
clear,clc,X = imread('Lena.bmp');
if (size(X,3) ~ =1),X = rgb2gray(X);end          % 如果是彩色图片,转化为灰度图片
[U,D,V] = svd(double(X));                        % 奇异值分解
plot(diag(D),'b-','LineWidth',1.5);              % 绘制奇异值曲线
title('图像矩阵的奇异值'),ylabel('奇异值')
[m,n] = size(X);                                 % 图像大小
Rank = rank(double(X));                          % 图像矩阵的秩
figure,subplot(1,2,1),imshow(X);                 % 显示原图
Image_Rank = ['图像矩阵的秩 =',int2str(Rank)];
title(Image_Rank,'Color','k');
it =0;
for K =1:10:Rank/4                   % 循环改变奇异值选取的个数,动态观察图像压缩的效果
   R =U(:,1:K) * D(1:K,1:K) * V(:,1:K)';         % 选取 K 个奇异值,并恢复原图
   T =uint8(R);subplot(1,2,2),imshow(T);
   SVD_number = ['选取的奇异值的个数 =',int2str(K)];
   title(SVD_number,'Color','b');
   src_elements =m * n;compress_elements =K * (m +n +1);
   compress_ratio = (1-compress_elements/src_elements) *100;  % 计算压缩比率
   it =it +1;CR(it) = compress_ratio;
   fprintf('Rank =% d:K =% d 个:compress_ratio =% .2 f \\n',Rank,K,compress_
ratio);
   pause(2);                                     % 暂停 2 秒,便于观察效果
end
figure,plot([1:10:10 * it],CR,'ob-','LineWidth',1.5);
title('奇异值个数与压缩比率的关系');xlabel('奇异值个数');ylabel('压缩比率');
```

2.2.3 对应分析

矩阵的奇异值分解建立了因子分析中 R 型与 Q 型的关系,因而从 R 型因子分析出发可以直接得到 Q 型因子分析的结果,这里不介绍数学原理,感兴趣的读者可以参看文献[3]。

1. 对应分析的基本计算步骤

设有 p 个变量的 n 个样本观测数据矩阵 $\boldsymbol{A} = (a_{ij})_{n\times p}$,其中 $p_{ij} > 0$。对数据矩阵 $\boldsymbol{A}$ 做对应分析的具体步骤如下。

(1) 由数据矩阵 $\boldsymbol{A}$,计算规格化的概率矩阵 $\boldsymbol{P} = (p_{ij})_{n\times p}$,其中 $p_{ij} = \dfrac{a_{ij}}{a_{..}}$, $a_{..} = \sum_{i=1}^{n}\sum_{j=1}^{p} a_{ij}$。

(2) 计算过渡矩阵 $\boldsymbol{B}=(b_{ij})_{n\times p}$,其中 $b_{ij}=\dfrac{p_{ij}-p_{\cdot j}p_{i\cdot}}{\sqrt{p_{\cdot j}p_{i\cdot}}}$,这里 $p_{i\cdot}=\sum\limits_{j=1}^{p}p_{ij}$,$p_{\cdot j}=\sum\limits_{i=1}^{n}p_{ij}$ $(i=1,2,\cdots,n;\ j=1,2,\cdots,p)$。

(3) 进行因子分析。

① R 型因子分析:计算 $\boldsymbol{R}=\boldsymbol{B}^{\mathrm{T}}\boldsymbol{B}$ 的特征根 $\lambda_1\geqslant\lambda_2\geqslant\cdots\geqslant\lambda_p$,并计算相应的单位特征向量 $\boldsymbol{v}_1,\boldsymbol{v}_2,\cdots,\boldsymbol{v}_p$,这里 $\boldsymbol{v}_i=[v_{1i},v_{2i},\cdots,v_{pi}]^{\mathrm{T}}$,在实际应用中常按累积贡献率

$$\frac{\lambda_1+\lambda_2+\cdots+\lambda_k}{\lambda_1+\cdots+\lambda_l+\cdots+\lambda_p}\geqslant 0.80(\text{或}\ 0.70,\text{或}\ 0.85),$$

确定所取公共因子个数 $k(k\leqslant p)$,取前 k 个特征根 $\lambda_1\geqslant\lambda_2\geqslant\cdots\geqslant\lambda_k$(一般 $k=2$),得到 R 型因子载荷矩阵(列轮廓坐标)

$$\boldsymbol{F}=\begin{bmatrix} v_{11}\sqrt{\lambda_1} & v_{12}\sqrt{\lambda_2}\\ v_{21}\sqrt{\lambda_1} & v_{22}\sqrt{\lambda_2}\\ \vdots & \vdots\\ v_{p1}\sqrt{\lambda_1} & v_{p2}\sqrt{\lambda_2}\end{bmatrix}。$$

② Q 型因子分析:由上述求得的特征值 $\lambda_1\geqslant\lambda_2\geqslant\cdots\geqslant\lambda_k$,计算 $\boldsymbol{Q}=\boldsymbol{B}\boldsymbol{B}^{\mathrm{T}}$ 所对应的单位特征向量 $\boldsymbol{u}_i=[u_{1i},u_{2i},\cdots,u_{ni}]^{\mathrm{T}}(i=1,2,\cdots,k)$,得到 Q 型因子载荷矩阵(行轮廓坐标)

$$\boldsymbol{G}=\begin{bmatrix} u_{11}\sqrt{\lambda_1} & u_{12}\sqrt{\lambda_2}\\ u_{21}\sqrt{\lambda_1} & u_{22}\sqrt{\lambda_2}\\ \vdots & \vdots\\ u_{n1}\sqrt{\lambda_1} & u_{n2}\sqrt{\lambda_2}\end{bmatrix}。$$

注 2.4 设 $\mathrm{R}(\boldsymbol{B})=r$,矩阵 $\boldsymbol{B}$ 的奇异值分解为 $\boldsymbol{B}=\boldsymbol{U}\boldsymbol{D}_r\boldsymbol{V}^{\mathrm{T}}$,其中 $\boldsymbol{U}$ 为 $n\times r$ 的列正交矩阵(列向量也为单位向量);$\boldsymbol{V}$ 为 $p\times r$ 的列正交矩阵(列向量也为单位向量);$\boldsymbol{D}_r$ 为 r 阶对角矩阵,对角线元素为奇异值,即 $\boldsymbol{D}_r=\mathrm{diag}(\sqrt{\lambda_1},\sqrt{\lambda_2},\cdots,\sqrt{\lambda_r})$。可以证明:列正交矩阵 $\boldsymbol{V}$ 的 r 个列向量分别是 $\boldsymbol{B}^{\mathrm{T}}\boldsymbol{B}$ 的非零特征值 $\lambda_1,\lambda_2,\cdots,\lambda_r$ 对应的特征向量;而列正交矩阵 $\boldsymbol{U}$ 的 r 个列向量分别是 $\boldsymbol{B}\boldsymbol{B}^{\mathrm{T}}$ 的非零特征值 $\lambda_1,\lambda_2,\cdots,\lambda_r$ 对应的特征向量,且 $\boldsymbol{U}=\boldsymbol{B}\boldsymbol{V}\boldsymbol{D}_r^{-1}$。

(4) 在相同二维平面上用行轮廓的坐标 G 和列轮廓的坐标 F 绘制出点的平面图。也就是把 n 个行点(样品点)和 p 个列点(变量点)在同一个平面坐标系中绘制出来,对一组行点或一组列点,二维图中的欧几里得距离与原始数据中各行(或列)轮廓之间的加权距离是相对应的。这样就在一个平面上同时显示了变量和样品间的相互关系。

(5) 对样品点和变量点进行分类,并结合专业知识进行成因解释。

2. 对应分析的应用

例 2.12 为了研究我国部分省市自治区的农村居民家庭人均消费支出结构,现从中抽取 10 个省市,选取 8 项指标,即食品支出(x_1)、衣着支出(x_2)、居住支出(x_3)、家庭设备及服务支出(x_4)、交通和通信支出(x_5)、文教娱乐用品及服务支出(x_6)、医疗保健支出(x_7)、其他商品及服务支出(x_8)。原始数据资料见表 2.1,对所给数据进行对应分析。

表 2.1　2008 年 10 个省市的农村居民家庭人均生活消费支出原始数据(元)

序号	省市	x_1	x_2	x_3	x_4	x_5	x_6	x_7	x_8
1	北京	2470.72	577.81	1162.96	402.56	950.53	883.35	709.44	127.29
2	河北	1192.93	203.74	696.14	151.94	346.73	250.07	219.32	64.68
3	山西	1206.59	276.23	486.75	138.26	328.74	380.70	210.32	69.85
4	辽宁	1549.00	298.82	601.71	158.91	426.47	387.97	283.37	107.78
5	上海	3731.27	467.33	1806.08	503.96	879.57	855.30	697.11	179.06
6	广东	2388.91	177.67	964.53	189.01	483.66	272.87	259.00	136.82
7	广西	1594.67	91.19	535.45	124.01	261.85	172.73	154.32	50.81
8	海南	1537.55	89.89	391.04	104.07	261.57	288.49	123.82	86.67
9	重庆	1537.59	160.34	328.97	167.74	238.43	211.83	197.15	42.87
10	新疆	1146.69	218.61	492.77	97.58	276.31	168.99	244.59	46.24

解: 用 $i=1,2,\cdots,10$ 分别表示北京、河北、山西、辽宁、上海、广东、广西、海南、重庆、新疆。第 i 个对象关于第 j 个指标变量 x_j 的取值记为 a_{ij}。

(1) 对原始数据计算总和 $a_{..}$。

(2) 根据公式 $p_{ij}=a_{ij}/a_{..}$,计算概率矩阵 $\boldsymbol{P}$。

(3) 根据公式 $b_{ij}=\dfrac{p_{ij}-p_{\cdot j}p_{i\cdot}}{\sqrt{p_{\cdot j}p_{i\cdot}}}$,计算数据变换矩阵 $\boldsymbol{B}$。

(4) 根据公式 $\boldsymbol{R}=\boldsymbol{B}^{\mathrm{T}}\boldsymbol{B}$ 计算协方差矩阵 $\boldsymbol{R}$。

(5) 进行因子分析。

① R 型因子分析。计算协方差矩阵 $\boldsymbol{R}$ 的特征值、累积贡献率,结果见表 2.2。

表 2.2　协方差矩阵 $\boldsymbol{R}$ 的特征值、累积贡献率

序　号	特　征　值	累积贡献率	序　号	特　征　值	累积贡献率
1	0.0231	0.6540	5	0.0007	0.9876
2	0.0062	0.8310	6	0.0002	0.9939
3	0.0026	0.9054	7	0.0002	1.0000
4	0.0022	0.9666	8	1.1244×10^{-32}	1.0000

由于前两个特征值的累积贡献率已经达到 83.1%,因此提取前两个特征值即可。由此确定公共因子个数 $k=2$。

对应于 R 型因子分析的前两个公共因子的因子载荷矩阵见表 2.3。

表 2.3　R 型因子载荷矩阵

序　号	F_1	F_2	序　号	F_1	F_2
1	−0.0979	−0.0261	5	0.0380	0.0030
2	0.0704	−0.0131	6	0.0620	−0.0313
3	−0.0014	0.0662	7	0.0531	0.0051
4	0.0174	−0.0001	8	−0.0103	−0.0017

② Q 型因子分析。Q 型因子分析的公共因子个数 $k=2$。对应于 Q 型因子分析的前两个公共因子的因子载荷矩阵见表 2.4。

表 2.4　Q 型因子载荷矩阵

序　号	G_1	G_2	序　号	G_1	G_2
1	0.0933	-0.0118	6	-0.0636	0.0240
2	0.0120	0.0354	7	-0.0645	0.0035
3	0.0356	-0.0211	8	-0.0524	-0.0346
4	0.0224	-0.0146	9	-0.0379	-0.0392
5	0.0052	0.0272	10	0.0061	0.0115

(6) 绘制对应分布图。在 R 型因子平面上,根据因子载荷矩阵 ***F*** 中的数据做变量图;在 Q 型因子平面上,根据因子载荷矩阵 ***G*** 中的数据做样本点,如图 2.2 所示。

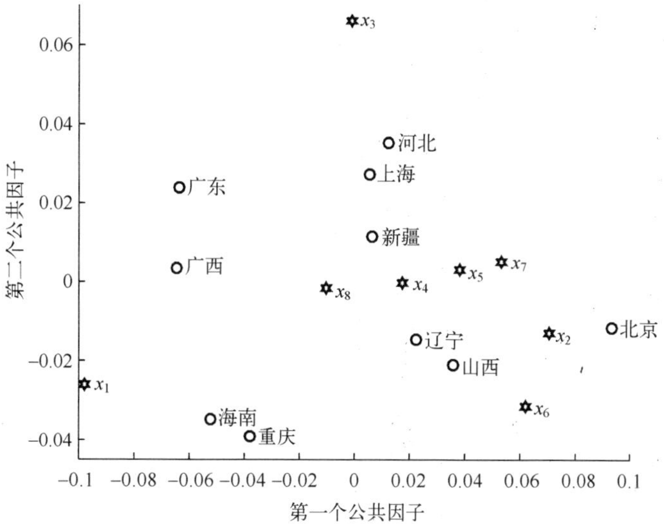

图 2.2　省市与消费结构种类的对应分布图

由于第一个公共因子的贡献率占了 65.4%,而第二个公共因子的贡献率占了 17.7%,因此,在对应分布图的分析中,可以主要以横坐标对应的分类结果为主。若以横轴 0 为中心轴,可粗略地将变量和样本点分为 3 类。

① 变量为 x_2,x_6,x_7,样本点为北京。

② 变量为 x_3,x_4,x_5,x_8,样本点为河北、新疆、上海、辽宁和山西。

③ 变量为 x_1,样本点为广东、广西、海南和重庆。

在① 中,变量为衣着支出,文教娱乐用品及服务支出和医疗保健,省市只有北京,说明北京的生活消费支出比较重视衣着、文教娱乐用品及服务和医疗保健。

在② 中,变量为居住支出,家庭设备及服务支出,交通和通信支出,其他商品及服务支出。省市有河北、新疆、上海、辽宁和山西,说明这 5 个省份的消费支出结构很相似。

在③ 中,变量为食品支出。省份有广东、广西、海南和重庆。说明这 4 个省份的消费支出结果很相似,且以食品支出最多。

计算及画图的 MATLAB 程序如下：

```
clc,clear,format long g
a = load('gs_data2_1.txt');           % 原始文件保存在纯文本文件 gs_data2_1.txt 中
[m,n] = size(a);
T = sum(sum(a));P = a/T;              % 计算对应矩阵 P
r = sum(P,2);c = sum(P);              % 计算边缘分布
B = (P - r * c)./sqrt((r * c));       % 计算过渡矩阵 B
[U,S,V] = svd(B,'econ');
lambda = diag(S).^2                   % 特征值等于奇异值的平方
rate = cumsum(lambda)/sum(lambda)
w1 = sign(repmat(sum(V),size(V,1),1));
                     % 修改特征向量的符号矩阵,使得 v 中的每一个列向量的分量和大于 0
w2 = sign(repmat(sum(V),size(U,1),1)); % 根据 v 对应地修改 u 的符号
Vb = V.* w1;   % 修改特征向量的正负号
Ub = U.* w2;   % 修改特征向量的正负号,本例中样本点个数和变量个数不等
k = 2;s = diag(S)';
F = Vb(:,[1:k]).* repmat(s(1:k),size(Vb,1),1)
G = Ub(:,[1:k]).* repmat(s(1:k),size(Ub,1),1)
num = size(G,1);
rang = minmax(G(:,1)');               % 坐标的取值范围
delta = (rang(2) - rang(1))/(8 * num);% 画图的标注位置调整量
ch = {'北京','河北','山西','辽宁','上海','广东','广西','海南','重庆','新疆'};
hold on
 for i = 1:m
plot(G(i,1),G(i,2),'o','Color','k','LineWidth',1.3)    % 画行点散布图
text(G(i,1) + delta,G(i,2),ch(i))                       % 对行点进行标注
end
 for j = 1:n
plot(F(j,1),F(j,2),'H','Color','k','LineWidth',1.3)    % 画列点散布图
text(F(j,1) + delta,F(j,2),['$ x_',int2str(j),'$'],'Interpreter','Latex')
                                                        % 对列点进行标注
end
xlabel('Dimension 1'),ylabel('Dimension 2'),ylim([-0.045,0.07])
xlswrite('dy.xls',[lambda,rate]),xlswrite('dy.xls',F,1,'A10')
xlswrite('dy.xls',G,1,'A19'),format
```

2.2.4 语义挖掘

下面介绍奇异值分解在降维以及挖掘语义结构方面上的应用。

传统向量空间模型使用精确的词匹配,即精确匹配用户输入的词与向量空间中存在的词。由于一词多义(Polysemy)和一义多词(Synonymy)的存在,使得该模型无法提供给用户语义层面的检索。如用户搜索“automobile”,即汽车,传统向量空间模型仅仅

会返回包含“automobile”单词的页面，而实际上包含“car”单词的页面也可能是用户所需要的。

LSA(Latent Semantic Analysis)潜在语义分析，也被称为LSI(Latent Semantic Index)，是Scott Deerwester，Susan T. Dumais等人在1990年提出来的一种索引和检索方法。该方法主要是用矩阵的奇异值分解来挖掘文档的潜在语义，和传统向量空间模型(Vector Space Model)一样使用向量来表示词(Terms)和文档(Documents)，并通过向量间的关系(如夹角余弦值)来判断词及文档间的关系；而不同的是，LSA将词和文档映射到潜在语义空间，从而去除了原始向量空间中的一些“噪声”，提高了信息检索的精确度。

例 2.13[12] 表2.5给出了11个单词在9篇文献中出现的频数，试分析表中的数据关系。

表2.5 单词在文献中出现的频数

Index Words	T1	T2	T3	T4	T5	T6	T7	T8	T9
book			1	1					
dads						1			1
dummies		1						1	
estate							1		1
guide	1					1			
investing	1	1	1	1	1	1	1	1	1
market	1		1						
real							1		1
rich						2			1
stock	1		1					1	
value				1	1				

解：记

$$
\boldsymbol{A}=\begin{bmatrix}
0 & 0 & 1 & 1 & 0 & 0 & 0 & 0 & 0\\
0 & 0 & 0 & 0 & 0 & 1 & 0 & 0 & 1\\
0 & 1 & 0 & 0 & 0 & 0 & 0 & 1 & 0\\
0 & 0 & 0 & 0 & 0 & 0 & 1 & 0 & 1\\
1 & 0 & 0 & 0 & 0 & 1 & 0 & 0 & 0\\
1 & 1 & 1 & 1 & 1 & 1 & 1 & 1 & 1\\
1 & 0 & 1 & 0 & 0 & 0 & 0 & 0 & 0\\
0 & 0 & 0 & 0 & 0 & 0 & 1 & 0 & 1\\
0 & 0 & 0 & 0 & 0 & 2 & 0 & 0 & 1\\
1 & 0 & 1 & 0 & 0 & 0 & 0 & 1 & 0\\
0 & 0 & 0 & 1 & 1 & 0 & 0 & 0 & 0
\end{bmatrix}。
$$

对 $\boldsymbol{A}$ 进行奇异值分解得，$\boldsymbol{A}=\boldsymbol{U}\boldsymbol{D}\boldsymbol{V}^{\mathrm{T}}$，其中

$$
\boldsymbol{U}=\begin{bmatrix}
-0.1528 & 0.2660 & -0.0445 & 0.3588 & -0.3480 & 0.6354 & 0.3192 & -0.3245 & -0.2077\\
-0.2375 & -0.3783 & 0.0860 & 0.0150 & -0.0252 & 0.2213 & -0.2922 & 0.3680 & -0.6072\\
-0.1303 & 0.1743 & -0.0690 & -0.1829 & 0.7497 & 0.2246 & 0.1816 & 0.0415 & -0.3368\\
-0.1844 & -0.1939 & -0.4457 & -0.3224 & -0.2328 & -0.0472 & 0.0018 & -0.1442 & -0.1006\\
-0.2161 & -0.0873 & 0.4601 & -0.0203 & -0.0616 & -0.5230 & 0.3334 & -0.4268 & -0.4036\\
-0.7401 & 0.2111 & -0.2108 & 0.0983 & 0.1702 & -0.1671 & 0.1782 & 0.1280 & 0.3078\\
-0.1769 & 0.2979 & 0.2832 & -0.1982 & -0.4113 & -0.0419 & 0.1834 & 0.6330 & -0.0375\\
-0.1844 & -0.1939 & -0.4457 & -0.3224 & -0.2328 & -0.0472 & 0.0018 & -0.1442 & -0.1006\\
-0.3631 & -0.5885 & 0.3412 & 0.1604 & 0.0590 & 0.2501 & -0.0707 & -0.0716 & 0.3868\\
-0.2502 & 0.4156 & 0.2844 & -0.3514 & -0.0460 & 0.1299 & -0.6557 & -0.3321 & 0.0341\\
-0.1229 & 0.1432 & -0.2345 & 0.6565 & -0.0196 & -0.3314 & -0.4101 & 0.0374 & -0.2114
\end{bmatrix},
$$

$$
\boldsymbol{D}=\begin{bmatrix}
3.9094 & 0 & 0 & 0 & 0 & 0 & 0 & 0 & 0\\
0 & 2.6091 & 0 & 0 & 0 & 0 & 0 & 0 & 0\\
0 & 0 & 1.9968 & 0 & 0 & 0 & 0 & 0 & 0\\
0 & 0 & 0 & 1.6870 & 0 & 0 & 0 & 0 & 0\\
0 & 0 & 0 & 0 & 1.5468 & 0 & 0 & 0 & 0\\
0 & 0 & 0 & 0 & 0 & 1.0445 & 0 & 0 & 0\\
0 & 0 & 0 & 0 & 0 & 0 & 0.5938 & 0 & 0\\
0 & 0 & 0 & 0 & 0 & 0 & 0 & 0.4104 & 0\\
0 & 0 & 0 & 0 & 0 & 0 & 0 & 0 & 0.2665
\end{bmatrix},
$$

$$
\boldsymbol{V}=\begin{bmatrix}
-0.3538 & 0.3209 & 0.4091 & -0.2796 & -0.2255 & -0.5764 & 0.0664 & 0.0053 & -0.3725\\
-0.2226 & 0.1477 & -0.1401 & -0.0501 & 0.5947 & 0.0551 & 0.6060 & 0.4131 & -0.1088\\
-0.3376 & 0.4563 & 0.1564 & -0.0549 & -0.4106 & 0.5326 & 0.0425 & 0.2545 & 0.3625\\
-0.2599 & 0.2378 & -0.2453 & 0.6601 & -0.1277 & 0.1311 & 0.1471 & -0.3877 & -0.4179\\
-0.2208 & 0.1358 & -0.2230 & 0.4475 & 0.0973 & -0.4772 & -0.3906 & 0.4030 & 0.3615\\
-0.4911 & -0.5486 & 0.5097 & 0.2453 & 0.1302 & 0.0301 & 0.1316 & -0.1804 & 0.2649\\
-0.2836 & -0.0677 & -0.5519 & -0.3240 & -0.1909 & -0.2503 & 0.3061 & -0.3906 & 0.3999\\
-0.2866 & 0.3070 & 0.0023 & -0.2584 & 0.5649 & 0.1795 & -0.4982 & -0.3961 & 0.0191\\
-0.4373 & -0.4383 & -0.3380 & -0.2200 & -0.1691 & 0.2010 & -0.3051 & 0.3314 & -0.4268
\end{bmatrix}。
$$

奇异值的柱状图见图 2.3。

继续看奇异值分解还可以发现一些有意思的东西，首先，左奇异向量的第一列的相反数为

$$[0.1528,0.2375,0.1303,0.1844,0.2161,0.7401,0.1769,0.1844,0.3631,0.2502,0.1229]^{\mathrm{T}},$$

表示每一个词出现的频繁程度，虽然不是线性的，但是可以认为是一个大概的描述，例如，book 是 0.1528，对应文档中出现的 2 次；investing 是 0.7401，对应文档中出现了 9 次；rich 是 0.3631，对应文档中出现了 3 次。

其次，右奇异向量中的第一行的相反数为

$$[0.3538,\ 0.2226,\ 0.3376,\ 0.2599,\ 0.2208,\ 0.4911,\ 0.2836,\ 0.2866,\ 0.4373],$$

表示每一篇文档中出现词的个数的近似，例如，T6 是 0.4911，出现了 5 个词；T2 是

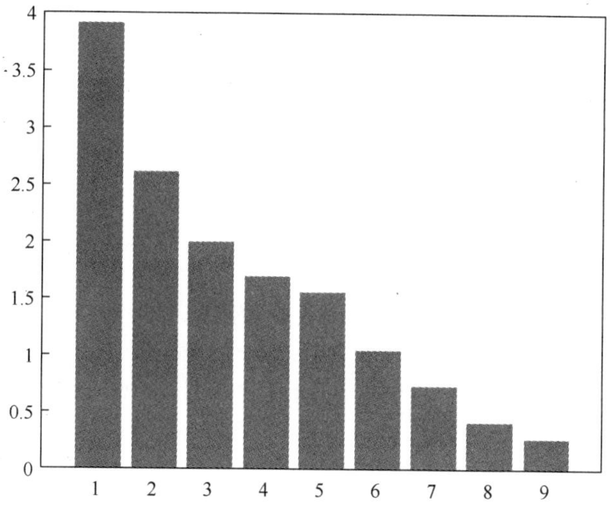

图 2.3　奇异值的柱状图

0.2226，出现了 2 个词。

可以将左奇异向量和右奇异向量的第二维和第三维（矩阵 **U** 和 **V** 第二列和第三列），投影到一个平面上，可以得到图 2.4。在图上，每一个小方框都表示一个词，每一个小圆点都表示一篇文档，这样可以对这些词和文档进行聚类，如 stock 和 market 可以放在一类，因为它们老是出现在一起，real 和 estate 可以放在一类，dads 和 guide 等词看起来有点孤立，所以不对他们进行合并。按照这样聚类出现的效果，可以提取文档集合中的近义词，当用户检索文档的时候，就是用语义级别（近义词集合）去检索，而不是之前的词的级别。这样首先减少了检索、存储量，因为这样压缩的文档集合和主成分分析（PCA）是异曲同工的；其次提高了用户体验，用户输入一个词后，可以在这个词的近义词的集合中去找，这是传统的索引无法做到的。

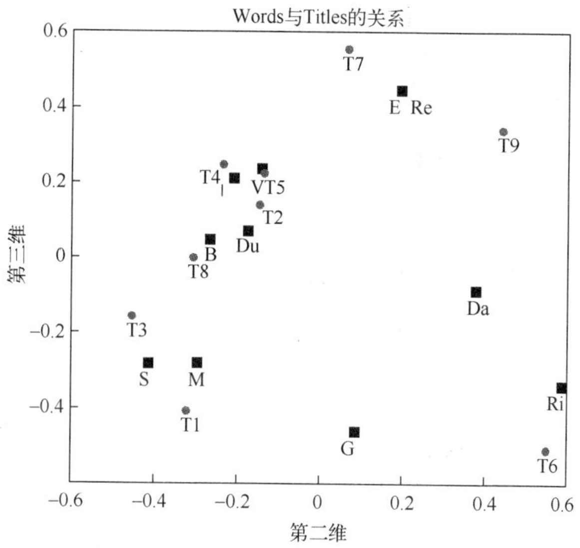

图 2.4　对应关系图

注 2.5 在图 2.4 中分别用大写的单词首字符表示该单词，如果首字符一样，则用前两个字符表示该单词。

计算和画图的 MATLAB 程序如下：

```
clc,clear
a = zeros(11,9);a(1,[3 4]) =1;a(2,[6 9]) =1;a(3,[2 8]) =1;a(4,[7 9]) =1;
a(5,[1 6]) =1;a(6,:) =1;a(7,[1 3]) =1;a(8,[7 9]) =1;a(9,[6 9]) = [2 1];
a(10,[1 3 8]) =1;a(11,[4 5]) =1;
[u,d,v] = svd(a,'econ')     % (2-11)式的分解格式
dd = diag(d),bar(dd)        % 提取奇异值,并画柱状图
figure,plot(-u(:,2),-u(:,3),'S','MarkerSize',8,'MarkerEdgeColor','k',...
   'MarkerFaceColor','k')
str1 = {'B','Da','Du','E','G','I','M','    Re','Ri','S','V'};
text(-u(:,2)-0.03,-u(:,3)-0.03,str1)
hold on,plot(-v(:,2),-v(:,3),'.','MarkerSize',20)
str2 = int2str([1:9]');str2 = strcat('T',str2);str2 = cellstr(str2);
text(-v(:,2)-0.01,-v(:,3)-0.02,str2)
xlabel('第二维'),ylabel('第三维'),title('Words 与 Titles 的关系')
```

2.3 广义逆矩阵

2.3.1 矩阵的满秩分解

矩阵的满秩分解是将非零矩阵分解为列满秩矩阵与行满秩矩阵的乘积。这在广义逆矩阵的研究中有着重要的应用。

定理 2.7 设 $\boldsymbol{A}\in\mathbb{C}_r^{m\times n}$，则存在 $\boldsymbol{B}\in\mathbb{C}_r^{m\times r}$，$\boldsymbol{C}\in\mathbb{C}_r^{r\times n}$，使得

$$\boldsymbol{A}=\boldsymbol{BC}。\tag{2-14}$$

证明：(1) 若 $\boldsymbol{A}$ 的前 r 个向量是线性无关的，则经过初等行变换可以将 $\boldsymbol{A}$ 变为

$$\begin{bmatrix}\boldsymbol{I}_r & \boldsymbol{O}\\ \boldsymbol{O} & \boldsymbol{O}\end{bmatrix},$$

即存在 $\boldsymbol{P}\in\mathbb{C}_m^{m\times m}$，满足

$$\boldsymbol{PA}=\begin{bmatrix}\boldsymbol{I}_r & \boldsymbol{D}\\ \boldsymbol{O} & \boldsymbol{O}\end{bmatrix},$$

或

$$\boldsymbol{A}=\boldsymbol{P}^{-1}\begin{bmatrix}\boldsymbol{I}_r & \boldsymbol{D}\\ \boldsymbol{O} & \boldsymbol{O}\end{bmatrix}=\boldsymbol{P}^{-1}\begin{bmatrix}\boldsymbol{I}_r\\ \boldsymbol{O}\end{bmatrix}[\boldsymbol{I}_r,\boldsymbol{D}]=\boldsymbol{BC},$$

其中 $\boldsymbol{B}=\boldsymbol{P}^{-1}\begin{bmatrix}\boldsymbol{I}_r\\ \boldsymbol{O}\end{bmatrix}$，$\boldsymbol{C}=[\boldsymbol{I}_r,\boldsymbol{D}]$。

(2) 若 $\boldsymbol{A}$ 的前 r 个向量线性相关，则先经过列列变换使 $\boldsymbol{A}$ 的前 r 个列向量是线性无关的，然后利用上面的证明方法可得，存在 $\boldsymbol{P}\in\mathbb{C}_m^{m\times m}$，$\boldsymbol{Q}\in\mathbb{C}_n^{n\times n}$，使得

$$PAQ=\begin{bmatrix} I_r & D \\ O & O \end{bmatrix},$$

于是

$$A=P^{-1}\begin{bmatrix} I_r & D \\ O & O \end{bmatrix}Q^{-1}=P^{-1}\begin{bmatrix} I_r \\ O \end{bmatrix}[I_r,D]Q^{-1}=BC,$$

其中 $B=P^{-1}\begin{bmatrix} I_r \\ O \end{bmatrix}$，$C=[I_r,D]Q^{-1}$。

从定理 2.7 的证明过程可以看出，实现矩阵的满秩分解只需要进行矩阵的初等行变换即可。当利用初等行变换将矩阵 A 化为行最简形后，根据 r 阶单位矩阵 I_r 所在的列号找出 A 中相应的 r 列来，所组成的矩阵即是 B；而 A 的行最简形中的非零行组成的矩阵即是 C。

例 2.14 试求矩阵 $A=\begin{bmatrix} 1 & 4 & -1 & 2 & 3 \\ 2 & 0 & 0 & 0 & -4 \\ 1 & 2 & -4 & -6 & -10 \\ 2 & 6 & 3 & 12 & 17 \end{bmatrix}$ 的满秩分解。

解：对矩阵 A 进行一系列初等行变换，得

$$A\to\begin{bmatrix} 1 & 0 & 0 & 0 & -2 \\ 0 & 1 & 0 & 1 & 2 \\ 0 & 0 & 1 & 2 & 3 \\ 0 & 0 & 0 & 0 & 0 \end{bmatrix},$$

令

$$B=\begin{bmatrix} 1 & 4 & -1 \\ 2 & 0 & 0 \\ 1 & 2 & -4 \\ 2 & 6 & 3 \end{bmatrix},C=\begin{bmatrix} 1 & 0 & 0 & 0 & -2 \\ 0 & 1 & 0 & 1 & 2 \\ 0 & 0 & 1 & 2 & 3 \end{bmatrix},$$

则有 $A=BC$。

计算的 MATLAB 程序如下：

```
clc,clear
a=[1 4 -1 2 3;2 0 0 0 -4;1 2 -4 -6 -10;2 6 3 12 17];
[r,ind]=rref(a)  % 把矩阵 a 化成行最简形,ind 返回的是矩阵 a 的最大无关组的列标号
b=a(:,ind),c=r(1:length(ind),:)  % 求矩阵 a 的满秩分解
```

注 2.6 矩阵 A 的满秩分解式(2-14)并不是唯一的，这是因为任意给定一个 r 阶的非奇异矩阵 F，式(2-14)可以改写为

$$A=(BF)(F^{-1}C),$$

这是矩阵 A 的另一个满秩分解。

2.3.2 广义逆矩阵的一般概念、伪逆矩阵

普通的逆矩阵只是对非奇异方阵才有意义。但在理论研究和实际应用中，遇到的矩

阵不一定是方阵,即使是方阵也不一定是非奇异的。这就需要考虑将逆矩阵的概念作进一步的推广。下面给出广义逆矩阵的一般定义。

定义 2.13 设矩阵 $\boldsymbol{A}\in\mathbb{C}^{m\times n}$,如果存在矩阵 $\boldsymbol{G}\in\mathbb{C}^{n\times m}$,满足 Moore - Penrose 方程的一部分或全部:

(1) $\boldsymbol{AGA}=\boldsymbol{A}$。

(2) $\boldsymbol{GAG}=\boldsymbol{G}$。

(3) $(\boldsymbol{GA})^{\mathrm{H}}=\boldsymbol{GA}$。

(4) $(\boldsymbol{AG})^{\mathrm{H}}=\boldsymbol{AG}$。

则称 $\boldsymbol{G}$ 为 $\boldsymbol{A}$ 的广义逆矩阵。

用 $\boldsymbol{A}\{i_1,i_2,\cdots,i_k\}$ 表示 $\boldsymbol{A}$ 的满足第 $i_1,i_2,\cdots,i_k$ 个 Moore - Penrose 方程的广义逆矩阵,则共有

$$C_4^1+C_4^2+C_4^3+C_4^4=15$$

类广义逆矩阵,其中 $1\leqslant i_1<i_2<\cdots<i_k\leqslant 4$。但应用比较多的是以下五类:

$$\boldsymbol{A}\{1\},\boldsymbol{A}\{1,2\},\boldsymbol{A}\{1,3\},\boldsymbol{A}\{1,4\},\boldsymbol{A}\{1,2,3,4\}。$$

定义 2.14 若矩阵 $\boldsymbol{G}$ 满足全部的 Moore - Penrose 方程,即 $\boldsymbol{G}\in\boldsymbol{A}\{1,2,3,4\}$,则称 $\boldsymbol{G}$ 为 $\boldsymbol{A}$ 的 $M-P$ 广义逆(伪逆矩阵),记为 $\boldsymbol{G}=\boldsymbol{A}^{+}$。

下面的两个定理给出了伪逆矩阵存在且唯一的重要性质,同时给出了用满秩分解求伪逆矩阵的方法。

定理 2.8 设 $\boldsymbol{A}\in\mathbb{C}^{m\times n}$,$\boldsymbol{A}=\boldsymbol{BC}$ 是 $\boldsymbol{A}$ 的一个满秩分解,则

$$\boldsymbol{G}=\boldsymbol{C}^{\mathrm{H}}(\boldsymbol{C}\boldsymbol{C}^{\mathrm{H}})^{-1}(\boldsymbol{B}^{\mathrm{H}}\boldsymbol{B})^{-1}\boldsymbol{B}^{\mathrm{H}} \tag{2-15}$$

是 $\boldsymbol{A}$ 的伪逆矩阵。

推论 2.1 (1) 若 $\boldsymbol{A}\in\mathbb{C}_r^{m\times r}$,则

$$\boldsymbol{A}^{+}=(\boldsymbol{A}^{\mathrm{H}}\boldsymbol{A})^{-1}\boldsymbol{A}^{\mathrm{H}}。 \tag{2-16}$$

(2) 若 $\boldsymbol{A}\in\mathbb{C}_r^{r\times n}$,则

$$\boldsymbol{A}^{+}=\boldsymbol{A}^{\mathrm{H}}(\boldsymbol{A}\boldsymbol{A}^{\mathrm{H}})^{-1}。 \tag{2-17}$$

定理 2.9 $\boldsymbol{A}$ 的伪逆矩阵是唯一的。

由推论 2.1 立即可得,若 $\boldsymbol{A}\in\mathbb{C}_n^{n\times n}$,则 $\boldsymbol{A}^{+}=\boldsymbol{A}^{-}$。

例 2.15 设 $\boldsymbol{A}=\mathrm{diag}(\lambda_1,\lambda_2,\cdots,\lambda_n)$,容易验证 $\boldsymbol{A}^{+}=\mathrm{diag}(\mu_1,\mu_2,\cdots,\mu_n)$,其中,当 $\lambda_i\neq 0$ 时,$\mu_i=\lambda_i^{-1}$;当 $\lambda_i=0$ 时,$\mu_i=0$。

例 2.16 已知

$$\boldsymbol{A}=\begin{bmatrix}0 & 2i & i & 0 & 1+i & 1\\ 0 & 0 & 0 & -3 & -2 & -1-i\\ 0 & 2 & 1 & 1 & 1-i & 1\end{bmatrix},$$

试求 $\boldsymbol{A}^{+}$。

解:因为 $\boldsymbol{A}$ 的一个满秩分解

$$\boldsymbol{A}=\boldsymbol{BC}=\begin{bmatrix}2i & 0 & 1+i\\ 0 & -3 & -2\\ 2 & 1 & 1-i\end{bmatrix}\begin{bmatrix}0 & 1 & 1/2 & 0 & 0 & 1-i/2\\ 0 & 0 & 0 & 1 & 0 & 1+i\\ 0 & 0 & 0 & 0 & 1 & -1-i\end{bmatrix},$$

从而

$$A^{+}=C^{\mathrm{H}}(C C^{\mathrm{H}})^{-1}(B^{\mathrm{H}}B)^{-1}B^{\mathrm{H}}=\begin{bmatrix} 0 & 0 & 0 \\ 0 & 2/15-i/15 & 1/3 \\ 0 & 1/15-i/30 & 1/6 \\ 0 & -7/30-i/30 & -1/30-i/10 \\ -i/2 & -4/15+i/30 & -7/15+i/10 \\ 1/2+i/2 & 2/15-i/10 & 17/30-7i/15 \end{bmatrix}。$$

计算的 MATLAB 程序如下:

```
clc,clear
a=[0 2i i 0 1+i 1;0 0 0 -3 -2 -1-i;0 2 1 1 1-i 1];aa=sym(a);
[r,ind]=rref(a),rr=rref(aa)         % 符号矩阵无法返回列向量组的最大无关组的列标号
b=aa(:,ind),c=rr(1:length(ind),:) % 计算满秩分解矩阵
ap1=c'*inv(c*c')*inv(b'*b)*b'% 计算 a 的伪逆矩阵
ap2=pinv(aa)                        % 直接使用工具箱求 a 的伪逆矩阵
```

2.3.3 广义逆与线性方程组

定义 2.15 当一个方程组有解时,该方程组称为相容方程组。

由线性代数知道,方程组 $\boldsymbol{Ax}=\boldsymbol{b}$ 相容的充分必要条件是

$$\mathrm{R}(\boldsymbol{A},\boldsymbol{b})=\mathrm{R}(\boldsymbol{A})。$$

定理 2.10 设 $\boldsymbol{A}\in\mathbb{C}^{m\times n}$,$\boldsymbol{b}\in\mathbb{C}^{m}$,方程 $\boldsymbol{Ax}=\boldsymbol{b}$ 有解的充分必要条件是

$$\boldsymbol{A}\boldsymbol{A}^{+}\boldsymbol{b}=\boldsymbol{b}。$$

证明:充分性:由 $\boldsymbol{A}\boldsymbol{A}^{+}\boldsymbol{b}=\boldsymbol{b}$ 直接就知道,$\boldsymbol{x}=\boldsymbol{A}^{+}\boldsymbol{b}$ 是方程组的一个解。

必要性:如果 $\boldsymbol{Ax}=\boldsymbol{b}$ 有解,则由 $\boldsymbol{A}\boldsymbol{A}^{+}\boldsymbol{A}=\boldsymbol{A}$ 推出 $\boldsymbol{A}\boldsymbol{A}^{+}\boldsymbol{Ax}=\boldsymbol{b}$,即

$$\boldsymbol{A}\boldsymbol{A}^{+}\boldsymbol{b}=\boldsymbol{b}。$$

定理 2.11 若 $\boldsymbol{Ax}=\boldsymbol{b}$ 解,则它的通解是

$$\boldsymbol{x}=\boldsymbol{A}^{+}\boldsymbol{b}+(\boldsymbol{I}-\boldsymbol{A}^{+}\boldsymbol{A})\boldsymbol{z}, \tag{2-18}$$

式中:$\boldsymbol{z}$ 为任意 n 维向量。

证明:方程 $\boldsymbol{Ax}=\boldsymbol{b}$ 有解,根据定理 2.10 有 $\boldsymbol{A}\boldsymbol{A}^{+}\boldsymbol{b}=\boldsymbol{b}$。而

$$\boldsymbol{A}(\boldsymbol{I}-\boldsymbol{A}^{+}\boldsymbol{A})\boldsymbol{z}=(\boldsymbol{A}-\boldsymbol{A}\boldsymbol{A}^{+}\boldsymbol{A})\boldsymbol{z}=0。$$

因此

$$\boldsymbol{A}(\boldsymbol{A}^{+}\boldsymbol{b}+(\boldsymbol{I}-\boldsymbol{A}^{+}\boldsymbol{A})\boldsymbol{z})=\boldsymbol{b}。$$

这说明对任意 n 维向量 $\boldsymbol{z}$,$\boldsymbol{A}^{+}\boldsymbol{b}+(\boldsymbol{I}-\boldsymbol{A}^{+}\boldsymbol{A})\boldsymbol{z}$ 都是 $\boldsymbol{Ax}=\boldsymbol{b}$ 的解。

反过来,如果 $\boldsymbol{y}$ 是方程组 $\boldsymbol{Ax}=\boldsymbol{b}$ 的解,则 $\boldsymbol{y}$ 可以表示成式(2-18)的形式。这是因为把 $\boldsymbol{Ay}=\boldsymbol{b}$ 和 $\boldsymbol{AA}^{+}\boldsymbol{b}=\boldsymbol{b}$ 相减,得

$$\boldsymbol{Ay}-\boldsymbol{AA}^{+}\boldsymbol{b}=\boldsymbol{A}(\boldsymbol{y}-\boldsymbol{A}^{+}\boldsymbol{b})=0。$$

这说明 $\boldsymbol{y}-\boldsymbol{A}^{+}\boldsymbol{b}$ 是齐次方程 $\boldsymbol{Ax}=0$ 的解,而 $\boldsymbol{z}$ 是 $\boldsymbol{Ax}=0$ 的解时,$\boldsymbol{z}$ 可以写成

$$\boldsymbol{z}=\boldsymbol{z}-\boldsymbol{A}^{+}(\boldsymbol{Az})=\boldsymbol{z}-\boldsymbol{A}^{+}\boldsymbol{Az}=(\boldsymbol{I}-\boldsymbol{A}^{+}\boldsymbol{A})\boldsymbol{z}。$$

故

$$\boldsymbol{y}=\boldsymbol{A}^{+}\boldsymbol{b}+(\boldsymbol{I}-\boldsymbol{A}^{+}\boldsymbol{A})\boldsymbol{z}。$$

给定相容线性方程组

$$Ax=b, A\in\mathbb{C}^{m\times n}, b\in\mathbb{C}^{m},$$

它的解一般并不唯一。

定义 2.16 相容的线性方程组 $Ax=b$ 满足 $\|x\|_2=\sqrt{x^{\mathrm{H}}x}$ 最小的解叫做该方程组的最小范数解。

定理 2.12 相容的方程组 $Ax=b$ 的最小范数解是唯一的，且最小范数解为 $x=A^{+}b$。

定义 2.17 当 $\mathrm{R}(A,b)\neq\mathrm{R}(A)$，即 $b\notin\Re(A)$ 时，方程组 $Ax=b$ 无解，称为不相容方程组。其中 $\Re(A)=\{Ax:x\in\mathbb{C}^n\}$。

在许多实际问题中，如参数拟合，所得到的方程组往往是不相容的，而要求它的近似解。

定义 2.18 设 $A\in\mathbb{C}^{m\times n}$，$b\in\mathbb{C}^m$。如果存在 $x_0\in\mathbb{C}^n$，使得对于任意的 $x\in\mathbb{C}^n$，都有

$$\|Ax_0-b\|_2\leqslant\|Ax-b\|_2,$$

则称 x_0 是方程组 $Ax=b$ 的一个最小二乘解。求最小二乘解的方法称为最小二乘法。

令 $y=Ax$，$\delta=\|y-b\|_2^2$，所谓的最小二乘法就是要找一 n 维向量 x_0，使得 δ 最小。设 $A=[\alpha_1,\alpha_2,\cdots,\alpha_n]$，$x=[x_1,x_2,\cdots,x_n]^{\mathrm{T}}$，则有

$$y=x_1\alpha_1+x_2\alpha_2+\cdots+x_n\alpha_n\in L(\alpha_1,\alpha_2,\cdots,\alpha_n)。$$

所以最小二乘法可以叙述为：在 $\alpha_1,\alpha_2,\cdots,\alpha_n$ 生成的向量空间 $L(\alpha_1,\alpha_2,\cdots,\alpha_n)$ 中找一向量 y，使得向量 b 到它的距离比到 $L(\alpha_1,\alpha_2,\cdots,\alpha_n)$ 其他向量的距离都短。这就要求向量 $c=b-y=b-Ax$ 必须垂直于向量空间 $L(\alpha_1,\alpha_2,\cdots,\alpha_n)$。而保证这一结论成立的充分必要条件是

$$(c,\alpha_1)=\cdots=(c,\alpha_n)=0,$$

即

$$\alpha_1^{\mathrm{H}}c=\cdots=\alpha_n^{\mathrm{H}}c=0。$$

这组等式相当于

$$A^{\mathrm{H}}(b-Ay)=0,$$

亦即

$$A^{\mathrm{H}}Ax=A^{\mathrm{H}}b, \tag{2-19}$$

这就是最小二乘解所满足的代数方程组。

可以证明，式(2-19)一定是相容的。

将上面的讨论过程总结成下面定理。

定理 2.13 x 是方程组 $Ax=b$ 的最小二乘解的充分必要条件是，x 是式(2-19)的解。

因为式(2-19)的解不一定是唯一的，所以不相容方程组 $Ax=b$ 的最小二乘解也不一定是唯一的。

定义 2.19 不相容方程组范数最小的最小二乘解称为它的极小范数最小二乘解。

注 2.7 在一般情况下，$Ax=b$ 的最小二乘解亦由式(2-18)表示，其中 $A^{+}b$ 是唯一的极小范数最小二乘解。

例 2.17 试求不相容方程组

$$
\begin{cases}
x_1 + x_2 = 1, \\
x_1 + x_2 + 2x_3 = 2, \\
x_1 + x_2 + x_3 = 0, \\
x_1 + 2x_2 - x_3 = -1
\end{cases}
$$

的极小范数最小二乘解。

解:容易验证,系数矩阵 $\boldsymbol{A}$ 是列满秩矩阵,由式(2-16),有

$$
\boldsymbol{x} = \boldsymbol{A}^{+}\boldsymbol{b} = (\boldsymbol{A}^{\mathrm{H}}\boldsymbol{A})^{-1}\boldsymbol{A}^{\mathrm{H}}\boldsymbol{b} = \begin{bmatrix} 3/2 \\ -1 \\ 1/2 \end{bmatrix}。
$$

计算的 MATLAB 程序如下:

```
clc,clear
a = [1 1 0;1 1 2;1 1 1;1 2  -1];a = sym(a);b = [1 2 0  -1]';
x1 = inv(a' * a) * a' * b  % 根据数学理论计算
x2 = pinv(a) * b           % 直接利用 MATLAB 工具箱进行计算
```

2.4 线性代数中的反问题

2.4.1 原因和可识别性

线性代数是一门本科课程,它主要关注的是线性方程组 $\boldsymbol{Ax} = \boldsymbol{b}$ 解的存在性和唯一性。线性代数的正问题包含确定线性变换的表示矩阵:给定 $m \times n$ 的矩阵 $\boldsymbol{A}$ 和一个 n 维向量 $\boldsymbol{x}$,确定 m 维向量 $\boldsymbol{b} = \boldsymbol{Ax}$。而寻找所有满足 $\boldsymbol{Ax} = \boldsymbol{b}$ 的解 $\boldsymbol{x}$ 的原因反问题可能比其他基本的线性代数问题得到更多的关注。一个很少被提到的反问题是识别问题:确定矩阵 $\boldsymbol{A}$,使得给定的"输入-输出"对 $<\boldsymbol{x},\boldsymbol{b}>$ 的集合满足 $\boldsymbol{Ax} = \boldsymbol{b}$,这个模型是 $m \times n$ 实矩阵的反问题的基本表达。

首先,考虑原因反问题。求解向量 $\boldsymbol{x} \in \mathbb{R}^n$ 满足 $\boldsymbol{Ax} = \boldsymbol{b}$,其中 $\boldsymbol{A}$ 是一个给定的 $m \times n$ 实矩阵,$\boldsymbol{b} \in \mathbb{R}^m$。这个问题的解 $\boldsymbol{x}$ 存在,当且仅当 $\boldsymbol{b}$ 存在于 $\boldsymbol{A}$ 的值域,即属于子空间

$$
\Re(\boldsymbol{A}) = \{\boldsymbol{Ax} : \boldsymbol{x} \in \mathbb{R}^n\}。
$$

按照矩阵 $\boldsymbol{A}$ 作用于向量 $\boldsymbol{x}$ 的定义,这一子空间就是所有 $\boldsymbol{A}$ 的列向量的线性组合形成的 $\mathbb{R}^m$ 的子空间。确定 $\boldsymbol{b}$ 是否属于 $\Re(\boldsymbol{A})$,也就是解是否存在。

唯一性问题是通过 $\boldsymbol{A}$ 的零空间

$$
\mathbb{N}(\boldsymbol{A}) = \{\boldsymbol{x} \in \mathbb{R}^n : \boldsymbol{Ax} = \boldsymbol{0}\}
$$

来解决的。

$\boldsymbol{Ax} = \boldsymbol{b}$ 的解 $\boldsymbol{x}$ 关于右端项 $\boldsymbol{b}$ 的扰动的稳定性,可以用矩阵 $\boldsymbol{A}$ 的条件数来量化。假设对于每个 $\boldsymbol{b}$ 存在唯一解,即矩阵 $\boldsymbol{A}$ 为可逆矩阵,求 $\boldsymbol{b}$ 在怎样一个相对误差内会导致解 $\boldsymbol{x}$ 的相对大的改变。假设 $\tilde{\boldsymbol{b}}$ 是右端项 $\boldsymbol{b}$ 的一个扰动。相对于 $\boldsymbol{b}$ 的大小,扰动的大小可以用一个给定范数 $\|\cdot\|$ 来衡量,即 $\|\boldsymbol{b} - \tilde{\boldsymbol{b}}\| / \|\boldsymbol{b}\|$。令 $\boldsymbol{x}$ 是右端项为 $\boldsymbol{b}$ 的方程组对应的唯一解,而 $\tilde{\boldsymbol{x}}$ 是右端项为 $\tilde{\boldsymbol{b}}$ 的解。那么

$$\|x-\tilde{x}\|=\|A^{-1}b-A^{-1}\tilde{b}\|\leqslant\|A^{-1}\|\|b-\tilde{b}\|,$$

所以矩阵范数$\|A^{-1}\|$给出了解在右端扰动下所产生的误差的界。可以得到如下的相对误差估计,即

$$\frac{\|x-\tilde{x}\|}{\|x\|}\leqslant\|A^{-1}\|\frac{\|b\|}{\|x\|}\frac{\|b-\tilde{b}\|}{\|b\|}\leqslant\|A^{-1}\|\|A\|\frac{\|b-\tilde{b}\|}{\|b\|},$$

因此

$$\frac{\|x-\tilde{x}\|}{\|x\|}\leqslant\mathrm{cond}(A)\frac{\|b-\tilde{b}\|}{\|b\|},$$

式中:$\mathrm{cond}(A)=\|A\|\|A^{-1}\|$为矩阵$A$(关于范数$\|\cdot\|$)的条件数。

因此,条件数给出了由给定的右端项相对误差造成的解的相对误差的上界。对于大条件数的矩阵,即病态矩阵,右端相对小的扰动会引起解的相对大的变化。在这种意义下,病态线性方程组是不稳定的。

其次,考虑无解的或有无穷多解的线性方程组。当$b\in\mathbb{R}^m$不属于$m\times n$矩阵A的值域时,$Ax=b$无解。可以求出它的一类广义解,并且这一广义解总是存在的。这一类的广义解是一种最小二乘解,即解向量$u\in\mathbb{R}^n$使得在所有的$x\in\mathbb{R}^n$中范数$\|Au-b\|$达到最小,其中范数是通常的欧几里得范数。如果u是最小二乘解,那么对于任意向量$v\in\mathbb{R}^n$,函数

$$g(t)=\|A(u+tv)-b\|^2=\|Au-b\|^2+2(Av,Au-b)t+\|Av\|^2t^2,$$

在$t=0$时达到最小值,其中$(\cdot,\cdot)$为熟悉的欧几里得内积。由最小值的必要条件$g'(t)=0$,得$(Av,Au-b)=0$,所以对于所有$v\in\mathbb{R}^n$成立$(v,A^{\mathrm{T}}Au-A^{\mathrm{T}}b)=0$。也就是说,如果$u$是最小二乘解,那么

$$A^{\mathrm{T}}Au=A^{\mathrm{T}}b,$$

式中:A^{T}为A的转置矩阵。

相反地,如果$A^{\mathrm{T}}Au=A^{\mathrm{T}}b$,那么对于任何$x\in\mathbb{R}^n$,有

$$\begin{aligned}\|Ax-b\|^2&=\|A(x-u)+Au-b\|^2\\&=\|A(x-u)\|^2+2(A(x-u),Au-b)+\|Au-b\|^2\\&=\|A(x-u)\|^2+2(x-u,A^{\mathrm{T}}Au-A^{\mathrm{T}}b)+\|Au-b\|^2\\&\geqslant\|Au-b\|^2,\end{aligned}$$

即u为$Ax=b$的最小二乘解。

所以$Ax=b$的最小二乘解就是问题$A^{\mathrm{T}}Ax=A^{\mathrm{T}}b$的普通解。现在$\Re(A^{\mathrm{T}})=\Re(A^{\mathrm{T}}A)$(见习题2第3题),因此对于任意$b\in\mathbb{R}^m$,$A^{\mathrm{T}}b\in\Re(A^{\mathrm{T}}A)$,$A^{\mathrm{T}}Ax=A^{\mathrm{T}}b$总是有解的。所以任意线性方程组$Ax=b$存在最小二乘解。事实上,如果$u$是一个最小二乘解,那么对于任意的$v\in\mathbb{N}(A)$,$u+v$也是最小二乘解,即最小二乘解的集合构成平行于零空间的超平面。因此,如果A有一个非平凡的零空间,那么$Ax=b$有无限多个最小二乘解。然而,其中有一个最小二乘解能够区别其他的解,也就是,这一解是与零空间正交的。这样的最小二乘解至多只有一个,因为如果u和w都是最小二乘解,并且与$\mathbb{N}(A)$正交,那么$u-w$也与$\mathbb{N}(A)$正交,而$A^{\mathrm{T}}A(u-w)=A^{\mathrm{T}}b-A^{\mathrm{T}}b=\mathbf{0}$,所以$u-w\in\mathbb{N}(A^{\mathrm{T}}A)=\mathbb{N}(A)$(见习题2第4题)。因此$u-w\in\mathbb{N}(A)\cap\mathbb{N}(A)^{\perp}$,其中$\mathbb{N}(A)^{\perp}$是$\mathbb{N}(A)$的正交空间,即$u=w$。另外,这种与零空间正交的最小二乘解总是存在的(见习题2第5题),所以任意线性方程组总存在唯一的与系数矩阵的零空间正交的最小二乘解。

最后,简要地考虑以下识别问题,即给定关于 $\boldsymbol{Ax}=\boldsymbol{b}$ 的向量对 $<\boldsymbol{x},\boldsymbol{b}>$,确定 $m\times n$ 矩阵 $\boldsymbol{A}$ 的反问题。对于每个向量对,称 $\boldsymbol{x}$ 为输入,称 $\boldsymbol{b}$ 为相关的输出。我们的工作是通过"询问"适当的 $\boldsymbol{x}$,观察输出的 $\boldsymbol{b}$,从而识别"黑箱" $\boldsymbol{A}$。因为控制了输入,所以可以安排它们成为线性无关的,并且假设这一工作已经完成,用一个 $n\times p$ 矩阵表示输入是相当方便的,其中矩阵的每一列分别为输入向量 $\boldsymbol{X}_1,\boldsymbol{X}_2,\cdots,\boldsymbol{X}_p$,记为 $\boldsymbol{X}$。类似地,相应的输出向量 $\boldsymbol{B}_1$,$\boldsymbol{B}_2,\cdots,\boldsymbol{B}_p$ 可用 $m\times p$ 矩阵 $\boldsymbol{B}$ 表示。如果存在唯一的 $m\times n$ 矩阵 $\boldsymbol{A}$ 满足 $\boldsymbol{AX}=\boldsymbol{B}$,那么称可以通过矩阵对 $<\boldsymbol{X},\boldsymbol{B}>$ 来识别 $\boldsymbol{A}$。

下面考虑三种情况,每种情况都是以 n 和 p 之间的不同关系为前提的。第一种情况,注意到 $p>n$ 是不可能的,那是因为 $\{\boldsymbol{X}_1,\boldsymbol{X}_2,\cdots,\boldsymbol{X}_p\}$ 是 $\mathbb{R}^n$ 中的一个线性无关的集合。第二种情况,如果 $p=n$,那么 $\boldsymbol{X}$ 是可逆的,$\boldsymbol{A}$ 是可识别的,事实上,$\boldsymbol{A}=\boldsymbol{B}\boldsymbol{X}^{-1}$。

第三种情况,当 $p<n$,我们怀疑识别 $\boldsymbol{A}$ 的输入输出信息是不充分的。情况确实如此,因为在这种情况下,存在一个向量 $\boldsymbol{q}\in\mathbb{R}^n$ 与 $\boldsymbol{X}_1,\boldsymbol{X}_2,\cdots,\boldsymbol{X}_p$ 正交。令 $\boldsymbol{C}$ 是 $m\times n$ 矩阵,它的第一行是 $\boldsymbol{q}^{\mathrm{T}}$,其他行都是零向量。那么 $\boldsymbol{CX}$ 是 $m\times p$ 的零矩阵。因此,如果 $\boldsymbol{AX}=\boldsymbol{B}$,则 $(\boldsymbol{A}+\boldsymbol{C})\boldsymbol{X}=\boldsymbol{B}$,所以通过信息 $<\boldsymbol{X},\boldsymbol{B}>$ 无法识别 $\boldsymbol{A}$。

例 2.18 假设

$$\boldsymbol{b}=[1,0,1]^{\mathrm{T}},$$

$$\boldsymbol{A}=\begin{bmatrix}1&1\\1&1\\1&1\end{bmatrix}。$$

证明线性方程组 $\boldsymbol{Ax}=\boldsymbol{b}$ 没有解,但是它有无限个最小二乘解;并寻求与零空间正交的最小二乘解。

证明:容易得到

$$\mathrm{R}(\boldsymbol{A})=1,\mathrm{R}(\boldsymbol{A},\boldsymbol{b})=2,$$

所以线性方程组 $\boldsymbol{Ax}=\boldsymbol{b}$ 没有解。

求最小二乘解,实际上是解线性方程 $\boldsymbol{A}^{\mathrm{T}}\boldsymbol{Ax}=\boldsymbol{A}^{\mathrm{T}}\boldsymbol{b}$,容易验证 $\mathrm{R}(\boldsymbol{A}^{\mathrm{T}}\boldsymbol{A})=R(\boldsymbol{A}^{\mathrm{T}}\boldsymbol{A},\boldsymbol{A}^{\mathrm{T}}\boldsymbol{b})=1$,所以线性方程组 $\boldsymbol{A}^{\mathrm{T}}\boldsymbol{Ax}=\boldsymbol{A}^{\mathrm{T}}\boldsymbol{b}$ 有无穷多解,即有无限个最小二乘解。

与零空间正交的最小二乘解实际上就是求极小范数最小二乘解。矩阵 $\boldsymbol{A}$ 的满秩分解为

$$\boldsymbol{A}=\boldsymbol{BC}=\begin{bmatrix}1\\1\\1\end{bmatrix}[1,1],$$

利用式(2-15)极小范数最小二乘解为

$$\boldsymbol{x}=\boldsymbol{A}^{+}\boldsymbol{b}=\boldsymbol{C}^{\mathrm{T}}(\boldsymbol{C}\boldsymbol{C}^{\mathrm{T}})^{-1}(\boldsymbol{B}^{\mathrm{T}}\boldsymbol{B})^{-1}\boldsymbol{B}^{\mathrm{T}}\boldsymbol{b}=\begin{bmatrix}1/3\\1/3\end{bmatrix}。$$

计算的 MATLAB 程序如下:

```
clc,clear
b = [1 0 1]';a = ones(3,2);
r1 = rank(a),r2 = rank([a,b])  % 分别计算系数矩阵和增广矩阵的秩
r3 = rank(a' * a),r4 = rank([a' * a,a' * b])
x = pinv(sym(a)) * b              % 求极小范数最小二乘解
```

2.4.2 断层成像的数学艺术

计算机断层成像(CT)是一种先进的成像技术,它是在无损状态下获得被检物体断层的灰度图像,以其灰度来分辨被检测断面内部的几何结构、材质情况、缺陷种类等,被国际上公认为最佳的无损检测手段。目前 CT 技术已广泛应用于医学、机械、航空航天、核工业等领域。CT 成像的算法大致分为两类:变换法和迭代法。变换法的优点是重建速度快,重建质量好;其最大的缺点是对投影数据的完备性要求较高,而实际应用中往往由于客观原因无法检测或很难检测到完全的投影数据。迭代法中以代数重建法(ART)为代表。

ART 算法首先将一个 $n\times n$ 的正方形网格叠加在未知图像 $f(x,y)$ 上,f_j 代表第 j 个像素值,$i=1,\cdots,N$,$N=n\times n$ 为像素总数,p_i 为第 i 条射线的投影值,图像重建归结为解下列线性方程组:

$$\begin{cases}w_{11}f_1+w_{12}f_2+\cdots+w_{1N}f_N=p_1,\\ w_{21}f_1+w_{22}f_2+\cdots+w_{2N}f_N=p_2,\\ \quad\vdots\\ w_{M1}f_1+w_{M2}f_2+\cdots+w_{MN}f_N=p_M,\end{cases}\tag{2-20}$$

式中:M 为投影总数;$w_{ij}(i=1,2,\cdots,M;j=1,2,\cdots,N)$ 为投影系数,反映了第 j 个像素对第 i 条射线的贡献。

将式(2-20)写成矩阵形式为

$$\boldsymbol{RF}=\boldsymbol{P},\tag{2-21}$$

式中:$\boldsymbol{P}=[p_1,p_2,\cdots,p_M]^{\mathrm{T}}$ 为 M 维投影向量;$\boldsymbol{F}=[f_1,f_2,\cdots,f_N]^{\mathrm{T}}$ 为 N 维图像向量;$\boldsymbol{R}=(w_{ij})_{M\times N}$ 为 $M\times N$ 投影矩阵。

为了获得高质量的图像,M,N 通常都很大,由于对每条射线来说,它只与很少的像素相交,因此 $\boldsymbol{R}$ 是一个大稀疏矩阵,故很难用常规的矩阵理论来求解,实际中都采用迭代法,即 ART 算法。

ART 算法的基本思想是 Kaczmarz 提出的“投影方法”。在 N 维空间中,式(2-20)中的每个方程代表一个超平面,而图像向量 $\boldsymbol{F}$ 则为 N 维空间中的一个点。当式(2-20)存在唯一解时,其解必为这 M 个超平面的交点。迭代过程是从向量初始值 $\boldsymbol{F}^{(0)}$ 开始的,将 $\boldsymbol{F}^{(0)}$ 投影到式(2-20)中的第一个方程所表示的超平面上,得到 $\boldsymbol{F}^{(1)}$,再将 $\boldsymbol{F}^{(1)}$ 投影到第二个方程所表示的超平面,得到 $\boldsymbol{F}^{(2)}$,一般地,当将 $\boldsymbol{F}^{(i-1)}$ 投影到第 i 个方程所表示的超平面时,得到 $\boldsymbol{F}^{(i)}$,这一过程用数学公式表示为

$$\boldsymbol{F}^{(i)}=\boldsymbol{F}^{(i-1)}+\frac{(p_i-(\boldsymbol{W}_i,\boldsymbol{F}^{(i-1)}))}{\|\boldsymbol{W}_i\|^2}\boldsymbol{W}_i。\tag{2-22}$$

式中:$\boldsymbol{W}_i=[w_{i1},w_{i2},\cdots,w_{iN}]$ 为第 i 个方程的投影系数向量;$(\cdot,\cdot)$ 为通常的内积。

当投影进行到最后一个方程所表示的超平面时得到 $\boldsymbol{F}^{(M)}$,为一次完整迭代。在第二次迭代中,将 $\boldsymbol{F}^{(M)}$ 作为初始值重复上述过程,得到 $\boldsymbol{F}^{(2M)}$,如此反复。如果式(2-20)存在唯一解 $\boldsymbol{F}$,则有 $\lim\limits_{k\to+\infty}\boldsymbol{F}^{(kM)}=\boldsymbol{F}$。

下面说明式(2-22)的原理，式(2-20)中的第 i 个方程所表示的超平面由向量 $\boldsymbol{W}_i$ 的系数和标量 p_i 来决定，它可以表示为

$$\boldsymbol{H}_i = \{\boldsymbol{x} \in \mathbb{R}^N : (\boldsymbol{W}_i, \boldsymbol{x}) = p_i\},$$

向量 $\boldsymbol{W}_i$ 是超平面的法线，因此对于所有 $\boldsymbol{x}, \boldsymbol{z} \in \boldsymbol{H}_i$，$(\boldsymbol{W}_i, \boldsymbol{x} - \boldsymbol{z}) = 0$。对于给定的 $\boldsymbol{y} \in \mathbb{R}^N$，$\boldsymbol{y}$ 关于 $\boldsymbol{H}_i$ 的正交投影因此为唯一向量 $\boldsymbol{Ty} \in \boldsymbol{H}_i$，且对于某个标量 t，$\boldsymbol{y} - \boldsymbol{Ty} = tW_i$。由于 $\boldsymbol{Ty} \in \boldsymbol{H}_i$，标量 t 必须满足

$$t\|\boldsymbol{W}_i\|^2 = (\boldsymbol{W}_i, \boldsymbol{y} - \boldsymbol{Ty}) = (\boldsymbol{W}_i, \boldsymbol{y}) - p_i,$$

因此，超平面的投影是很容易实现的，特别是如果向量 $\boldsymbol{W}_i$ 有相对少非零元素时。

例 2.19 考虑一个 3×3 的图像，其像素值 $\widetilde{\boldsymbol{F}} = \begin{bmatrix} 1 & 0 & 0.5 \\ 0 & 1 & 0 \\ 0.5 & 0 & 1 \end{bmatrix}$，为了利用 MATLAB 软件计算方便，把 $\widetilde{\boldsymbol{F}}$ 逐列展开成一个列向量 $\boldsymbol{F} = [1,0,0.5,0,1,0,0.5,0,1]^{\mathrm{T}}$，假设有图像的 6 个观测值，包括 3 个行片层，沿主对角线向下，沿另一根对角线向上和沿中间列向下。则投影矩阵

$$\boldsymbol{R} = \begin{bmatrix} 1 & 0 & 0 & 1 & 0 & 0 & 1 & 0 & 0 \\ 0 & 1 & 0 & 0 & 1 & 0 & 0 & 1 & 0 \\ 0 & 0 & 1 & 0 & 0 & 1 & 0 & 0 & 1 \\ 1 & 0 & 0 & 0 & 1 & 0 & 0 & 0 & 1 \\ 0 & 0 & 1 & 0 & 1 & 0 & 1 & 0 & 0 \\ 0 & 0 & 0 & 1 & 1 & 1 & 0 & 0 & 0 \end{bmatrix},$$

且相应的投影向量为

$$\boldsymbol{P} = [1.5,\ \ 1,\ \ 1.5,\ \ 3,\ \ 2,\ \ 1]^{\mathrm{T}}。$$

利用 $\boldsymbol{R}$ 和 $\boldsymbol{P}$ 可以反演出原来的图像矩阵，计算的 MATLAB 程序如下：

```
clc,clear
a = [1 0 0.5;0 1 0;0.5 0 1],a = a(:)
R = zeros(6,9);R(1,[1:3:9]) = 1;R(2,[2:3:9]) = 1;R(3,[3:3:9]) = 1;
R(4,[1:4:9]) = 1;R(5,[3 5 7]) = 1;R(6,[4:6]) = 1
P = R * a
X1 = zeros(9,1);X2 = ones(9,1);
while norm(X1-X2) > 0.0001
    for i = 1:size(R,1)
        X1 = X2;
        X2 = X2 + (P(i) - dot(R(i,:),X2))/norm(R(i,:))^2 * R(i,:)';
    end
end
X2                       % 显示反演计算结果
FF = reshape(X2,[3,3])  % 把列向量变换成矩阵
```

习 题 2

1. 将式(2-15)代入四个 Moore - Penrose 方程进行验证。

2. 已知

(1) $\boldsymbol{A}=\begin{bmatrix}-1 & 1 & 2 & 2\\ 2 & 1 & -1 & -2\\ 0 & 1 & 1 & -2\end{bmatrix}, \boldsymbol{b}=\begin{bmatrix}0\\0\\1\end{bmatrix}$;

(2) $\boldsymbol{A}=\begin{bmatrix}1 & 1 & 0 & 1\\ 0 & 1 & 1 & 0\\ 1 & 2 & 1 & 1\end{bmatrix}, \boldsymbol{b}=\begin{bmatrix}3\\1\\4\end{bmatrix}$。

试用广义逆矩阵的方法判断方程组 $\boldsymbol{Ax}=\boldsymbol{b}$ 是否有解,并求其最小范数解或极小范数最小二乘解。

3. 证明对于任意实矩阵 $\boldsymbol{A}$,$\Re(\boldsymbol{A}^{\mathrm{T}})=\Re(\boldsymbol{A}^{\mathrm{T}}\boldsymbol{A})$。

4. 证明对于任意实矩阵 $\boldsymbol{A}$,$\mathbb{N}(\boldsymbol{A})=\mathbb{N}(\boldsymbol{A}^{\mathrm{T}}\boldsymbol{A})$。

5. 假设 $\boldsymbol{u}$ 是 $\boldsymbol{Ax}=\boldsymbol{b}$ 的一个最小二乘解,令 $\boldsymbol{Pu}$ 是 $\boldsymbol{u}$ 关于$\mathbb{N}(\boldsymbol{A})$的正交投影(即 $\boldsymbol{Pu}=\sum_{j=1}^{k}(\boldsymbol{u},\boldsymbol{v}^{(j)})\boldsymbol{v}^{(j)}$,其中$\{\boldsymbol{v}^{(1)},\boldsymbol{v}^{(2)},\cdots,\boldsymbol{v}^{(k)}\}$是$\mathbb{N}(\boldsymbol{A})$的正交基)。证明 $\boldsymbol{u}-\boldsymbol{Pu}$ 是一个与$\mathbb{N}(\boldsymbol{A})$正交的最小二乘解。

6. 利用 ART 算法求线性方程组

$$\begin{cases}-x_1+2x_2=1,\\ 3x_1+x_2=2\end{cases}$$

的解。

7. 设 $\boldsymbol{A}=\begin{bmatrix}1 & -4 & 1\\ 2 & 3 & -1\\ 1 & -1 & -6\end{bmatrix}$,求$\|\boldsymbol{A}\|_1$,$\|\boldsymbol{A}\|_\infty$,$\|\boldsymbol{A}\|_2$ 和$\|\boldsymbol{A}\|_F$。

8. 要实现对寿险公司偿付能力检测的量化分析,寿险公司要建立一套科学的指标体系。结合中国寿险业务的特点,充分考虑到数据的可得性,选用了衡量寿险偿付能力的最基本指标,这些指标尽可能考虑到影响偿付能力的各个方面,与拟采用的分析方法相适应。

x_1——净资产比例,等于所有者权益与总资产之比;

x_2——所有者权益与自留保费之比;

x_3——实际资产与实际负债之比;

x_4——净利润与总收入之比;

x_5——投资收益与保费收入之比;

x_6——流动性比率,等于平均流动资产与平均总资产之比;

x_7——寿险责任准备金增额对寿险保费收入之比；

x_8——保费收入与寿险市场的总保费收入之比。

原始数据见表2.6。

表2.6　12家保险公司8项指标数据

保险公司	x_1	x_2	x_3	x_4	x_5	x_6	x_7	x_8
中国人寿	0.0300	0.0699	1.0215	0.0062	0.0172	0.6775	0.6725	0.7522
太保人寿	-0.0444	-0.0850	0.8935	0.0000	0.0334	0.8464	0.6738	0.1455
新华人寿	0.1135	0.2325	1.1043	0.0008	0.0019	0.8336	0.5841	0.0466
康泰人寿	0.0976	0.1818	1.0852	-0.0446	0.0229	0.6904	0.7375	0.0383
太平人寿	0.1633	0.2395	1.1890	-0.0551	0.0125	0.5405	0.8805	0.0097
中宏人寿	0.3156	0.7456	1.4508	-0.0480	0.0347	0.4968	0.4069	0.0024
太平安泰	0.3430	0.6825	1.4889	0.1590	0.0410	0.6882	0.5301	0.0026
安联大众	0.3277	1.0085	1.4798	-0.3090	0.0172	0.6613	0.7838	0.0007
金盛人寿	0.7095	3.7865	3.4254	-0.4516	0.0000	0.5537	0.4731	0.0005
中保康联	0.9127	14.2440	11.1641	-0.8887	0.1857	0.7244	0.3070	0.0001
信诚人寿	0.7007	2.0315	-1.1326	-0.1789	0.0000	0.8001	0.3485	0.0012
恒康天安	0.8691	7.0630	7.4116	-9.9169	0.2621	0.5749	0.5609	0.0001

研究并讨论如下问题：

（1）采用对应分析方法对寿险公司偿付能力进行量化分析，得到对应分布图。如何根据对应分布图实现对样品和变量的分类？

（2）根据上面分类结果，讨论我国主要寿险公司的偿付能力与实际的监管要求之间是否有差距。如存在差距，人寿保险公司应该怎样提高偿付能力？

第3章 概率论与数理统计

概率论与数理统计是数学的一个有特色的分支,具有自己独特的概念和方法,内容丰富,与很多学科交叉相联系,广泛应用于工业、农业、军事和科学技术领域。本章以浙江大学编写的《概率论与数理统计》(第4版)为基础,以书中例题和课后习题为依托,主要介绍如何借助 MATLAB 软件解决概率论与数理统计中的相关问题。基本的概念和定理请参见该书,本章不再详述。本章在此基础上对一些应用广泛的相关数学方法进行了扩展。

3.1 随机事件及其概率

MATLAB 中计算 $n!$ 的命令为 factorial(n)或 gamma(n+1),计算组合数 C_n^k 的命令为 nchoosek(n,k)。

3.1.1 随机事件的模拟

例 3.1 已知在一次随机实验中,事件 A,B,C 发生的概率分别为 0.3,0.5,0.2,试模拟 1000 次该随机实验,统计事件 A,B,C 发生的次数。

在一次随机实验中,事件发生的概率分布见表 3.1。

表 3.1 事件发生的概率分布

事件	A	B	C
概率	0.3	0.5	0.2
累积概率	0.3	0.8	1

用产生[0,1]区间上均匀分布的随机数,来模拟事件 A,B,C 的发生。由表 3.1 的数据和几何概率的知识,可以认为如果产生的随机数在区间[0,0.3)上,事件 A 发生了;产生的随机数在区间[0.3,0.8)上,事件 B 发生了;产生的随机数在区间[0.8,1]上,事件 C 发生了。产生 1000 个[0,1]区间上均匀分布的随机数,统计随机数落在相应区间上的次数,就是在这 1000 次模拟中事件 A,B,C 发生的次数。

模拟的 MATLAB 程序如下:

```
clc,clear,n=10000;
a=rand(1,n);                                    % 产生n个[0,1]区间上的随机数
n1=sum(a<0.3),n2=sum(a>=0.3 & a<0.8),n3=sum(a>=0.8)
f=[n1,n2,n3]/n                                  % 计算各事件发生的频率
```

例 3.2 蒲丰投针问题

蒲丰(Buffon)是法国著名学者,于 1977 年提出了用随机投针实验求圆周率 π 的方

法。在平面上画有等距离为 a 的一些平行直线，向平面上随机投掷一长为 $l(l<a)$ 的针。若投针总次数为 n，针与平行线相交次数为 m。试求针与平行线相交的概率 p，并利用计算机模拟求 π 的近似值。

（1）问题分析与数学模型。令 M 表示针的中点，针投在平面上时，x 表示点 M 与最近一条平行线的距离，φ 表示针与平行线的交角，如图 3.1 所示。显然 $0\leqslant x\leqslant a/2, 0\leqslant\varphi\leqslant\pi$。

随机投针的概率含义：针的中点 M 与平行线的距离 x 均匀地分布于区间 $[0,a/2]$ 内，针与平行线交角 φ 均匀分布于区间 $[0,\pi]$ 内，x 与 φ 是相互独立的，而针与平行线相交的充分必要条件是 $x\leqslant\frac{l}{2}\sin\varphi$，如图 3.2 所示。

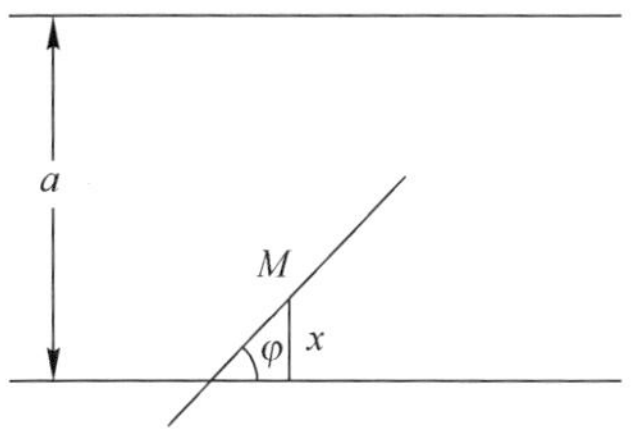

图 3.1　投针问题

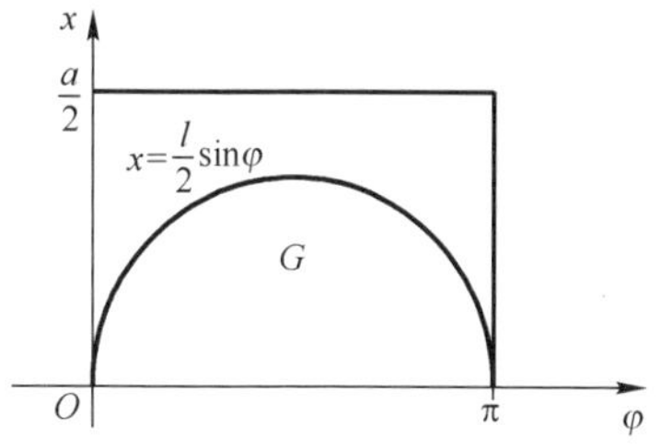

图 3.2　样本空间及事件的几何表示

将针投掷到平面上理解为向样本空间 $\Omega=\left\{(x,\varphi)\mid 0\leqslant x\leqslant\frac{a}{2}, 0\leqslant\varphi\leqslant\pi\right\}$ 内均匀分布地投掷点，求针与平行线相交的概率 p，即求点 (x,φ) 落在

$$G=\left\{(x,\varphi)\mid 0\leqslant x\leqslant\frac{l}{2}\sin\varphi, 0\leqslant\varphi\leqslant\pi\right\}$$

中的概率，显然，这一概率为

$$p=\frac{\int_0^\pi \frac{l}{2}\sin\varphi d\varphi}{\frac{a}{2}\pi}=\frac{2l}{a\pi}。$$

这表明，可以利用投针实验计算 π 值。当投针次数 n 充分大且针与平行线相交 m 次，可用频率 m/n 作为概率 p 的估计值，因此可求得 π 的估计值为

$$\pi\approx\frac{2nl}{am}。$$

历史上曾经有一些学者做了随机投针实验，并得到了 π 的估计值。表 3.2 列出了两个最详细的实验情况。

表 3.2　历史上蒲丰投针实验

实　验　者	a	l	投针次数 n	相交次数 m	π 的近似值
Wolf(1853)	45	36	5000	2532	3.1596
Lazzarini(1911)	3	2.5	3408	1808	3.1415929

（2）蒲丰随机投针实验的计算机模拟。真正使用随机投针实验方法来计算 π 值，需要作大量的实验才能完成。可以把蒲丰随机投针实验交给计算机来模拟实现，具体做法如下：

① 产生互相独立的随机变量 Φ 和 X 的抽样序列 $\{(\varphi_i, x_i) \mid i=1,\cdots,n\}$，其中 $\Phi \sim U(0,\pi)$，$X \sim U(0,a/2)$。

② 检验条件 $x_i \leqslant \frac{l}{2}\sin\varphi_i (i=1,\cdots,n)$ 是否成立，若上述条件成立，则表示第 i 次实验成功，即针与平行线相交（$(\varphi_i, x_i) \in G$），如果在 n 次实验中成功次数为 m，则 π 的估计值为$\frac{2nl}{am}$。

下面是蒲丰投针实验的 MATLAB 程序，其中的 a、l、n 的取值与 Wolf 实验相同。

```
clc,clear
a=45;L=36;n=5000;
x=unifrnd(0,a/2,1,n);          % 产生n个[0,a/2]区间上均匀分布的随机数
phi=unifrnd(0,pi,1,n);         % 产生n个[0,pi]区间上均匀分布的随机数
m=sum(x<=L*sin(phi)/2);        % 统计满足 x<=L*sin(phi)/2 的次数
pis=2*n*L/(a*m)                % 计算 pi 的近似值
```

其中的一次运行结果，求得 π 的近似值为 3.1583。

（3）蒲丰随机投针实验说明随机模拟方法是一种具有独特风格的广义数值计算方法，以概率统计理论为主要基础，以随机抽样为主要手段。它用随机数进行统计实验，把得到的统计特征（均值和概率等）作为所求问题的数值解。

3.1.2 概率计算

例 3.3 设有 100 件产品，其中有 20 件次品，今从中任取 8 件，问其中恰有 2 件次品的概率是多少？

所求概率为

$$p = \frac{C_{80}^6 C_{20}^2}{C_{100}^8} = 0.3068。$$

```
p=nchoosek(80,6)*nchoosek(20,2)/nchoosek(100,8)
```

例 3.4 要验收一批（100 件）乐器。验收方案如下：自该批乐器中随机地取 3 件测试（设 3 件乐器的测试结果是相互独立的），如果 3 件中至少有 1 件在测试中被认为音色不纯，则这批乐器就被拒绝接收。设 1 件音色不纯的乐器经测试查出其为音色不纯的概率为 0.95；而 1 件音色纯的乐器经测试被误认为不纯的概率为 0.01。如果已知这 100 件乐器中恰有 4 件是音色不纯的，试问这批乐器被接收的概率是多少？

设以 $H_i (i=0,1,2,3)$ 表示事件"随机地取出 3 件乐器，其中恰有 i 件音色不纯"，H_0，H_1，H_2，H_3 是样本空间 S 的一个划分，以 A 表示事件"这批乐器被接收"。已知 1 件音色纯的乐器，经测试被认为音色纯的概率为 0.99，而 1 件音色不纯的乐器，经测试被误认为音色纯的概率为 0.05，并且 3 件乐器的测试的结果是相互独立的，于是有

$P(A \mid H_0) = 0.99^3$，$P(A \mid H_1) = 0.99^2 \times 0.05$，$P(A \mid H_2) = 0.99 \times 0.05^2$，$P(A \mid H_3) = 0.05^3$，

$$P(H_0) = C_{96}^3 / C_{100}^3, P(H_1) = C_4^1 C_{96}^2 / C_{100}^3, P(H_2) = C_4^2 C_{96}^1 / C_{100}^3, P(H_3) = C_4^3 / C_{100}^3。$$

故

$$P(A)=\sum_{i=0}^{3}P(A\mid H_i)P(H_i)=0.9192。$$

计算的 MATLAB 程序如下：

```
clc,clear,p1 =0.99;p2 =0.05;k =0:3;
PAH =0.99.^(3 -k).*0.55.^k  % 计算条件概率 P(A | Hi)
PHi = [];
for i =0:3
    PHi = [PHi,nchoosek(96,3 -i)*nchoosek(4,i)/nchoosek(100,3)];    % 计算概率 P(Hi)
    % nchoosek 中第 2 个参数不允许使用向量
end
PA =dot(PAH,PHi)
```

3.2 随机变量及其分布

3.2.1 分布函数、密度函数和分位数

随机变量的特性完全由它的(概率)分布函数或(概率)密度函数来描述。设有随机变量 X,其分布函数定义为 $X\leqslant x$ 的概率,即 $F(x)=P\{X\leqslant x\}$。若 X 是连续型随机变量,则其密度函数 $p(x)$ 与 $F(x)$ 的关系为

$$F(x)=\int_{-\infty}^{x}p(x)\mathrm{d}x。$$

定义 3.1 **α 分位数** 若随机变量 X 的分布函数为 $F(x)$,对于 $0<\alpha<1$,若 x_α 使得 $P\{X\leqslant x_\alpha\}=\alpha$,则称 x_α 为这个分布的 α 分位数。若 $F(x)$ 的反函数 $F^{-1}(x)$ 存在,则有 $x_\alpha=F^{-1}(\alpha)$。

定义 3.2 **上 α 分位数** 若随机变量 X 的分布函数为 $F(x)$,对于 $0<\alpha<1$,若 $\tilde{x}_\alpha$ 使得 $P\{X>\tilde{x}_\alpha\}=\alpha$,则称 $\tilde{x}_\alpha$ 为这个分布的上 α 分位数。若 $F(x)$ 的反函数存在,则 $\tilde{x}_\alpha=F^{-1}(1-\alpha)$。

3.2.2 MATLAB 统计工具箱中的概率分布

MATLAB 统计工具箱中有 29 种连续型概率分布,7 种离散型概率分布,5 种多元分布。在 MATLAB 命令窗口运行 doc stats ↵,打开超文本帮助后,再打开下一级目录 Probability Distributions,就可以找到上述三种概率分布。

表 3.3 列出了 MATLAB 工具箱一些常用的概率分布名称。

表 3.3 MATLAB 工具箱常用概率分布命令字符

名　称	二项分布	泊松分布	几何分布	离散均匀分布	连续均匀分布	指数分布
命令字符	bino	poiss	geo	unid	unif	exp
名称	正态分布	χ^2 分布	t 分布	F 分布	Γ 分布	多元正态分布
命令字符	norm	chi2	t	f	gam	mvn

MATLAB 工具箱对每一种一维分布都提供 5 类函数,其命令字符见表 3.4。

表 3.4　MATLAB 工具箱函数命令字符

函数	概率密度	分布函数	分布函数的反函数	均值与方差	随机数生成
命令字符	pdf	cdf	inv	stat	rnd

当需要一种分布的某一类函数时,将以上所列的分布命令字符与函数命令字符接起来,并输入自变量(可以是标量、数组或矩阵)和参数就行了,例如:

```
p = tpdf(x,n)          % 自由度为 n 的 t 分布的概率密度函数在 x 处的取值
F = tcdf(x,n)          % 自由度为 n 的 t 分布的分布函数在 x 处的取值
x = tinv(p,n)          % 自由度为 n 的 t 分布的 p 分位数为 x,即分布函数在 x 处的值为 p
[M,V] = tstat(n)       % 计算自由度为 n 的 t 分布的均值 V,方差 V
R = trnd(V,[m,n])      % 产生自由度为 V 的 m×n 的 t 分布随机数矩阵
```

对部分分布还有参数估计的函数 fit,例如:

```
[mu,sigma,muci,sigmaci] = normfit(data,alpha)  % 计算正态分布数据 data 的均值估
计值 mu,标准差估计值 sigma,置信水平为 100(1 - alpha)% 的均值和标准差的置信区间
```

例 3.5　画出均值参数 $\lambda = 3$ 的泊松分布的分布律图形和分布函数图形。

```
clc,clear,lambda = 3;
x0 = 0:20;
subplot(121),plot(x0,poisspdf(x0,lambda),'* -'),title('分布律图')
subplot(122),fplot(@ (x)poisscdf(x,lambda),[0,20]),title('分布函数图')
```

例 3.6　设 $X \sim N(0,1)$,若 z_α 满足条件 $P\{X > z_\alpha\} = \alpha, 0 < \alpha < 1$,则称 z_α 为标准正态分布的上 α 分位数。试计算几个常用的 z_α 的值,并画出 $z_{0.1}$ 的示意图。

计算得到的几个常用的 z_α 的值见表 3.5。$z_{0.1}$ 的示意图见图 3.3。

表 3.5　标准正态分布的上 α 分位数的值

α	0.001	0.005	0.01	0.025	0.05	0.10
z_α	3.0902	2.5758	2.3263	1.9600	1.6449	1.2816

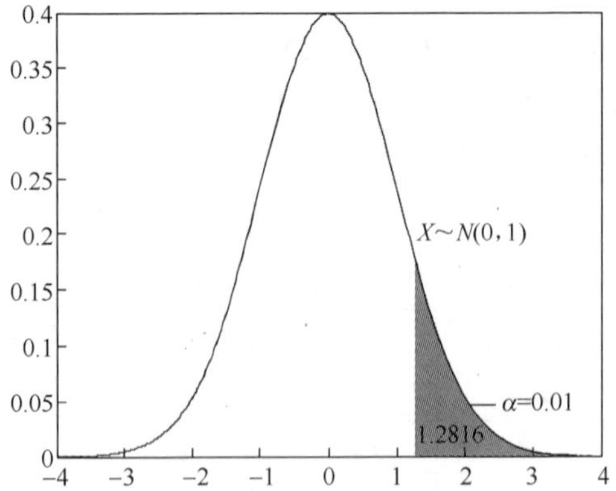

图 3.3　$z_{0.1}$ 的示意图

计算及画图的 MATLAB 程序如下：

```
clc,clear
alpha = [0.001 0.005 0.01 0.025 0.05 0.10];
za = norminv(1 - alpha)
fplot(@ (x)normpdf(x),[ - 4,4])             % 画标准正态分布的概率密度曲线
x0 = [za(end):0.01:4];y0 = normpdf(x0);      % 计算密度函数值
xx0 = [x0,4,za(end)];yy0 = [y0,0,0];         % 构造多边形顶点的 x,y 坐标
hold on,fill(xx0,yy0,'r')                    % 多边形填充
text(1.9,0.05,'\leftarrow\alpha = 0.01')     % 标注
text(za(end),0.01,num2str(za(end)))          % 标注
text(1.2,0.2,'\it X ~ N(0,1)')               % 标注
```

例 3.7 画对数正态分布的概率密度函数图形。

(1) 对数正态分布 Y 的概率密度函数为

$$g(y)=f(\ln y)\frac{1}{y}=\frac{1}{\sqrt{2\pi}\sigma y}\mathrm{e}^{-\frac{(\ln y-\mu)^2}{2\sigma^2}},y>0, \tag{3-1}$$

式中：$f(\cdot)$为标准正态分布的密度函数。

(2) 对数正态分布的分布函数为

$$G(y)=\Phi\left(\frac{\ln y-\mu}{\sigma}\right),y>0, \tag{3-2}$$

式中：$\Phi(\cdot)$为标准正态分布($\mu=0,\sigma=1$)的分布函数。

对数正态分布的概率密度函数图见图 3.4。

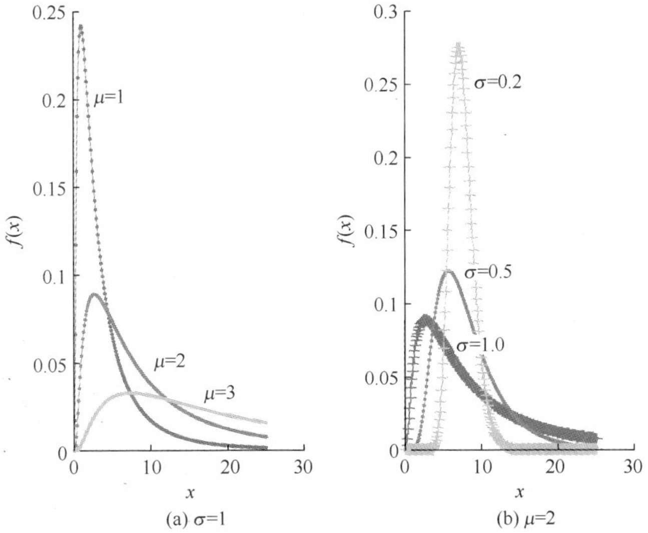

图 3.4　对数正态分布的概率密度函数图

画图的 MATLAB 程序如下：

```
clc,clear
x0 = 0:0.1:25;
subplot(121),hold on
plot(x0,lognpdf(x0,1,1),'.-')
```

```
text(2,0.2,'$ \mu =1 $','Interpreter','Latex')
plot(x0,lognpdf(x0,2,1),'.-')
text(9,0.05,'$ \mu =2 $','Interpreter','Latex')
plot(x0,lognpdf(x0,3,1),'.-')
text(15,0.03,'$ \mu =3 $','Interpreter','Latex')
xlabel('$ x $','Interpreter','Latex')
ylabel('$ f(x) $','Interpreter','Latex')
subplot(122),hold on
plot(x0,lognpdf(x0,2,1.0),'+-')
text(6,0.07,'$ \sigma =1.0 $','Interpreter','Latex')
plot(x0,lognpdf(x0,2,0.5),'.-')
text(6.8,0.12,'$ \sigma =0.5 $','Interpreter','Latex')
plot(x0,lognpdf(x0,2,0.2),'+-')
text(8,0.25,'$ \sigma =0.2 $','Interpreter','Latex')
xlabel('$ x $','Interpreter','Latex')
ylabel('$ f(x) $','Interpreter','Latex')
```

定义 3.3 如果随机变量 X 的概率密度函数为

$$f(x)=\frac{x^{\alpha-1}\,\mathrm{e}^{-\frac{x}{\beta}}}{\beta^{\alpha}\,\Gamma(\alpha)},x>0,\alpha>0,\beta>0, \tag{3-3}$$

则称 X 服从参数为 (α,β) 的伽玛分布，记为 $X\sim\mathrm{Gamma}(\alpha,\beta)$，这时 α 称为形状参数，β 称为尺度参数。

注 3.1 $\Gamma(\alpha)=\int_0^{\infty}t^{\alpha-1}\mathrm{e}^{-t}\mathrm{d}t$，当 α 是正整数时，$\Gamma(\alpha)=(\alpha-1)!$。

伽玛函数的另一个重要而且常用的性质是下面的递推公式

$$\Gamma(\alpha+1)=\alpha\Gamma(\alpha),\alpha>0。$$

例 3.8 画伽玛分布的概率密度函数图形。

图 3.5 画出了伽玛分布的概率密度函数。

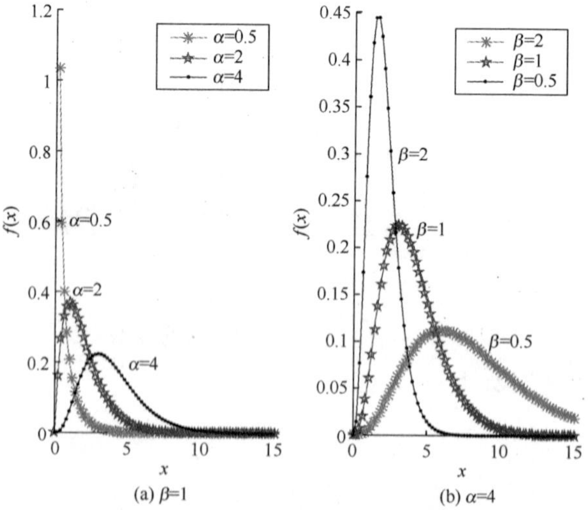

图 3.5　伽玛分布的概率密度函数图

画图的 MATLAB 程序如下：

```
clc,clear
x0 =0:0.2:15;
% beta 参数数学上和 MATLAB 是倒数关系
subplot(121),hold on
plot(x0,gampdf(x0,0.5,1),'r*-')
text(0.5,0.6,'$ \alpha =0.5 $','Interpreter','Latex')
plot(x0,gampdf(x0,2,1),'bp -')
text(1,0.4,'$ \alpha =2 $','Interpreter','Latex')
plot(x0,gampdf(x0,4,1),'.k -')
text(5,0.2,'$ \alpha =4 $','Interpreter','Latex')
h =legend('$ \alpha =0.5 $','$ \alpha =2 $','$ \alpha =4 $');
set(h,'Interpreter','Latex')
xlabel('$ x $','Interpreter','Latex')
ylabel('$ f(x) $','Interpreter','Latex')
subplot(122),hold on
plot(x0,gampdf(x0,4,2),'r*-')
text(2.5,0.3,'$ \beta =2 $','Interpreter','Latex')
plot(x0,gampdf(x0,4,1),'bp -')
text(4,0.22,'$ \beta =1 $','Interpreter','Latex')
plot(x0,gampdf(x0,4,0.5),'.k -')
text(9,0.1,'$ \beta =0.5 $','Interpreter','Latex')
h =legend('$ \beta =2 $','$ \beta =1 $','$ \beta =0.5 $');
set(h,'Interpreter','Latex')
xlabel('$ x $','Interpreter','Latex')
ylabel('$ f(x) $','Interpreter','Latex')
```

3.2.3　一维随机变量的计算

例 3.9　设 $X \sim N(2,3^2)$。

(1) 求 $P\{1<X<5\}$；

(2) 确定 c，使得 $P\{-c<X<2c\}=0.8$。

```
clc,clear
p =normcdf(5,2,3) -normcdf(1,2,3)
fc =@ (c)normcdf(2 *c,2,3) -normcdf(-c,2,3) -0.8;   % 定义求解方程的匿名函数
c1 =fzero(fc,[0,12])                                % 求方程的根
c2 =fsolve(fc,rand)                                 % 另一种方法求方程的根
```

求得 $P\{1<X<5\}=0.4719$，$c=2.6298$。

例 3.10　设随机变量 $X \sim N(98.6,2)$，已知 $Y=\frac{5}{9}(X-32)$，试求 Y 的概率密度。

解：手工计算得到 Y 的概率密度 $f(y)=\frac{9}{10\sqrt{\pi}}e^{-\frac{81}{100}(y-37)^2}$。下面用 MATLAB 软件求解：

```
clc,clear,syms x
y1 =1/sqrt(4 * sym(pi)) * exp( - (x -98.6)^2 /4)  % 正态分布的概率密度函数
y2 =5/9 * (x -32);                                 % 定义函数
y3 = finverse(y2),dy3 = diff(y3)                   % 计算反函数及导数
y4 = compose(y1,y3) * dy3;y4 = simplify(y4)        % 用复合函数求随机变量函数的分布
```

3.2.4 多维随机变量的计算

例 3.11 设(X,Y)的概率密度为

$$f(x,y)=\begin{cases}kx(x-y), & 0<x<1,\ -x<y<x,\\ 0, & 其他。\end{cases}$$

(1) 试确定常数 k;

(2) 求概率 $P\{Y<X/2\}$。

解:(1) 仅在区域 $G=\{(x,y)\mid 0<x<1,-x<y<x\}$ 上有 $f(x,y)>0$,否则 $f(x,y)=0$。由

$$1=\int_{-\infty}^{+\infty}\int_{-\infty}^{+\infty}f(x,y)\,\mathrm{d}x\mathrm{d}y=\iint_G f(x,y)\,\mathrm{d}x\mathrm{d}y$$

$$=\int_0^1\mathrm{d}x\int_{-x}^{x}kx(x-y)\,\mathrm{d}y=2k\int_0^1\mathrm{d}x\int_0^x x^2\mathrm{d}y=2k\int_0^1x^3\mathrm{d}x=\frac{1}{2}k,$$

得 $k=2$。

(2) 将(X,Y)看成是平面上随机点的坐标,事件$\{Y<X/2\}=\{(X,Y)\in D\}$,其中 D 是直线 $y=x/2$ 下方的区域。因此

$$P\{Y<X/2\}=P\{(X,Y)\in D\}=\iint_{D\cap G}2x(x-y)\,\mathrm{d}x\mathrm{d}y$$

$$=\int_0^1\mathrm{d}x\int_{-x}^{x/2}2x(x-y)\,\mathrm{d}y=\int_0^1\frac{15}{4}x^3\mathrm{d}x=\frac{15}{16}。$$

计算的 MATLAB 程序如下:

```
clc,clear,syms x y k
fxy = k * x * (x - y);I1 = int(fxy,y, - x,x),  I2 = int(I1,x,0,1)
equ =1 - I2,k0 = solve(equ)
fxy2 = subs(fxy,k,k0)        % 代入参数 k 的取值
I3 = int(fxy2,y, - x,x/2),I4 = int(I3,x,0,1)
```

可以使用数值积分计算一些事件的概率。

例 3.12 设随机变量(X,Y)的概率密度为

$$f(x,y)=\begin{cases}\dfrac{1}{8}(6-x-y), & 0<x<2,2<y<4,\\ 0, & 其他。\end{cases}$$

求 $P\{X+Y\leqslant 4\}$。

解:利用 MATLAB 软件,得

$$P\{X+Y\leqslant 4\}=\iint_{x+y\leqslant 4}f(x,y)\,\mathrm{d}x\mathrm{d}y=0.6667。$$

计算的 MATLAB 程序如下:

```
clc,clear
fxy=@(x,y)1/8*(6-x-y).*(x>0 & x<2).*(y>2 & y<4).*(x+y<=4);% 定义被积
                                                                        函数
P=dblquad(fxy,0,2,2,4)          % 计算二重数值积分
```

例 3.13 已知(X,Y)服从二维正态分布$N(0,0,2^2,2^2)$,即概率密度函数为

$$f(x,y)=\frac{1}{8\pi}e^{-\frac{x^2+y^2}{8}},\ -\infty<x,y<+\infty。$$

(1) 求关于X,Y的边缘概率密度函数;

(2) 求r,使得$\iint\limits_{x^2+y^2\leqslant r^2} f(x,y)\mathrm{d}x\mathrm{d}y=0.8$。

解:(1) 利用 MATLAB 求得关于X,Y的边缘概率密度函数分别为

$$f_X(x)=\frac{\sqrt{2}}{4\sqrt{\pi}}e^{-\frac{x^2}{8}},\ -\infty<x<+\infty,$$

$$f_Y(y)=\frac{\sqrt{2}}{4\sqrt{\pi}}e^{-\frac{y^2}{8}},\ -\infty<y<+\infty。$$

(2) 利用 MATLAB 软件,得$r=3.5883$。

计算的 MATLAB 程序如下:

```
clc,clear,syms x y
fxy=1/(8*sym(pi))*exp(-x^2/8-y^2/8)
fx=int(fxy,y,-inf,inf)                    % 求 X 的边缘密度函数
fy=int(fxy,x,-inf,inf)                    % 求 Y 的边缘密度函数
f=matlabFunction(fxy)                     % 为求数值解,把符号函数转化为匿名函数
gr=@(r)dblquad(@(x,y)f(x,y).*(x.^2+y.^2<=r^2),-r,r,-r,r)-0.8;  % 定义方程的
                                                                   匿名函数
r0=fsolve(gr,rand)                        % 求代数方程的数值解
```

使用 MATLAB 很容易求得离散型随机变量函数的分布律。

例 3.14 已知离散型随机变量X和Y的联合分布律见表 3.6,求$P\{X^2-3Y\geqslant 1\}$。

表 3.6 (X,Y)的联合分布律

Y \ X	-3	0	1	3	5
-2	0.036	0.0198	0.0297	0.0209	0.0180
0	0.0372	0.0558	0.0837	0.0589	0.0744
1	0.0516	0.0774	0.1161	0.0817	0.1032
2	0.0264	0.0270	0.0405	0.0285	0.0132

解:利用 MATLAB 软件,得

$$P\{X^2-3Y\geqslant 1\}=0.6832。$$

计算的 MATLAB 程序如下:

```
clc,clear
X=[-3 0 1 3 5];Y=[-2 0 1 2];
```

```
[X,Y] = meshgrid(X,Y)
p = [0.036 0.0198  0.0297  0.0209  0.0180
0.0372   0.0558  0.0837  0.0589  0.0744
0.0516   0.0774  0.1161  0.0817  0.1032
0.0264   0.0270  0.0405  0.0285  0.0132];
pp = p. * (X. ^2 - 3 * Y >= 1)
sump = sum(sum(pp))
```

例 3.15 设随机变量(X,Y)的分布律见表 3.7。

表 3.7 (X,Y)的联合分布律

Y \ X	0	1	2	3	4	5
0	0	0.01	0.03	0.05	0.07	0.09
1	0.01	0.02	0.04	0.05	0.06	0.08
2	0.01	0.03	0.05	0.05	0.05	0.06
3	0.01	0.02	0.04	0.06	0.06	0.05

(1) 求 $V=\max\{X,Y\}$ 的分布律;

(2) 求 $U=\min\{X,Y\}$ 的分布律。

解:(1) $P\{V=0\}=P\{X=0,Y=0\}=0$,

$$P\{V=i\}=P\{\max\{X,Y\}=i\}=P\{X=i,Y\leqslant i\}+P\{X<i,Y=i\}$$

$$=\sum_{k=0}^{i}P\{X=i,Y=k\}+\sum_{k=0}^{i-1}P\{X=k,Y=i\},i=0,1,\cdots,5。$$

计算得 V 的分布律见表 3.8。

表 3.8 V 的分布律

V	0	1	2	3	4	5
P	0	0.04	0.16	0.28	0.24	0.28

(2) $P\{U=i\}=P\{\min\{X,Y\}=i\}$

$$=P\{X=i,Y\geqslant i\}+P\{X>i,Y=i\}$$

$$=\sum_{k=i}^{3}P\{X=i,Y=k\}+\sum_{k=i+1}^{5}P\{X=k,Y=i\},i=0,1,2,3。$$

计算得 U 的分布律见表 3.9。

表 3.9 U 的分布律

U	0	1	2	3
P	0.28	0.3	0.25	0.17

上面的最大分布和最小分布,用手工做很麻烦。用 MATLAB 做就很简洁,考虑到 X 的取值有 6 种可能,Y 的取值有 4 种,(X,Y)的取值有 24 种组合,$\max(X,Y)$和 $\min(X,Y)$的取值也有 24 种,把重复取值的概率进行合并就可以了。

计算的 MATLAB 程序如下:

```
clc,clear
a = [0    0.01    0.03    0.05    0.07    0.09
```

```
0.01      0.02      0.04      0.05      0.06      0.08
0.01      0.03      0.05      0.05      0.05      0.06
0.01      0.02      0.04      0.06      0.06      0.05];
[X,Y] =meshgrid([0:5],[0:3])                  % 生成网格数据
V =max(X,Y)                                   % 对每一种组合求 V 的取值
VV =unique(V)                                 % 取出 V 中的不重复元素
for i =1:length(VV)
    t = (V = =VV(i));
    PV(i) =sum(sum(a. *t));                   % 合并概率
end
PVF = [VV';PV]                                % 显示 V 的分布律
U =min(X,Y)                                   % 对每一种组合求 U 的取值
UU =unique(U)                                 % 取出 U 中的不重复元素
for i =1:length(UU)
    PU(i) =sum(sum(a. * (U = =UU(i))));       % 合并概率
end
PUF = [UU';PU]                                % 显示 U 的分布律
```

3.3 随机变量的数字特征

3.3.1 MATLAB 求随机变量数字特征的基本命令

MATLAB 工具箱计算离散值的均值、方差、协方差和相关系数等数字特征的主要命令如下：

mean(A) %求向量 A 的均值，或矩阵 A 的逐列均值。

mean(A,dim) %求矩阵 A 的第 dim 维的均值，dim(A,1)逐列求均值，dim(A,2)逐行求均值。

var(A) %求向量 A 的方差，或矩阵 A 的逐列方差。

var(A,dim) %求矩阵 A 的第 dim 维的方差。

std(X) %计算向量 X 的标准差，计算公式为

$$s = \left(\frac{1}{n-1}\sum_{i=1}^{n}(x_i - \bar{x})^2\right)。 \tag{3-4}$$

std(X,flag) %std(X,0)等价于 std，std(X,1)的计算公式为

$$s = \left(\frac{1}{n}\sum_{i=1}^{n}(x_i - \bar{x})^2\right)。 \tag{3-5}$$

std(X,flag,dim) %计算第 dim 维的标准差。

cov(X) %X 为向量时，求 X 的方差；X 为矩阵时，每一列作为一个变量的取值，求协方差矩阵。

corrcoef(X) %计算矩阵 X 的列向量之间的相关系数。

3.3.2 计算举例

例 3.16 计算二项分布 $B(10,0.2)$ 的均值和方差。

```
[mu,v] = binostat(10,0.2)
```

求得均值 mu = 2,方差 v = 1.6。

例 3.17 设随机变量 (X,Y) 服从二维正态分布 $N(1,4,2,4,0.5)$,求 $E(X)$,$E(Y)$。

由于 MATLAB 工具箱的大多数数值积分是有界区间上的积分,这里涉及无界区间上的积分,因此使用符号积分。

上述二维正态分布的均值向量为[1,2],协方差阵为 $\begin{bmatrix}4 & 2\\2 & 4\end{bmatrix}$。计算的 MATLAB 程序如下:

```
clc,clear,syms f(x,y)
f = @ (x,y)mvnpdf([x,y],[1 2],[4,2;2,4])
EX = int(int(f * x,y, - inf,inf),x, - inf,inf)      % 计算二重符号积分
disp(['EX =',num2str(double(EX))])                   % 以数值型显示
EY = int(int(f * y,x, - inf,inf),y, - inf,inf)      % 计算二重符号积分
disp(['EY =',num2str(double(EY))])                   % 以数值型显示
```

求得 $E(X)=1$,$E(Y)=2$。

例 3.18 某路政部门负责城市某条道路的路灯维护。更换路灯时,需要专用云梯车进行线路检测和更换灯泡,向相应的管理部门提出电力使用和道路管制申请,还要向雇用的各类人员支付报酬等,这些工作需要的费用往往比灯泡本身的费用更高,灯泡坏 1 个换 1 个的办法是不可取的。根据多年的经验,他们采取整批更换的策略,即到一定的时间,所有灯泡无论好与坏全部更换。

上级管理部门通过监察灯泡是否正常工作对路政部门进行管理,一旦出现 1 个灯泡不亮,管理部门就会按照折合计时对他们进行罚款。

现抽查某品牌灯泡 200 个,假设其寿命服从 $N(4000,100^2)$(h)分布,每个灯泡的更换价格(包括灯泡的成本和安装时分摊到每个灯泡的费用)为 80 元,管理部门对每个不亮的灯泡制定的惩罚费用为 0.02 元/h,应多长时间进行一次灯泡的全部更换。

解:分析与建模　记每个灯泡的更换价格为 a,管理部门对每个不亮灯泡单位时间(h)的罚款为 b。记灯泡寿命的概率密度函数为 $f(x)$,更换周期为 T,灯泡总数为 K,则更换灯泡的费用为 Ka,承受的罚款为

$$Kb\int_{-\infty}^{T}(T-x)f(x)\,\mathrm{d}x,$$

一个更换周期内的总费用是两者之和,路政部门考虑的目标函数是单位时间内的平均费用,即

$$F(T)=\frac{Ka+Kb\int_{-\infty}^{T}(T-x)f(x)\,\mathrm{d}x}{T}。$$

为得到最佳更换周期,求 T 使 $F(T)$ 最小。令 $\frac{dF}{dT}=0$,得

$$\int_{-\infty}^{T} xf(x)\,dx = \frac{a}{b}。\tag{3-6}$$

记灯泡寿命的分布函数为 $G(x)$,由式(3-6)代入正态分布的概率密度函数并进行分布积分,得

$$\mu G(T) - \sigma^2 f(T) = \frac{a}{b},\tag{3-7}$$

式中:参数 μ,σ^2 分别为正态分布 $N(\mu,\sigma^2)$ 中的均值和方差。

MATLAB 程序:

```
clc,clear
a=80;b=0.02;mu=4000;s=100;
HT=@(T)mu*normcdf(T,mu,s)-s^2*normpdf(T,mu,s)-a/b;% 定义式(3-7)的匿名
函数
T0=fsolve(HT,4100)   % 求方程的根,这里初值的取法很重要
```

求得最佳更换周期 $T=4484$h。

3.4 大数定理和中心极限定理

3.4.1 数学原理

定理 3.1 (大数定理)设 $\xi_1,\xi_2,\cdots,\xi_n,\cdots$ 为一随机变量序列,独立同分布,数学期望值 $E\xi_i=a$ 存在,则对任意 $\varepsilon>0$,有

$$\lim_{n\to\infty} P\left\{\left|\frac{1}{n}\sum_{i=1}^{n}\xi_i - a\right| < \varepsilon\right\} = 1。\tag{3-8}$$

大数定理指出,当 $n\to\infty$ 时,随机变量的算术平均值依概率收敛到数学期望 a。至于要进一步研究收敛的程度,作出种种误差估计,则要用到下面的中心极限定理。

定理 3.2 (中心极限定理)设 $\xi_1,\xi_2,\cdots,\xi_n,\cdots$ 为一随机变量序列,独立同分布,数学期望为 $E\xi_i=a$,方差 $D\xi_i=\sigma^2$,则当 $n\to\infty$ 时,有

$$P\left\{\frac{\frac{1}{n}\sum_{i=1}^{n}\xi_i - a}{\frac{\sigma}{\sqrt{n}}} < x_{\alpha/2}\right\} \to \frac{1}{\sqrt{2\pi}}\int_{-\infty}^{x_{\alpha/2}} e^{-\frac{x^2}{2}}\,dx。\tag{3-9}$$

即 $\frac{\xi-a}{\frac{\sigma}{\sqrt{n}}}\underset{\text{近似地}}{\sim} N(0,1)$ 或 $\xi \underset{\text{近似地}}{\sim} N\left(a,\frac{\sigma^2}{n}\right)$,式中:$\xi = \frac{1}{n}\sum_{i=1}^{n}\xi_i$。

由式(3-9)也可得到:

$$P\left\{\frac{\sum_{i=1}^{n}\xi_i - na}{\sqrt{n}\sigma} < x_{\alpha/2}\right\} \to \frac{1}{\sqrt{2\pi}}\int_{-\infty}^{x_{\alpha/2}} e^{-\frac{x^2}{2}}\,dx,$$

即 $\sum_{i=1}^{n}\xi_i \underset{\text{近似地}}{\sim} N(na,n\sigma^2)$。

利用中心极限定理，当 $n\to\infty$ 时，得

$$P\left\{\left|\frac{1}{n}\sum_{i=1}^{n}\xi_i - a\right| < \frac{x_{\alpha/2}\sigma}{\sqrt{n}}\right\}\to \frac{1}{\sqrt{2\pi}}\int_{-x_{\alpha/2}}^{x_{\alpha/2}} e^{-\frac{x^2}{2}}dx, \tag{3-10}$$

若记

$$\frac{1}{\sqrt{2\pi}}\int_{-x_{\alpha/2}}^{x_{\alpha/2}} e^{-\frac{x^2}{2}}dx = 1-\alpha, \tag{3-11}$$

那就是说，当 n 很大时，不等式

$$\left|\frac{1}{n}\sum_{i=1}^{n}\xi_i - a\right| < \frac{x_{\alpha/2}\sigma}{\sqrt{n}} \tag{3-12}$$

成立的概率为 $1-\alpha$。通常将 α 称为显著性水平，$1-\alpha$ 就是置信水平。$x_{\alpha/2}$ 为标准正态分布的上 $\alpha/2$ 分位数，$\alpha/2$ 和 $x_{\alpha/2}$ 的关系可以在正态分布表中查到。

根据中心极限定理，若 $\xi_i, i=1,2,\cdots,n,\cdots$ 服从参数为 n,p 的二项分布，则 ξ_i 近似服从 $N(np,np(1-p))(0<p<1)$。

3.4.2 应用举例

例 3.19 一船舶在某海区航行，已知每遭受一次波浪的冲击，纵摇角大于 3°的概率为 $p=1/3$，若船舶遭受了 90000 次波浪的冲击，问其中有 29500 ~ 30500 次纵摇角度大于 3°的概率是多少？

解：将船舶每遭受一次波浪冲击看作是一次实验，并假定各实验是独立的。在 90000 次波浪冲击中纵摇角度大于 3°的次数记为 X，则 X 是一个随机变量，且有 $X\sim B(90000,1/3)$。由中心极限定理知，X 近似服从 $N(30000,20000)$。所求的概率为 $P\{29500\leqslant X\leqslant 30500\}$，下面用两种方法计算所求的概率，一种是直接利用工具箱的命令计算，另一种是利用中心极限定理近似计算。

```
clc,clear,format long
n =90000;p =1/3;
P1 =binocdf(30500,n,p) -binocdf(29499,n,p)
P2 =normcdf(30500,n*p,sqrt(n*p*(1-p))) -normcdf(29500,n*p,sqrt(n*p*(1-p)))
deltaP = P1 - P2,format
```

两种方法求得的结果都是 $P\{29500\leqslant X\leqslant 30500\}\approx 0.9996$。

例 3.20 在一零售商店中，其结账柜台为各顾客服务的时间是相互独立的随机变量，均值为 1.5min，方差为 1min^2。

（1）求对 100 位顾客的总服务时间不多于 2h 的概率；

（2）若总的服务时间不超过 1h 的概率大于 0.95，则至多能对几位顾客服务？

解：（1）以 $X_i(i=1,2,\cdots,100)$ 表示对第 i 位顾客的服务时间。按题设 $X_1,X_2,\cdots,X_{100}$ 相互独立且服从相同的分布，近似地有 $\sum_{i=1}^{100}X_i \sim N(150,100)$，则

$$P\left\{\sum_{i=1}^{100} X_i \leqslant 120\right\} = P\left\{\frac{\sum_{i=1}^{100} X_i - 150}{\sqrt{100}} \leqslant \frac{120-150}{\sqrt{100}}\right\}$$

$$\approx \Phi(-3) = 0.0013。$$

这一概率这么小。在实际中可以认为对 100 位顾客服务的总时间不多于 2h 几乎是不可能的。

(2) 设能对 N 位顾客服务，以 $X_i(i=1,2,\cdots,N)$ 记对第 i 位顾客的服务时间。按题意需要确定最大的 N，使

$$P\left\{\sum_{i=1}^{N} X_i \leqslant 60\right\} > 0.95。$$

类似地，有

$$P\left\{\frac{\sum_{i=1}^{N} X_i - 1.5N}{\sqrt{N}} \leqslant \frac{60-1.5N}{\sqrt{N}}\right\} \approx \Phi\left(\frac{60-1.5N}{\sqrt{N}}\right) > 0.95,$$

即有

$$\frac{60-1.5N}{\sqrt{N}} > 1.645,$$

解得 $N<33.6$，因 N 为正整数，故取 $N=33$。即最多只能为 33 个顾客服务，才能使总的服务时间不超过 1h 的概率大于 0.95。

计算的 MATLAB 程序如下：

```
clc,clear
p = normcdf(-3)                       % 计算(1)中的概率
x0 = norminv(0.95)                    % 求标准正态分布的 0.95 分位数
equ = @ (n)(60 -1.5 * n)/sqrt(n) - x0;  % 定义方程的匿名函数
n = fsolve(equ,rand)                  % 求临界值
```

3.5 一些常用的统计量和统计图

3.5.1 统计量

假设有一个容量为 n 的样本(即一组数据)，记为 $\boldsymbol{x}=(x_1,x_2,\cdots,x_n)$，需要对它进行一定的加工，才能提出有用的信息，用作对总体(分布)参数的估计和检验。统计量就是加工出来的、反映样本数量特征的函数，它不含任何未知量。

下面介绍几种常用的统计量。

1. 表示位置的统计量——算术平均值和中位数

算术平均值(简称均值)描述数据取值的平均位置，记为$\bar{x}$，即

$$\bar{x} = \frac{1}{n}\sum_{i=1}^{n} x_i。 \tag{3-13}$$

中位数是将数据由小到大排序后位于中间位置的那个数值。

MATLAB 中 median(x)返回中位数。

2. 表示变异程度的统计量——标准差、方差和极差

标准差 s 定义为

$$s=\left[\frac{1}{n-1}\sum_{i=1}^{n}(x_i-\bar{x})^2\right]^{\frac{1}{2}}。\tag{3-14}$$

它是各个数据与均值偏离程度的度量,这种偏离不妨称为变异。

方差是标准差的平方 s^2。

极差是 $\boldsymbol{x}=(x_1,x_2,\cdots,x_n)$ 的最大值与最小值之差。

MATLAB 中 range(x)返回极差。

标准差 s 的定义(式(3-14))中,对 n 个 $(x_i-\bar{x})$ 的平方求和,却被 $(n-1)$ 除,这是出于无偏估计的要求。若需要改为被 n 除,MATLAB 可用 std(x,1)来实现。

这里再次强调标准差函数 std 的调用格式为

s = std(X,flag,dim) %flag = 0 表示除以 n − 1,flag = 1 表示除以 n;dim 表示维数,dim 的默认值为 1,表示逐列求标准差,dim = 2 表示逐行求标准差。

nanstd 表示忽略不确定数 NaN 剩下数据的标准差。类似的命令还有 nanmin,nanmax,nanmean,nanvar,nanmedian。

3. 中心矩、表示分布形状的统计量——偏度和峰度

随机变量 X 的 r 阶中心矩为 $E\,(X-E(X))^r$。

随机变量 X 的偏度和峰度指的是 X 的标准化变量 $(X-E(X))/\sqrt{D(X)}$ 的三阶中心矩和四阶中心矩:

$$\nu_1=E\left[\left(\frac{X-E(X)}{\sqrt{D(X)}}\right)^3\right]=\frac{E\left[(X-E(X))^3\right]}{(D(X))^{3/2}},$$

$$\nu_2=E\left[\left(\frac{X-E(X)}{\sqrt{D(X)}}\right)^4\right]=\frac{E[(X-E(X))^4]}{(D(X))^2}。$$

偏度反映分布的对称性,$\nu_1>0$ 称为右偏态,此时数据位于均值右边的比位于左边的多;$\nu_1<0$ 称为左偏态,情况相反;而 ν_1 接近 0 则可认为分布是对称的。

峰度是分布形状的另一种度量,正态分布的峰度为 3,若 ν_2 比 3 大得多,表示分布有沉重的尾巴,说明样本中含有较多远离均值的数据,因而峰度可以用作衡量偏离正态分布的尺度之一。

MATLAB 中 moment(x,order)返回 x 的 order 阶中心矩,order 为中心矩的阶数。skewness(x)返回 x 的偏度,kurtosis(x)返回峰度。

在以上用 MATLAB 计算各个统计量的命令中,若 x 为矩阵,则作用于 x 的列,返回一个行向量。

4. 协方差和相关系数

$\boldsymbol{x}=(x_1,x_2,\cdots,x_n)$ 和 $\boldsymbol{y}=(y_1,y_2,\cdots,y_n)$ 的协方差为

$$\mathrm{cov}(\boldsymbol{x},\boldsymbol{y})=\frac{\sum_{i=1}^{n}(x_i-\bar{x})(y_i-\bar{y})}{n-1},$$

其中 $\bar{x} = \frac{1}{n}\sum_{i=1}^{n} x_i, \bar{y} = \frac{1}{n}\sum_{i=1}^{n} y_i$。

$\boldsymbol{x}$ 和 $\boldsymbol{y}$ 的相关系数

$$\rho_{xy} = \frac{\sum_{i=1}^{n}(x_i - \bar{x})(y_i - \bar{y})}{\sqrt{\sum_{i=1}^{n}(x_i - \bar{x})^2}\sqrt{\sum_{i=1}^{n}(y_i - \bar{y})^2}}。$$

MATLAB 中数据标准化的一种命令是

z = zscore(x),

它的变换公式为

$$z_i = \frac{x_i - \bar{x}}{s},$$

式中:$\bar{x}$和 s 分别为 $\boldsymbol{x} = (x_1, x_2, \cdots, x_n)$ 的均值和标准差。

例 3.21 学校随机抽取 100 名学生,测量他们的身高和体重,所得数据见表 3.10。试分别求身高的均值、中位数、标准差、方差、极差、二阶中心矩、三阶中心矩、偏度和峰度;计算身高与体重的协方差、相关系数;计算数据标准化以后,身高和体重的协方差矩阵。

表 3.10 100 名学生身高和体重数据

身高/cm	体重/kg	身高/cm	体重/kg	身高/cm	体重/kg	身高/cm	体重/kg	身高/cm	体重/kg
172	75	169	55	169	64	171	65	167	47
171	62	168	67	165	52	169	62	168	65
166	62	168	65	164	59	170	58	165	64
160	55	175	67	173	74	172	64	168	57
155	57	176	64	172	69	169	58	176	57
173	58	168	50	169	52	167	72	170	57
166	55	161	49	173	57	175	76	158	51
170	63	169	63	173	61	164	59	165	62
167	53	171	61	166	70	166	63	172	53
173	60	178	64	163	57	169	54	169	66
178	60	177	66	170	56	167	54	169	58
173	73	170	58	160	65	179	62	172	50
163	47	173	67	165	58	176	63	162	52
165	66	172	59	177	66	182	69	175	75
170	60	170	62	169	63	186	77	174	66
163	50	172	59	176	60	166	76	167	63
172	57	177	58	177	67	169	72	166	50
182	63	176	68	172	56	173	59	174	64
171	59	175	68	165	56	169	65	168	62
177	64	184	70	166	49	171	71	170	59

解:首先把表 3.10 的数据保存在纯文本文件 data310.txt 中。此处省略了利用 MATLAB 软件的计算结果。

计算的 MATLAB 程序如下:

```
clc,clear
a=load('data310.txt');
h=a(:,[1:2:end]);h=h(:);                      % 提取身高数据并转换为列向量
w=a(:,[2:2:end]);w=w(:);                      % 提取体重数据并转换为列向量
m=mean(h),me=median(h),s=std(h),v1=var(h),ra=range(h)
mm=moment(h,2),v2=var(h,1)                    % 二阶中心矩和方差(除以样本容量)的比较
mmm=moment(h,3),sk=skewness(h),k=kurtosis(h)
c1=dot(h-mean(h),w-mean(h))/(length(h)-1)     % 计算协方差
c2=cov(h,w)                                   % 计算协方差阵
rr1=dot(h-mean(h),w-mean(w))/norm(h-mean(h))/norm(w-mean(w))  % 计算相关系数
rr2=corrcoef(h,w)                             % 计算相关系数阵
bh=zscore(h);bw=zscore(w);                    % 数据标准化
rr3=cov(bh,bw)                                % 标准化数据的协方差就是相关系数矩阵
```

3.5.2 统计图

1. 频数表及直方图

计算数据频数并且画直方图的命令为

```
h=histogram(X,nbins)
```

它将区间[min(X),max(Y)]等分为 nbins 份,统计在每个左闭右开小区间(最后一个小区间为闭区间)上数据出现的频数并画直方图。

```
h=histogram(X,edges)
```

它将根据 edges 作为区间端点,统计在每个左闭右开小区间(最后一个小区间为闭区间)上数据出现的频数并画直方图。

例 3.22 (续例 3.21)画出身高的直方图,并统计从最小体重到最大体重,步长间隔为 5 的小区间上,数据出现的频数。

解:画出的直方图如图 3.6 所示。体重的频数统计结果见表 3.11。

表 3.11 体重的频数统计结果

区间	[47,52)	[52,57)	[57,62)	[62,67)	[67,72)	[72,77]
频数	9	13	27	31	11	9

从直方图上可以看出,身高的分布大致呈中间高、两端低的钟形;而体重则看不出什么规律。要想从数值上给出更确切的描述,需要进一步研究反映数据特征的所谓“统计量”。直方图所展示的身高的分布形状可看作正态分布,当然也可以用这组数据对分布作假设检验。

计算的 MATLAB 程序如下:

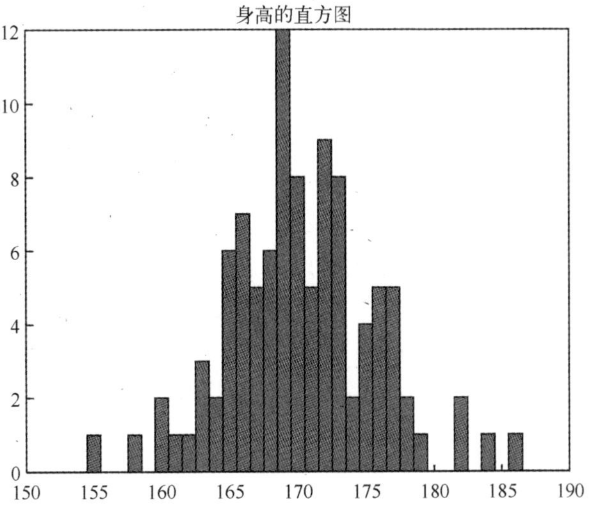

图 3.6　身高的直方图

```
clc,clear
a = load('data310.txt');
h = a(:,[1:2:end]);h = h(:);                % 提取身高数据并转换为列向量
w = a(:,[2:2:end]);w = w(:);                % 提取体重数据并转换为列向量
histogram(h),title('身高的直方图')  % 新版直方图命令,2014A 没有该命令
minw = min(w),maxw = max(w)
edge0 = [minw:5:maxw],edge = unique([edge0,maxw])  % edge0 中可能不包含 maxh
figure,fw = histogram(w,edge)               % 生成 histogram 对象
N1 = fw.Values                              % 在各小区间数据出现的频数,下面再编程统计频数
L = length(edge);                           % 小区间端点的个数
for i = 1:L - 2
    N2(i) = sum(w >= edge(i) & w < edge(i +1));  % 编程统计数据在各小区间出现的频数
end
N2(L - 1) = sum(w >= edge(L - 1) & w <= edge(L))  % 统计最后一个区间上的频数
```

2. 箱线图

先介绍样本分位数。

定义 3.4　设有容量为 n 的样本观测值 $x_1, x_2, \cdots, x_n$，样本 p 分位数($0<p<1$)记为 x_p，它具有以下的性质：(1)至少有 np 个观测值小于或等于 x_p；(2)至少有 $n(1-p)$个观测值大于或等于 x_p。

样本 p 分位数可按以下法则求得。将 $x_1, x_2, \cdots, x_n$ 按自小到大的次序排列成 $x_{(1)} \leqslant x_{(2)} \leqslant \cdots \leqslant x_{(n)}$。

$$x_p = \begin{cases} x_{([np]+1)}, & np \text{ 不是整数}, \\ \dfrac{1}{2}[x_{(np)} + x_{(np+1)}], & np \text{ 是整数}。\end{cases}$$

式中$[np]$表示不超过 np 的最大整数。

特别地，当 $p=0.5$ 时，0.5 分位数 $x_{0.5}$ 也记为 Q_2 或 M，称为样本中位数，即有

$$x_{0.5}=\begin{cases}x_{([\frac{n}{2}]+1)}, & n\text{是奇数},\\ \frac{1}{2}[x_{(\frac{n}{2})}+x_{(\frac{n}{2}+1)}], & n\text{是偶数}。\end{cases}$$

当 n 是奇数时,中位数 $x_{0.5}$ 就是 $x_{(1)}\leqslant x_{(2)}\leqslant\cdots\leqslant x_{(n)}$ 这一数组最中间的一个数;而当 n 是偶数时,中位数 $x_{0.5}$ 就是 $x_{(1)}\leqslant x_{(2)}\leqslant\cdots\leqslant x_{(n)}$ 这一数组中最中间两个数的平均值。

0.25 分位数 $x_{0.25}$ 称为第一四分位数,又记为 Q_1;0.75 分位数 $x_{0.75}$ 称为第三四分位数,又记为 Q_3。$x_{0.25}$,$x_{0.5}$,$x_{0.75}$ 在统计中是很有用的。

例 3.23 设有一组容量为 18 的样本值如下(已经过排序):

122 126 133 140 145 145 149 150 157

162 166 175 177 177 183 188 199 212

求样本分位数:$x_{0.25}$,$x_{0.5}$。

解:(1) 因为 $np=18\times0.25=4.5$,$x_{0.25}$ 位于第$[4.5]+1=5$ 处,即有 $x_{0.25}=145$。

(2) 因为 $np=18\times0.5=9$,$x_{0.5}$ 是这组数中间两个数的平均值,即有

$$x_{0.5}=\frac{1}{2}(157+162)=159.5。$$

计算的 MATLAB 程序如下:

```
clc,clear
x0 =[122  126  133  140  145  145  149  150  157
162  166  175  177  177  183  188  199  212];
x0 =x0(:);
y =quantile(x0,[0.25 0.5])  % 求两个样本分位数
yy =median(x0)               % 再求样本中位数
```

下面介绍箱线图。

数据集的箱线图是由箱子和直线组成的图形,它是基于以下 5 个数的图形概括:最小值 Min,第一四分位数 Q_1,中位数 M,第三四分位数 Q_3 和最大值 Max。它的作法如下:

(1) 画一水平数轴,在轴上标上 Min,Q_1,M,Q_3,Max。在数轴上方画一个上、下侧平行于数轴的矩形箱子,箱子的左、右两侧分别位于 Q_1,Q_3 的上方,在 M 点的上方画一条垂直线段,线段位于箱子内部。

(2) 自箱子左侧引一条水平线直至最小值 Min;在同一水平高度自箱子右侧引一条水平线直至最大值 Max。这样就将箱线图做好了,如图 3.7 所示。箱线图也可以沿垂直数轴来作。从箱线图可以形象地看出数据集的以下重要性质。

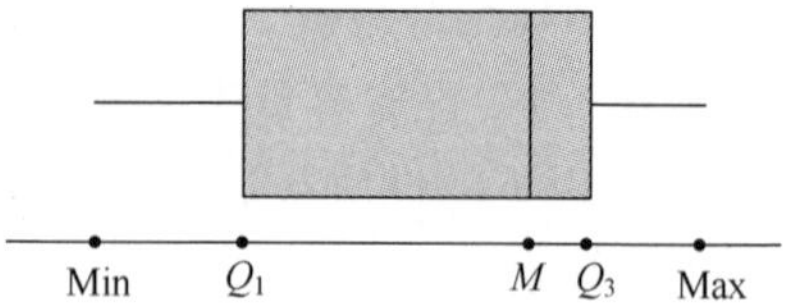

图 3.7 箱线图示意图

① 中心位置:中位数所在的位置就是数据集的中心。

② 散布程度:全部数据都落在[Min,Max]之内,在区间[Min,Q_1],[Q_1,M],[M,Q_3],[Q_3,Max]的数据个数各占 1/4。区间较短时,表示落在该区间的点较集中,反之较为分散。

③ 关于对称性:若中位数位于箱子的中间位置。则数据分布较为对称。又若 Min 离

M 的距离较 Max 离 M 的距离大，则表示数据分布向左倾斜，反之表示数据向右倾斜，且能看出分布尾部的长短。

例 3.24 下面分别给出了 25 个男子和 25 个女子的肺活量（以升计，数据已经过排序）。

女子组：2.7 2.8 2.9 3.1 3.1 3.1 3.2 3.4 3.4 3.4 3.4 3.4 3.5 3.5 3.5 3.6 3.7 3.7 3.7 3.8 3.8 4.0 4.1 4.2 4.2

男子组：4.1 4.1 4.3 4.3 4.5 4.6 4.7 4.8 4.8 5.1 5.3 5.3 5.3 5.4 5.4 5.5 5.6 5.7 5.8 5.8 6.0 6.1 6.3 6.7 6.7

解：画出的箱线图如图 3.8 所示。

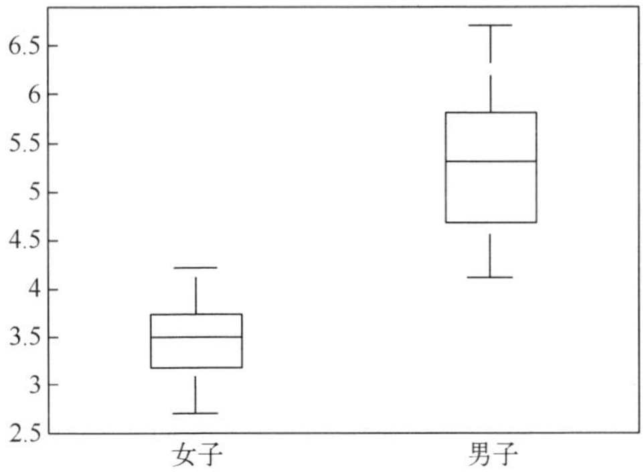

图 3.8 箱线图

画图的 MATLAB 程序如下：

```
clc,clear
a = [2.7 2.8 2.9 3.1 3.1 3.1 3.2 3.4 3.4 3.4 3.4 3.4 3.5 3.5
3.5 3.6 3.7 3.7 3.7 3.8 3.8 4.0 4.1 4.2 4.2]';
b = [4.1 4.1 4.3 4.3 4.5 4.6 4.7 4.8 4.8 5.1 5.3 5.3 5.3 5.4
5.4 5.5 5.6 5.7 5.8 5.8 6.0 6.1 6.3 6.7 6.7]';
name = {'女子','男子'};
boxplot([a,b],name)
```

箱线图特别适用于比较两个或两个以上数据集的性质，为此，可以将几个数据集的箱线图画在同一个图形界面上。例如，在例 3.24 中可以明显地看到男子的肺活量要比女子大，男子的肺活量较女子的肺活量分散。

在数据集中某一个观察值不寻常地大于或小于该数集中的其他数据，称为疑似异常值。疑似异常值的存在，会对随后的计算结果产生不适当的影响。检查疑似异常值并加以适当的处理是十分重要的。

第一四分位数 Q_1 与第三四分位数 Q_3 之间的距离 $Q_3 - Q_1 \xlongequal{\text{记为}} IQR$，称为四分位数间距。若数据小于 $Q_1 - 1.5IQR$ 或大于 $Q_3 + 1.5IQR$，就认为它是疑似异常值。

3. 经验分布函数

设 $X_1, X_2, \cdots, X_n$ 是总体 F 的一个样本，用 $S(x)(-\infty < x < \infty)$ 表示 $X_1, X_2, \cdots, X_n$ 中

不大于 x 的随机变量的个数。定义经验分布函数 $F_n(x)$ 为

$$F_n(x)=\frac{1}{n}S(x),\ -\infty<x<\infty。$$

对于一个样本值,那么经验分布函数 $F_n(x)$ 的观察值是很容易得到的($F_n(x)$ 的观察值仍以 $F_n(x)$ 表示)。

一般地,设 $x_1,x_2,\cdots,x_n$ 是总体 F 的一个容量为 n 的样本值。先将 $x_1,x_2,\cdots,x_n$ 按自小到大的次序排列,并重新编号。设为

$$x_{(1)}\leqslant x_{(2)}\leqslant\cdots\leqslant x_{(n)},$$

则经验分布函数 $F_n(x)$ 的观察值为

$$F_n(x)=\begin{cases}0, & x<x_{(1)},\\ \dfrac{k}{n}, & x_{(k)}\leqslant x<x_{(k+1)},k=1,2,\cdots,n-1,\\ 1, & x\geqslant x_{(n)}。\end{cases}$$

对于经验分布函数 $F_n(x)$,格里汶科(Glivenko)在 1933 年证明了,当 $n\to\infty$ 时 $F_n(x)$ 以概率 1 一致收敛于分布函数 $F(x)$。因此,对于任一实数 x,当 n 充分大时,经验分布函数的任一个观察值 $F_n(x)$ 与总体分布函数 $F(x)$ 只有微小的差别,从而在实际上可当作 $F(x)$ 来使用。

例 3.25 (续例 3.21)根据表 3.10 的数据,计算身高的经验分布函数并画出经验分布函数的图形。

解:首先计算 $F_n(h_i)$ 在每个互异点 h_i(总共 25 个点)的值,计算结果列在表 3.12 中。画出经验分布函数 $F_n(h)$ 的图形,如图 3.9 所示。

表 3.12 身高数据经验分布

h_i	155	158	160	161	162	163	164	165	166
$F_n(h_i)$	0.01	0.02	0.04	0.05	0.06	0.09	0.11	0.17	0.24
h_i	167	168	169	170	171	172	173	174	175
$F_n(h_i)$	0.29	0.35	0.47	0.55	0.6	0.69	0.77	0.79	0.83
h_i	176	177	178	179	182	184	186		
$F_n(h_i)$	0.88	0.93	0.95	0.96	0.98	0.99	1		

计算及画图的 MATLAB 程序如下:

```
clc,clear
a = load('data310.txt');
h = a(:,[1:2:end]);h = h(:);              % 提取身高数据并转换为列向量
[fh,hh,n] = cdfcalc(h)                    % 计算经验分布函数的取值,注意函数的取值 fh 比自
                                          % 变量的取值 hh 多了一个,fh 的第一个 0 是无用的
xlswrite('data325.xls',[hh,fh(2:end)]')   % 为了做表方便,把数据写到 Excel 文件中
cdfplot(h)                                % 画经验分布函数的图形
xlabel(' $ h $','Interpreter','Latex'),ylabel(' $ F(h) $','Interpreter','
Latex'),title('')
```

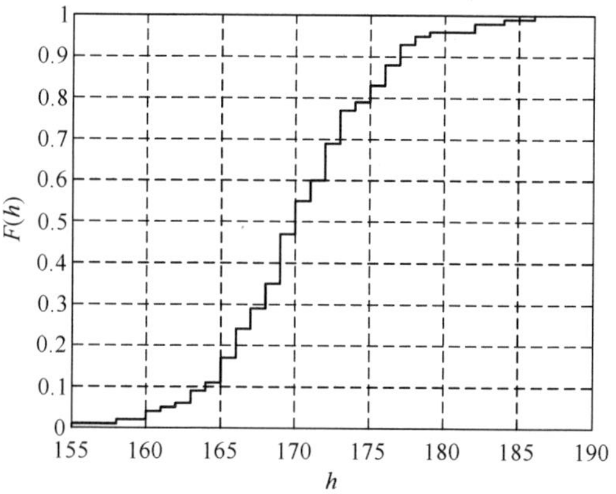

图 3.9　身高数据经验分布图

4. Q－Q 图

Q－Q 图是 Quantile－quantile Plot 的简称，是检验拟合优度的好方法，目前在国外被广泛使用，它的图示方法简单直观，易于使用。

对于一组观察数据 $x_1,x_2,\cdots,x_n$，利用参数估计方法确定了分布模型的参数 θ 后，分布函数 $F(x;\theta)$ 就知道了，现在希望知道观测数据与分布模型的拟合效果如何。如果拟合效果好，观测数据的经验分布就应当非常接近分布模型的理论分布，而经验分布函数的分位数自然也应当与分布模型的理论分位数近似相等。Q－Q 图的基本思想就是基于这个观点，将经验分布函数的分位数点和分布模型的理论分位数点作为一对数组画在直角坐标图上，就是一个点，n 个观测数据对应 n 个点，如果这 n 个点看起来像一条直线，说明观测数据与分布模型的拟合效果很好，下面给出计算步骤。

判断观测数据 $x_1,x_2,\cdots,x_n$ 是否来自于分布 $F(x)$，Q－Q 图的计算步骤如下：

(1) 将 $x_1,x_2,\cdots,x_n$ 依大小顺序排列成：$x_{(1)}\leqslant x_{(2)}\leqslant\cdots\leqslant x_{(n)}$。

(2) 取 $y_i=F^{-1}((i-1/2)/n)$，$i=1,2,\cdots,n$。

(3) 将 $(y_i,x_{(i)})$，$i=1,2,\cdots,n$，这 n 个点画在直角坐标图上。

(4) 如果这 n 个点看起来呈一条 45°角的直线，从(0,0)到(1,1)分布，则说明 $x_1,x_2,\cdots,x_n$ 拟合分布 $F(x)$ 的效果很好。

例 3.26　(续例 3.21)表 3.10 中的身高数据，如果它们来自于正态分布，求该正态分布的参数，试画出它们的 Q－Q 图，判断拟合效果。

解：(1) 采用矩估计方法估计参数的取值。先从所给的数据算出样本均值和标准差

$$\bar{x}=143.7738,\ s=5.9705,$$

正态分布 $N(\mu,\sigma^2)$ 中参数的估计值为 $\hat{\mu}=143.7738$，$\hat{\sigma}=5.9705$。

(2) 画 Q－Q 图。

① 将观测数据记为 $x_1,x_2,\cdots,x_{100}$，并依从小到大顺序排列为 $x_{(1)}\leqslant x_{(2)}\leqslant\cdots\leqslant x_{(100)}$。

② 取 $y_i=F^{-1}((i-1/2)/n)$，$i=1,2,\cdots,100$，这里 $F^{-1}(x)$ 是参数 $\mu=143.7738$，$\sigma=5.9705$ 的正态分布函数的反函数。

③ 将 $(y_i,x_{(i)})(i=1,2,\cdots,100)$ 这 100 个点画在直角坐标系上，如图 3.10 所示。

这些点看起来接近一条 45°角的直线，说明拟合结果较好。

计算及画图的 MATLAB 程序如下：

```
clc,clear
a = textread('data310.txt');
h = a(:,[1:2:end]);h = h(:);
xbar = mean(h),s = std(h)                              % 求均值和标准差
pd = makedist('Normal','mu',xbar,'sigma',s);           % 定义正态分布
qqplot(h,pd)                                           % MATLAB 工具箱直接画 Q-Q 图
                                                       % 下面不利用工具箱画 Q-Q 图
sa = sort(h);                                          % 把 a 按照从小到大排列
n = length(h);xi = ([1:n]-1/2)/n;
yi = norminv(xi,xbar,s)'                               % 计算对应的 yi 值
hold on,plot(yi,sa,'o')                                % 重新描点画 Q-Q 图
```

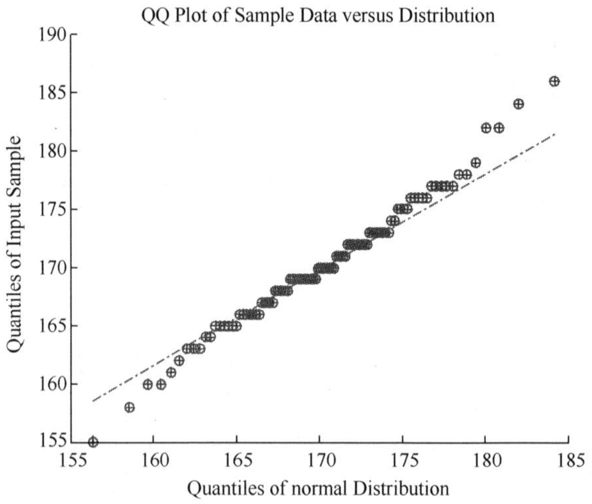

图 3.10 Q-Q 图

3.6 参数估计

参数估计有点估计和区间估计两种方法。点估计就是用一个具体的数值去估计分布函数中的一个未知的参数，而区间估计则是用两个数值作为上下限估计一个未知数，也就是说，这个未知参数的估计值是在一个区间内。本节主要介绍参数点估计的两种方法（包括矩估计方法、极大似然估计方法）和参数的区间估计方法。

3.6.1 矩估计

定义 3.1 如果随机变量 X 的分布函数为 $F(x,\theta)$，θ 为未知参数。用 X 的一个样本 $X_1,X_2,\cdots,X_n$ 建立的不含未知参数的统计量 $T(X_1,X_2,\cdots,X_n)$，作为 θ 的估计量，就称 $T(X_1,X_2,\cdots,X_n)$ 是 θ 的点估计量，$T(x_1,x_2,\cdots,x_n)$ 称为参数 θ 的点估计值，这里 $x_1,x_2,\cdots,x_n$ 是样本观测值。在不致混淆的情况下，统称估计量与估计值为估计，都记作 $\hat{\theta}$。

在下文中，我们不区分样本 $X_1,X_2,\cdots,X_n$ 和样本观测值 $x_1,x_2,\cdots,x_n$，都统称样本，可以统一用 $x_1,x_2,\cdots,x_n$ 表示。

一个未知参数的估计量原则上可以随意给出，但是一个好的估计量是按照一定的统计思想建立起来的。格里汶科定理告诉我们，当观测到的数据量 n 充分大时，经验分布函数 $F_n(x)$ 与总体分布函数 $F(x)$ 很接近，可以用 $F_n(x)$ 来估计 $F(x)$，因而经验分布函数各阶矩就是总体随机变量各阶矩的观测值。按照这种统计方法构造的未知参数估计量的方法，称为矩估计方法，所得到的估计量称为矩估计量。

定义 3.6 如果随机变量 X 的分布函数为 $F(x;\theta_1,\theta_2,\cdots,\theta_m)$，其中 $\theta_1,\cdots,\theta_m$ 为 m 个未知参数，$x_1,x_2,\cdots,x_n$ 是来自 X 的样本。如果随机变量 X 的 k 阶原点矩 $E(X^k)$ 存在，$k=1,2,\cdots,m$，它通常是 $\theta_1,\theta_2,\cdots,\theta_m$ 的函数，记为

$$E(X^k)=g_k(\theta_1,\theta_2,\cdots,\theta_m),\quad k=1,2,\cdots,m,$$

由下列方程组

$$\begin{cases}\dfrac{1}{n}\sum_{i=1}^{n}x_i=g_1(\theta_1,\theta_2,\cdots,\theta_m),\\ \dfrac{1}{n}\sum_{i=1}^{n}x_i^2=g_2(\theta_1,\theta_2,\cdots,\theta_m),\\ \cdots\cdots\cdots\cdots\cdots\cdots\cdots\cdots\\ \dfrac{1}{n}\sum_{i=1}^{n}x_i^m=g_m(\theta_1,\theta_2,\cdots,\theta_m).\end{cases}$$

解得

$$\hat{\theta}_k=h_k(x_1,x_2,\cdots,x_n),\quad k=1,2,\cdots,m.$$

以 $\hat{\theta}_k$ 作为参数 θ_k 的估计量，就称 $\hat{\theta}_k$ 是未知参数 θ_k 的矩估计。

例 3.27 二项分布参数的矩估计。如果随机变量 X 服从参数为 (n,p) 的二项分布，求未知参数 (n,p) 的矩估计量。

解：由于二项分布的均值和方差为

$$E(X)=np,\mathrm{Var}(X)=np(1-p)。$$

令 $\bar{x}$ 和 s^2 分别为样本的均值和样本的方差，解方程组

$$\begin{cases}np=\bar{x},\\ np(1-p)=s^2,\end{cases}$$

得

$$\hat{p}=1-\frac{s^2}{\bar{x}},\hat{n}=\frac{\bar{x}^2}{\bar{x}-s^2},$$

式中：$\hat{p}$ 为 p 的矩估计；$\hat{n}$ 为 n 的矩估计。

例 3.28 泊松分布参数的矩估计。如果随机变量 X 是服从参数为 λ 的泊松分布，求未知参数 λ 的矩估计量。

解：由于泊松分布的均值就是 λ，由

$$\lambda=\bar{x},$$

得到矩估计为 $\hat{\lambda}=\bar{x}$。

例 3.29 如果随机变量 X 服从参数为(α,β)的伽玛分布，求未知参数(α,β)的矩估计。

解：由于伽玛分布的均值与二阶矩分别为

$$E(X)=\alpha\beta, E(X^2)=\alpha(\alpha+1)\beta^2。$$

令 $m_1=\frac{1}{n}\sum_{i=1}^{n}x_i, m_2=\frac{1}{n}\sum_{i=1}^{n}x_i^2$ 分别为样本的一阶矩和二阶矩，解方程组

$$\begin{cases}\alpha\beta=m_1,\\ \alpha(\alpha+1)\beta^2=m_2,\end{cases}$$

得

$$\hat{\alpha}=\frac{m_1^2}{m_2-m_1^2}, \hat{\beta}=\frac{m_2-m_1^2}{m_1},$$

即$\hat{\alpha}$为未知参数 α 的矩估计，$\hat{\beta}$为未知参数 β 的矩估计。

注 3.2 若记样本均值和样本方差分别为

$$\bar{x}=\frac{1}{n}\sum_{i=1}^{n}x_i, s^2=\frac{1}{n-1}\sum_{i=1}^{n}(x_i-\bar{x})^2。$$

伽玛分布的均值和方差分别为

$$E(X)=\alpha\beta, \mathrm{Var}(X)=\alpha\beta^2。$$

解方程组

$$\begin{cases}\alpha\beta=\bar{x},\\ \alpha\beta^2=s^2,\end{cases}$$

得

$$\hat{\alpha}=\frac{\bar{x}^2}{s^2}, \hat{\beta}=\frac{s^2}{\bar{x}}。$$

性质 3.1 如果随机变量 X 服从参数为(μ,σ^2)的对数正态分布，则参数(μ,σ^2)的矩估计为

$$\hat{\mu}=2\ln\left(\frac{1}{n}\sum_{i=1}^{n}x_i\right)-\frac{1}{2}\ln\left(\frac{1}{n}\sum_{i=1}^{n}x_i^2\right), \tag{3-15}$$

$$\hat{\sigma}^2=\ln\left(\frac{1}{n}\sum_{i=1}^{n}x_i^2\right)-2\ln\left(\frac{1}{n}\sum_{i=1}^{n}x_i\right)。 \tag{3-16}$$

用矩估计方法获得参数估计值的优点是简便易行，但它的缺点是在有些场合下，矩估计量不唯一。像泊松分布，它的参数 λ 既是总体的均值，又是总体的方差，因而样本的均值和样本方差都是参数 λ 的矩估计量。矩估计方法还要求随机变量的矩必须存在，有时虽然随机变量的矩存在，但仍然无法从矩估计方程中解出参数的解析形式的矩估计量，这时只能借助于数值计算估计参数的矩估计。

例 3.30 观测到 40 个数据，如果它们来自于伽玛分布，求该伽玛分布的参数，并画出其概率密度函数图。

1.48	2.85	3.02	0.90	2.14	2.93	3.98	0.95	2.26	0.96	0.61	0.70
3.43	2.42	1.49	1.66	4.54	2.41	1.52	4.01	1.94	1.74	1.95	2.47
1.33	2.08	1.40	0.41	1.50	1.16	3.96	1.50	2.47	3.07	1.28	2.63

0.71　2.14　3.82　1.83

解:采用矩估计方法,先从所给的数据算出样本均值和方差

$$\bar{x}=2.0912, s^2=1.1043,$$

由

$$\alpha\beta=2.0912, \alpha\beta^2=1.0767,$$

可解得

$$\hat{\alpha}=3.9603, \hat{\beta}=0.5281,$$

这就是伽玛分布的参数。其概率密度函数图形如图 3.11 所示。

计算及画图的 MATLAB 程序如下:

```
clc,clear
d = dlmread('data330.txt');                    % 把原始数据保存在文件 data330.txt 中
xb = mean(d),s2 = var(d)                       % 计算样本均值和样本方差
a = xb^2 / s2,b = xb / s2                      % 计算极大似然估计值
fplot(@ (x)gampdf(x,a,b),[0,15])               % 画伽玛分布的概率密度函数
xlabel('$ x $','Interpreter','Latex'),ylabel('$ f(x) $','Interpreter','Latex')
```

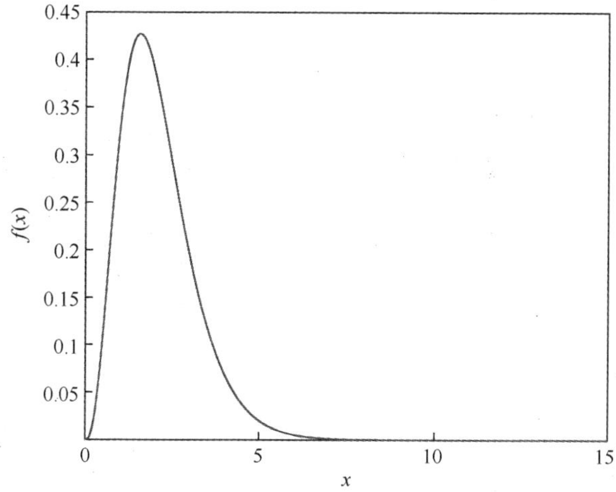

图 3.11　参数$\hat{\alpha}=3.9603, \hat{\beta}=0.5281$的伽玛分布概率密度函数图

3.6.2　极大似然估计方法

极大似然估计方法是 1922 年英国统计学家 R. A. Fisher 引进的,是参数点估计中最重要的方法。极大似然估计方法,是充分利用总体分布函数 $F(x;\theta)$ 的表达式,以及样本所提供的信息,建立未知参数 θ 的估计量。

定义 3.7　如果随机变量 X 的概率密度函数为 $f(x;\theta_1,\theta_2,\cdots,\theta_m)$,其中 $\theta_1,\theta_2,\cdots,\theta_m$ 为未知参数,$x_1,x_2,\cdots,x_n$ 是容量为 n 且相互独立的样本的观测值。称

$$L(\theta_1,\theta_2,\cdots,\theta_m)=\prod_{i=1}^{n}f(x_i;\theta_1,\theta_2,\cdots,\theta_m) \tag{3-17}$$

为 $\theta_1,\theta_2,\cdots,\theta_m$ 的似然函数(Likelihood Function)。若有$\hat{\theta}_1,\hat{\theta}_2,\cdots,\hat{\theta}_m$ 存在,使得

$$L(\hat{\theta}_1,\hat{\theta}_2,\cdots,\hat{\theta}_m)=\max_{(\theta_1,\theta_2,\cdots,\theta_m)\in\Omega}L(\theta_1,\theta_2,\cdots,\theta_m),\tag{3-18}$$

称$\hat{\theta}_1,\hat{\theta}_2,\cdots,\hat{\theta}_m$为参数$\theta_1,\theta_2,\cdots,\theta_m$的极大似然估计(Maximum Likelihood Estimation,MLE)。

求式(3-18)的极大值常常是很复杂的,常用的方法是对其两边取对数,即

$$\ln L(\theta_1,\theta_2,\cdots,\theta_m)=\sum_{i=1}^{n}\ln f(x_i;\theta_1,\theta_2,\cdots,\theta_m),\tag{3-19}$$

称为对数似然函数。由于$\ln x$是x的单调上升函数,因而$\ln L$与L有相同的极大值点。称

$$\frac{\partial \ln L(\theta_1,\theta_2,\cdots,\theta_m)}{\partial\theta_j}=0,j=1,2,\cdots,m\tag{3-20}$$

为似然方程,由它解得的$\hat{\theta}_1,\hat{\theta}_2,\cdots,\hat{\theta}_m$为$\theta_1,\theta_2,\cdots,\theta_m$的极大似然估计值。

例 3.31 二项分布参数p的极大似然估计值。

如果随机变量X服从参数为(n,p)的二项分布,求未知参数p的极大似然估计。

解:二项分布的概率分布为

$$P\{X=k\}=C_n^k p^k(1-p)^{n-k},$$

若样本观测值为$x_1,x_2,\cdots,x_m$,则对数似然函数为

$$l(p)=\ln L(p)=\sum_{k=1}^{m}[\ln C_n^{x_j}+x_k\ln p+(n-x_k)\ln(1-p)],$$

对其取导数,并令导数等于0,得

$$\frac{\mathrm{d}l(p)}{\mathrm{d}p}=\frac{1}{p}\sum_{k=1}^{m}x_k-\frac{1}{1-p}\sum_{k=1}^{m}(n-x_k)=0,$$

解之,得

$$\hat{p}=\frac{\sum\limits_{k=1}^{m}x_k}{mn}。$$

例 3.32 泊松分布参数的估计。

如果随机变量X服从参数为λ的泊松分布,求未知参数λ的极大似然估计。

解:泊松分布的概率分布为

$$p_k=P\{X=k\}=\frac{\mathrm{e}^{-\lambda}\lambda^k}{k!},k=0,1,2,\cdots,$$

若n个样本观测值为$x_1,x_2,\cdots,x_n$,则似然函数为

$$L(\lambda)=\prod_{k=1}^{n}\frac{\mathrm{e}^{-\lambda}\lambda^{x_i}}{x_i!},$$

对数似然函数为

$$\ln L(\lambda)=-n\lambda+\sum_{i=k}^{n}x_k\ln\lambda-\sum_{k=1}^{n}\ln x_i!,$$

对上式关于λ求导数,并令导数等于0,得

$$\hat{\lambda}=\frac{\sum\limits_{k=1}^{n}x_k}{n}。$$

λ 的极大似然估计就是样本均值,与矩估计方法得到的估计是一样的。

性质 3.2 如果随机变量 X 服从参数为(μ,σ^2)的对数正态分布,则参数(μ,σ^2)的极大似然估计为

$$\hat{\mu} = \frac{1}{n}\sum_{i=1}^{n}\ln x_i, \hat{\sigma}^2 = \frac{1}{n}\sum_{i=1}^{n}(\ln x_i - \hat{\mu})^2。\tag{3-21}$$

例 3.33 表 3.13 概括了某保险公司火灾保险 100 个赔款样本的赔款额状况。如果火灾保险的赔款额分布适用于对数正态分布,求其参数 μ 和 σ 的估计值。

表 3.13 火灾保险赔款额

赔款额	赔款次数
0 ~ 400	2
400 ~ 800	24
800 ~ 1200	32
1200 ~ 1600	21
1600 ~ 2000	10
2000 ~ 2400	6
2400 ~ 2800	3
2800 ~ 3200	1
3200 ~ 3600	1
3600 以上	0
总数	100

解:首先根据表 3.13 中的数据画出柱状图,如图 3.12 所示。

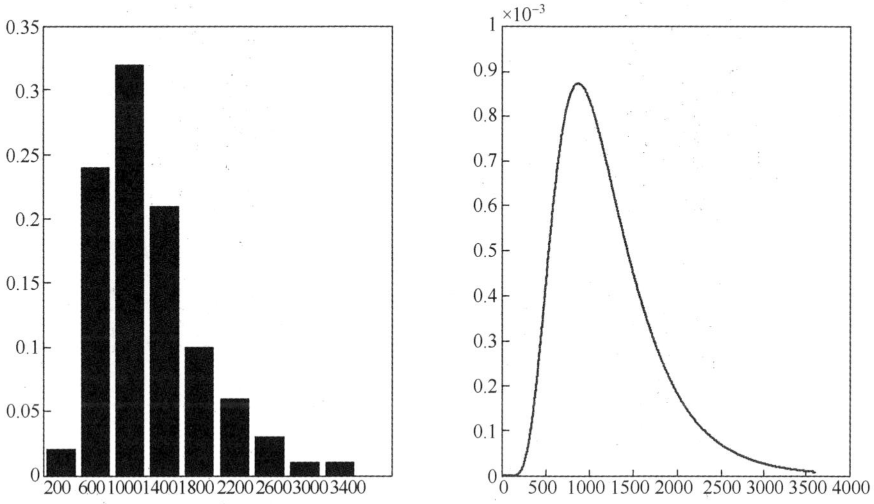

图 3.12 火灾保险赔款额数据对应的柱状图

从图 3.12 中可以看出，该分布具有明显的偏性。假定表 3.13 中的赔款次数是指相当于各组赔款额中位数的赔款次数，我们就可以得到样本的均值和方差。首先由式(3-15)和式(3-16)的矩估计方法得到均值和方差的估计值为

$$\hat{\mu}=6.9936,\hat{\sigma}^2=0.2195。$$

再由式(3-21)给出的均值与方差的极大似然估计值为

$$\hat{\mu}=6.9816,\hat{\sigma}^2=0.2590。$$

这两种估计方法得出的结果有一些差异。对于具有偏性的分布，用中位数作为赔款额会有一些问题，可能导致估计结果不够准确。

计算及画图的 MATLAB 程序如下：

```
data = [2  24  32  21  106  3  1  1];
bin = 200:400:3400;
subplot(121),bar(bin,data/100)
mu1 = 2 * log(dot(data,bin)/100) - 0.5 * log(dot(data,bin.^2)/100)
var1 = log(dot(data,bin.^2)/100) - 2 * log(dot(data,bin)/100)
mu2 = dot(data,log(bin))/100
var2 = dot((log(bin) - mu2).^2,data)/100
subplot(122),x2 = 0:3600;y2 = lognpdf(x2,mu1,sqrt(var1));
plot(x2,y2)
```

3.6.3 区间估计与 MATLAB 参数估计命令

1. 区间估计的概念及步骤

参数的点估计值随样本观测值的变化而不同，每一次都给出一个明确的数值作为参数的估计值，但这个估计值的误差是多少，有多少可信度，点估计本身并不能告诉我们。区间估计是在点估计的基础上确定一个范围，这个范围包含被估计参数的概率相当大，这个范围就是参数的置信区间。

定义 3.8 设总体 X 的分布函数 $F(x;\theta)$ 含有一未知数 θ。对于给定值 $\alpha(0<\alpha<1)$，若由样本 $x_1,x_2,\cdots,x_n$ 确定的两个统计量 $\underline{\theta}=\underline{\theta}(x_1,x_2,\cdots,x_n)$ 和 $\overline{\theta}=\overline{\theta}(x_1,x_2,\cdots,x_n)$ 满足

$$P\{\underline{\theta}(x_1,x_2,\cdots,x_n)<\theta<\overline{\theta}(x_1,x_2,\cdots,x_n)\}=1-\alpha,$$

则称随机区间 $(\underline{\theta},\overline{\theta})$ 是 θ 的置信度为 $1-\alpha$ 的置信区间，$\underline{\theta}$ 和 $\overline{\theta}$ 分别称为置信水平为 $1-\alpha$ 的双侧置信区间的置信下限和置信上限，$1-\alpha$ 称置信水平，也称为置信度。

注 3.3 置信度为 $1-\alpha$ 的置信区间并不是唯一的，置信区间短表示估计的精度高。

求未知参数 θ 的置信区间的步骤如下：

(1) 寻求一个样本 $x_1,x_2,\cdots,x_n$ 的函数

$$Z=Z(x_1,x_2,\cdots,x_n;\theta),$$

它包含待估参数 θ，而不含其他未知参数。并且 Z 的分布已知且不依赖于任何未知参数(当然不依赖于待估参数 θ)。

(2) 对于给定的置信度 $1-\alpha$，定出两个常数 a,b，使 $P\{a<Z(x_1,x_2,\cdots,x_n;\theta)<b\}=1-\alpha$。

(3) 若能从 $a < Z(x_1, x_2, \cdots, x_n; \theta) < b$ 得到等价的不等式 $\underline{\theta} < \theta < \overline{\theta}$，其中 $\underline{\theta} = \underline{\theta}(x_1, x_2, \cdots, x_n)$，$\overline{\theta} = \overline{\theta}(x_1, x_2, \cdots, x_n)$ 都是统计量，那么 $(\underline{\theta}, \overline{\theta})$ 就是 θ 的一个置信度为 $1-\alpha$ 的置信区间。

2. MATLAB 参数估计命令

normfit 命令的使用格式:

```
[muhat,sigmahat,muci,sigmaci] = normfit(data,alpha)
```

其中，返回值 muhat 是正态分布给定数据 data 的均值的极大似然估计；sigmahat 是标准差的极大似然估计；在(显著性水平 alpha)置信水平 1 - alpha 下，muci 是均值的置信区间，sigmaci 是标准差的置信区间。

其他估计命令 binofit, poissfit, betafit, unifit, expfit, gamfit, weibfit 的使用方法是类似的。

求极大似然估计的 MATLAB 命令 mle 的调用格式:

```
[phat,pci] = mle(data,'distribution',dist)
```

其中，phat 返回分布名为 dist 的未知参数极大似然估计；pci 返回的是区间估计。默认的(显著性水平 5%)置信水平为 95%。

```
[phat,pci] = mle(data,'pdf',pdf,Name,Value)
```

其中，phat 返回分布密度函数为 pdf；属性 Name 值为 Value 的未知参数极大似然估计；pci 返回的是区间估计，其中 pci 的每一列是一个参数的置信区间。默认的(显著性水平 5%)置信水平为 95%。

例 3.34 某矿工人的血压(收缩压，以 mm - Hg 计)服从正态分布 $N(\mu, \sigma^2)$，μ, σ^2 均未知。今随机选取了 13 位工人，测得以下数据:

129 134 114 120 116 133 142 138 148 129 133 141 142

试求 μ 的置信水平为 0.95 的置信区间。

解: μ 的一个置信水平为 $1-\alpha$ 的置信区间为 $\left(\overline{x} \pm \frac{s}{\sqrt{n}} t_{\alpha/2}(n-1)\right)$，这里置信水平 $1-\alpha = 0.95$，$\alpha/2 = 0.025$，$n = 13$，$t_{0.025}(12) = 2.1788$，由给出的数据算得 $\overline{x} = 132.2308$，$s = 10.4893$。计算得总体均值 μ 的置信水平为 0.95 的一个置信区间为 (132.2308, 138.5694)。

计算的 MATLAB 程序如下:

```
clc,clear
x0 = [129 134 114 120 116 133 142 138 148 129 133 141 142];
alpha = 0.05;mu = mean(x0),sig = std(x0),n = length(x0);
muci1 = [mu - sig/sqrt(n) * tinv(1 - alpha/2,n - 1),mu + sig/sqrt(n) * tinv(1 - al-
pha/2,n - 1)]
% 下面直接利用工具箱给出区间估计
[mu2,s2,muci2] = normfit(x0,alpha) % mu2,muci2 分别为均值极大似然估计和区间估计
```

```
[ms3,msci3]=mle(x0,'distribution','norm','alpha',alpha) % 给出所有参数极大似然估计和区间估计
```

例 3.35 （续例 3.30）观测到 40 个数据，如果它们来自于参数为(α,β)的伽玛分布，分别求参数 α 和 β 的极大似然估计，和置信水平为 0.9 的置信区间。

1.48	2.85	3.02	0.90	2.14	2.93	3.98	0.95	2.26	0.96	0.61	0.70
3.43	2.42	1.49	1.66	4.54	2.41	1.52	4.01	1.94	1.74	1.95	2.47
1.33	2.08	1.40	0.41	1.50	1.16	3.96	1.50	2.47	3.07	1.28	2.63
0.71	2.14	3.82	1.83								

解：利用 MATLAB 求得 α 和 β 的极大似然估计分别为

$$\hat{\alpha}=3.7488,\hat{\beta}=0.5578。$$

α 的置信水平为 0.9 的一个置信区间为(2.6347,5.3339)，β 的置信水平为 0.9 的一个置信区间为(0.3825,0.8136)。

计算的 MATLAB 程序如下：

```
clc,clear,alpha=0.1;
d=dlmread('data330.txt');      % 把原始数据保存在文件 data330.txt 中
[phat,pci]=gamfit(d,alpha)     % phat 为极大似然估计,pci 的每一列是一个参数的置信区间
```

3.7 假设检验

统计推断的另一类重要问题是假设检验问题。在总体的分布函数完全未知或只知其形式但不知其参数的情况，为了推断总体的某些性质，先提出某些关于总体的假设。例如，提出总体服从泊松分布的假设，又如对于正态总体提出均值等于 μ_0 的假设等。假设检验就是根据样本对所提出的假设做出判断：是接受还是拒绝。这就是假设检验问题。

3.7.1 参数检验

1. 单个总体 $N(\mu,\sigma^2)$ 均值 μ 的检验

原假设（或零假设）为 $H_0:\mu=\mu_0$。

备选假设有三种可能：

$$H_1:\mu\neq\mu_0;H_1:\mu>\mu_0;H_1:\mu<\mu_0。$$

(1) σ^2 已知，关于 μ 的检验（Z 检验）

在 MATLAB 中，Z 检验法由函数 ztest 来实现：

```
[h,p,ci]=ztest(x,mu,sigma,alpha,tail)
```

其中，输入参数 x 是样本观测值向量；mu 是 H_0 中的 μ_0；sigma 是总体标准差 σ；alpha 是显著性水平 α（alpha 缺省时设定为 0.05）；tail 是对备选假设 H_1 的选择，H_1 为 $\mu\neq\mu_0$ 时 tail=0（可缺省），H_1 为 $\mu>\mu_0$ 时 tail=1，H_1 为 $\mu<\mu_0$ 时 tail=−1。输出参数 h=0 表示接

受 H_0；h = 1 表示拒绝 H_0；p 表示在假设 H_0 下样本均值出现的概率，p 越小 H_0 越值得怀疑；ci 是 μ 的置信区间。

例 3.36 某车间用一台包装机包装糖果。包得的袋装糖的质量是一个随机变量，它服从正态分布。当机器正常时，其均值为 0.5kg，标准差为 0.015kg。某日开工后为检验包装机是否正常，随机地抽取它所包装的糖 9 袋，称得净重为(kg)

0.497　0.506　0.518　0.524　0.498　0.511　0.520　0.515　0.512

问机器是否正常？

解：总体标准差 σ 已知，总体 $X \sim N(\mu, 0.015^2)$，μ 未知。于是提出假设 $H_0: \mu = \mu_0 = 0.5$ 和 $H_1: \mu \neq 0.5$。

MATLAB 实现如下：

```
x = [0.497  0.506  0.518  0.524  0.498  0.511  0.520  0.515  0.512];
[h,p,ci] = ztest(x,0.5,0.015)
```

求得 h = 1，p = 0.0248，说明在 0.05 的水平下，可拒绝原假设，即认为这天包装机工作不正常。

(2) σ^2 未知，关于 μ 的检验（t 检验）

在 MATLAB 中 t 检验法由函数 ttest 来实现：

```
[h,p,ci] = ttest(x,mu,alpha,tail)
```

例 3.37 某种电子元件的寿命 X（以小时计）服从正态分布，μ，σ^2 均未知。现得 16 只元件的寿命如下：

159　280　101　212　224　379　179　264

222　362　168　250　149　260　485　170

问是否有理由认为元件的平均寿命大于 225(h)？

解：按题意需检验

$$H_0: \mu = \mu_0 = 225, \quad H_1: \mu > 225,$$

取 $\alpha = 0.05$。

MATLAB 程序如下：

```
clc,clear
x = [159  280  101  212  224  379  179  264
  222  362  168  250  149  260  485  170];x = x(:);
[h,p,ci] = ttest(x,225,0.05,1)
```

求得 h = 0，p = 0.2570，说明在显著水平为 0.05 的情况下，不能拒绝原假设，认为元件的平均寿命不大于 225h。

对参数进行假设检验和求参数的置信区间是一个问题的两个方面，MATLAB 工具箱中在做假设检验的同时，也给出了参数的置信区间，下面以一个例子说明 MATLAB 中单侧置信区间的求法。

例 3.38 下面列出了自密歇根湖中捕获的 10 条鱼的聚氯联苯(mg/kg)的含量：

11.5　12.0　11.6　11.8　10.4　10.8　12.2　11.9　12.4　12.6

设样本来自正态总体 $N(\mu,\sigma^2)$，μ,σ^2 均未知，试求 μ 的置信水平为 0.95 的单侧置信上限。

解：现在 $n=10, 1-\alpha=0.95, \alpha=0.05, t_{0.05}(10-1)=1.8331$，经计算得 $\bar{x}=11.72, s=0.6861$。所求的置信上限为

$$\bar{\mu}=\bar{x}+\frac{s}{\sqrt{n}}t_{0.05}(9)=12.1177。$$

计算的 MATLAB 程序如下：

```
clc,clear
a=[11.5  12.0  11.6  11.8  10.4  10.8  12.2  11.9  12.4  12.6];
n=length(a),mu=mean(a),s=std(a),T=tinv(0.95,n-1)
mub=mu+s/sqrt(n)*T                                  % 根据数学原理计算单侧置信上限
[h,p,ci]=ttest(a,mu,'Alpha',0.05,'Tail','left')   % ci 返回的是单侧置信区间
[h,p,ci]=ttest(a,mu,0.05,-1)                        % 另一种等价写法
```

2. 两个正态总体均值差的检验(t 检验)

还可以用 t 检验法检验具有相同方差的 2 个正态总体均值差。在 MATLAB 中由函数 ttest2 实现：

```
[h,p,ci]=ttest2(x,y,alpha,tail)
```

与上面的 ttest 相比，不同处只在于输入的是两个样本观测值向量 x,y(长度不一定相同)

例 3.39 在平炉上进行一项实验以确定改变操作方法的建议是否会增加钢的得率，实验是在同一平炉上进行的。每炼一炉钢时除操作方法外，其他条件都可能做到相同。先用标准方法炼一炉，然后用建议的新方法炼一炉，以后交换进行，各炼了 10 炉，其得率如下。

(1) 标准方法：

78.1 72.4 76.2 74.3 77.4 78.4 76.0 75.6 76.7 77.3

(2) 新方法：

79.1 81.0 77.3 79.1 80.0 79.1 79.1 77.3 80.2 82.1

设这两个样本相互独立且分别来自正态总体 $N(\mu_1,\sigma^2)$ 和 $N(\mu_2,\sigma^2)$，μ_1,μ_2,σ^2 均未知，问建议的新方法能否提高得率(取 $\alpha=0.05$)？

解：需要检验假设

$$H_0:\mu_1-\mu_2=0, H_1:\mu_1-\mu_2<0。$$

MATLAB 程序如下：

```
clc,clear
x=[78.1  72.4  76.2  74.3  77.4  78.4  76.0  75.6  76.7  77.3];
y=[79.1  81.0  77.3  79.1  80.0  79.1  79.1  77.3  80.2  82.1];
[h,p,ci]=ttest2(x,y,0.05,-1)
```

求得 h=1，p=2.2126×10^{-4}。表明在 $\alpha=0.05$ 的显著水平下，可以拒绝原假设，即认为建议的新操作方法较原方法优。

3.7.2 非参数检验

1. 分布拟合检验

在实际问题中,有时不能预知总体服从什么类型的分布,这时就需要根据样本来检验关于分布的假设。下面介绍χ^2检验法。

若总体X是离散型的,则建立待检假设H_0:总体X的分布律为$P\{X=x_i\}=p_i,i=1,2,\cdots$。

若总体X是连续型的,则建立待检假设H_0:总体X的概率密度为$f(x)$。

可按照下面的五个步骤进行检验:

(1) 建立待检假设H_0:总体X的分布函数为$F(x)$。

(2) 在数轴上选取$k-1$个分点$t_1,t_2,\cdots,t_{k-1}$,将数轴分成k个区间,即$(-\infty,t_1)$,$[t_1,t_2),\cdots,[t_{k-2},t_{k-1}),[t_{k-1},+\infty)$,令$p_i$为分布函数$F(x)$的总体$X$在第$i$个区间内取值的概率,设$m_i$为$n$个样本观察值中落入第$i$个区间上的个数,也称为组频数。

(3) 选取统计量$\chi^2=\sum\limits_{i=1}^{k}\dfrac{(m_i-np_i)^2}{np_i}$,如果$H_0$为真,则$\chi^2\sim\chi^2(k-1-r)$,其中$r$为分布函数$F(x)$中未知参数的个数。

(4) 对于给定的显著性α,确定χ_α^2,使其满足$P\{\chi^2(k-1-r)>\chi_\alpha^2\}=\alpha$,并且依据样本计算统计量$\chi^2$的观察值。

(5) 作出判断:若$\chi^2<\chi_\alpha^2$,则接受H_0;否则拒绝H_0。即不能认为总体X的分布函数为$F(x)$。

例 3.40 根究某市公路交通部门某年中上半年交通事故记录,统计出星期一至星期日发生交通事故的次数见表 3.14。

表 3.14 某市上半年交通事故数据表

星 期	1	2	3	4	5	6	7
次数	36	23	29	31	34	60	25

解:(1)设X为"一周内各天发生交通事故的总体",若交通事故的发生与星期几无关,则X的分布律为$P\{X=i\}=p_i=\dfrac{1}{7},i=1,2,\cdots,7$,那么问题就是检验假设$H_0:p_i=\dfrac{1}{7}$,$i=1,2,\cdots,7$。

(2) 将每天看成一个小区间,设组频数为$m_i,i=1,2,\cdots,7$。

(3) 选取统计量$\chi^2=\sum\limits_{i=1}^{k}\dfrac{(m_i-np_i)^2}{np_i}$,当$H_0$为真时,$\chi^2\sim\chi^2(k-r-1)$,其中$k=7$,$n=36+23+29+31+34+60+25=238,r=0$。

(4) 对于$\alpha=0.05$,查表得临界值为$\chi_\alpha^2(k-r-1)=\chi_\alpha^2(6)=12.592$,并且根据样本可计算得到检验统计量$\chi^2$的观察值为

$$\chi^2=\sum_{i=1}^{7}\frac{\left(m_i-238\times\dfrac{1}{7}\right)^2}{238\times\dfrac{1}{7}}=26.941。$$

(5) 作出判断,因为$\chi^2 = 26.941 > \chi^2_{0.05}(6) = 12.592$,所以应拒绝 H_0,即认为交通事故的发生与星期几有关。

计算的 MATLAB 程序如下:

```
clc,clear
mi = [36  23  29  31  34  60  25];n = sum(mi)
pi =1/7 * ones(1,7);
cha = (mi - n * pi).^2./(n * pi);
chi1 = sum(cha)              % 计算卡方统计量的值
chi2 = chi2inv(0.95,6)  % 计算上 alpha 分位数
% 上面是自己编程做检验,下面直接利用 MATLAB 工具箱做非参数假设检验
bin =1:7;
[h,p,st] = chi2gof(bin,'ctrs',bin,'frequency',mi,'expected',n * pi)  % 调用工具箱
```

例 3.41 某车间生产滚珠,随机地抽出了 50 粒,测得它们的直径为(mm)

15.0	15.8	15.2	15.1	15.9	14.7	14.8	15.5	15.6	15.3
15.1	15.3	15.0	15.6	15.7	14.8	14.5	14.2	14.9	14.9
15.2	15.0	15.3	15.6	15.1	14.9	14.2	14.6	15.8	15.2
15.9	15.2	15.0	14.9	14.8	14.5	15.1	15.5	15.5	15.1
15.1	15.0	15.3	14.7	14.5	15.5	15.0	14.7	14.6	14.2

经过计算知样本均值$\bar{x} = 15.0780$,样本标准差 $s = 0.4325$,试问滚珠直径是否服从正态分布$N(15.0780, 0.4325^2)$ $(\alpha = 0.05)$?

解:检验假设 H_0:滚珠直径 $X \sim N(15.0780, 0.4325^2)$。

找出样本值中最大值和最小值 $x_{max} = 15.9$,$x_{min} = 14.2$,然后将区间$(-\infty, +\infty)$分成 7 个区间,计算结果见表 3.15。

表 3.15 χ^2 检验计算过程数据表

i	区 间	频数 f_i	概率 p_i
1	$(-\infty, 14.71)$	11	0.1974
2	$[14.71, 14.88)$	3	0.1261
3	$[14.88, 15.05)$	10	0.1506
4	$[15.05, 15.22)$	10	0.1545
5	$[15.22, 15.39)$	4	0.1360
6	$[15.22, 15.39)$	4	0.1028
7	$[15.39, +\infty)$	8	0.1325

计算得$\chi^2 = 5.0318$,自由度 $k - r - 1 = 7 - 2 - 1 = 4$,查$\chi^2$ 分布表,$\alpha = 0.05$,得临界值 $\chi^2_{0.05}(4) = 9.4877$,因$\chi^2 = 5.0318 < 9.4877$,所以 H_0 成立,即滚珠直径服从正态分布 $N(15.0780, 0.4325^2)$。

计算的 MATLAB 程序如下:

```
clc,clear
```

```
x0 = [15.0  15.8  15.2  15.1  15.9  14.7  14.8  15.5  15.6  15.3
15.1  15.3  15.0  15.6  15.7  14.8  14.5  14.2  14.9  14.9
15.2  15.0  15.3  15.6  15.1  14.9  14.2  14.6  15.8  15.2
15.9  15.2  15.0  14.9  14.8  14.5  15.1  15.5  15.5  15.1
15.1  15.0  15.3  14.7  14.5  15.5  15.0  14.7  14.6  14.2];
x0 = x0(:);n = length(x0),xb = mean(x0),sig = std(x0)
xmax = max(x0),xmin = min(x0)
pd = makedist('normal','mu',xb,'sigma',sig)
[h,p,st] = chi2gof(x0,'cdf',pd,'nparam',2)
% 以下程序不需要,是为了作检验
val = chi2inv(0.95,4)              % 计算上 alpha 分位数
fi = st.O                          % 提出在每个区间的观测频数
edg = st.edges                     % 提出分点数据
p = normcdf(edg,mean(x0),std(x0));pi = [p(2),diff(p(2:end-1)),1-p(end-1)]
npi = n * pi                       % 计算在每个区间的期望频数
tongji = sum((fi-npi).^2./npi) % 计算卡方统计量
```

例 3.42(续例 3.21) 用 χ^2 检验法检验身高的数据是否服从正态分布。

解:采用矩估计方法估计参数的取值。先从所给的身高数据算出样本均值和标准差

$$\bar{x} = 170.25, s = 5.4018,$$

本题是在显著性水平 $\alpha = 0.05$ 下,检验假设:H_0:身高的观测数据服从正态分布 $N(170.25, 5.4018^2)$。利用 MATLAB 的计算结果是可以接受假设 H_0,认为这些数据是来自正态总体。

计算的 MATLAB 程序如下:

```
clc,clear
a = load('data310.txt');
h = a(:,[1:2:end]);h = h(:);         % 提取身高数据并转换为列向量
mu = mean(h),s = std(h)
pd = @ (x)normcdf(x,mu,s);           % 定义正态分布的分布函数
[h,p,stats] = chi2gof(h,'cdf',pd,'Nparams',2)
```

2. 其他非参数检验方法

MATLAB 工具箱还有如下一些非参数检验方法,此处不再一一介绍

```
jbtest(x,alpha)               % 正态总体的拟合优度检验——Jarque-Bera 检验
lillietest(x,Name,Value)      % 正态总体的拟合优度检验——Lilliefors 检验
adtest(x,Name,Value)          % Anderson-Darling 检验
kstest(x,Name,Value)          % 一个样本的 Kolmogorov-Smirnov 检验
kstest2(x1,x2,Name,Value)     % 两个样本的 Kolmogorov-Smirnov 检验
```

3.8 方差分析

方差分析实际上是多个总体的假设检验问题。下面只给出单因素方差分析。

设因素 A 有 s 个水平 $A_1,A_2,\cdots,A_s$，在水平 $A_j(j=1,2,\cdots,s)$ 下，进行 $n_j(n_j\geqslant 2)$ 次独立实验，得出表3.16所列结果。

表3.16　方差分析数据表

	A_1	A_2	$\cdots$	A_s
实验批号	X_{11} X_{21} $\vdots$ $X_{n_1 1}$	X_{12} X_{22} $\vdots$ $X_{n_2 2}$	$\cdots$ $\cdots$ $\ddots$ $\cdots$	X_{1s} X_{2s} $\vdots$ $X_{n_s s}$
样本总和 $T_{\cdot j}$	$T_{\cdot 1}$	$T_{\cdot 2}$	$\cdots$	$T_{\cdot s}$
样本均值 $\overline{X}_{\cdot j}$	$\overline{X}_{\cdot 1}$	$\overline{X}_{\cdot 2}$	$\cdots$	$\overline{X}_{\cdot s}$
总体均值	μ_1	μ_2	$\cdots$	μ_s

其中 X_{ij} 表示第 j 个水平进行第 i 次实验的可能结果，记 $n=n_1+n_2+\cdots+n_s$，则

$$\overline{X}_{\cdot j}=\frac{1}{n_j}\sum_{i=1}^{n_j}X_{ij},T_{\cdot j}=\sum_{i=1}^{n_j}X_{ij},\overline{X}=\frac{1}{n}\sum_{j=1}^{s}\sum_{i=1}^{n_j}X_{ij},T_{\cdot\cdot}=\sum_{j=1}^{s}\sum_{i=1}^{n_j}X_{ij}=n\overline{X}。$$

1. 方差分析的假设前提

(1) 对变异因素的某一个水平进行实验，如第 j 个水平，把得到的观察值 $X_{1j},X_{2j},\cdots,X_{n_j j}$ 看成是从正态总体 $N(\mu_j,\sigma^2)$ 中取得的一个容量为 n_j 的样本，且 μ_j,σ^2 未知。

(2) 对于表示 s 个水平的 s 个正态总体的方差认为是相等的。

(3) 由不同总体中抽取的样本相互独立。

2. 统计假设

提出待检假设 $H_0:\mu_1=\mu_2=\cdots=\mu_s=\mu$。

3. 检验方法

设

$$S_T=\sum_{j=1}^{s}\sum_{i=1}^{n_j}(X_{ij}-\overline{X})^2=\sum_{j=1}^{s}\sum_{i=1}^{n_j}X_{ij}^2-\frac{T_{\cdot\cdot}^2}{n},$$

$$S_E=\sum_{j=1}^{s}\sum_{i=1}^{n_j}(X_{ij}-\overline{X}_{\cdot j})^2=\sum_{j=1}^{s}\sum_{i=1}^{n_j}X_{ij}^2-\sum_{j=1}^{s}\frac{T_{\cdot j}^2}{n_j},S_A=S_T-S_E。$$

若 H_0 为真，则检验统计量 $F=\dfrac{(n-s)S_A}{(s-1)S_E}\sim F(s-1,n-s)$，对于给定的显著性水平 α，查表确定临界值 F_α，使得 $P\left\{\dfrac{(n-s)S_A}{(s-1)S_E}>F_\alpha\right\}=\alpha$，依据样本值计算检验统计量 F 的观察值，并与 F_α 比较，得出结论：若检验统计量 F 的观察值大于临界值 F_α，则拒绝原假设 H_0；若 F 的值小于 F_α，则接受 H_0。

例3.43　设有如表3.17所列的3个组5年保险理赔额的观测数据。试用方差分析法检验3个组的理赔额均值是否有显著差异(取显著性水平 $\alpha=0.05$，已知 $F_{0.05}(2,12)=3.8853$)。

表3.17　保险理赔额观测数据

	$t=1$	$t=2$	$t=3$	$t=4$	$t=5$
$j=1$	98	93	103	92	110

（续）

	$t=1$	$t=2$	$t=3$	$t=4$	$t=5$
$j=2$	100	108	118	99	111
$j=3$	129	140	108	105	116

解：用 X_{jt} 表示第 j 组第 t 年的理赔额，其中 $j=1,2,3,t=1,2,\cdots,5$。假设所有的 X_{jt} 相互独立且服从 $N(m_j,s^2)$ 分布，即对应于每组均值 m_j 可能不相等，但是方差 $s^2>0$ 是相同的。

记

$$\overline{X}_{j\cdot}=\frac{1}{5}\sum_{t=1}^{5}X_{jt},\overline{X}=\frac{1}{15}\sum_{j=1}^{3}\sum_{t=1}^{5}X_{jt},$$

$$S_A=\sum_{j=1}^{3}5\,(\overline{X}_{j\cdot}-\overline{X})^2,S_E=\sum_{j=1}^{3}\sum_{t=1}^{5}(X_{jt}-\overline{X}_{j\cdot})^2。$$

提出原假设 $H_0:m_1=m_2=m_3,H_1:m_1,m_2,m_3$ 不全相等。

若 H_0 为真，则检验统计量 $F=\dfrac{12S_A}{2S_E}\sim F(2,12)$，对于给定的显著性水平 α，及临界值 $F_\alpha(2,12)$，依据样本值计算检验统计量 F 的观察值，并与 $F_\alpha(2,12)$ 比较，得出结论：若检验统计量 F 的观察值大于临界值 $F_\alpha(2,12)$，则拒绝原假设 H_0；若 F 的值小于 $F_\alpha(2,12)$，则接受 H_0。

这里求得 $S_A=1056.53$，自由度为 2，$S_E=1338.8$，自由度为 12。于是 $F=4.73$，这与临界值 $F_{0.05}(2,12)=3.8853$ 比较起来数值过大了。得出的结论是这些数据表明每组的平均理赔不全相等。

计算的 MATLAB 程序如下：

```
clc,clear
a = [98  93  103  92  110
100  108  118  99  111
129  140  108  105 116];
p = anova1(a')                % 进行单因素方差分析
fws = finv(0.95,2,12)         % 求上 0.05 分位数
```

3.9 回归分析

3.9.1 线性回归分析

例 3.44 某种商品的需求量 y，消费者平均收入 x_1 以及商品价格 x_2 的统计数据见表 3.18。求 y 关于 x_1,x_2 的回归方程 $y=b_0+b_1x_1+b_2x_2$。

表 3.18 已知统计数据

x_1	1000	600	1200	500	300	400	1300	1100	1300	300
x_2	5	7	6	6	8	7	5	4	3	9
y	100	75	80	70	50	65	90	100	110	60

利用 MATLAB 软件求得回归方程为 $y=111.6918+0.0143x_1-7.1882x_2$。

计算的 MATLAB 程序如下：

```
clc,clear
a=[1000  600  1200  500  300  400  1300  1100  1300  300
5  7  6  6  8  7  5  4  3  9
100  75  80  70  50  65  90  100  110  60];
x=[ones(10,1),a([1:2],:)'];y=a(3,:)';
[b,bint,r,rint,st]=regress(y,x)
```

注 3.4 本例中线性回归模型主要是演示 MATLAB 命令的使用，从输出结果看，由于参数 b_1 的区间估计包含 0 点，所以变量 x_1 是不显著的。如果建立线性回归模型，是不能使用变量 x_1 的。

也可以用函数 fittype 与 fit 来拟合参数 b_0,b_1,b_2：

```
clc,clear
a=[1000  600  1200  500  300  400  1300  1100  1300  300
5  7  6  6  8  7  5  4  3  9
100  75  80  70  50  65  90  100  110  60];
x12=a([1,2],:)';y=a(3,:)';
f=fittype('b0+b1*x1+b2*x2','independent',{'x1','x2'})
f0=fit(x12,y,f,'Start',rand(1,3))
```

3.9.2 多元二项式回归

统计工具箱提供了一个作多元二项式回归的命令 rstool，它产生一个交互式画面，并输出有关信息，用法：

```
rstool(X,Y,model,alpha),
```

其中，alpha 为显著性水平 α（缺省时设定为 0.05）；model 可选择如下的 4 个模型（用字符串输入，缺省时设定为线性模型），即

linear（线性）：$y=\beta_0+\beta_1x_1+\cdots+\beta_mx_m$；

purequadratic（纯二次）：$y=\beta_0+\beta_1x_1+\cdots+\beta_mx_m+\sum_{j=1}^{m}\beta_{jj}x_j^2$；

interaction（交叉）：$y=\beta_0+\beta_1x_1+\cdots+\beta_mx_m+\sum_{1\leqslant j<k\leqslant m}\beta_{jk}x_jx_k$；

quadratic（完全二次）：$y=\beta_0+\beta_1x_1+\cdots+\beta_mx_m+\sum_{1\leqslant j\leqslant k\leqslant m}\beta_{jk}x_jx_k$。

$[y,x_1,\cdots,x_m]$ 的 n 个独立观测数据记为 $[b_i,a_{i1},\cdots,a_{im}]$，$i=1,\cdots,n$，$\boldsymbol{Y},\boldsymbol{XX}$ 分别为 n 维列向量和 $n\times m$ 矩阵，这里

$$\boldsymbol{Y}=\begin{bmatrix}b_1\\ \vdots\\ b_n\end{bmatrix},\boldsymbol{XX}=\begin{bmatrix}a_{11} & \cdots & a_{1m}\\ \vdots & \ddots & \vdots\\ a_{n1} & \cdots & a_{nm}\end{bmatrix}。$$

注 3.5 （1）这里多元二项式回归中，数据矩阵 $\boldsymbol{XX}$ 与线性回归分析中的数据矩阵 $\boldsymbol{X}$

是有差异的,后者的第一列为全 1 的列向量。

(2) 在完全二次多项式回归中,二次项系数的排列次序是先交叉项的系数,最后是纯二次项的系数。

例 3.45(续例 3.44) 根据表 3.18 所列的数据,在关于 x_1, x_2 的 linear(线性)、purequadratic(纯二次)、interaction(交叉)、quadratic(完全二次)的 4 个模型中,根据剩余标准差指标选择一个最好的模型。

运行如下 MATLAB 程序:

```
clc,clear
a = [1000  600  1200  500  300  400  1300  1100  1300  300
5  7  6  6  8  7  5  4  3  9
100  75  80  70  50  65  90  100  110  60];
x12 = a([1,2],:)'; y = a(3,:)';
rstool(x12,y)
```

把计算结果利用左下角的"Export"按钮(图 3.13)输出到 MATLAB 工作空间,如图 3.14所示。依次选择图 3.13 左下角的第 2 个下拉框中的其他三个模型,把计算结果输出到工作空间,在工作空间中比较 rmse(剩余标准差),选择最好的模型。

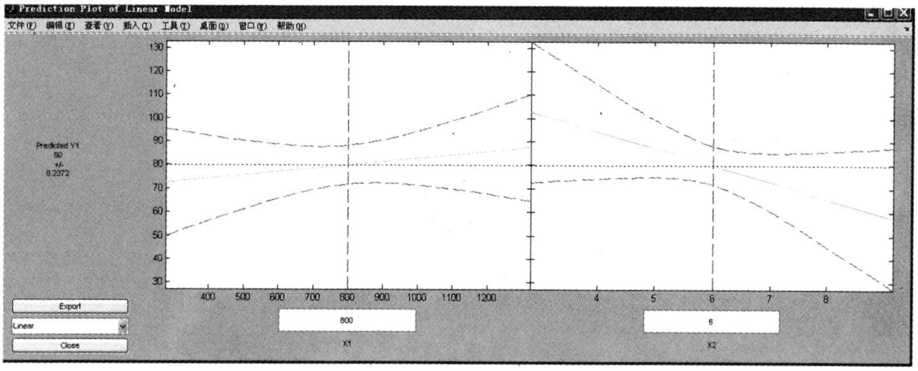

图 3.13 rstool 的图形界面

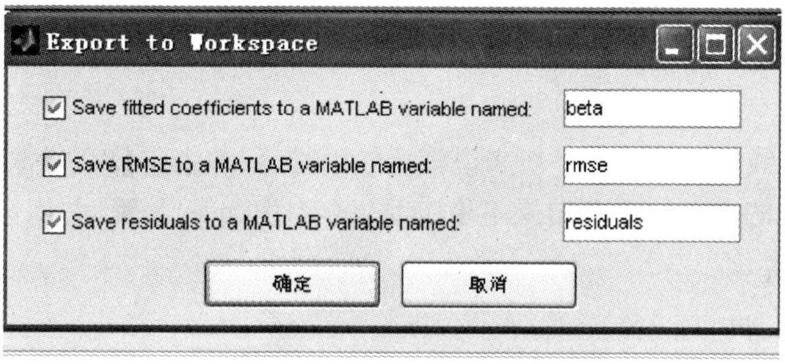

图 3.14 输出结果到工作空间

计算得到线性模型的剩余标准差为 7.2133,纯二次项模型的剩余标准差为 4.5362,交叉项模型的剩余标准差为 7.5862,完全二次项模型的标准差为 4.4179,所以选择完全二次项模型,所求的完全二次项模型为

$$y=-106.6095+0.3261x_1+21.299x_2-0.02x_1x_2-0.0001x_1^2-0.7609x_2^2。$$

3.9.3 非线性回归

例 3.46(续例 3.44) 使用表 3.18 的数据,建立非线性回归模型

$$y=\frac{\beta_1x_2}{1+\beta_2x_1+\beta_3x_2},$$

并求 $x_1=10,x_2=20$ 时 y 的预测值。

运行结果不稳定,这里就不给出答案了。

计算的 MATLAB 程序如下:

```
clc,clear,format long g
a=[1000  600  1200  500  300  400  1300  1100  1300  300
5  7  6  6  8  7  5  4  3  9
100 75 80 70 50 65 90 100 110  60];
x12=a([1,2],:)'; y=a(3,:)';
yx=@ (beta,x)beta(1)*x(:,2)./(1+beta(2)*x(:,1)+beta(3)*x(:,2));
[beta,r,j]=nlinfit(x12,y,yx,rand(1,3))
yhat=nlpredci(yx,[10,20],beta,r,'jacobian',j)
format
```

使用 fittype 和 fit 命令拟合的结果每次也不一样。

计算的 MATLAB 程序如下:

```
clc,clear,format long g
a=[1000  600  1200  500  300  400  1300  1100  1300  300
5  7  6  6  8  7  5  4  3  9
100 75 80 70 50 65 90 100 110  60];
x12=a([1,2],:)'; y=a(3,:)';
yx=@ (b1,b2,b3,x1,x2)b1*x2./(1+b2*x1+b3*x2);
yx=fittype(yx,'independent',{'x1','x2'})
yt=fit(x12,y,yx,'Start',rand(1,3))
yhat=yt(10,20)% 计算预测值
format
```

注 3.6 非线性问题求解一般来说都比较困难,除非指定什么特殊算法,经常会碰到运行结果不稳定的情况。碰到结果不稳定时,试着用 Lingo 编程,并用全局求解器进行求解,但运行时间很长。

3.10 Bootstrap 方法

Bootstrap 方法最初是由埃夫隆(Efron)于 1979 年提出的,是一种通过对总体分布未知的观测数据进行模拟再抽样来分析其不确定性的工具,其基本思想:在原始数据的范围内做有放回的抽样,得到大量 Bootstrap 样本并计算相应的统计量,从而完成对真实总体

分布的统计推断。该方法的优点在于不需要大量的观测数据就可以对相关参数的性质进行研究。

Bootstrap 方法有两种：参数 Bootstrap 方法和非参数 Bootstrap 方法。

3.10.1 参数 Bootstrap 方法

总体的分布函数 $F(x)$ 的形式已知，但其中含有未知参数 θ，其估计值由统计量 $\hat{\theta}_n = \theta(X_1, X_2, \cdots, X_n)$ 给出，其中 $(X_1, X_2, \cdots, X_n)$ 为原始样本，则参数 Bootstrap 方法主要解决的问题就是确定估计值 $\hat{\theta}_n$ 对真实值 θ 的估计精度问题。参数 Bootstrap 方法的具体做法：首先假设原始样本 $(X_1, X_2, \cdots, X_n)$ 服从分布 $F(x)$，计算 $F(x)$ 的分布参数 θ，此时 $F(x)$ 便得到具体形式，记该分布为 $\hat{F}_n(x)$；然后，利用分布函数 $\hat{F}_n(x)$ 代替总体分布函数 $F(x)$，并从中随机抽取 Bootstrap 样本 $(X_1^*, X_2^*, \cdots, X_n^*)$ 来估计 θ 的抽样分布。

例 3.47 从一批灯泡中随机地取 5 只作寿命实验，测得寿命(h)为

1050 1100 1120 1250 1280，

设灯泡寿命服从正态分布。

(1) 求灯泡寿命平均值的置信水平为 0.95 的 Bootstrap 置信区间。

(2) 求灯泡寿命平均值的置信水平为 0.95 的 Bootstrap 单侧置信下限。

解：设灯泡寿命服从正态分布 $N(\mu, \sigma^2)$，记 5 个样本观察值为 $x_1, x_2, \cdots, x_5$。求得 μ，σ^2 的矩估计值分别为

$$\hat{\mu} = \bar{x} = \frac{1}{5}\sum_{i=1}^{5} x_i = 1160, \hat{\sigma}^2 = \frac{1}{5}\sum_{i=1}^{5}(x_i - \bar{x})^2 = 7960\text{。}$$

产生服从正态分布 $N(1160, 7960)$ 的 1000 个容量为 5 的 Bootstrap 样本。对于每个样本 $x_1^{*i}, x_2^{*i}, \cdots, x_5^{*i}$ $(i = 1, 2, \cdots, 1000)$，计算 μ 的 Bootstrap 估计

$$\hat{\mu}_i^* = \frac{1}{5}\sum_{j=1}^{5} x_j^{*i}\text{。}$$

将以上 1000 个 μ_i^* 自小到大排列，得

$$\hat{\mu}_{(1)}^* \leqslant \hat{\mu}_{(2)}^* \leqslant \cdots \leqslant \hat{\mu}_{(1000)}^*\text{。} \tag{3-22}$$

取左起第 25($1 - \alpha = 0.95, \alpha/2 = 0.025, [1000\alpha/2] = 25$)位和 975($[1000(1 - \alpha/2)] = 975$)位，得到置信水平为 0.95 的 Bootstrap 置信区间为 $(\hat{\mu}_{(25)}^*, \hat{\mu}_{(975)}^*)$，由于是随机模拟，每次 MATLAB 软件的运行结果都是不一样的，其中一次求得的置信区间为(1086.2，1218)。

置信水平为 0.95 的 Bootstrap 单侧置信下限为式(3-22)排序中的第 50($1 - \alpha = 0.95, \alpha = 0.05, [1000\alpha] = 50$)位的值 $\hat{\mu}_{(50)}^*$，其中的一次运行结果为 $\hat{\mu}_{(50)}^* = 1096.3$。

计算的 MATLAB 程序如下：

```
clc,clear,a=[1050 1100 1120 1250 1280];
mu=mean(a),s2=var(a,1)              % 求样本均值和方差
b=normrnd(mu,sqrt(s2),5,1000);      % 每一列随机数对应一个 bootstrap 样本
m=mean(b);                          % 求每一列的均值
sm=sort(m);                         % 把均值按照从小到大排列
```

```
qj = [sm(25),sm(925)]                  % 写出置信区间
qjb = sm(50)                           % 写出单侧置信下限
```

例 3.48 一批产品中含有次品，自其中随机地取出 25 件，发现有 5 件次品。

(1) 求这批产品的次品率 p 的极大似然估计 $\hat{p}$。

(2) 求 p 的置信水平为 0.90 的 Bootstrap 置信区间。

解：(1)考察实验。在这批产品中随机地取一只产品，观察其是否为次品。引入随机变量

$$X = \begin{cases} 1, \text{若取到一只是次品}, \\ 0, \text{若取到一只不是次品}, \end{cases}$$

$X \sim B(1,p)$，其分布律为

$$P\{X = x\} = p^x (1-p)^{1-x}, x = 0,1。$$

设 $x_1, x_2, \cdots, x_n$ 是相应的样本值，于是得到似然函数

$$L(p) = \prod_{i=1}^{n} p^{x_i} (1-p)^{1-x_i} = p^{\sum_{i=1}^{n} x_i} (1-p)^{n-\sum_{i=1}^{n} x_i},$$

$$\ln L(p) = \left(\sum_{i=1}^{n} x_i \right) \ln p + \left(n - \sum_{i=1}^{n} x_i \right) \ln(1-p)。$$

令

$$\frac{\mathrm{d}}{\mathrm{d}p} \ln L(p) = \frac{\sum_{i=1}^{n} x_i}{p} - \frac{n - \sum_{i=1}^{n} x_i}{1-p} = 0,$$

求得 p 的极大似然估计值为

$$\hat{p} = \frac{1}{n} \sum_{i=1}^{n} x_i = \bar{x}。$$

本题中，$n = 25$，$\sum_{i=1}^{25} x_i = 5$，故次品率的极大似然估计值为

$$\hat{p} = \frac{5}{25} = 0.2。$$

于是 X 的近似分布律见表 3.19。

表 3.19　X 的近似分布律

X	1	0
概率	0.2	0.8

(2) 以表 3.19 为分布律产生 1000 个容量为 25 的 Bootstrap 样本，从而得到 p 的 1000 个 Bootstrap 估计 $\hat{p}_1^*, \hat{p}_2^*, \cdots, \hat{p}_{1000}^*$，将这 1000 个数按自小到大的次序排列，得

$$\hat{p}_{(1)}^* \leqslant \hat{p}_{(2)}^* \leqslant \cdots \leqslant \hat{p}_{(1000)}^*。$$

取 $(\hat{p}_{(50)}^*, \hat{p}_{(950)}^*) = (0.08, 0.32)$ 为 p 的置信水平为 0.90 的 Bootstrap 置信区间。

以表 3.19 为分布律产生一个容量为 25 的 Bootstrap 样本时，产生 $[0,1]$ 上均匀分布的 25 个随机数，如对应的随机数 $r \leqslant 0.2$，取 $X = 1$，即取到的为次品。模拟的 MATLAB 程序如下：

```
clc,clear
a = rand(25,1000);                         % 每列对应一个 Bootstrap 样本
b = zeros(25,1000); b(a <= 0.2) = 1;      % 生成 Bootstrap 样本
c = mean(b); sc = sort(c);                 % 求 Bootstrap 估计值,并按照从小到大排列
qj = [sc(50),sc(950)]                      % 写出置信区间
```

3.10.2 非参数 Bootstrap 方法

假设已得到来自未知分布 $F(x)$ 的一个简单随机样本 $X=(X_1,X_2,\cdots,X_n)$,用 θ 表示要研究的 $F(x)$ 的分布特性(如期望、方差等),则可以利用对原始样本 X 进行 n 次重复抽样获得的样本来得到 θ 的估计值 $\hat{\theta}$,通过研究 $\hat{\theta}$ 的性质来研究 θ 的性质。具体做法如下:对原始样本 X 有放回的重复抽样 n 次,每次抽取一个,这样得到的样本称为一个 Bootstrap 样本,计算此 Bootstrap 样本下 θ 的估计值 $\hat{\theta}$,重复抽取 Bootstrap 样本 B 次,即得到 $\hat{\theta}$ 的分布,$\hat{\theta}$ 的分布可以作为 θ 分布的近似。

1. 估计量标准误差的 Bootstrap 估计

在估计总体未知参数 θ 时,人们不但要给出 θ 的估计 $\hat{\theta}$,还需指出这一估计 $\hat{\theta}$ 的精度。通常我们用估计量 $\hat{\theta}$ 的标准差 $\sqrt{D(\hat{\theta})}$ 来度量估计的精度。估计量 $\hat{\theta}$ 的标准差 $\sigma_{\hat{\theta}}=\sqrt{D(\hat{\theta})}$ 也称为估计量 $\hat{\theta}$ 的标准误差。

求 $\sqrt{D(\hat{\theta})}$ 的 Bootstrap 估计的步骤:

(1) 自原始样本观测值 $x_1,x_2,\cdots,x_n$ 按放回抽样的方法,抽得容量为 n 的样本,其观测值为 $x_1^*,x_2^*,\cdots,x_n^*$(称为 Bootstrap 样本观测值)。

(2) 相继地、独立地求出 $B(B\geqslant 1000)$ 个容量为 n 的 Bootstrap 样本,其观测值为 x_1^{*i},$x_2^{*i},\cdots,x_n^{*i},i=1,2,\cdots,B$。对于第 i 个 Bootstrap 样本,计算 $\hat{\theta}_i^*=\hat{\theta}(x_1^{*i},x_2^{*i},\cdots,x_n^{*i}),i=1,2,\cdots,B,\hat{\theta}_i^*$ 称为 θ 的第 i 个 Bootstrap 估计值。

(3) 计算

$$\hat{\sigma}_{\hat{\theta}}=\sqrt{\frac{1}{B-1}\sum_{i=1}^{B}(\hat{\theta}_i^*-\bar{\theta}^*)^2},$$

其中,$\bar{\theta}^*=\frac{1}{B}\sum_{i=1}^{B}\hat{\theta}_i^*$。

例 3.49 随机地取 8 只活塞环,测得它们的直径为(mm)

74.001　74.005　74.003　74.001　74.000　73.998　74.006　74.002,

以样本均值作为总体均值 μ 的估计,试求均值 μ 估计量标准误差的 Bootstrap 估计。

解:相继地、独立地在上述 8 个观测值数据中,按放回抽样的方法取样,取 $B=1000$,得到 1000 个 Bootstrap 样本观测值。对每个 Bootstrap 样本观测值,计算得到样本均值分别为 $\hat{\mu}_1^*,\hat{\mu}_2^*,\cdots,\hat{\mu}_{1000}^*$。所以标准误差的 Bootstrap 估计值为

$$\hat{\sigma}_{\hat{\mu}}=\sqrt{\frac{1}{999}\sum_{i=1}^{1000}(\hat{\mu}_i^*-\bar{\mu}^*)^2},$$

其中，$\bar{\mu}^* = \frac{1}{1000}\sum_{i=1}^{1000}\hat{\mu}_i^*$。

利用 MATLAB 软件，求得的一次运行结果为$\hat{\sigma}_{\hat{\mu}} = 0.0009$。

计算的 MATLAB 程序如下：

```
clc,clear
a=[74.001  74.005  74.003  74.001  74.000  73.998  74.006  74.002];
b=bootstrp(1000,@ mean,a)  % 求各个 Bootstrap 样本的均值
c=std(b)                   % 计算标准误差
```

2. 估计量的均方误差及偏差的 Bootstrap 估计

$\hat{\theta}$是总体未知参数 θ 的估计量，$\hat{\theta}$的均方误差定义为 $\mathrm{MSE}(\hat{\theta}) = E[(\hat{\theta}-\theta)^2]$，它度量了估计$\hat{\theta}$与未知参数 θ 偏离的平均值的大小。一个好的估计应该有较小的均方误差。

$\hat{\theta}$关于 θ 的偏差定义为 $b = E(\hat{\theta}-\theta)$，偏差是估计量$\hat{\theta}$无偏性的度量，当$\hat{\theta}$是 θ 的无偏估计时 $b=0$。

求$\hat{\theta}$的均方误差 $\mathrm{MSE}(\hat{\theta}) = E[(\hat{\theta}-\theta)^2]$的 Bootstrap 估计的步骤：

(1) 利用原始样本观测值 $x_1,x_2,\cdots,x_n$ 计算参数 θ 的估计值$\hat{\theta} = \hat{\theta}(x_1,x_2,\cdots,x_n)$。

(2) 自原始样本观测值 $x_1,x_2,\cdots,x_n$ 按放回抽样的方法，抽得容量为 n 的样本，其观测值为 $x_1^*,x_2^*,\cdots,x_n^*$（称为 Bootstrap 样本观测值）。

(3) 相继地、独立地求出 $B(B\geqslant 1000)$个容量为 n 的 Bootstrap 样本，其观测值为 x_1^{*i}，$x_2^{*i},\cdots,x_n^{*i},i=1,2,\cdots,B$。对于第 i 个 Bootstrap 样本，计算$\hat{\theta}_i^* = \hat{\theta}(x_1^{*i},x_2^{*i},\cdots,x_n^{*i}),i=1,2,\cdots,B$，$\hat{\theta}_i^*$ 称为 θ 的第 i 个 Bootstrap 估计值。

(4) 计算

$$\mathrm{MSE}(\hat{\theta}) = \frac{1}{B}\sum_{i=1}^{B}(\hat{\theta}_i^* - \hat{\theta})^2,$$

即为所求的均方误差的 Bootstrap 估计值。

类似地，也可以给出偏差的 Bootstrap 估计值。

例 3.50 （续例 3.49）随机地取 8 只活塞环，测得它们的直径为(mm)

74.001　74.005　74.003　74.001　74.000　73.998　74.006　74.002，

以样本均值作为总体均值μ 的估计，试求均值μ 估计量均方误差的 Bootstrap 估计。

解：利用原始样本观测值求得总体均值μ 的估计值$\hat{\mu} = \bar{x} = 74.002$。

相继地、独立地在上述 8 个数据中，按放回抽样的方法取样，取 $B=1000$ 得到 1000 个 Bootstrap 样本。对每个 Bootstrap 样本，利用样本观测值计算得到样本均值分别为 $\hat{\mu}_1^*,\hat{\mu}_2^*,\cdots,\hat{\mu}_{1000}^*$。所以均方误差的 Bootstrap 估计

$$\mathrm{MSE}(\hat{\mu}) = \frac{1}{1000}\sum_{i=1}^{1000}(\hat{\mu}_i^* - \hat{\mu})^2,$$

其中的一次 MATLAB 运行结果为 $\mathrm{MSE}(\hat{\mu}) = 7.4258\times 10^{-7}$。

计算的 MATLAB 程序如下：

```
clc,clear
a = [74.001  74.005  74.003  74.001  74.000  73.998  74.006  74.002];
mu = mean(a)                        % 计算原始样本均值
b = bootstrp(1000,@ mean,a);       % 求各个 Bootstrap 样本的均值
c = mean((b - mu).^2)               % 计算均方误差的 Bootstrap 估计
```

例 3.51　(续例 3.49)随机地取 8 只活塞环,测得它们的直径为(mm)

74.001　74.005　74.003　74.001　74.000　73.998　74.006　74.002,

以样本均值作为总体均值 μ 的估计,试求偏差 $b = E(\hat{\mu} - \mu)$ 的 Bootstrap 估计。

解:利用原始样本观测值求得总体均值 μ 的估计值 $\hat{\mu} = \bar{x} = 74.002$。

相继地、独立地在上述 8 个数据中,按放回抽样的方法取样,取 $B = 10000$ 得到 10000 个 Bootstrap 样本。对每个 Bootstrap 样本,利用样本观测值计算得到样本均值分别为 $\hat{\mu}_1^*$, $\hat{\mu}_2^*$, $\cdots$, $\hat{\mu}_{10000}^*$。所以偏差 b 的 Bootstrap 估计

$$b^* = \frac{1}{10000}\sum_{i=1}^{10000}(\hat{\mu}_i^* - \hat{\mu}) = \frac{1}{10000}\sum_{i=1}^{10000}\hat{\mu}_i^* - \hat{\mu},$$

其中的一次 MATLAB 运行结果为 $b^* = 1.675 \times 10^{-6}$。

计算的 MATLAB 程序如下:

```
clc,clear
a = [74.001  74.005  74.003  74.001  74.000  73.998  74.006  74.002];
mu = mean(a)                        % 计算原始样本均值
b = bootstrp(10000,@ mean,a);      % 求各个 bootstrap 样本的均值
c = mean(b) - mu                    % 计算偏差的 bootstrap 估计
```

3. Bootstrap 置信区间

总体参数 θ 的置信水平为 $1-\alpha$ 的 Bootstrap 置信区间的求解步骤:

(1) 独立地抽取 B 个容量为 n 的 Bootstrap 样本,其观测值为 $x^{*i} = (x_1^{*i}, x_2^{*i}, \cdots, x_n^{*i})$, $i = 1, 2, \cdots, B$。对于第 i 个 Bootstrap 样本,利用观测值计算 $\hat{\theta}_i^* = \hat{\theta}(x_1^{*i}, x_2^{*i}, \cdots, x_n^{*i})$, $i = 1, 2, \cdots, B$。

(2) 将 $\hat{\theta}_1^*, \hat{\theta}_2^*, \cdots, \hat{\theta}_B^*$ 自小到大排序,得 $\hat{\theta}_{(1)}^* \leqslant \hat{\theta}_{(2)}^* \leqslant \cdots \leqslant \hat{\theta}_{(B)}^*$。

(3) 取 $k_1 = \left[B \times \dfrac{\alpha}{2}\right]$, $k_2 = \left[B \times \left(1 - \dfrac{\alpha}{2}\right)\right]$,以 $\hat{\theta}_{(k_1)}^*$, $\hat{\theta}_{(k_2)}^*$ 分别作为 $\hat{\theta}_{\alpha/2}^*$, $\hat{\theta}_{1-\alpha/2}^*$ 的估计,从而得到 θ 的置信水平为 $1-\alpha$ 的近似置信区间为 $(\hat{\theta}_{(k_1)}^*, \hat{\theta}_{(k_2)}^*)$。

例 3.52　(续例 3.49)随机地取 8 只活塞环,测得它们的直径为(mm)

74.001　74.005　74.003　74.001　74.000　73.998　74.006　74.002,

以样本均值 $\bar{x}$ 作为总体均值 μ 的估计值,以样本标准差 s 作为总体标准差 σ 的估计值,求 μ 以及 σ 的置信水平为 0.90 的 Bootstrap 置信区间。

解:相继地、独立地自原始样本数据用放回抽样的方法,得到 10000 个容量均为 8 的 Bootstrap 样本。

对每个 Bootstrap 样本,利用样本观测值算出样本均值 $\bar{x}_i^*$ $(i = 1, 2, \cdots, 10000)$,将 10000 个 $\bar{x}_i^*$ 按自小到大排序,左起第 500 位为 $\bar{x}_{(500)}^* = 74.0006$,左起第 9500 位为 $\bar{x}_{(9500)}^* =$

74.0035。于是得μ的一个置信水平为0.90的Bootstrap置信区间为

$$(\hat{\mu}^*_{(500)},\hat{\mu}^*_{(9500)})=(74.0006,74.0035)。$$

对上述10000个Bootstrap样本的每一个算出标准差s_i^*($i=1,2,\cdots,10000$),将10000个s_i^*按自小到大排序。左起第500位为$s^*_{(500)}=0.0020$,左起第9500位为$s^*_{(9500)}=0.0036$,于是得σ的一个置信水平为0.90的bootstap置信区间为

$$(\hat{\sigma}^*_{(500)},\hat{\sigma}^*_{(9500)})=(0.0020,0.0036)。$$

计算的MATLAB程序如下:

```
clc,clear
a=[74.001  74.005  74.003  74.001  74.000  73.998  74.006  74.002];
b=bootci(10000,{@ (x)[mean(x),std(x)],a},'alpha',0.1)% 返回值b第一列为均值的置信区间,第二列为标准差的置信区间
```

4. 用Bootstrap $-t$法求均值μ的Bootstrap置信区间

总体F具有正态分布,方差σ^2未知时,可借助枢轴量$t=\dfrac{\overline{X}-\mu}{S/\sqrt{n}}$求得$\mu$的置信水平为$1-\alpha$的置信区间$\left(\overline{X}-\dfrac{S}{\sqrt{n}}t_{\alpha/2}(n-1),\overline{X}-\dfrac{S}{\sqrt{n}}t_{1-\alpha/2}(n-1)\right)$。若总体分布未知时,以样本均值$\bar{x}$作为总体均值$\mu$的估计,构造与$t$类似的枢轴量

$$W^*=\frac{\overline{X}^*-\bar{x}}{S^*/\sqrt{n}},\tag{3-23}$$

式中:$\overline{X}^*$,S^*分别为与$\overline{X}$,S相应的Bootstrap样本均值与样本标准差。

用W^*的分布近似t的分布,取$k_1=\left[B\times\dfrac{\alpha}{2}\right]$,$k_2=\left[B\times\left(1-\dfrac{\alpha}{2}\right)\right]$,以$w^*_{(k_1)}$,$w^*_{(k_2)}$分别作为$W^*$分位数$w^*_{\alpha/2}$,$w^*_{1-\alpha/2}$的估计,从而得到$\mu$的置信水平为$1-\alpha$的近似置信区间

$$\left(\overline{X}-w^*_{(k_2)}\frac{S}{\sqrt{n}},\overline{X}-w^*_{(k_1)}\frac{S}{\sqrt{n}}\right),\tag{3-24}$$

这一方法称为Bootstrap $-t$法。

例3.53 30窝仔猪出生时各窝猪的存活只数为

9 8 10 12 11 12 7 9 11 8 9 7 7 8 9 7 9 9 10 9 9 9
12 10 10 9 13 11 13 9,

以样本均值$\bar{x}$作为总体均值μ的估计值,以样本标准差s作为总体标准差σ的估计值,用Bootstrap $-t$法求μ的置信水平为0.90的置信区间。

解:在原始样本中$n=30$,样本均值$\bar{x}=9.5333$,样本标准差$s=1.7167$。

相继地、独立地自原始样本数据用放回抽样的方法,得到10000个容量均为30的Bootstrap样本,其观测值为$x_1^{*i},x_2^{*i},\cdots,x_{30}^{*i}$,$i=1,2,\cdots,10000$。对每个Bootstrap样本算出样本均值$\bar{x}_i^*$和样本标准差$s_i^*$,从而得到$w^*$的第$i$个值

$$w_i^*=\frac{\bar{x}_i^*-\bar{x}}{s_i^*/\sqrt{n}},i=1,2,\cdots,10000。$$

将 w_i^* 自小到大排列，得

$$w_{(1)}^* \leqslant w_{(2)}^* \leqslant \cdots \leqslant w_{(10000)}^*。$$

取置信水平 $1-\alpha=0.9$，此时 $\alpha=0.1$，$\alpha/2=0.05$，$1-\alpha/2=0.95$，取 $k_1=\left[B\times\frac{\alpha}{2}\right]=500$，$k_2=\left[B\times\left(1-\frac{\alpha}{2}\right)\right]=9500$，于是按式(3-24)得到 μ 的一个置信水平为 0.90 的 Bootstrap - t 置信区间为

$$\left(\bar{x}-w_{(9500)}^*\frac{s}{\sqrt{n}},\bar{x}-w_{(500)}^*\frac{s}{\sqrt{n}}\right)。$$

运用 MATLAB 软件进行计算，其中的一次运行结果为(9.0309,10.0916)。

计算的 MATLAB 程序如下：

```
clc,clear
a = [9  8  10  12  11  12  7  9  11  8  9  7  7  8  9  7  9  9  10  9  9  9  12
  10  10  9  13  11  13  9];
xb = mean(a),s = std(a),n = length(a)
stats = bootstrp(10000,@ (x)[mean(x)  std(x)],a);
w = (stats(:,1) - xb)./stats(:,2) * sqrt(n);                    % 计算 w 估计值
sw = sort(w);                                                    % 把 w 按照自小到大排列
L = xb - sw(9500) * s/sqrt(n),U = xb - sw(500) * s/sqrt(n)
% b = bootci(10000,{@ (x)mean(x),a},'alpha',0.1,'type','student')  % 直接利用工具箱求解
                                                                   % 速度很慢
```

用非参数 Bootstrap 法来求参数的近似置信区间的优点是，不需要对总体分布的类型作任何假设，而且可以适用于小样本，且能用于各种统计量。

3.11 概率论与数理统计的一些应用

概率论与数理统计的应用是十分广泛的，本节介绍其在可靠性和质量控制两个方面的一些内容。

3.11.1 可靠性

产品的质量表现为它的技术性能以及可靠性。可靠性是指产品在规定的条件下和规定的时间内完成规定功能的能力。本节介绍可靠性研究的最基本的知识。

1. 几个重要的可靠性指标

产品在规定的条件下和规定的时间内完成规定功能的能力称为产品的可靠性。为了描述一个产品的可靠性的水平的高低，通常利用概率将描述数量化，这就是可靠性理论中衡量可靠性水平高低的可靠性指标。下面介绍几个重要的可靠性指标。

(1) 可靠性函数。

产品丧失规定的功能称为失效或称故障。产品从时间 $t=0$ 开始工作直至时刻 T 时

失效,失效前的这段时间长度 T 称为产品的寿命。由于产品发生失效的时刻是随机的,所以寿命 T 是一个非负的随机变量。

定义 3.9 设 T 是产品的寿命,$F(t)$ 是 T 的分布函数,$f(t)$ 是 T 的概率密度,则时间 t 的函数

$$R(t) = P\{T > t\} = 1 - F(t) = \int_t^{\infty} f(x)\,\mathrm{d}x \tag{3-25}$$

称为产品的可靠性函数,又称可靠度。$F(t)$ 称为失效分布函数,$f(t)$ 称为失效概率密度。

按定义 $R(t)$ 表示产品在时间区间 $[0,t]$ 不失效的概率,由失效分布函数 $F(t)$ 的性质知道 $R(t)$ 有以下性质:

① $R(0)=1, R(\infty)=0$。

② $R(t)+F(t)=1$。

③ $R(t)$ 是 t 的单调不增函数。

(2) 失效率。

产品在时刻 t 以前正常工作的条件下,在时间区间 $(t,t+\Delta t]$ 失效的条件概率为

$$P\{t<T\leqslant t+\Delta t \mid T>t\} = \frac{P\{t<T\leqslant t+\Delta t, T>t\}}{P\{T>t\}}$$

$$= \frac{P\{t<T\leqslant t+\Delta t\}}{P\{T>t\}} = \frac{F(t+\Delta t)-F(t)}{R(t)}。$$

上式除以 Δt,得到产品在时刻 t 以前正常工作的条件下,在时间区间 $(t,t+\Delta t]$ 失效的平均失效率,即

$$\frac{P\{t<T\leqslant t+\Delta t \mid T>t\}}{\Delta t} = \frac{F(t+\Delta t)-F(t)}{R(t)\Delta t}。$$

令 $\Delta t \to 0$,得到瞬时失效率为

$$h(t) = \lim_{\Delta t\to 0}\frac{P\{t<T\leqslant t+\Delta t \mid T>t\}}{\Delta t} = \lim_{\Delta t\to 0}\frac{F(t+\Delta t)-F(t)}{R(t)\Delta t}$$

$$= \frac{F'(t)}{R(t)} = \frac{f(t)}{R(t)}。$$

这里设 $f(t)$ 在 t 连续。

定义 3.10 设产品的寿命为 T,$f(t)$ 是它的概率密度,$R(t)$ 是产品的可靠性函数,则

$$h(t) = \frac{f(t)}{R(t)} \tag{3-26}$$

称为产品的失效率。

失效率又称危险率、风险率或瞬时失效率。

由式(3-26),得

$$h(t) = \frac{-R'(t)}{R(t)} = -\frac{\mathrm{d}}{\mathrm{d}t}\ln R(t)。$$

将上式两边自 $0 \sim t$ 积分,并注意到 $R(0)=1$,即得

$$\int_0^t h(t)\,\mathrm{d}t = -\ln R(t),$$

或即

$$R(t) = \mathrm{e}^{-\int_0^t h(t)\,\mathrm{d}t}。 \tag{3-27}$$

当已知$f(t)$或$R(t)$时，由式(3-26)可得$h(t)$；反之，若已知$h(t)$，则可由式(3-27)求得$R(t)$。由式(3-27)还可知道，失效率$h(t)$越低则可靠性函数$R(t)$越高。

典型的失效率函数见图3.15，它是呈现出浴盆形状，常称为浴盆曲线。由图3.15可见，在Ⅰ以前，失效率是很高，但随产品工作时间的增加而迅速下降，这是早期失效期，主要是由设计错误、工艺缺陷、装配上的问题，或由于质量检验不严格等原因引起的。工厂在实际中采用筛选的办法剔除一遍不合格品以减少出厂产品的早期失效。在Ⅰ和Ⅱ之间，$h(t)$基本上保持常数，这是偶然失效期。这段时间失效率较低，是产品最佳工作阶段。在这阶段内产品失效常常是由于多种原因造成的，而每一种原因的影响都不太严重，失效常属偶然。人们要尽力做好产品的维护和保养工作，使这一阶段尽量延长。在Ⅱ之后，$h(t)$又急速上升，这是磨损失效期。这是由于老化、疲劳和磨损等原因所致。此时应采取维修更换等手段来维持产品正常运行。

(3) 平均寿命和方差。

设产品寿命T的概率密度为$f(t)$，则T的数学期望

$$E(T)=\int_0^{\infty} tf(t)\,\mathrm{d}t=\int_0^{\infty} R(t)\,\mathrm{d}t \qquad (3-28)$$

称为产品的平均寿命。

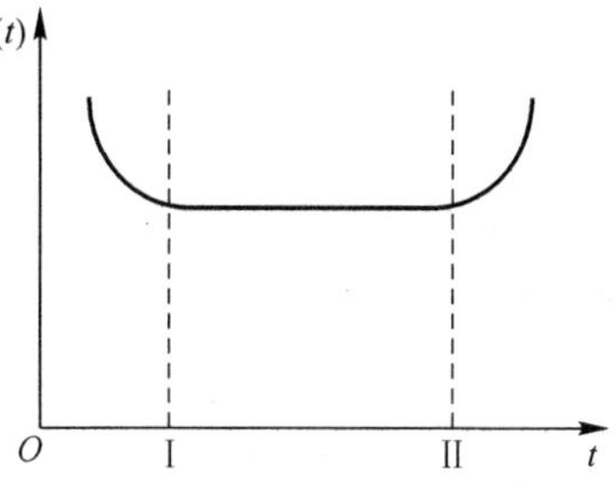

图3.15 失效率函数图

平均寿命是一个标志产品平均能工作多长时间的量。人们可以从这个指标直观地了解一种产品的可靠性水平，也容易比较两种产品在可靠性水平上的高低。例如，一种显像管的平均寿命是8000h，另一种显像管的平均寿命是10000h，那么认为后者较前者的可靠性水平高。注意，这并不意味着后者每一显像管的寿命都比前者高2000h。平均寿命这一可靠性指标不是对单个产品而言的，而是对整批产品而言的一个概念。

寿命T的方差

$$D(T)=\int_0^{\infty}(t-E(T))^2 f(t)\,\mathrm{d}t=E(T^2)-[E(T)]^2。$$

$D(T)$可以描述整批产品中寿命参差不齐的程度。

(4) 可靠寿命。

可靠性函数$R(t)$，当$t=0$时$R(0)=1$，以后随t的增大，$R(t)$逐渐下降。对于给定的数$r(0<r<1)$，若有

$$R(t_r)=P\{T>t_r\}=r,$$

则称t_r为可靠寿命，其中r称为可靠水平。

按定义，产品的使用时间只要小于可靠寿命t_r，那么这一产品的可靠度就不会小于r。

2. 两种常用的失效分布

确定产品的失效分布是可靠性研究的基本内容之一，要确定某种产品的失效分布，通常有两种方法：一是用随机抽样，通过实验，应用数理统计的方法近似求出理论分布；二是从产品的物理特性出发提出若干基本假设，在这些假设下推导出所需分布。这里只列出两种常用的连续型失效分布。

(1) 指数分布。

设产品的失效分布为指数分布，其概率密度为

$$f(t)=\lambda e^{-\lambda t},\quad t\geqslant 0,$$

则有失效分布函数为

$$F(t)=1-e^{-\lambda t},t\geqslant 0,$$

可靠性函数为

$$R(t)=1-F(t)=e^{-\lambda t},t\geqslant 0,$$

失效率函数为

$$h(t)=\frac{f(t)}{R(t)}=\lambda,$$

平均寿命为

$$E(T)=\int_0^{\infty}R(t)\mathrm{d}t=\int_0^{\infty}e^{-\lambda t}\mathrm{d}t=\frac{1}{\lambda},$$

方差为

$$D(T)=E(T^2)-[E(T)]^2=\frac{1}{\lambda^2}。$$

失效分布为指数分布的元件具有重要的性质—无记忆性。即对于任意两个正数 s,t,有

$$P\{T>s+t|T>s\}=\frac{P\{T>s+t,T>s\}}{P\{T>s\}}=\frac{P\{T>s+t\}}{P\{T>s\}}$$
$$=\frac{e^{-\lambda(s+t)}}{e^{-\lambda t}}=e^{-\lambda t}=P\{T>t\},$$

即

$$P\{T>s+t|T>s\}=P\{T>t\}。$$

这一性质表明,如果已知产品工作了 s 小时,则它能再工作 t 小时的概率与已工作过的时间 s 无关。

当 T 的失效分布为指数分布时,其失效率为常数 λ,还可知道指数分布是唯一的失效率为常数的失效分布。因而产品在偶然失效期的寿命近似服从指数分布,而元件偶然失效期恰是产品在实际使用中较长的一个时期。

对于大多数电子元器件,在环境应力(指的是环境温度、湿度、振动、电流、电压等对元件的功能有影响的各种外界因素)的偶然冲击下引起的失效,其失效分布近似于指数分布。

另外,指数分布常可作为某些分布的近似分布。例如可以作为形状参数接近于 1 的威布尔(Weibull)分布的近似分布。

基于上述原因指数分布是可靠性研究中的一种重要分布。

(2) 威布尔分布。

设产品的失效分布为威布尔分布,其概率密度为

$$f(t)=\lambda\alpha(\lambda t)^{\alpha-1}e^{-(\lambda t)^{\alpha}},t\geqslant 0,\alpha,\lambda>0,\tag{3-29}$$

则其失效分布函数为

$$F(t)=1-e^{-(\lambda t)^{\alpha}},t\geqslant 0,$$

式中:α 为形状参数;λ 为尺度参数。

可靠性函数为

$$R(t)=e^{-(\lambda t)^{\alpha}},t\geqslant 0,$$

失效率函数为

$$h(t)=\frac{f(t)}{R(t)}=\frac{\lambda\alpha\ (\lambda\alpha)^{\alpha-1}e^{-(\lambda t)^{\alpha}}}{e^{-(\lambda t)^{\alpha}}}=\lambda\alpha\ (\lambda\alpha)^{\alpha-1},t>0。$$

当 $\alpha<1$ 时，$h(t)$ 单调减少；当 $\alpha>1$ 时，$h(t)$ 单调增加。前者可以用来描述早期失效；后者可以用来描述磨损失效。当 $\alpha=1$ 时，$h(t)=\lambda$ 是常数，这就是指数分布的情况。由于威布尔分布的参数 λ 及 α 的变化范围广，因此它可以用来描述较多的寿命分布的规律。如电子元器件、滚珠轴承、电容器、光电器件、马达，以及许多生命体的寿命，都可以用威布尔分布来描述。

还可以算得

$$E(T)=\frac{1}{\lambda}\Gamma\left(\frac{1}{\alpha}+1\right),$$

$$D(T)=\frac{1}{\lambda^{2}}\left\{\Gamma\left(\frac{2}{\alpha}+1\right)-\Gamma^{2}\left(\frac{1}{\alpha}+1\right)\right\}。$$

3. 指数分布参数的点估计

确定了失效分布的类型，一般来说分布中还会含有未知参数，因此需要进行寿命实验取得实验数据，以寿命实验数据来估计未知参数。下面介绍指数分布参数的点估计。

一种典型的寿命实验是，将随机抽取的 n 个产品在时间 $t=0$ 时同时投入实验，直到每个产品都失效为止，记录每一个产品的失效时间，这样得到的样本（即由所有产品的失效时间 $0\leqslant t_1\leqslant t_2\leqslant\cdots\leqslant t_n$ 所组成的样本）称为完全样本。然而产品的寿命往往很长，由于时间和财力的限制，往往不可能得到完全样本，于是考虑截尾寿命实验。常用的截尾寿命实验有两种：一种是定时截尾寿命实验。假设将随机抽取的 n 个产品在时间 $t=0$ 时同时投入实验，实验进行到事先规定的截尾时间 t_0 停止。如实验截止时共有 m 个产品失效，它们的失效时间分别为

$$0\leqslant t_1\leqslant t_2\leqslant\cdots\leqslant t_m\leqslant t_0,$$

式中：m 为随机变量。所得的样本 $t_1,t_2,\cdots,t_m$ 称为定时截尾样本。

另一种是定数截尾寿命实验。假设将随机抽取的 n 个产品在时间 $t=0$ 时同时投入实验，实验进行到有 m 个（m 是事先规定的，$m<n$）产品失效时停止，m 个失效产品的失效时间分别为

$$0\leqslant t_1\leqslant t_2\leqslant\cdots\leqslant t_m,$$

式中：t_m 为第 m 个产品的失效时间，是随机变量。所得样本 $t_1,t_2,\cdots,t_m$ 称为定数截尾样本。

下面利用这两种截尾样本来估计指数分布的未知参数。设产品的失效分布是指数分布，其概率密度为

$$f(t)=\lambda e^{-\lambda t},t\geqslant 0,$$

$\lambda>0$ 未知。设有 n 个产品投入定数截尾实验，截尾数为 m，得定数截尾样本 $0\leqslant t_1\leqslant t_2\leqslant\cdots\leqslant t_m$，$t_1,\cdots,t_m$ 为样本观测值。现在利用这一样本来估计未知参数 λ（即产品的平均寿命为 $1/\lambda$）。在时间区间 $[0,t_m]$ 有 m 个产品失效，而有 $n-m$ 个产品的寿命超过 t_m。下面用极大似然估计法估计 λ。为了确定似然函数，需要知道上述观察结果出现的概率。

一个产品在$(t_i,t_i+\Delta t_i)$失效的概率近似地为$f(t_i)\Delta t_i=\lambda e^{-\lambda t_i}\Delta t_i, i=1,2,\cdots,m$，其余$n-m$个产品寿命超过$t_m$的概率为

$$\left(\int_{t_m}^{\infty}\lambda e^{-\lambda t}dt\right)^{n-m}=(e^{-\lambda t_m})^{n-m},$$

故上述观察结果出现的概率近似地为

$$\frac{n!}{(n-m)!}(\lambda e^{-\lambda t_1}\Delta t_1)(\lambda e^{-\lambda t_2}\Delta t_2)\cdots(\lambda e^{-\lambda t_m}\Delta t_m)(e^{-\lambda t_m})^{n-m}$$

$$=\frac{n!}{(n-m)!}\lambda^m e^{-\lambda[t_1+t_2+\cdots+t_m+(n-m)t_m]}\Delta t_1\Delta t_2\cdots\Delta t_m,$$

式中：$\Delta t_1\Delta t_2\cdots\Delta t_m$为常数。

因忽略一个常数因子不影响λ的极大似然估计，故可取似然函数为

$$L(\lambda)=\lambda^m e^{-\lambda[t_1+t_2+\cdots+t_m+(n-m)t_m]},$$

对数似然函数为

$$\ln L(\lambda)=m\ln\lambda-\lambda[t_1+t_2+\cdots+t_m+(n-m)t_m]。$$

令

$$\frac{d}{d\lambda}\ln L(\lambda)=\frac{m}{\lambda}-[t_1+t_2+\cdots+t_m+(n-m)t_m]=0,$$

得到λ的极大似然估计为

$$\hat{\lambda}=\frac{m}{S(t_m)}, \tag{3-30}$$

式中：$S(t_m)=t_1+t_2+\cdots+t_m+(n-m)t_m$为总实验时间，它表示直至实验结束时，$n$个产品的实验时间的总和。

对于定时截尾样本$0\leqslant t_1\leqslant t_2\leqslant\cdots\leqslant t_m\leqslant t_0$（其中$t_0$是截尾时间），与上面的讨论类似，可得似然函数为

$$L(\lambda)=\lambda^m e^{-\lambda[t_1+t_2+\cdots+t_m+(n-m)t_0]},$$

λ的极大似然估计为

$$\hat{\lambda}=\frac{m}{S(t_0)}, \tag{3-31}$$

式中：$S(t_0)=t_1+t_2+\cdots+t_m+(n-m)t_0$为总实验时间，它表示直至时刻$t_0$为止，$n$个产品的实验时间的总和。

例 3.54 设电池的寿命服从指数分布，其概率密度为

$$f(t)=\lambda e^{-\lambda t}, t\geqslant 0,$$

$\lambda>0$未知，随机地取50只电池在$t=0$时投入寿命实验，规定实验进行到其中有15只失效时结束，测得失效时间(h)为

115 119 131 138 142 147 148 155 158 159 163 166 167 170 172,

试求λ的极大似然估计。

解：$n=50, m=15, s(t_{15})=115+119+\cdots+172+(50-15)\times172=8270$，得$\lambda$的极大似然估计为

$$\hat{\lambda}=\frac{m}{s(t_{15})}=\frac{15}{8270}=0.0018(h^{-1})。$$

计算的 MATLAB 程序如下：

```
clc,clear,n=50;
a=[115  119  131  138  142  147  148  155  158  159  163  166  167  170
172];
m=length(a);  s=sum(a)+(n-m)*max(a)
lamda=m/s
```

例 3.55 设产品的寿命服从指数分布，其概率密度函数为

$$f(t)=\lambda e^{-\lambda t}, t\geqslant 0,$$

$\lambda>0$ 未知，随机地取 7 只产品在 $t=0$ 时投入定时截尾寿命实验。规定实验进行到 700h 结束。在实验结束时除 1 只产品未失效外，其余 6 只产品的失效时间分别为(h)

650　450　530　600　450　120

试求 λ 的极大似然估计。

解：$n=7, m=6, t_0=700\text{h}$，则有

$$s(t_0)=650+450+530+600+450+120+(7-6)\times 700=3500,$$

得 λ 的极大似然估计为

$$\hat{\lambda}=\frac{6}{s(t_0)}=\frac{6}{3500}=0.0017(\text{h}^{-1})。$$

计算的 MATLAB 程序如下：

```
clc,clear,n=7; t0=700;
a=[650  450  530  600  450  120];
m=length(a);  s=sum(a)+(n-m)*t0
lamda=m/s
```

4. 一个用 Bootstrap 方法求可靠性的近似置信下限的例子

例 3.56 设某种电子器件的寿命(以年计)T 服从指数分布，概率密度为

$$f(t)=\lambda e^{-\lambda t}, t\geqslant 0,$$

其中 $\lambda>0$ 未知。为了估计产品的平均寿命 $1/\lambda$，需要进行寿命实验，以取得寿命数据。

现在将器件进行以下类型的寿命实验。从这批器件中任取 n 只在时刻 $t=0$ 时投入独立寿命实验，并只在预先给定的 k 个时刻 $0<t_1<t_2<\cdots<t_k$ 时，分别取 $n_1,n_2,\cdots,n_k$ 只器件观察它们是否失效。得到的寿命实验数据见表 3.20。这一数据为一次性检测数据，将它记为 Ω。

表 3.20　寿命实验数据

检测时刻	t_1　t_2　$\cdots$　t_k
投入检测的器件数(n_i)	n_1　n_2　$\cdots$　n_k　　$\sum_{i=1}^{k} n_i=n$
失效器件数(d_i)	d_1　d_2　$\cdots$　d_k
未失效器件数(s_i)	s_1　s_2　$\cdots$　s_k　　$d_i+s_i=n_i$

需要解决的问题：

(1) 利用数据 Ω，求 λ 的极大似然估计值。

（2）利用 Bootstrap 方法求 λ 的置信水平为 $1-\alpha$ 的近似单侧置信上限，从而得到在时刻 t 器件可靠性 $R(t)=e^{-\lambda t}$ 的近似单侧置信下限。

解：（1）寿命 T 的分布函数为

$$F(t)=1-e^{-\lambda t},t\geqslant 0。$$

考虑事件 A_i："实验进行直至 t_i 时，n_i 只器件中有 d_i 只失效，有 s_i 只未失效"的概率。一只器件在 t_i 以前失效的概率为

$$P\{T\leqslant t_i\}=F(t_i)=1-e^{-\lambda t_i},$$

而在 t_i 时未失效的概率为

$$P\{T>t_i\}=1-F(t_i)=e^{-\lambda t_i}。$$

由于各只器件的寿命是相互独立的，因此事件 A_i 的概率为

$$P(A_i)=C_{n_i}^{d_i}(1-e^{-\lambda t_i})^{d_i}(e^{-\lambda t_i})^{s_i},i=1,2,\cdots,k,$$

从而对应于数据 Ω 的似然函数为

$$L(\lambda,\Omega)=P(A_1)P(A_2)\cdots P(A_k)=C\prod_{i=1}^{k}(1-e^{-\lambda t_i})^{d_i}(e^{-\lambda t_i})^{s_i},$$

式中：C 为常数。

取对数，得对数似然函数为

$$\ln L(\lambda,\Omega)=\ln C+\sum_{i=1}^{k}[d_i\ln(1-e^{-\lambda t_i})-\lambda t_i s_i]。$$

令

$$\frac{\mathrm{d}\ln L(\lambda,\Omega)}{\mathrm{d}\lambda}=\sum_{i=1}^{k}\left(\frac{d_i t_i e^{-\lambda t_i}}{1-e^{-\lambda t_i}}-s_i t_i\right)=0,$$

得对数似然方程

$$\sum_{i=1}^{k}\left(\frac{d_i t_i}{e^{\lambda t_i}-1}-s_i t_i\right)=0。\tag{3-32}$$

设 s_i 不全为 0，d_i 不全为 0，可以验证，式(3-32)有唯一解，且在该点处 $L(\lambda,\Omega)$ 取到最大值。解式(3-32)就得到 λ 的极大似然估计值 $\hat{\lambda}$。式(3-32)是容易用数值解法求解的。

例如，现测得器件的寿命实验数据见表 3.21。由式(3-32)可解得 λ 的极大似然估计值 $\hat{\lambda}=0.1072$。

表 3.21 器件的寿命实验数据

t_i	1	2	3	4	5	6	7	8	9	10	11	12
n_i	20	20	20	20	20	20	20	20	20	20	20	20
d_i	1	2	9	5	12	7	11	11	13	13	13	15

（2）利用 Bootstrap 法求 λ 的近似置信下限的做法如下：

① 对于 $i=1,2,\cdots,12$，产生服从分布 $F(t)=1-e^{-\hat{\lambda}t}$ 的 n_i 个随机数。设这 n_i 个数中落在区间 $(0,t_i]$ 的个数为 d_i，落在区间 (t_i,∞) 的个数为 $s_i(s_i+d_i=n_i)$。

② 以①中的 (d_i,s_i)，$i=1,2,\cdots,12$，由式(3-32)求出 λ 的极大似然估计值，称它为 λ

的伪极大似然估计值。

③ 将①、②重复进行 1000 遍，得到 1000 个 λ 的伪极大似然估计值。将它们自小到大排成

$$\hat{\lambda}_{(1)} \leqslant \hat{\lambda}_{(2)} \leqslant \cdots \leqslant \hat{\lambda}_{(1000)}。$$

以 $\hat{\lambda}_{(950)}$ 作为 λ 的置信水平为 0.95 的近似单侧置信上限。对于确定的时刻 t_0，以 $e^{-\hat{\lambda}_{(950)}t_0}$ 作为器件在 t_0 的可靠性 $R(t_0)=e^{-\lambda t_0}$ 的置信水平为 0.95 的近似单侧置信下限。

例如，对于表 3.21 的数据可得器件的可靠性 $R(t_0)=e^{-\lambda t_0}$ 的近似单侧置信下限见表 3.22。

表 3.22　可靠性的近似单侧置信下限

t_0	1	2	3	4	5
置信水平 0.95	0.8801	0.7764	0.6841	0.6028	0.5312

MATLAB 程序如下：

```
clc,clear,format long g
ti = [1:12]; di = [1  2  9  5  12  7  11  11  13  13  13  15]; si =20 - di;
ft = @ (x,d,t,s)sum(d. * t./(exp(x * t) - 1) - s. * t); % 定义对数似然方程,用 x 表示 lambda
lambda1 = fzero(@ (x)ft(x,di,ti,si),[0.0001,0.2])
lambda2 =1/lambda1   % 注意 MATLAB 工具箱中指数分布等参数和中文教科书的参数是倒数
                     % 关系
for B =1:1000
er = exprnd(lambda2,20,12);  % 生成 20 ×12 的指数分布的随机数矩阵,每列是一个样本
for j =1:12
dd(j) = sum(er(:,j) <= j);      % 统计在 ti =1,2,…,12 时失效的个数
end
ss =20 - dd;
lambda(B) = fzero(@ (x)ft(x,dd,ti,ss),[0.0001,0.2]);
end
slambda = sort(lambda);                % 把求得的参数按从小到大的顺序排列
lambda3 = slambda(950)                 % 提出 Bootstrap 法的单侧置信上限
t0 =1:5; xb = exp( - lambda3 * t0)     % 计算可靠性的单侧置信下限
format                                 % 恢复到短小数的显示格式
```

上例采用的是参数 Bootstrap 法，具体做法是，设对于概率密度为 $f(x,\theta)$ 的总体（其中 θ 为未知参数，θ 也可以是向量），已知有了一个样本 $X_1,X_2,\cdots,X_n$。利用这一样本可以求出 θ 的极大似然估计 $\hat{\theta}$。接着以 $f(x,\hat{\theta})$ 为概率密度产生样本

$$X_1^*,X_2^*,\cdots,X_n^* \sim f(x,\hat{\theta})。$$

这种样本可以产生很多个，利用这种样本可以进行统计推断。Bootstrap 法又称再抽样法

(Resampling Method)，它是一种近代统计中数据处理的实用方法。

3.11.2 质量控制

质量控制运用科学技术和统计方法控制生产过程，促进产品符合使用者的要求。质量控制利用统计的科学方法分析产品质量，并采用适当的方式方法加以控制来解决产品质量中存在的问题。质量控制的具体内容还包含质量的干涉，质量干涉的目的在于将不合格品消灭于出现之前。

生产过程不是一个一成不变的过程。为了使产品质量符合使用(或设计)要求，在调整好的机器上加工产品，经过对首件产品的检查，认为满意之后，开始正式生产。但由于生产过程中各种因素的作用，使产品质量特性值或大或小地波动着，这是不可避免的。造成这种波动的原因有两类：一类是由随机的因素所造成的，这种变化通常是可以接受的，它不危及所规定的质量标准；另一类是由于非随机的(即确定的)因素造成的，如机器的严重故障、工人的操作不当、原材料质量不好、错误的机器调试、使用了不正确的软件等，这类因素就可能使产品质量特性值超出了允许波动的范围。当质量特性值的波动仅仅由随机因素引起时，称过程"处于控制中"；若还包括后一种因素，则说过程超出了控制，此时需要努力找出问题的原因及时改正。

应将生产过程中质量特性值的变动情况记录下来以便随时掌握产品质量的动态信息，并对生产过程及时采取必要的改善措施。用来观察、记录和控制质量的点图叫做控制图。质量控制的一个关键问题是确定一个生产过程是处于控制之中还是超出了控制，控制图能用于判明何时过程超出了控制。

下面介绍两种常用的控制图。

1. $\overline{X}$控制图

例 3.57 有一灌装过程。一灌装机向容器灌装溶液，注入容器的溶液的质量(g)是一个随机变量 X。设 $X \sim N(\mu,\sigma^2)$，$\mu=500$，$\sigma=2$，在一个工作日中每隔 0.8h 抽样一次，每次样本容量为 5，并算出样本均值见表 3.23。现要取水平 $\alpha=0.0027$ 分别检验这些样本是否来自总体 $X \sim N(500,2^2)$，即需检验假设：

$$H_0:\mu=\mu_0=500, H_1:\mu\neq 500。$$

表 3.23 样本均值数据

样本序号	1	2	3	4	5	6	7	8	9	10
样本均值	498.7	499.49	501.25	498.63	502.97	500.56	499.23	498.76	501.05	500.27

使用 Z 检验法，取检验统计量 $Z=\dfrac{\overline{X}-\mu_0}{\sigma/\sqrt{n}}$，知拒绝域为

$$\left|\frac{\bar{x}-\mu_0}{\sigma/\sqrt{n}}\right| \geqslant z_{\alpha/2}=3,$$

即

$$|\bar{x}-\mu_0| \geqslant 3\sigma/\sqrt{n}。$$

记

$$LCL=\mu_0-3\sigma/\sqrt{n}, UCL=\mu_0+3\sigma/\sqrt{n}。$$

当观察值$\bar{x}$落在区间$(LCL,UCL)=(\mu_0-3\sigma/\sqrt{n},\mu_0+3\sigma/\sqrt{n})$内就接受$H_0$,认为样本来自正态总体$N(\mu_0,\sigma^2)$,即认为此时生产过程是正常的。$LCL$ 称为控制下限,UCL 称为控制上限。

现取一坐标系,在纵轴上标上$\bar{x}$,横轴上标上样本的序号,在图上画出两条水平线表示 LCL 和 UCL,这样就构成一个水平的带域,再画出带域中心线表示μ_0,如图3.16所示。将题中所给的样本均值描在图上,用圆点表示,并用折线将圆点联接起来。如上所说若圆点落在控制下限 LCL 与控制上限 UCL 之间就接受 H_0,认为此时生产过程正常。如图3.16知第5个样本均值超出了控制上限,其时生产过程超出了控制。其他各点均落在带域内表示生产过程均属正常。

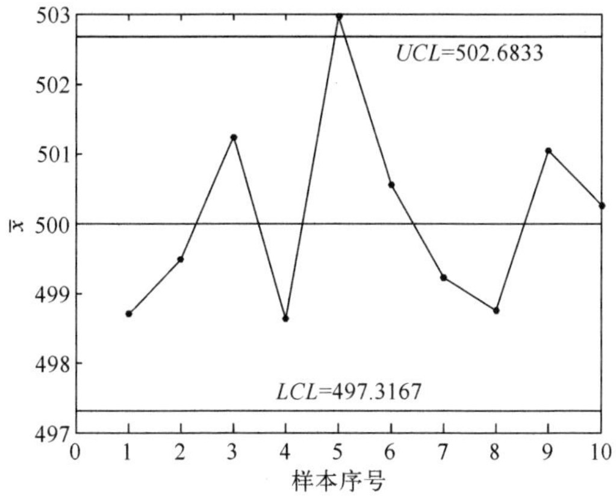

图3.16 $\bar{X}$控制图

画图3.16的MATLAB程序如下:

```
clc,clear
a = [498.7 499.49 501.25 498.63 502.97 500.56 499.23 498.76 501.05 500.27];
mu =500; s =2; n =5;
LCL = mu -3 * s/sqrt(n),UCL = mu +3 * s/sqrt(n)
plot([0,10],[UCL,UCL]),hold on,plot([0,10],[LCL,LCL]),
plot([0,10],[mu,mu]),plot(a,'. -','MarkerSize',12)
xlabel('样本序号'),ylabel('$ \bar x $','Interpreter','Latex')
str1 = ['$ LCL =',num2str(LCL),'$']; str2 = ['$ UCL =',num2str(UCL),'$'];
text(3,LCL +0.2,str1,'Interpreter','Latex')
text(6,UCL -0.2,str2,'Interpreter','Latex')
```

形如图3.16的图称为$\bar{X}$控制图。这里$3\sigma/\sqrt{n}=3\sqrt{D(\bar{X})}$,是$\bar{X}$的标准差的3倍,因$LCL=\mu_0-3\sqrt{D(\bar{X})}$,$UCL=\mu_0+3\sqrt{D(\bar{X})}$,故也称为$3\sigma$ 控制图。这里的 LCL 和 UCL 是根据上述假设检验中的水平$\alpha=0.0027$得到的,在实际应用中,取$\alpha=0.0027$是合适的。

下面再举一个例子。

例3.58 一水质监控机构对一供水公司所供应的水,每周取5个水样,并测定有毒物质的浓度的均值。表 3.24 列出了 12 周的均值(ppm)。水中有毒物质浓度 X 是一个随机变量,设 $X \sim N(5, 0.5^2)$,试作出 $\bar{X}$ 的 3σ 控制图。问对于所述期间水中有毒物质的浓度是否属于正常情况。

表 3.24 有毒物质浓度的 12 周均值

周	1	2	3	4	5	6	7	8	9	10	11	12
样本均值	5.2	4.9	5.5	5.4	4.8	4.6	5.5	4.7	5.1	4.5	5.8	5.6

解:$n = 5, \mu_0 = 5, \sigma = 0.5, LCL = \mu_0 - 3\sigma/\sqrt{n} = 4.3292, UCL = \mu_0 + 3\sigma/\sqrt{n} = 5.6708$。将所给的样本均值以圆点描在 $\bar{X}$ 控制图 3.17 上,从图中可知在第 11 周时,水中所含毒物浓度超出了控制上限,其他各周水中含有毒物质的浓度属正常。

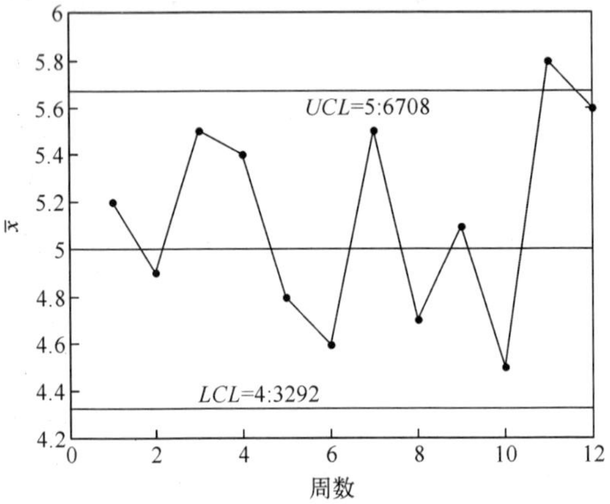

图 3.17 $\bar{X}$ 控制图

计算及画图的 MATLAB 程序如下:

```
clc,clear
a = [5.2  4.9  5.5  5.4  4.8  4.6  5.5  4.7  5.1  4.5  5.8  5.6];
mu =5; s =0.5; n =5;
LCL = mu -3 * s/sqrt(n),UCL = mu +3 * s/sqrt(n)
plot([0,12],[UCL,UCL]),hold on,plot([0,12],[LCL,LCL]),
plot([0,12],[mu,mu]),plot(a,'. -','MarkerSize',12)
xlabel('样本序号'),ylabel('$ \bar x $','Interpreter','Latex')
str1 = ['$ LCL =',num2str(LCL),' $']; str2 = ['$ UCL =',num2str(UCL),' $'];
text(3,LCL +0.05,str1,'Interpreter','Latex')
text(6,UCL -0.05,str2,'Interpreter','Latex')
```

2. 不合格品个数的控制图

设产品的不合格率 p 为已知。取一批产品,分成小组,各小组的产品数均为 n,将产品进行测试。设各产品是否为不合格品相互独立。以 X 记 n 只产品中的不合格品数,X 是一随机变量,且有 $X \sim B(n,p)$。由中心极限定理,当 n 充分大时,有

$$\frac{X - np}{\sqrt{np(1-p)}} \overset{\text{近似}}{\sim} N(0,1),\text{即} X \overset{\text{近似}}{\sim} N(np, np(1-p)),$$

即得 X 的 3σ 控制图的控制下限和控制上限分别为

$$LCL = np - 3\sqrt{np(1-np)}, LCL = np + 3\sqrt{np(1-np)}。$$

在这里，n 需相当大。

例 3.59 从一自动生产螺丝的机器所生产的螺丝中，相继地取 200 只螺丝作为一个样本，经测试，给每只螺丝标明合格或不合格。设根据历史数据知次品率 $p = 0.07$，各产品是否为不合格品相互独立。若表 3.25 中数据表示 20 个样本（每个样本有 200 只螺丝）中的不合格螺丝数，能否判明收集这些数据时生产过程已超出了控制？

表 3.25 不合格品数据

样本序号	1	2	3	4	5	6	7	8	9	10
样本容量	200	200	200	200	200	200	200	200	200	200
不合格品数	23	22	12	13	15	11	25	16	23	14
样本序号	11	12	13	14	15	16	17	18	19	20
样本容量	200	200	200	200	200	200	200	200	200	200
不合格品数	4	13	17	5	9	5	19	7	22	17

解：现在 $n = 200, p = 0.07$，因而

$$LCL = np - 3\sqrt{np(1-np)} = 3.175, LCL = np + 3\sqrt{np(1-np)} = 24.825。$$

做不合格品数 X 的控制图如图 3.18 所示。在图上看到第 7 个样本超出了控制上限 UCL，这表明在该点超出了控制，其他各点处均属正常。

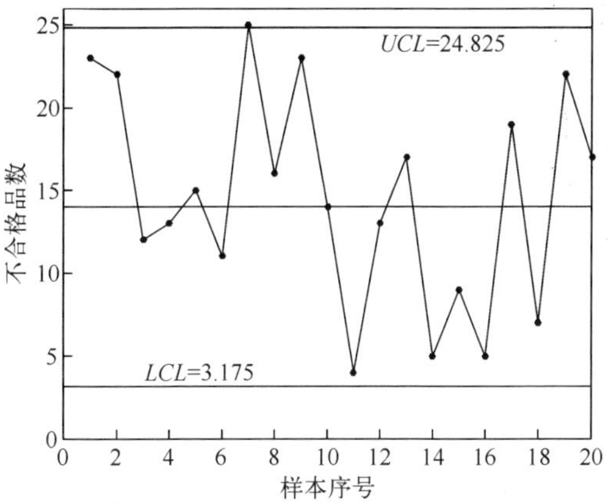

图 3.18 不合格品个数的控制图

计算及画图的 MATLAB 程序如下：

```
clc,clear
a = [23  22  12  13  15  11  25  16  23  14  4  13  17  5  19  7  22  17];
n = 200; p = 0.07;
LCL = n * p - 3 * sqrt(n * p * (1 - p)),UCL = n * p + 3 * sqrt(n * p * (1 - p))
plot([0,20],[UCL,UCL]),hold on,plot([0,20],[LCL,LCL]),
plot([0,20],[n * p,n * p]),plot(a,'. -','MarkerSize',12)
xlabel('样本序号'),ylabel('不合格品数 '),ylim([0,26])% 指定 y 轴的画图范围
str1 = ['$ LCL =',num2str(LCL),'$']; str2 = ['$ UCL =',num2str(UCL),'$'];
```

```
text(3,LCL+0.5,str1,'Interpreter','Latex')
text(12,UCL-0.8,str2,'Interpreter','Latex')
```

习 题 3

1. 一工厂生产的某种元件的寿命 X(以小时计)服从均值 $\mu=160$,标准差 $\sigma(\sigma>0)$ 的正态分布,若要求 $P\{120<X\leqslant 200\}\geqslant 0.80$,允许 σ 最大为多少?

2. 某种商品一周的需求量是一个随机变量,其概率密度为

$$f(t)=\begin{cases}t\mathrm{e}^{-t}, t>0,\\ 0, t\leqslant 0。\end{cases}$$

设各周的需求量是相互独立的。求:

(1) 两周的需求量的概率密度。

(2) 三周的需求量的概率密度。

(3) 画出三周需求量的概率密度曲线。

3. 设随机变量(X,Y)的概率密度为

$$f(x,y)=\begin{cases}12y^2, 0\leqslant y\leqslant x\leqslant 1,\\ 0, \text{其他}。\end{cases}$$

求 ρ_{XY},$D(X+Y)$。

4. 一食品店有三种蛋糕出售,由于售出哪一种蛋糕是随机的,因而售出一只蛋糕的价格是一个随机变量,它取 1 元、1.2 元、1.5 元各个值的概率分别为 0.3、0.2、0.5。若售出 300 只蛋糕,求:

(1) 收入至少 400 元的概率。

(2) 售出价格为 1.2 元的蛋糕多于 60 只的概率。

5. 报童每天清晨从报站批发报纸零售,晚上将没有卖完的报纸退回。设每份报纸的批发价为 b,零售价为 a,退回价为 c,且设 $a>b>c>0$。因此,报童每售出一份报纸赚 $a-b$,退回一份报纸赔 $b-c$。报童每天如果批发的报纸太少,不够卖的话就会少赚钱,如果批发的报纸太多,卖不完的话就会赔钱。报童应如何确定他每天批发的报纸的数量,才能获得最大的收益?

6. 某商店对某种家用电器的销售采用先使用后付款的方式,记使用寿命为 X(以年计),规定:$X\leqslant 1$,一台付款 1500 元;$1<X\leqslant 2$,一台付款 2000 元;$2<X\leqslant 3$,一台付款 2500 元;$X>3$,一台付款 3000 元。

设寿命 X 服从指数分布,概率密度为

$$f(x)=\begin{cases}\dfrac{1}{8}\mathrm{e}^{-x/8}, x>0,\\ 0, x\leqslant 0。\end{cases}$$

试求该商店一台这种家用电器收费 Y 的数学期望。

7. 一工人修理一台机器需两个阶段，第一阶段所需时间(h)服从均值为0.2的指数分布，第二阶段服从均值为0.4的指数分布，且与第一阶段独立，现有20台机器需要修理，求他在8h内完成的概率。

8. 90名学生成绩见表3.26。

表3.26 90名学生的成绩

58	38	88	72	56	52	69	37	45	77	98	67	56	76	78
89	60	56	89	90	67	99	80	73	67	89	50	44	66	78
34	67	83	71	69	99	87	68	59	60	76	89	77	57	72
50	78	98	67	50	67	99	89	91	84	64	89	78	94	88
45	78	98	74	69	71	78	80	95	67	78	90	80	65	77
68	72	90	98	78	69	95	89	78	74	72	69	87	81	80

(1) 编制频数分布表。

(2) 输出适当的统计量，如最高分、最低分、平均分、分位数、中位数和众数等。

(3) 绘制直方图，说明哪些分数附近的学生最多。

(4) 绘制条形图，说明其与直方图的差异。

(5) 将这组数据分为不及格、及格、中等、良好和优秀5个等级，绘制条形图，编制频数分布表。

(6) 计算90个学生成绩的方差和标准差。

(7) 按成绩总分进行排序，并列出前15名学生。

9. 某市环保局对空气污染物质24h的最大容许量为94$\mu g/m^3$，在该城市中随机选取测量点来检测24h的污染物质量。数据如下($\mu g/m^3$)：

82,97,94,95,81,91,80,87,96,77。

设污染物质量服从正态分布，据此数据，你认为污染物质量是否在容许范围内($\alpha=0.05$)?

10. 要估计两家连锁店日平均营业额是否有显著差异，在第一分店抽查20天，得平均值为2380元，样本标准差为361元；在第二分店抽查25天，得平均值为2348元，样本标准差为189元。问：在$\alpha=0.05$和$\alpha=0.01$水平下，第一分店的日营业额是否高于第二分店的日营业额(设营业额服从正态分布且方差相等)?

11. 人们一般认为广告对商品促销起作用，但是否对某种商品的促销起作用并无把握。为了证实这一结论，随机对15个均销售该种商品的商店进行调查，得到数据见表3.27。请以显著性水平$\alpha=0.05$检验广告对该种商品的促销有作用。

表3.27 15个商店广告前后某商品的销售量

商店	1	2	3	4	5	6	7	8	9	10	11	12	13	14	15
广告前	2	2	2	2	2	3	3	3	2	3	2	3	2	3	3
广告后	2	3	3	4	4	2	3	4	3	3	4	2	3	4	4

12. 某眼镜实业有限公司为了调查销售额是否受促销方式的影响，通过调查获得的数据见表3.28。试分析不同的销售方式对营业额是否有显著影响($\alpha=0.05$和$\alpha=0.01$)?

表 3.28 调查获得数据

		促销方式		
	调查序号	被动促销	主动促销	无
销售额	1	26	30	23
	2	22	23	19
	3	20	25	17
	4	30	32	26
	5	36	48	28
	6	28	40	23
	7	30	41	24
	8	32	46	30

13. 为研究高等数学的学习情况对统计学学习的影响，现从某大学管理学院学习这两门课程的学生中随机抽取10名学生，调查他们的高等数学与统计学的考试成绩，调查结果见表3.29。试求统计学考试成绩 y 对于高等数学考试成绩 x 的回归方程。

表 3.29 10名学生高等数学与统计学考试成绩

学生编号	1	2	3	4	5	6	7	8	9	10
高等数学成绩 x	86	90	79	76	83	96	68	87	76	60
统计学成绩 y	81	91	82	81	81	96	67	90	78	58

14. 某地区近几年来职工月均收入与用于智力投资（单位：百元）的统计数据见表3.30。分别求出下面两种非线性回归方程，并通过计算剩余标准差，比较两种模型的优劣。

（1）幂函数 $y = ax^b$。

（2）指数函数 $y = ae^{bx}$。

表 3.30 职工月均收入与智力投资的统计数据

月均收入 x	35	46	50	64	83	89	90	95
智力投资 y	5	4	7	11	16	18	19	22

15. 设总体 X 服从参数为 θ 的指数分布，其中 $\theta > 0$ 未知，$X_1, \cdots, X_n$ 为取自总体 X 的样本，若已知 $U = \dfrac{2}{\theta}\sum\limits_{i=1}^{n} X_i \sim \chi^2(2n)$，求：

（1）θ 的置信水平为 $1-\alpha$ 的单侧置信下限。

（2）某种元件的寿命(h)服从上述指数分布，现从中抽得容量为16的样本，测得样本均值为5010(h)，试求元件的平均寿命的置信水平为0.90的单侧置信下限。

第4章 Monte Carlo 模拟

计算机科学技术的迅猛发展,给许多学科带来了巨大的影响。计算机不但使问题的求解变得更加方便、快捷和精确,而且使得解决实际问题的领域更加广泛。计算机适合于解决规模大、难以解析化以及不确定的数学模型。例如对于一些带随机因素的复杂系统,用分析方法建模常常需要作许多简化假设,与面临的实际问题可能相差甚远,以致解答根本无法应用,这时模拟几乎成为人们的唯一选择。在历届的美国和中国大学生的数学建模竞赛(MCM)中,学生们经常用到计算机模拟方法去求解、检验等。计算机模拟(Computer Simulation)是建模过程中较为重要的一类方法。

计算机随机模拟方法也称为 Monte Carlo(蒙特卡洛)方法,它源于世界著名的赌城——摩纳哥的 Monte Carlo。它是基于对大量事件的统计结果来实现一些确定性问题的计算。

在计算机上模拟某过程时,需要产生具有各种概率分布的随机变量。最简单和最基本的随机变量就是[0,1]区间上均匀分布的随机变量。这些随机变量的抽样值就称为随机数,其他各种分布的随机数都可借助于[0,1]区间上均匀分布的随机数得到。

4.1 随机数和随机抽样

目前,在计算机上产生随机数的比较实用的方法是使用确定的递推公式。这样占用内存少,速度快,又便于重复计算。但是,这样产生的随机数显然不满足真正随机数的要求,它由初始的数值完全决定,并且存在着周期性的重复。所以把这样产生的随机数称为伪随机数。在实际应用中,只要选取得好,这样的伪随机数还是可以用的。

下面介绍几种产生伪随机数的方法。

4.1.1 产生均匀分布的伪随机数的方法

严格地说,下面这些方法只能产生具有接近均匀分布的伪随机数。

1. 平方取中法

设 ξ 为 m 位二进制数,$0<\xi<1$,置

$$\xi = a_1 2^{-1} + a_2 2^{-2} + \cdots + a_m 2^{-m},$$

将此数平方后,得

$$\xi^2 = b_1 2^{-1} + b_2 2^{-2} + \cdots + b_{2m} 2^{-2m}。$$

不妨设 m 为偶数,取上面 $2m$ 位二进制数中间的 m 位,即取

$$b_{\frac{m}{2}+1} 2^{-(\frac{m}{2}+1)} + b_{\frac{m}{2}+2} 2^{-(\frac{m}{2}+2)} + \cdots + b_{\frac{3m}{2}} 2^{-\frac{3m}{2}},$$

再左移 $m/2$ 位,得

$$\xi_n = b_{\frac{m}{2}+1} 2^{-1} + b_{\frac{m}{2}+2} 2^{-2} + \cdots + b_{\frac{3m}{2}} 2^{-m},$$

于是就得一随机数列。经统计检验,这个数列具有近似于均匀分布的分布。这个方法称为平方取中法。这个方法还可写成下面的递推公式,即

$$x_{n+1}=\left[\frac{x_n^2}{2^{m/2}}\right]\mathrm{mod}(2^m), \tag{4-1}$$

$$\xi_{n+1}=2^{-m}x_{n+1}, \tag{4-2}$$

式中:$\xi_1,\xi_2,\cdots$为构造的[0,1]上的随机数。

对十进制数也可作类似推导,即取

$$x_{n+1}=\left[\frac{x_n^2}{10^{m/2}}\right]\mathrm{mod}(10^m), \tag{4-3}$$

$$\xi_{n+1}=10^{-m}x_{n+1}。 \tag{4-4}$$

式(4-1)和式(4-3)中的方括号$[x]$表示取整,即不超过x的最大整数。

上述过程可进行到直至出现0为止,或直至出现与已有数重复时为止。

例 4.1 考虑四位十进制数。取$x_1=896$作初值,则

$$x_2=896^2(\mathrm{mod}\ 10^4)=802816(\mathrm{mod}\ 10^4)=2816,$$

$$x_3=2816^2(\mathrm{mod}\ 10^4)=7929856(\mathrm{mod}\ 10^4)=9856,$$

$$\vdots$$

因而产生的随机数序列$\xi_n=x_n/10000(n=1,2,\cdots)$为

$$0.0816, 0.2816, 0.9856, \cdots,$$

至x_{101}就出现周期,故序列长度为100。若初值取得不同,所得伪随机数的序列长度、出现周期部位都不相同。

计算的MATLAB程序如下:

```
clc,clear
x(1)=896;
for i=1:199
    x(i+1)=mod(x(i)^2,10000);
end
[x(1:100)',x(101:200)']  % 显示周期性
```

一般来讲,位数越多,周期越长。经过大量分析,对38位二进制数,用平方取中法可以产生较长的序列,可以有50万次迭代,甚至75万次迭代,最后才退化为0。

对平方取中法的一个最方便的修正是"乘积取中法"。选取任意两个初始值α_0和α_1,形成乘积$\alpha_0\alpha_1$,去头截尾,取其中间一段形成α_2,即

$$\alpha_{n+2}=[2^{-m/2}\alpha_n\alpha_{n+1}]\mathrm{mod}(2^m), \tag{4-5}$$

$$\xi_{n+2}=2^{-m}\alpha_{n+2}。 \tag{4-6}$$

这样构成的伪随机数序列优于平方取中法的结果。

2. 乘同余法

乘同余法是目前计算机上常采用的一种方法,它的迭代公式为

$$x_{n+1}=\lambda x_n(\mathrm{mod}M), \tag{4-7}$$

其中,λ、M和初值x_0可以有不同的取法。例如,可以取

$$M=10^8,\lambda=23,x_0=47594118,$$

得到8位十进制的伪随机数序列，而 $\xi_n=x_nM^{-1}$ 即可作为[0,1]上的均匀伪随机数。

乘同余法也可用于二进制数，例如取

$$M=2^s,s=32,x_0=1,\lambda=5^{13},\xi_n=x_nM^{-1}。$$

一般 x_0 最好随机地取为 $4q+1$ 型的数，q 为任意整数，λ 取为 5^{2k+1} 型，而且取为计算机所能容纳的最大奇数。

4.1.2 产生具有给定分布的随机变量——随机抽样

随机抽样的方法很多，在计算机上实现时要考虑运算量的大小，也就是所谓"抽样费用"。因为应用计算机模拟方法求解一个问题时，大量的计算时间将用于随机抽样，所以随机抽样方法的选取往往决定计算的费用。下面介绍几种常用的随机抽样方法。

1. 连续型分布的直接抽样法

利用[0,1]区间上的均匀分布随机数可以产生具有给定分布的随机变量数列。

若随机变量 ξ 的概率密度函数和分布函数分别为 $f(x)$，$F(x)$，则随机变量 $\eta=F(\xi)$ 的分布就是区间[0,1]上的均匀分布。因此，若 R_i 是[0,1]中均匀分布的随机数，那么方程

$$\int_{-\infty}^{x_i} f(x)\,\mathrm{d}x = R_i \tag{4-8}$$

的解 x_i 就是所求的具有概率密度函数为 $f(x)$ 的随机抽样。这可简单解释如下。

若某个连续型随机变量 ξ 的分布函数为

$$F(x)=\int_{-\infty}^{x} f(x)\,\mathrm{d}x,$$

不失一般性，设 $F(x)$ 是严格单调增函数，存在反函数 $x=F^{-1}(y)$，下面证明随机变量 $\eta=F(\xi)$ 服从[0,1]上的均匀分布。记 η 的分布函数为 $G(y)$，由于 $F(x)$ 是分布函数，它的取值在区间[0,1]上，从而当 $0<y<1$ 时，有

$$G(y)=P\{\eta\leqslant y\}=P\{F(\xi)\leqslant y\}=P\{\xi\leqslant F^{-1}(y)\}=F(F^{-1}(y))=y,$$

因而 η 的分布函数为

$$G(y)=\begin{cases}0,y\leqslant 0,\\ y,0<y<1,\\ 1,y\geqslant 1。\end{cases}$$

η 服从区间[0,1]上的均匀分布。

R 为[0,1]区间均匀分布的随机变量，则根据定义，随机变量 $\xi=F^{-1}(R)$ 的分布函数为 $F(x)$，分布密度为 $f(x)$，这里 $F^{-1}(x)$ 是 $F(x)$ 的反函数。

所以，只要分布函数 $F(x)$ 的反函数 $F^{-1}(x)$ 存在，由[0,1]区间均匀分布的随机数 R_t，求 $x_t=F^{-1}(R_t)$，即解方程

$$F(x_t)=R_t,$$

就可得到分布函数为 $F(x)$ 的随机抽样 x_t。

例 4.2 求具有指数分布

$$f(x)=\begin{cases}\lambda \mathrm{e}^{-\lambda x},x>0,\\ 0,x\leqslant 0。\end{cases}$$

的随机抽样。

设 R_i 是[0,1]区间中均匀分布的随机数,利用式(4-8),得

$$R_i = \int_{-\infty}^{x_i} f(x)\,\mathrm{d}x = \int_0^{x_i} \lambda \mathrm{e}^{-\lambda x}\mathrm{d}x = 1 - \mathrm{e}^{-\lambda x_i},$$

所以

$$x_i = -\frac{1}{\lambda}\ln(1 - R_i)$$

就是所求的随机抽样。

由于 $1 - R_i$ 也服从均匀分布,所以上式又可简化为

$$x_i = -\frac{1}{\lambda}\ln R_i。$$

2. 离散型分布的直接抽样法

若离散型随机变量 ξ 取值 $x_i(i=1,2,\cdots)$ 的概率为 p_i,则分布函数为

$$F(x) = \sum_{x_i \leqslant x} p_i$$

的直接抽样法如下:若 r 是均匀分布的随机数,则

$$\xi = x_i(\text{当 } F(x_{i-1}) < r \leqslant F(x_i)\text{ 时}), \tag{4-9}$$

即具有分布函数 $F(x)$。

3. 变换抽样法

变换抽样法能为随机变量提供一些简单可行的算法。

设随机变量 ξ 具有密度函数 $f(x)$,$\eta = g(\xi)$ 是随机变量 ξ 的函数。$g(x)$ 的反函数存在,记为 $x = h(y)$,具有一阶连续导数,则随机变量 η 的概率密度函数为

$$f^*(y) = f(h(y)) \cdot |h'(y)|。 \tag{4-10}$$

上述方法即所谓变换抽样法,它的一般过程是,为了由分布式(4-10)中抽样产生 y,可先由分布 $f(x)$ 中抽样产生 x,然后通过变换 $y = g(x)$ 得到。不难看出,直接抽样法实际上是变换抽样法的特殊情况。

在二维情形下,有类似结果。

设随机变量 ξ,η 的概率密度函数为 $f(x,y)$,对随机变量 ξ,η 进行函数变换

$$\begin{cases} u = g_1(\xi,\eta), \\ v = g_2(\xi,\eta)。 \end{cases}$$

函数 g_1,g_2 的反函数存在,记为

$$x = h_1(u,v),$$
$$y = h_2(u,v)。$$

并存在一阶连续偏导数,则随机变量 u,v 的密度函数服从分布

$$f^*(u,v) = f(h_1(u,v), h_2(u,v)) \cdot |J|, \tag{4-11}$$

式中:J 为函数变换的雅克比(Jacobi)行列式,即

$$J = \begin{vmatrix} \dfrac{\partial x}{\partial u} & \dfrac{\partial x}{\partial v} \\ \dfrac{\partial y}{\partial u} & \dfrac{\partial y}{\partial v} \end{vmatrix}。$$

例 4.3 用变换抽样法产生二维正态分布的随机变量。

标准二维正态分布的密度函数为

$$f(x,y)=\frac{1}{2\pi}\mathrm{e}^{-\frac{1}{2}(x^2+y^2)},$$

令随机变量 ξ_1 和 ξ_2 为服从[0,1]上的均匀分布,引入变换函数

$$\begin{cases}u=\sqrt{-2\ln\xi_1}\cos2\pi\xi_2,\\ v=\sqrt{-2\ln\xi_1}\sin2\pi\xi_2。\end{cases}\tag{4-12}$$

解上面两个方程,得反函数公式

$$\begin{cases}\xi_1=\mathrm{e}^{-\frac{1}{2}(u^2+v^2)},\\ \xi_2=\frac{1}{2\pi}\left[\operatorname{arctg}\left(\frac{v}{u}\right)\right]+\frac{1}{2}。\end{cases}\tag{4-13}$$

计算,得

$$J=\begin{vmatrix}\frac{\partial\xi_1}{\partial u} & \frac{\partial\xi_1}{\partial v}\\ \frac{\partial\xi_2}{\partial u} & \frac{\partial\xi_2}{\partial v}\end{vmatrix}=-\frac{1}{2\pi}\mathrm{e}^{-\frac{1}{2}(u^2+v^2)}。$$

根据式(4-11),此时的 u,v 服从二维正态分布

$$f(u,v)=\frac{1}{2\pi}\mathrm{e}^{-\frac{1}{2}(u^2+v^2)},$$

u,v 的随机抽样由变换函数式(4-12)计算。

4. 舍选法

在实际问题中,具有给定分布的随机数的方程式(4-8),往往是很难求解的,有时甚至不能给出概率密度函数的解析形式,因此要考虑其他方法。事实上,在几种特殊情况下,是容易用舍选法获得随机数序列的,如概率密度仅在一有限区间中不为零。

若随机变量 ξ 在有限区间(a,b)内变化,但概率密度$f(x)$具有任意形式(甚至没有解析表达式)。无法用前面的方法产生时,可用舍选法。一种比较简单的舍选法步骤:

(1) 产生 $y_i\sim U(a,b)$ 和 $u_i\sim U(0,1)$,这里 $U(a,b)$ 表示区间(a,b)上的均匀分布。

(2) 记 $M=\max\limits_{a\leqslant x\leqslant b}f(x)$,若 $u_i\leqslant\frac{f(y_i)}{M}$,则取 $x_i=y_i$;否则,舍去。返回。

得到的 x_i 就是区间(a,b)具有概率密度$f(x)$的随机抽样。

舍选法的直观解释如图 4.1 所示,将产生二维随机变量(Y,U)看作在(a,b)为底、M 为高的矩形内随机投点,投点坐标为(y_i,Mu_i),其中纵坐标 $Mu_i\leqslant f(y_i)$ 的点落在曲线 f 的下方,这些点的横坐标 y_i 可作为概率密度为 f 的随机变量的值,故取之。其他的点不合要求,舍去。

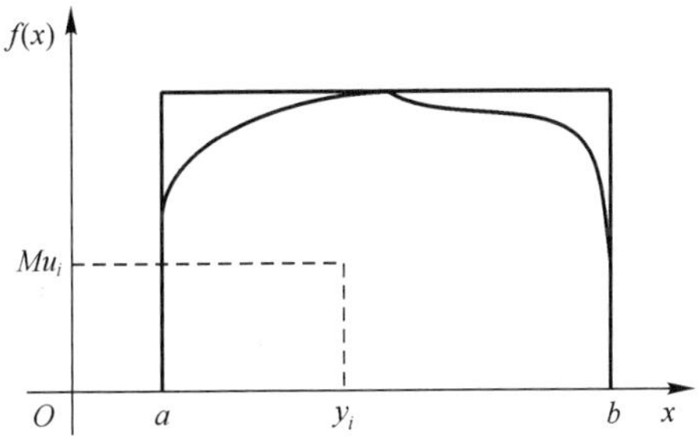

图 4.1 舍选法的随机投点

5. 截尾分布

最后介绍产生截尾分布的方法。截尾分布是处理实际问题时常碰到的,如设服务时间 t 为指数分布,那么理论上 t 可为无穷大,但此处又规定一个最长服务时间 b,于是要截掉指数分布的"尾巴"($t>b$)。而为了使截尾后仍是概率分布,需要作归一化处理。一般地,将原来分布函数 $F(x)$(密度函数为 $f(x)$)的两端"尾巴"$x<a,x>b$ 截掉后,截尾分布的密度函数应为

$$f^*(x)=\frac{f(x)}{F(b)-F(a)},a\leqslant x\leqslant b。\tag{4-14}$$

用反变换法产生截尾分布的步骤:

(1) 产生 $U\sim U(0,1)$。

(2) 令 $V=F(a)+[F(b)-F(a)]U$。

(3) $X=F^{-1}(V)$即为所求。

6. MATLAB 产生随机数的相关命令

MATLAB 的统计工具箱提供了 30 多种随机数发生函数,表 4.1 列出了一些主要的随机数产生函数。

表 4.1 随机数产生函数

函数名称	函数说明	调用格式
betarnd	β 分布的随机数	R = betarnd(A,B,m,n)
binornd	二项分布随机数	R = binornd(N,P,m,n)
chi2rnd	χ^2 分布随机数	R = chi2rnd(V,m,n)
exprnd	指数分布随机数	R = exprnd(MU,m,n)
frnd	F 分布随机数	R = frnd(V1,V2,m,n)
gamrnd	γ 分布随机数	R = gamrnd(A,B,m,n)
geornd	几何分布随机数	R = geornd(P,m,n)
hygernd	超几何分布随机数	R = hygernd(M,K,N,m,n)
normrnd	正态分布随机数	R = normrnd(MU,SIGMA,m,n)
lognrnd	对数正态分布随机数	R = lognrnd(MU,SIGMA,m,n)
nbinrnd	负二项分布随机数	R = nbinrnd(R,P,m,n)
ncfrnd	非中心 F 分布随机数	R = ncfrnd(NU1,NU2,DELTA,m,n)
nctrnd	非中心 t 分布	R = nctrnd(V,DELTA,m,n)
ncx2rnd	非中心χ^2 分布随机数	R = ncx2rnd(V,DELTA,m,n)
poissrnd	泊松分布随机数	R = poissrnd(LAMBDA,m,n)
raylrnd	Rayleigh 分布随机数	R = raylrnd(B,m,n)
trnd	t 分布随机数	R = trnd(V,m,n)
unidrnd	离散均匀分布随机数	R = unidrnd(N,m,n)
unifrnd	连续均匀分布随机数	R = unifrnd(A,B,m,n)
wblrnd	Weibull 分布随机数	R = weibrnd(A,B,m,n)
random	服从指定分布的随机数	y = random('name',A1,A2,A3,m,n)

例 4.4 炮弹射击的目标为一椭圆$\frac{x^2}{120^2}+\frac{y^2}{80^2}=1$所围成的区域的中心，当瞄准目标的中心发射时，受到各种因素的影响，炮弹着地点与目标中心有随机偏差。设炮弹着地点围绕目标中心呈二维正态分布，且偏差的标准差在 x 和 y 方向均为 100m，并相互独立，用 Monte Carlo 法计算炮弹落在椭圆区域内的概率，并与数值积分计算的概率进行比较。

解：炮弹的落点为二维随机变量，记为(X,Y)，(X,Y)的联合概率密度函数为

$$f(x,y)=\frac{1}{20000\pi}\mathrm{e}^{-\frac{x^2+y^2}{20000}}。$$

炮弹落在椭圆区域内的概率为

$$p=\iint\limits_{\frac{x^2}{120^2}+\frac{y^2}{80^2}\leqslant 1}\frac{1}{20000}\mathrm{e}^{-\frac{x^2+y^2}{20000}}\mathrm{d}x\mathrm{d}y。$$

利用 MATLAB 数值解的命令，求得 $p=0.3753$。

也可以使用 Monte Carlo 法求概率。模拟发射了 N 发炮弹，统计炮弹落在椭圆$\frac{x^2}{120^2}+\frac{y^2}{80^2}=1$内部的次数 n，用炮弹落在椭圆内的频率近似所求的概率，模拟结果得所求的概率在 0.3753 附近变动。

```
clc,clear
mu=[0,0]; sigma=100^2*eye(2);                 % 均值向量和协方差矩阵
N=10^7;
r=mvnrnd(mu,sigma,N);                          % 产生 N 对服从二维正态分布的随机数
n=sum(r(:,1).^2/120^2+r(:,2).^2/80^2<=1)      % 统计落在椭圆内的次数
p=n/N                                          % 计算概率的近似值
% fxy=@(x,y)mvnpdf([x,y],mu,sigma)             % 使用工具箱的密度函数,,但积分有问题
fxy=@(x,y)1/(20000*pi)*exp(-(x.^2+y.^2)/20000);
gxy=@(x,y)fxy(x,y).*(x.^2/120^2+y.^2/80^2<=1); % 定义 MATLAB 的被积函数
pp=dblquad(gxy,-120,120,-80,80)                % 数值积分的概率计算
```

4.2 Monte Carlo 法的数学基础及步骤

4.2.1 Monte Carlo 方法基础——大数定律和中心极限定理

作为 Monte Carlo 方法的基础是概率论中的大数定理和中心极限定理，第 3 章已经给出了大数定理和中心极限定理。为了本章的独立性，本节再次给出中心极限定理。

定理 4.1 （中心极限定理） 设$\xi_1,\xi_2,\cdots,\xi_n,\cdots$为一随机变量序列，独立同分布，数学期望为$E\xi_i=a$，方差$D\xi_i=\sigma^2$，则当$n\to\infty$时，有

$$P\left\{\frac{\frac{1}{n}\sum_{i=1}^{n}\xi_i - a}{\frac{\sigma}{\sqrt{n}}} < x_\alpha\right\} \to \frac{1}{\sqrt{2\pi}}\int_{-\infty}^{x_\alpha} e^{-\frac{x^2}{2}} dx\ 。\tag{4-15}$$

利用中心极限定理,当 $n\to\infty$ 时,还可得

$$P\left\{\left|\frac{1}{n}\sum_{i=1}^{n}\xi_i - a\right| < \frac{x_{\alpha/2}\sigma}{\sqrt{n}}\right\} \to \frac{2}{\sqrt{2\pi}}\int_{0}^{x_{\alpha/2}} e^{-\frac{x^2}{2}} dx\ 。\tag{4-16}$$

若记

$$\frac{2}{\sqrt{2\pi}}\int_{0}^{x_{\alpha/2}} e^{-\frac{x^2}{2}} dx = 1 - \alpha\ ,\tag{4-17}$$

那就是说,当 n 很大时,不等式

$$\left|\frac{1}{n}\sum_{i=1}^{n}\xi_i - a\right| < \frac{x_{\alpha/2}\sigma}{\sqrt{n}}。\tag{4-18}$$

成立的概率为 $1-\alpha$。通常将 α 称为显著性水平,$1-\alpha$ 就是置信水平。$x_{\alpha/2}$ 为标准正态分布的上 $\alpha/2$ 分位数,α 和 x_α 的关系可以在正态分布表中查到。

从式(4-18)可以看到,随机变量的算术平均值 $\frac{1}{n}\sum_{i=1}^{n}\xi_i$ 依概率收敛到 a 的阶为 $O\left(\frac{1}{\sqrt{n}}\right)$。当 $\alpha=0.05$ 时,误差 $\varepsilon=1.96\sigma/\sqrt{n}$ 称为概率误差。从这里可以看出,Monte Carlo 方法收敛的阶很低,收敛速度很慢,误差 ε 由 σ 和 $\sqrt{n}$ 决定。在固定 σ 的情况下,要提高 1 位精度,就要增加 100 倍实验次数。相反,若 σ 减少到 1/10,则工作量将减少到 1%。因此,控制方差是应用 Monte Carlo 方法中很重要的一点。

4.2.2 Monte Carlo 方法基本步骤和基本思想

用 Monte Carlo 方法处理的问题可以分为两类。

一类是随机性问题。对于这一类实际问题,通常采用直接模拟方法。首先,必须根据实际问题的规律,建立一个概率模型(随机向量或随机过程),然后用计算机进行抽样实验,从而得出对应于这一实际问题的随机变量 $Y=g(X_1,X_2,\cdots,X_m)$ 的分布。假定随机变量 Y 是研究对象,它是 m 个相互独立的随机变量 $X_1,X_2,\cdots,X_m$ 的函数,如果 $X_1,X_2,\cdots,X_m$ 的概率密度函数分别为 $f_1(x_1),f_2(x_2),\cdots,f_m(x_m)$,则用 Monte Carlo 方法计算的基本步骤:在计算机上用随机抽样的方法从 $f_1(x_1)$ 中抽样,产生随机变量 X_1 的一个值 x_1',从 $f_2(x_2)$ 中抽样得 x_2',…,从 $f_m(x_m)$ 中抽样得 x_m',由 $x_1',x_2',\cdots,x_m'$ 计算得到 Y 的一个值 $y_1=g(x_1',x_2',\cdots,x_m')$,显然 y_1 是从 Y 分布中抽样得到的一个数值,重复上述步骤 N 次,可得随机变量 Y 的 N 个样本值 $(y_1,y_2,\cdots,y_N)$,用这样的样本分布来近似 Y 的分布,由此可计算出这些量的统计值。

另一类是确定性问题。在解决确定性问题时,首先要建立一个有关的概率统计模型,使所求的解就是这个模型的概率分布或数学期望,然后对这个模型作随机抽样,最后用其算术平均值作为所求解的近似值。根据前面对误差的讨论可以看出,必须尽量改进模型,以便减少方差和降低费用,以提高计算效率。

4.3 定积分的计算

4.3.1 单重积分计算

1. 样本平均值法

设区间(a,b)上的随机变量ξ的概率密度函数由$f_\xi(x)$给出。$g(x)$是区间(a,b)上的连续函数，数学期望

$$E[g(\xi)] = \int_a^b g(x)f_\xi(x)\,\mathrm{d}x \tag{4-19}$$

存在，则积分式(4-19)可用如下方法计算近似值。

设随机变量ξ的一系列可取值为$x_1,x_2,\cdots,x_n$，由$y_i=g(x_i)$形成的随机变量$\eta=g(\xi)$的可能取值的数列为$y_1,y_2,\cdots,y_n$。则根据大数定理，当n充分大时，积分式(4-19)有近似值

$$\overline{M} = \frac{1}{n}\sum_{i=1}^{n} g(x_i), \tag{4-20}$$

以式(4-20)作为积分式(4-19)的近似值。

现在来讨论用上述方法来计算积分

$$J = \int_a^b h(x)\,\mathrm{d}x \tag{4-21}$$

的值。

为此，选择某种概率密度函数$f(x)$满足

$$\int_a^b f(x)\,\mathrm{d}x = 1,$$

且能很方便地生成具有概率密度函数为$f(x)$的随机抽样。同时将积分J写成

$$J = \int_a^b \frac{h(x)}{f(x)}\cdot f(x)\,\mathrm{d}x = \int_a^b g(x)f(x)\,\mathrm{d}x。$$

于是归结为积分式(4-19)的形式，即可用上述方法计算。

在很多情况下，往往取$f(x)$为区间(a,b)上均匀分布的概率密度函数

$$f(x)=\begin{cases}\dfrac{1}{b-a}, & x\in(a,b),\\ 0, & 其他。\end{cases}$$

这样

$$J=(b-a)\int_a^b h(x)\frac{1}{b-a}\mathrm{d}x。$$

现在从区间(a,b)上均匀分布的随机数总体中选取x_i，对每个x_i计算$h(x_i)$的值，然后计算平均值

$$\overline{M} = \frac{1}{n}\sum_{i=1}^{n} h(x_i),$$

于是积分式(4-21)的值可近似地取为

$$J \approx (b-a)\overline{M} = \frac{b-a}{n}\sum_{i=1}^{n} h(x_i)。$$

例 4.5 计算积分

$$\int_{-1}^{1} \frac{x\mathrm{d}x}{\sqrt{5-4x}}。$$

解: 随机模拟时随机数取为区间$(-1,1)$上均匀分布的抽样,其概率密度函数

$$f(x)=\begin{cases}\frac{1}{2}, x\in(-1,1),\\ 0,\text{其他}。\end{cases}$$

所求积分的近似值为被积函数$h(x)=\frac{x}{\sqrt{5-4x}}$取值的均值,乘以区间长度2。

随机模拟的 MATLAB 程序如下:

```
clc,clear
y=@(x)x./sqrt(5-4*x);          % 定义被积函数的匿名函数
I=quadl(y,-1,1)                % 计算积分的数值解,与随机模拟得到的解进行对比
n=10000000;                    % 生成随机数的个数
x=unifrnd(-1,1,[1,n]);         % 生成区间(-1,1)上均匀分布的n个随机数
h=y(x);                        % 计算被积函数的一系列取值
junzhi=mean(h);                % 计算取值的平均值
jifen=2*junzhi                 % 计算积分的近似值
```

例 4.6 计算积分

$$I=\int_{-\infty}^{+\infty}\cos(x)\mathrm{e}^{-\frac{x^2}{2}}\mathrm{d}x。$$

解: $I=\int_{-\infty}^{+\infty}\cos(x)\mathrm{e}^{-\frac{x^2}{2}}\mathrm{d}x=\sqrt{2\pi}\int_{-\infty}^{+\infty}\cos(x)\frac{1}{\sqrt{2\pi}}\mathrm{e}^{-\frac{x^2}{2}}\mathrm{d}x=\sqrt{2\pi}E[\cos(X)]$,

其中$X\sim N(0,1)$,所以$I\approx\sqrt{2\pi}\frac{1}{n}\sum_{j=1}^{n}\cos(x_j)$,这里$x_j$为服从标准正态分布$N(0,1)$的随机数。

```
clc,clear,n=10^7;
I1=sqrt(2*pi)*mean(cos(randn(1,n)));   % Monte Carlo 法的积分值
fx=@(x)cos(x).*exp(-x.^2/2);           % 定义被积函数的匿名函数
I2=quadgk(fx,-inf,inf);                % 求数值积分
```

2. 随机投点法

对于定积分$I=\int_a^b f(x)\mathrm{d}x$。为使计算机模拟简单起见,设$a,b$有限,$0\leqslant f(x)\leqslant M$,令$\Omega=\{(x,y)\mid a\leqslant x\leqslant b,0\leqslant y\leqslant M\}$,则$I=\int_a^b f(x)\mathrm{d}x$是$\Omega$中曲线$y=f(x)$下方的面积。

假设向Ω中进行随机投点,则由几何概率知,点落在$y=f(x)$下方的概率为$P=\frac{I}{(b-a)M}$。若进行n次投点,其中n_0次落在曲线$y=f(x)$的下方,则可以得到I的一个估计:

$$\hat{I}=M(b-a)\frac{n_0}{n}。\tag{4-22}$$

该方法的具体计算步骤：分别独立地产生 n 个 (a,b) 区间上均匀分布的随机数 $x_i(i=1,2,\cdots,n)$ 和 $(0,M)$ 区间上均匀分布的随机数 $y_i(i=1,2,\cdots,n)$；统计 $y_i \leqslant f(x_i)$ 的个数 n_0，用式(4-22)估计 I。

例 4.7（续例 4.5） 计算积分

$$\int_{-1}^{1}\frac{x\mathrm{d}x}{\sqrt{5-4x}}。$$

解： 记 $f(x)=\dfrac{x}{\sqrt{5-4x}}$，容易验证 $f(x)\in[-1,1]$，$x\in[-1,1]$，所以 $f(x)+1\geqslant 0$，$x\in[-1,1]$，因而有

$$\int_{-1}^{1}\frac{x\mathrm{d}x}{\sqrt{5-4x}}=\int_{-1}^{1}\left[\frac{x}{\sqrt{5-4x}}+1\right]\mathrm{d}x-2。$$

随机模拟的 MATLAB 程序如下：

```
clc,clear
y=@(x)x./sqrt(5-4*x);          % 定义被积函数的匿名函数
n=10000000;                     % 生成随机数的个数
x0=unifrnd(-1,1,[1,n]);         % 生成 n 个区间(-1,1)上均匀分布的随机数
y0=unifrnd(-1,1,[1,n]);         % 这里直接产生(-1,1)上的随机数,不做变换
n0=sum(y0<=y(x0)); I=n0/n*4-2
```

4.3.2 多重积分计算

假设要求多重积分

$$J=\int\cdots\int_{\Omega} f(x_1,\cdots,x_n)\mathrm{d}x_1,\cdots,\mathrm{d}x_n \tag{4-23}$$

的值。积分区域 Ω 是有界区域，被积函数 f 在区域 Ω 中是有界的。

1. 样本平均值法

设 $g(x_1,\cdots,x_n)$ 为区域 Ω 上的概率密度函数，且当 $f(x_1,\cdots,x_n)\neq 0$ 时 $g(x_1,\cdots,x_n)$ 亦不为零，令

$$h(x_1,\cdots,x_n)=\begin{cases}\dfrac{f(x_1,\cdots,x_n)}{g(x_1,\cdots,x_n)}, & g(x_1,\cdots,x_n)\neq 0,\\ 0, & g(x_1,\cdots,x_n)=0。\end{cases}$$

则积分式(4-23)可改写为

$$J=\int\cdots\int_{\Omega} h(x_1,\cdots,x_n)g(x_1,\cdots,x_n)\mathrm{d}x_1,\cdots,\mathrm{d}x_n 。$$

若 $(X_1,\cdots,X_n)$ 是 n 维空间区域 Ω 中的随机变量，概率密度函数为 $g(x_1,\cdots,x_n)$，则随机变量 $h(X_1,\cdots,X_n)$ 的数学期望为

$$E[h(X_1,\cdots,X_n)]=\int\cdots\int_{\Omega} h(x_1,\cdots,x_n)g(x_1,\cdots,x_n)\mathrm{d}x_1\cdots\mathrm{d}x_n=J。$$

即积分 J 是随机变量 $h(X_1,\cdots,X_n)$ 的数学期望。如果选取 N 个点 $P_i(x_1^i,\cdots,x_n^i)\in\Omega(i=1,\cdots,N)$ 服从分布 $g(x_1,\cdots,x_n)$，则根据大数定理，算术平均值

$$\bar{J}=\frac{1}{N}\sum_{i=1}^{N}h(x_1^i,\cdots,x_n^i),$$

即为积分 J 的近似。通常可选取 $g(x_1,\cdots,x_n)$ 为 Ω 上的均匀分布

$$g(x_1,\cdots,x_n)=\begin{cases}\frac{1}{V},(x_1,\cdots,x_n)\in\Omega,\\0,\text{其他。}\end{cases}$$

式中:V 为区域 Ω 的体积,则

$$h(x_1,\cdots,x_n)=V\cdot f(x_1,\cdots,x_n),$$

积分式(4-23)的近似值可取为

$$\bar{J}=\frac{V}{N}\sum_{i=1}^{N}f(x_1^i,\cdots,x_n^i)\text{。}\tag{4-24}$$

例 4.8 分别用 Monte Carlo 法和数值积分计算 $I=\iiint\limits_{\Omega}(x+y+z)^2\mathrm{d}x\mathrm{d}y\mathrm{d}z$,其中 Ω 为 $z\geqslant x^2+y^2$ 与 $x^2+y^2+z^2\leqslant 2$ 所围成的区域。

解:随机模拟时首先要计算 Ω 的体积,设 Ω 的体积为 V,区域 Ω 上均匀分布的密度函数为

$$f(x,y,z)=\begin{cases}\frac{1}{V},(x,y,z)\in\Omega,\\0,\text{其他。}\end{cases}$$

旋转抛物面 $z=x^2+y^2$ 与球面 $x^2+y^2+z^2=2$ 的交线在 xOy 面的投影为 $x^2+y^2=1$。求 Ω 的体积 V 时,在立体区域 $[-1,1]\times[-1,1]\times[0,\sqrt{2}]$ 上产生服从均匀分布的 10^6 个随机点,统计随机点落在 Ω 的频数,则 Ω 的体积 V 近似为上述立体的体积乘以频率。

利用 MATLAB 求得的数值解为

$$I=\iiint\limits_{\Omega}(x+y+z)^2\mathrm{d}x\mathrm{d}y\mathrm{d}z=2.4486\text{。}$$

随机模拟所求得的解在 2.4486 附近变动。

模拟和计算的 MATLAB 程序如下:

```
clc,clear
h=@(x,y,z)(x+y+z).^2;                              % 定义被积函数
n=1000000;                                         % 生成随机数的个数
x=unifrnd(-1,1,[1,n]);                             % 生成 n 个区间(-1,1)上均匀分布
的随机数
y=unifrnd(-1,1,[1,n]);
z=unifrnd(0,sqrt(2),[1,n]);
f=sum(z>=x.^2+y.^2 & x.^2+y.^2+z.^2<=2); % 计算落在区域上的频数
V=f/n*4*sqrt(2)                                    % 计算体积
hh=h(x,y,z);                                       % 计算被积函数一系列的取值
meanh=sum(hh.*(z>=x.^2+y.^2 & x.^2+y.^2+z.^2<=2))/f; % 求在区域上的取值均值
I1=V*meanh                                         % 计算 Monte Carlo 法的积分值
fxyz=@(x,y,z)h(x,y,z).*(z>=x.^2+y.^2 & x.^2+y.^2+z.^2<=2);% 定义 MATLAB
                                                   % 被积函数
```

```
I2 =triplequad(fxyz,-1,1,-1,1,0,sqrt(2))        % 计算数值积分
```

2. 随机投点法

设积分区域包含在 n 维多面体 Ω 中，其中 $\Omega=\{(x_1,x_2,\cdots,x_n)\mid a_i\leqslant x_i\leqslant b_i, i=1,2,\cdots,n\}$。函数 $f(x_1,x_2,\cdots,x_n)$ 在 Ω 内连续且满足 $0\leqslant f(x_1,x_2,\cdots,x_n)\leqslant M$，$N$ 是在 $n+1$ 维多面体 $\Omega\times[0,M]$ 中均匀分布的随机点的个数，n 是在 N 个随机点中落入 $n+1$ 维空间中以 Ω 为底以 $w=f(x_1,x_2,\cdots,x_n)$ 为顶之曲顶柱体内的随机点的个数。则 n 重积分的 Monte Carlo 近似计算公式为

$$J=\int_{\Omega}\cdots\int f(x_1,\cdots,x_n)\mathrm{d}x_1\cdots\mathrm{d}x_n=\frac{nM}{N}\prod_{i=1}^{n}(b_i-a_i)。\tag{4-25}$$

例 4.9(续例 4.8) 用 Monte Carlo 法计算 $I=\iiint\limits_{\Omega}(x+y+z)^2\mathrm{d}x\mathrm{d}y\mathrm{d}z$，其中 Ω 为 $z\geqslant x^2+y^2$ 与 $x^2+y^2+z^2\leqslant 2$ 所围成的区域。

解：易知积分区域 Ω 包含在立体区域 $[-1,1]\times[-1,1]\times[0,\sqrt{2}]$ 中，可以验证当 $(x,y,z)\in\Omega$ 时，$0\leqslant f(x,y,z)=(x+y+z)^2\leqslant 6$。在区域 $[-1,1]\times[-1,1]\times[0,\sqrt{2}]\times[0,6]$ 中产生服从均匀分布的 $N=1000000$ 个随机点，统计落在区域 $\widetilde{\Omega}=\{(x,y,z,w)\mid z\geqslant x^2+y^2, x^2+y^2+z^2\leqslant 2, w\leqslant(x+y+z)^2\}$ 中的个数 n，则积分的近似值为

$$I=\frac{n}{N}\cdot 24\sqrt{2}=\frac{24\sqrt{2}n}{N}。$$

模拟的 MATLAB 程序如下：

```
clc,clear
h =@ (x,y,z)(x +y +z).^2;                  % 定义被积函数
N =1000000;                                % 生成随机数的个数
x =unifrnd(-1,1,1,N);                      % 生成 N 个区间(-1,1)上均匀分布的随机数
y =unifrnd(-1,1,1,N);
z =unifrnd(0,sqrt(2),1,N);
w1 =unifrnd(0,6,1,N);
w2 =unifrnd(0,16,1,N);                     % 为了比对被积函数取值的上界对模拟的影响,把 M 放大
n1 =sum(z >=x.^2 +y.^2 & x.^2 +y.^2 +z.^2 <=2 & w1 <= (x +y +z).^2); % 计算落在区域上
                                                                      % 的频数
n2 =sum(z >=x.^2 +y.^2 & x.^2 +y.^2 +z.^2 <=2 & w2 <= (x +y +z).^2); % 计算落在区域上
                                                                      % 的频数
I1 =n1/N*24*sqrt(2),I2 =n2/N*64*sqrt(2)  % 计算两个不同的模拟值
```

4.4 几何概率的随机模拟

例 4.10 $y=x^2$，$y=12-x$ 与 x 轴在第一象限围成一个曲边三角形。设计一个随机实验，求该图形面积的近似值。

解：首先求出 $y=x^2$ 与 $y=12-x$ 在第一象限的交点为 $(3,9)$。

设计随机实验的思想：在矩形区域$[0,12]\times[0,9]$上产生服从均匀分布的10^7个随机点，统计随机点落在曲边三角形的频数。由于点落在曲边三角形的概率近似于落在该区域的频率，所以曲边三角形的面积近似为上述矩形的面积乘以频率。

计算的 MATLAB 程序如下：

```
clc,clear
x=unifrnd(0,12,[1,10000000]);
y=unifrnd(0,9,[1,10000000]);
pinshu=sum(y<x.^2 & x<=3)+sum(y<12-x & x>=3);
area_appr=12*9*pinshu/10^7
```

运行结果在 49.5 附近，由于是随机模拟，所以每次的结果都是不一样的。

例 4.11 在线段$[0,1]$上任意取三个点，问：由 0 至三点的三线段，能构成三角形与不能构成三角形这两个事件中哪一个事件的概率大？

解：设 0 到三点的三线段长分别为x,y,z，即相应的右端点坐标为x,y,z，显然

$$0\leqslant x,y,z\leqslant 1。$$

这三条线段构成三角形的充要条件是

$$x+y>z,x+z>y,y+z>x。$$

在线段$[0,1]$上任意取三点x,y,z，与立方体$0\leqslant x\leqslant 1,0\leqslant y\leqslant 1,0\leqslant z\leqslant 1$中的点$(x,y,z)$一一对应，可见所求"构成三角形"的概率，等价于在边长为 1 的立方体Ω中均匀地取点，而点落在$x+y>z,x+z>y,y+z>x$区域中的概率，这也就是落在图 4.2 中由$\triangle ADC,\triangle ADB,\triangle BDC,\triangle AOC,\triangle AOB,\triangle BOC$所围成的区域$G$中的概率。由于$\Omega$的体积$V(\Omega)=1,V(G)=1^3-3\times\frac{1}{3}\times\frac{1}{2}\times 1^3=\frac{1}{2}$，所以

$$p=V(G)/V(\Omega)=\frac{1}{2},$$

因此，能与不能构成三角形两事件的概率一样大。

使用计算机生成随机数来模拟求生成三角形的概率，MATLAB 程序如下：

```
clc,clear
n=100000;
x=unifrnd(0,1,[1,n]); y=unifrnd(0,1,[1,n]);
z=unifrnd(0,1,[1,n]);
f=sum(x+y>z & x+z>y & y+z>x);
p=f/n  % 求生成三角形的近似概率
```

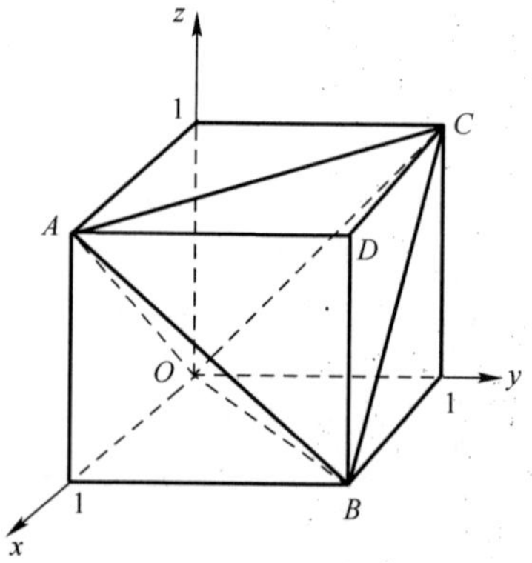

图 4.2 单位立方体示意图

4.5 排队模型

排队等待服务是生产和日常生活的一个组成部分，例如，在餐厅中排队等待用餐，在邮局、银行的窗口排队等待服务，病人在医院排队等待看病等。又如，在生产中，零部件在装配线上排队等待使用，飞机在空港排队等待着陆许可，汽车在红绿灯前排队等待通过

等。排队等待造成浪费，但是，又无法消除排队等待现象。我们希望既能得到优质的服务，又能减少排队等待。

下面主要介绍单服务台服务模型。

4.5.1 排队模型的基础知识

1. 排队模型的基本知识

要求得到服务的对象（可以是人或物）称为顾客，提供服务的对象（可以是人或物）称为服务台或服务机构。在排队的情况下，主要的成员是顾客和服务台。顾客由一个“源”产生。顾客数可以是有限的，也可以是无限的，来到商场购物的顾客可认为是无限的，车间里停机待修的机器台数是有限的。顾客到达服务机构，他们可以立即开始接受服务，或者，当服务机构正忙时，他们要在一个队伍中等待，当服务机构完成了规定的服务时，自动地从队伍中挑选一等待的顾客（如果有顾客等待）。如果没有等待的队伍，服务机构就空闲着，直到新的顾客到达。

到达时间有相继到来的顾客之间的到达时间间隔表示，而服务则以每个顾客的服务时间描述。一般地，到达间隔时间和服务时间都是随机的。

衡量一个排队系统工作状况的主要数量指标：

W_s：顾客自进入系统中到服务完毕离去在系统中逗留时间的数学期望。

W_q：顾客在系统中排队等待时间的数学期望。

L_s：系统中顾客数的数学期望。

L_q：排队等待服务的顾客数的数学期望。

了解系统的这些数量指标，也就是了解系统的基本特征。

2. 顾客的到达过程和服务过程

顾客到达服务机构的时间是随机的，服务时间也是随机的。下面首先介绍一些将要用到的数学知识。

源源不断地到达的许多随机质点构成一个随机质点流，简称为流。例如到某商店的顾客形成一顾客流，到达某机场的飞机形成飞机流。

定义 4.1 设 $N(t)$ 为质点流在时间区间 $(0,t]$ $(t>0)$ 到达的质点数。若质点流满足以下条件：

（1）无后效性：在不相重叠的区间上，质点到达的个数是相互独立的。

（2）平稳性：对于充分小的时间间隔 Δt，在区间 $(t,t+\Delta t]$ 内恰有一个质点到达的概率与时间 t 无关，而仅与区间长度 Δt 成正比，即

$$P\{\text{在}(t,t+\Delta t]\text{恰有一个质点到达}\}=\lambda\Delta t+o(\Delta t),$$

这里 $\lambda>0$ 是常数，$o(\Delta t)$ 是 Δt 的高阶无穷小，即有 $\lim\limits_{\Delta t\to 0}\dfrac{o(\Delta t)}{\Delta t}=0$。

（3）普通性：对于充分小的时间间隔 Δt，在区间 $(t,t+\Delta t]$ 内到达 2 个或 2 个以上质点的概率是 Δt 的高阶无穷小 $o(\Delta t)$。

（4）$N(0)=0$。

则称这一质点流为简单流或泊松流，λ 称为泊松流的强度。

定理 4.2 对于泊松流，在时间区间 $(0,t]$ 有 n 个质点到达的概率为

$$P_n(t)=P\{N(t)=n\}=\frac{(\lambda t)^n}{n!}e^{-\lambda t},n=0,1,2,\cdots,t>0,$$

即 $N(t)$ 服从泊松分布,$N(t)\sim\pi(\lambda t)$。

定义 4.2 设一泊松流,质点依次到达的时刻为 $\tau_1,\tau_2,\cdots,\tau_n,\cdots$,记 $T_1=\tau_1,T_2=\tau_2-\tau_1,\cdots,T_n=\tau_n-\tau_{n-1},\cdots,T_n(n=1,2,\cdots)$ 为两相继到达的质点的间隔时间,称为质点流的点间间距。

定理 4.3 强度为 λ 的泊松流的点间间距 $T_1,T_2,\cdots,T_n,\cdots$ 是相互独立的随机变量,且服从同一指数分布,其概率密度为

$$f(t)=\lambda e^{-\lambda t},t>0。$$

定理 4.3 的逆命题亦成立,即有

定理 4.4 如果任意相继到达的两个质点的点间间距 $T_1,T_2,\cdots,T_n,\cdots$ 相互独立,且服从同一指数分布,其概率密度为

$$f(t)=\lambda e^{-\lambda t},t>0。$$

则质点流是一个强度为 λ 的泊松流。

这里将顾客看成以上所说的质点。

设顾客的到达率为 λ(单位时间内平均达到的顾客数),则两个相继到达顾客之间平均时间间隔为 $1/\lambda$。设服务率为 μ(单位时间内平均完成服务的顾客数),则平均一个顾客的服务时间为 $1/\mu$。注意到顾客一经服务完毕立即离开,前后相继两顾客离开的时间间隔就是后一顾客的服务时间。服务率就是离开率(单位时间内平均离开的顾客数)。以下假设所考虑的排队模型符合条件:

(1) 顾客到达是强度为 λ 的泊松流。

(2) 各顾客的服务时间是相互独立的,服从同一以 $1/\mu$ 为数学期望的指数分布。

此外,还假设到达的间隔时间与服务时间是相互独立的。

按照假设条件(2),由定理 4.4 知顾客离开是强度为 μ 的泊松流。因此所考虑的排队模型顾客到达系统和离开系统都是泊松流。再由泊松流的性质知道,对充分小的时间间隔 Δt,有

$$\begin{cases}P\{\text{在 }\Delta t\text{ 内恰有一个顾客到达}\}=\lambda\Delta t+o(\Delta t),\\P\{\text{在 }\Delta t\text{ 内恰有一个顾客离开}\}=\mu\Delta t+o(\Delta t),\\P\{\text{在 }\Delta t\text{ 内有多于一个顾客到达}\}=o(\Delta t),\\P\{\text{在 }\Delta t\text{ 内有多于一个顾客离开}\}=o(\Delta t),\\P\{\text{在 }\Delta t\text{ 内没有顾客到达}\}=1-\lambda\Delta t-o(\Delta t),\\P\{\text{在 }\Delta t\text{ 内没有顾客离开}\}=1-\mu\Delta t-o(\Delta t)。\end{cases}\tag{4-26}$$

3. Little 公式

Little 证明了对于排队系统,无论什么样的顾客到达流以及服务时间服从何种概率分布均有以下的公式:

$$W_s=\frac{L_s}{\lambda_e},W_q=\frac{L_q}{\lambda_q},\tag{4-27}$$

式中:λ_e 为顾客有效到达率,是单位时间内平均进入系统的顾客数。当所有到达的顾客都能进入系统时,λ_e 等于顾客的到达率 λ,当有些到达的顾客不能进入系统(因系统已经满员)时 $\lambda_e<\lambda$。式(4-27)称为 Little 公式。

4.5.2 $M/M/1/\infty/\infty$ 排队模型

$M/M/1/\infty/\infty$ 排队模型是指顾客到达为泊松流，服务时间为指数分布，只有一个服务台，系统容量没有限制，顾客源为无限的服务系统。

1. 系统稳态概率 P_n 的计算

设在某一时刻 t，系统内有 n 个顾客的概率为 $P_n(t)$。我们来求 $P_n(t)$ 应满足的关系式。取一个充分小的时间间隔 Δt，考虑事件"在时刻 $t+\Delta t$ 系统内有 n 个顾客"的概率 $P_n(t+\Delta t)$。引入下列互不相容的事件 A_1, A_2, A_3, A_4。

$A_1=\{$在时刻 t 有 n 个顾客，在随后的 Δt 时段内无顾客到达，也无顾客离开$\}$；

$A_2=\{$在时刻 t 有 n 个顾客，在随后的 Δt 时段内有一顾客到达，有一顾客离开$\}$；

$A_3=\{$在时刻 t 有 $n-1$ 个顾客，在随后的 Δt 时段内有一顾客到达，无顾客离开$\}$；

$A_4=\{$在时刻 t 有 $n+1$ 个顾客，在随后的 Δt 时段内无顾客到达，有一顾客离开$\}$。

在式(4-26)中忽略 Δt 的高阶无穷小，即得

$$P(A_1)=P_n(t)[(1-\lambda\Delta t)(1-\mu\Delta t)],$$
$$P(A_2)=P_n(t)(\lambda\Delta t\mu\Delta t),$$
$$P(A_3)=P_{n-1}(t)[\lambda\Delta t(1-\mu\Delta t)],$$
$$P(A_4)=P_{n+1}(t)[(1-\lambda\Delta t)\mu\Delta t]。$$

由于事件"在 Δt 时段内多于 1 个顾客到达或离开"的概率为 Δt 的高阶无穷小，忽略高阶无穷小，得

$$\begin{aligned}P_n(t+\Delta t)&=P(A_1\cup A_2\cup A_3\cup A_4)=P(A_1)+P(A_2)+P(A_3)+P(A_4)\\&=P_n(t)[(1-\lambda\Delta t)(1-\mu\Delta t)]+P_n(t)(\lambda\Delta t\mu\Delta t)+P_{n-1}(t)[\lambda\Delta t(1-\mu\Delta t)]+\\&\quad P_{n+1}(t)[(1-\lambda\Delta t)\mu\Delta t]。\end{aligned}$$

于是

$$\begin{aligned}\frac{\mathrm{d}P_n(t)}{\mathrm{d}t}&=\lim_{\Delta t\to 0}\frac{P_n(t+\Delta t)-P_n(t)}{\Delta t}\\&=\lim_{\Delta t\to 0}\left\{\frac{P_n(t)[(1-\lambda\Delta t)(1-\mu\Delta t)+\lambda\mu(\Delta t)^2-1]}{\Delta t}+\frac{P_{n-1}(t)\lambda\Delta t(1-\mu\Delta t)}{\Delta t}+\frac{P_{n+1}(t)(1-\lambda\Delta t)\mu\Delta t}{\Delta t}\right\},\end{aligned}$$

即

$$\frac{\mathrm{d}P_n(t)}{\mathrm{d}t}=\lambda P_{n-1}(t)+\mu P_{n+1}(t)-(\lambda+\mu)P_n(t),\quad n=1,2,\cdots。$$

当 $n=0$ 时，事件"在时刻 $t+\Delta t$ 时系统内有 0 个顾客"的概率为(若略去 Δt 的高阶无穷小)：

$P_0(t+\Delta t)=P(\{$在时刻 t 时无顾客，在随后 Δt 时段内无顾客到达$\})+$

$P(\{$在时刻 t 时有一个顾客，在随后 Δt 时段内有一个顾客离去，无顾客进入$\})=$

$P_0(t)(1-\lambda\Delta t)+P_1(t)[(1-\lambda\Delta t)\mu\Delta t]$。

于是

$$\frac{\mathrm{d}P_0(t)}{\mathrm{d}t}=\lim_{\Delta t\to 0}\frac{P_0(t+\Delta t)-P_0(t)}{\Delta t}=-\lambda P_0(t)+\mu P_1(t)。$$

综上所述，得

$$\begin{cases}\dfrac{\mathrm{d}P_0(t)}{\mathrm{d}t}=-\lambda P_0(t)+\mu P_1(t),\\ \dfrac{\mathrm{d}P_n(t)}{\mathrm{d}t}=\lambda P_{n-1}(t)+\mu P_{n+1}(t)-(\lambda+\mu)P_n(t),\ n=1,2,\cdots。\end{cases}\tag{4-28}$$

这是一组微分差分方程，它的解称为系统的瞬时解。求出这一组瞬时解比较麻烦，而且瞬时解也不便于应用。为此，只考虑"稳态解"。当 $t\to\infty$ 时，系统处于稳定状态。设 $\lim\limits_{t\to\infty}P_n(t)$ 存在，记为 P_n，即

$$P_n=\lim_{t\to\infty}P_n(t)。$$

P_n 称为系统的稳态解，也称为系统恰有 n 个顾客的稳态概率。这就是说，只要 t 足够大，系统恰有 n 个顾客的概率，基本上与 t 无关。下面来求 P_n。

在式(4-28)中令 $t\to\infty$，此时由于 $P_n(t)$ 与 t 无关，故对于一切 n 都有

$$\frac{\mathrm{d}P_n(t)}{\mathrm{d}t}=0,\ n=0,1,2,\cdots。$$

这时式(4-28)成为

$$\begin{cases}-\lambda P_0+\mu P_1=0,\\ \lambda P_{n-1}+\mu P_{n+1}-(\lambda+\mu)P_n=0,\ n=1,2,\cdots。\end{cases}\tag{4-29}$$

这就是稳态时的平衡方程组。将式(4-29)改写成

$$\begin{cases}P_1=\dfrac{\lambda}{\mu}P_0,\\ P_{n+1}=\dfrac{\lambda}{\mu}P_n+\left(P_n-\dfrac{\lambda}{\mu}P_{n-1}\right),\end{cases}\tag{4-30}$$

把 $n=1,2,\cdots$ 依次代入式(4-30)，得

$$\begin{aligned}
&P_0=P_0,\\
&P_1=\frac{\lambda}{\mu}P_0,\\
&P_2=\frac{\lambda}{\mu}P_1+\left(P_1-\frac{\lambda}{\mu}P_0\right)=\frac{\lambda}{\mu}P_1=\left(\frac{\lambda}{\mu}\right)^2P_0,\\
&P_3=\frac{\lambda}{\mu}P_2+\left(P_2-\frac{\lambda}{\mu}P_1\right)=\frac{\lambda}{\mu}P_2=\left(\frac{\lambda}{\mu}\right)^3P_0,\\
&\vdots\\
&P_n=\frac{\lambda}{\mu}P_{n-1}+\left(P_{n-1}-\frac{\lambda}{\mu}P_{n-2}\right)=\frac{\lambda}{\mu}P_{n-1}=\left(\frac{\lambda}{\mu}\right)^nP_0,
\end{aligned}$$

由于 $P_0+P_1+\cdots+P_n+\cdots=1$，当 $\lambda/\mu<1$ 时，得

$$1=\sum_{n=0}^{\infty}P_n=\sum_{n=0}^{\infty}\left(\frac{\lambda}{\mu}\right)^nP_0=\frac{P_0}{1-\lambda/\mu}。$$

于是

$$P_0=1-\frac{\lambda}{\mu}。$$

即得稳态概率：

$$\begin{cases} P_0 = 1 - \dfrac{\lambda}{\mu}, \\ P_n = \left(\dfrac{\lambda}{\mu}\right)^n \left(1 - \dfrac{\lambda}{\mu}\right), \quad n = 1, 2, \cdots。\end{cases} \tag{4-31}$$

在上述公式推导中，限制 $\lambda/\mu < 1$。知道当 $\lambda/\mu < 1$ 时稳态概率 P_n 一定存在。当 $\lambda/\mu \geqslant 1$ 时级数 $\sum_{n=0}^{\infty} \left(\frac{\lambda}{\mu}\right)^n$ 发散，稳态概率不存在。从直观上看，当 $\lambda/\mu \geqslant 1$，即当 $\lambda \geqslant \mu$ 时，队列的长度会无限地增长。

例 4.12　在一定的时段中，车辆驶向一收费桥梁形成一泊松到达流，到达流为 3(辆/min)。桥上有一名收费员，服务时间为指数分布，均值为 1/4(min/辆)。设通过桥梁的车辆数没有限制，且驶向桥梁的车辆也没有限制。试应用 $M/M/1/\infty/\infty$ 模型求稳态概率。

解：$\lambda = 3$ 辆/min，$\mu = 4$ 辆/min，由式(4-31)得稳态概率为

$$P_n = \left(\frac{3}{4}\right)^n \left(1 - \frac{3}{4}\right) = \frac{3^n}{4^{n+1}}, n = 0, 1, 2, \cdots。$$

例如，系统中无车辆的稳态概率为

$$P_0 = \frac{1}{4},$$

无车辆排队的稳态概率为

$$P_0 + P_1 = \frac{1}{4} + \frac{3}{4^2} = \frac{7}{16},$$

至少有 2 辆车排队的稳态概率为

$$1 - (P_0 + P_1 + P_2) = 1 - \left(\frac{1}{4} + \frac{3}{4^2} + \frac{3^2}{4^3}\right) = \frac{27}{64}。$$

2. 系统主要指标的计算

1）服务台闲或忙的稳态概率

由式(4-31)得服务台空闲的稳态概率为

$$P_0 = 1 - \frac{\lambda}{\mu}, \tag{4-32}$$

服务台忙的稳态概率

$$1 - P_0 = \frac{\lambda}{\mu}。 \tag{4-33}$$

2）系统中顾客数的数学期望 L_s

系统中顾客数 N 的可能取值为 $0, 1, 2, \cdots$，而 $P\{N = n\} = P_n = \left(\frac{\lambda}{\mu}\right)^n \left(1 - \frac{\lambda}{\mu}\right)$，于是顾客数 N 的数学期望为

$$\begin{aligned} L_s &= \sum_{n=0}^{\infty} nP_n = \sum_{n=0}^{\infty} n\left(\frac{\lambda}{\mu}\right)^n \left(1 - \frac{\lambda}{\mu}\right) = \left(1 - \frac{\lambda}{\mu}\right) \sum_{n=0}^{\infty} n \left(\frac{\lambda}{\mu}\right)^n \\ &= \left(1 - \frac{\lambda}{\mu}\right) \frac{\lambda/\mu}{(1 - \lambda/\mu)^2} = \frac{\lambda}{\mu - \lambda}, \quad \lambda/\mu < 1。\end{aligned}$$

3）排队等待服务的顾客数的数学期望 L_q

当系统内无顾客时或只有一个顾客无人排队。当系统中有 $n(n>1)$ 个顾客时有 $n-1$ 个顾客排队等待，所以排队等待服务的顾客数的数学期望为

$$L_q = \sum_{n=1}^{\infty}(n-1)P_n = \sum_{n=1}^{\infty}nP_n - \sum_{n=1}^{\infty}P_n = \sum_{n=0}^{\infty}nP_n - \left(\sum_{n=0}^{\infty}P_n - P_0\right)$$

$$= L_s - (1-P_0) = \frac{\lambda}{\mu-\lambda} - \frac{\lambda}{\mu} = \frac{\lambda^2}{\mu(\mu-\lambda)}。$$

4）顾客在系统中排队等待时间的数学期望 W_q

由 Little 公式

$$W_q = \frac{L_q}{\lambda_e}。$$

在系统 $M/M/1/\infty/\infty$ 中，每一个到达的顾客都能进入系统，因此有效到达率就是 λ，即 $\lambda_e=\lambda$，故有

$$W_q = \frac{L_q}{\lambda} = \frac{\lambda}{\mu(\mu-\lambda)}。$$

5）顾客在系统中逗留时间的数学期望 W_s

W_s 是顾客在系统中的平均排队等待时间加上平均服务时间，即有

$$W_s = W_q + \frac{1}{\mu} = \frac{1}{\mu(\mu-\lambda)} + \frac{1}{\mu} = \frac{1}{\mu-\lambda}$$

将以上结果汇总如下：

$$P_0 = 1-\frac{\lambda}{\mu},\quad 1-P_0 = \frac{\lambda}{\mu},$$

$$L_s = \frac{\lambda}{\mu-\lambda},\quad L_q = \frac{\lambda^2}{\mu(\mu-\lambda)}, \tag{4-34}$$

$$W_s = \frac{1}{\mu-\lambda},\quad W_q = \frac{\lambda}{\mu(\mu-\lambda)}。 \tag{4-35}$$

例 4.13（续例 4.12） 在例 4.12 中求 L_s, L_q, W_s, W_q。

解：已知 $\lambda=3$ 辆/min，$\mu=4$ 辆/min，得

$$L_s = \frac{3}{4-3} = 3(\text{辆}),$$

$$L_q = \frac{9}{4\times(4-3)} = 2.25(\text{辆}),$$

$$W_s = \frac{1}{4-3} = 1(\text{分}),$$

$$W_q = \frac{3}{4\times(4-3)} = 0.75(\text{分})。$$

下面用 Monte Carlo 方法求 W_s, W_q。

由定理 4.3 知，车辆的到达时间间隔服从参数 $\lambda=3$ 辆/min 的指数分布，车辆的服务时间服从参数 $\mu=4$ 辆/min 的指数分布。用 MATLAB 模拟时，每次模拟 1000 辆车，总共模拟 100 次，然后取平均值作为 W_s, W_q 的取值。直接模拟计算 L_s, L_q 有点复杂，可以利用 W_s, W_q 的模拟值和 Little 公式计算 L_s, L_q 的值。

记第 k 辆车的到达时间间隔为 t_k，到达时刻为 c_k，服务时间为 s_k，离开时刻为 g_k，排队

等待时间为 $w_q^{(k)}$，逗留时间为 $w_s^{(k)}$，很容易得到如下的关系：

$$c_k = \sum_{i=1}^{k} t_i, g_k = \max(c_k, g_{k-1}) + s_k, w_q^{(k)} = \max(0, g_{k-1} - c_k),$$

$$w_s^{(k)} = w_q^{(k)} + s_k, k = 2,3,\cdots。$$

下面模拟时，用 t 表示到达间隔时间，s 表示服务时间，c 表示到达时间，g 表示离开时间。模拟结果和上面利用公式的计算结果很接近。

模拟的 MATLAB 程序如下：

```
clc,clear,tic                                  % 计时开始
rand('state',sum(100*clock));                  % 初始化随机数发生器
n=10000;                                       % 每次模拟的车辆数
m=100;                                         % 模拟次数
mu1=1/3;mu2=1/4;                % 注意 MATLAB 中参数与中文教科书参数的倒数关系
for j=1:m
   t=exprnd(mu1,1,n);                          % 生成到达时间间隔随机数
   s=exprnd(mu2,1,n);                          % 生成服务时间随机数
   c=cumsum(t);                                % 计算各辆车的到达时刻
   g(1)=c(1)+s(1);                             % 第一辆车离开时间
   Wq(1)=0;  Ws(1)=s(1);                       % 第一辆车的等待时间和逗留时间
   for i=2:n
      g(i)=max(c(i),g(i-1))+s(i);              % 第 i 辆车的离开时间
      Wq(i)=max(0,g(i-1)-c(i));                % 第 i 辆车的等待时间
      Ws(i)=Wq(i)+s(i);
   end
   WWq(j)=mean(Wq);                            % 第 j 次模拟的平均等待时间
   WWs(j)=mean(Ws);                            % 第 j 次模拟的平均逗留时间
end
mWq=mean(WWq)                                  % m 次模拟的平均等待时间
mWs=mean(WWs)                                  % m 次模拟的平均逗留时间
Lq=mWq/mu1,Ls=mWs/mu1                          % 利用 Little 公式计算
toc                                            % 计时结束
```

4.5.3 $M/M/1/K/\infty$ 排队模型

$M/M/1/K/\infty$ 排队模型是指输入为泊松流，服务时间为指数分布，只有一个服务台，系统的容量是有限制的，系统最多能容纳 K 个顾客，顾客源为无限的服务系统。

1. 系统稳态概率的计算

在 4.5.2 节讨论的模型，系统的容量是无限的，在实际中常会遇到系统容量有限制的情况，例如汽车停车场，它所能容纳的汽车的辆数是有限的，一旦停车场的所有车位都停满了汽车就拒绝外来汽车再进入。

设系统最多可容纳 K 个顾客。与前面一样，以 $P_n(0 \leqslant n \leqslant K)$ 表示系统中有 n 个顾客的稳态概率。与模型 $M/M/1/\infty/\infty$ 比较，易知当 $0 \leqslant n \leqslant K-2$ 时，P_n 也满足差分方程

$$\begin{cases} -\lambda P_0 + \mu P_1 = 0, \\ \lambda P_{n-1} + \mu P_{n+1} - (\lambda + \mu) P_n = 0, \quad n = 1,2,\cdots,K-2。 \end{cases} \tag{4-36}$$

当 $n=K$ 时，对于充分小的时间间隔 Δt，事件"在时刻 $t+\Delta t$ 时系统内有 K 个顾客"的概率为（略去 Δt 的高阶无穷小）：

$P_K(t+\Delta t)=P(\{$在时刻 t 时有 $K-1$ 个顾客，在随后的 Δt 时段内有一个顾客到达，无顾客离开$\})+P(\{$在时刻 t 时有 K 个顾客，在随后的 Δt 时段内无顾客离开$\})$

$$=P_{K-1}(t)[(\lambda\Delta t)(1-\mu\Delta t)]+P_K(t)(1-\mu\Delta t),$$

于是

$$\frac{\mathrm{d}P_K(t)}{\mathrm{d}t}=\lim_{\Delta t\to 0}\frac{P_K(t+\Delta t)-P_K(t)}{\Delta t}=\lambda P_{K-1}(t)-\mu P_K(t)。$$

在上式中令 $t\to\infty$，得

$$0=\lambda P_{K-1}-\mu P_K。$$

将这一方程与式(4-36)合并，得到系统在稳态时的平衡方程组

$$\begin{cases}-\lambda P_0+\mu P_1=0,\\ \lambda P_{n-1}+\mu P_{n+1}-(\lambda+\mu)P_n=0,\ n=1,2,\cdots,K-2,\\ \lambda P_{K-1}-\mu P_K=0。\end{cases}\tag{4-37}$$

将上述方程组改写为

$$\begin{cases}P_1=\dfrac{\lambda}{\mu}P_0,\\ P_{n+1}=\dfrac{\lambda}{\mu}P_n+\left(P_n-\dfrac{\lambda}{\mu}P_{n-1}\right),\ 1\leqslant n\leqslant K-2,\\ P_K=\dfrac{\lambda}{\mu}P_{K-1}。\end{cases}$$

以 $n=1,2,\cdots,K-2$ 依次代入上式，得

$$\begin{aligned}&P_1=\frac{\lambda}{\mu}P_0,\\ &P_2=\frac{\lambda}{\mu}P_1+\left(P_1-\frac{\lambda}{\mu}P_0\right)=\frac{\lambda}{\mu}P_1=\left(\frac{\lambda}{\mu}\right)^2P_0,\\ &P_3=\frac{\lambda}{\mu}P_2+\left(P_2-\frac{\lambda}{\mu}P_1\right)=\frac{\lambda}{\mu}P_2=\left(\frac{\lambda}{\mu}\right)^3P_0,\\ &\vdots\\ &P_{K-1}=\frac{\lambda}{\mu}P_{K-2}+\left(P_{K-2}-\frac{\lambda}{\mu}P_{K-3}\right)=\left(\frac{\lambda}{\mu}\right)^{K-1}P_0,\\ &P_K=\frac{\lambda}{\mu}P_{K-1}=\left(\frac{\lambda}{\mu}\right)^KP_0。\end{aligned}\tag{4-38}$$

注意到 $\sum\limits_{n=0}^{K}P_n=1$，从而

$$P_0\left[1+\frac{\lambda}{\mu}+\left(\frac{\lambda}{\mu}\right)^2+\cdots+\left(\frac{\lambda}{\mu}\right)^K\right]=1,$$

即有

$$P_0=\begin{cases}\dfrac{1-\lambda/\mu}{1-(\lambda/\mu)^{K+1}}, & \lambda/\mu\neq 1,\\ \dfrac{1}{K+1}, & \lambda/\mu=1。\end{cases}$$

因此

$$P_n=\begin{cases}\dfrac{(\lambda/\mu)^n(1-\lambda/\mu)}{1-(\lambda/\mu)^{K+1}}, & \lambda/\mu\neq 1,\\ \dfrac{1}{K+1}, & \lambda/\mu=1,\end{cases}\quad n=0,1,2,\cdots,K \tag{4-39}$$

从这里可看到在这一模型中 λ,μ 的值没有限制。

2. 系统主要指标的计算

1）服务台空或忙的稳态概率

由式(4-39)可得服务台空或忙的稳态概率分别为 P_0 和 $1-P_0$。

2）系统中顾客数的数学期望 L_s

记 $\lambda/\mu=\rho$，由式(4-39)，得

$$L_s=\sum_{n=0}^{K}nP_n=\frac{1-\rho}{1-\rho^{K+1}}\sum_{n=0}^{K}n\rho^n=\frac{1-\rho}{1-\rho^{K+1}}\rho\frac{\mathrm{d}}{\mathrm{d}\rho}\sum_{n=0}^{K}\rho^n$$

$$=\frac{(1-\rho)\rho}{1-\rho^{K+1}}\frac{\mathrm{d}}{\mathrm{d}\rho}\left(\frac{1-\rho^{K+1}}{1-\rho}\right)=\frac{\rho[1-(K+1)\rho^K+K\rho^{K+1}]}{(1-\rho)(1-\rho^{K+1})},\ \rho\neq 1。$$

即

$$L_s=\frac{\lambda[1-(K+1)(\lambda/\mu)^K+K(\lambda/\mu)^{K+1}]}{(\mu-\lambda)[1-(\lambda/\mu)^{K+1}]},\ \lambda/\mu\neq 1。$$

当 $\lambda/\mu=1$ 时，有

$$L_s=\sum_{n=0}^{K}\frac{n}{K+1}=\frac{K}{2}。$$

3）排队等待服务顾客数的数学期望 L_q

类似可得在系统容量为 K 时亦有关系式

$$L_q=L_s-(1-P_0)=L_s-\frac{\lambda/\mu[1-(\lambda/\mu)^K]}{1-(\lambda/\mu)^{K+1}},\ \frac{\lambda}{\mu}\neq 1。$$

当 $\lambda/\mu=1$ 时，有

$$L_q=L_s-(1-P_0)=\frac{K}{2}-\left(1-\frac{1}{K+1}\right)=\frac{K(K-1)}{2(K+1)}。$$

4）顾客在系统中排队等待时间的数学期望 W_q

为利用 Little 公式，先求 λ_e，在系统中有 $n(n=0,1,2,\cdots,K-1)$ 个顾客时，单位时间内平均进入系统的顾客数均为 λ，而当 $n=K$ 时，因系统满员，顾客不能进入系统，故单位时间内平均进入系统的顾客数(即数学期望)为

$$\lambda_e=\lambda P_0+\lambda P_1+\cdots+\lambda P_{k-1}+0\cdot P_K=\lambda(P_0+P_1+\cdots+P_{K-1})=\lambda(1-P_K),$$

故得

$$W_q=\frac{L_q}{\lambda(1-P_K)}。$$

5）顾客在系统中逗留时间的数学期望 W_s

$$W_s=W_q+\frac{1}{\mu}。$$

6）系统的稳态损失率

系统的稳态损失率就是系统满员的稳态概率 P_K。

例 4.14 一洗车店只设有一个洗车位，另有 4 个停车位供等待清洗的汽车停放。汽车到达为泊松流，强度为 4 辆/h；车辆所需清洗时间服从均值为 1/6（h/辆）的指数分布。汽车到达时，如果洗车位没有空，则就在停车位排队等待，又若停车位也没有空，那么就需赴其他洗车店。试求解如下问题：

（1）一辆车到达时，立即可进洗车位的稳态概率。

（2）洗车店中汽车数的数学期望。

（3）空置停车位数的数学期望。

（4）全部停车位均有车的稳态概率。

（5）洗车排队的等待时间的数学期望。

解：按题意，本题属于 $M/M/1/K/\infty$ 模型。$K=5$，到达率 $\lambda=4$ 辆/h，服务率 $\mu=6$ 辆/h，$\lambda/\mu=2/3$。

（1）一辆车到达时立即可进洗车位的稳态概率为

$$P_0=\frac{1-2/3}{1-(2/3)^6}=0.3654$$

（2）洗车店中汽车数的数学期望为

$$L_s=\frac{4[1-6(2/3)^5+5(2/3)^6]}{2[1-(2/3)^6]}=1.4226(\text{辆})$$

（3）空置停车位数的数学期望为

$$4-L_q=4-[L_s-(1-P_0)]=3.212(\text{辆})$$

（4）全部停车位均有车的稳态概率为

$$P_5=\frac{(2/3)^5(1-2/3)}{1-(2/3)^6}=0.0481$$

（5）洗车排队等待时间的数学期望为

$$W_q=\frac{L_q}{\lambda(1-P_5)}=\frac{L_s-(1-P_0)}{\lambda(1-P_5)}=0.207(\text{h})$$

计算的 MATLAB 程序如下：

```
clc,clear,K=5;lambda=4;mu=6;rho=lambda/mu;
P0=(1-rho)/(1-rho^(K+1))
Ls=lambda*(1-(K+1)*rho^K+K*rho^(K+1))/((mu-lambda)*(1-rho^(K+1)))
Lk=4-(Ls-(1-P0))
P5=rho^K*(1-rho)/(1-rho^(K+1))
Wq=(Ls-(1-P0))/(lambda*(1-P5))
```

可以用 Monte Carlo 方法求平均排队等待时间 W_q 和平均逗留时间 W_s。仿真的 MATLAB 程序如下：

```
clc,clear,K=5;lambda=1/4;mu=1/6;n=100000;tic
t=exprnd(lambda);                    % 第 1 辆车的到达时间间隔
s=exprnd(mu);                        % 第 1 辆车的服务时间
c(1)=t;                              % 第 1 辆车的到达时刻
```

```
g(1)=c(1)+s;                        % 第 1 辆车的离开时刻
Wq(1)=0;                            % 第 1 辆车的等待时间
Ws(1)=s(1);                         % 第 1 辆车的逗留时间
for i=2:5
    t=exprnd(lambda);s=exprnd(mu); % 生成第 i 辆车的到达时间间隔和服务时间
    c(i)=c(i-1)+t;
    g(i)=max(c(i),g(i-1))+s;        % 第 i 辆车的离开时间
    Wq(i)=max(0,g(i-1)-c(i));       % 第 i 辆车的等待时间
    Ws(i)=Wq(i)+s;
end
for i=6:n
    t=exprnd(lambda);s=exprnd(mu); % 生成第 i 辆车的到达时间间隔和服务时间
    c(i)=c(i-1)+t;
    while c(i)<g(i-5)               % 当前已经有 5 辆车
        t=exprnd(lambda);s=exprnd(mu);
                                      % 重新生成第 i 辆车到达时间间隔和服务时间
        c(i)=c(i-1)+t;
    end
        g(i)=max(c(i),g(i-1))+s;    % 第 i 辆车的离开时间
        Wq(i)=max(0,g(i-1)-c(i));   % 第 i 辆车的等待时间
        Ws(i)=Wq(i)+s;              % 第 i 辆车的逗留时间
end
zWq=mean(Wq),zWs=mean(Ws),toc
```

为了提高模拟的速度,可以一次性地生成到达时间间隔和服务时间的随机数。模拟的 MATLAB 程序如下:

```
clc,clear,K=5;lambda=1/4;mu=1/6;n=100000;tic
t=exprnd(lambda,1,n);                 % 生成到达时间间隔
s=exprnd(mu,1,n);                     % 生成服务时间
c(1)=t(1);                            % 第 1 辆车的到达时刻
g(1)=c(1)+s(1);                       % 第 1 辆车的离开时刻
Wq(1)=0;                              % 第 1 辆车的等待时间
Ws(1)=s(1);                           % 第 1 辆车的逗留时间
for i=2:5
    c(i)=c(i-1)+t(i);
    g(i)=max(c(i),g(i-1))+s(i);       % 第 i 辆车的离开时间
    Wq(i)=max(0,g(i-1)-c(i));         % 第 i 辆车的等待时间
    Ws(i)=Wq(i)+s(i);                 % 第 i 辆车的逗留时间
end
for i=6:n
    c(i)=c(i-1)+t(i);
    while c(i)<g(i-5)                 % 当前已经有 5 辆车
        tp=exprnd(lambda);sp=exprnd(mu); % 重新生成第 i 辆车到达时间
```

```
                                                    % 间隔和服务时间
        t(i)=tp;s(i)=sp;
        c(i)=c(i-1)+t(i);
    end
        g(i)=max(c(i),g(i-1))+s(i);             % 第 i 辆车的离开时间
        Wq(i)=max(0,g(i-1)-c(i));               % 第 i 辆车的等待时间
        Ws(i)=Wq(i)+s(i);                       % 第 i 辆车的逗留时间
end
zWq=mean(Wq),zWs=mean(Ws),toc
```

4.5.4 其他排队模型

当排队系统的到达间隔时间和服务时间的概率分布很复杂时，或不能用公式给出时，那么就不能用解析法求解。这就更需用随机模拟法求解，现举例说明。

例 4.15 设某仓库前有一卸货场，货车一般是夜间到达，白天卸货，每天只能卸货 2 车，若一天内到达数超过 2 车，那么就推迟到次日卸货。根据表 4.2 所列的数据，货车到达数平均为 1.5 车/天，求每天推迟卸货的平均车数。

表 4.2 到达车数的概率

到达车数	0	1	2	3	4	5	≥6
概　　率	0.23	0.30	0.30	0.1	0.05	0.02	0.00

这是单服务台的排队系统，可验证到达车数不服从泊松分布，服务时间也不服从指数分布（这是定长服务时间）。

随机模拟法首先要求事件能按历史的概率分布规律出现。模拟时产生的随机数与事件的对应关系见表 4.3。

表 4.3 到达车数的概率及其对应的随机数

到达车数	概　率	累积概率	对应的随机数
0	0.23	0.23	$0 \leqslant x < 0.23$
1	0.30	0.53	$0.23 \leqslant x < 0.53$
2	0.30	0.83	$0.53 \leqslant x < 0.83$
3	0.1	0.93	$0.83 \leqslant x < 0.93$
4	0.05	0.98	$0.93 \leqslant x < 0.98$
5	0.02	1.00	$0.98 \leqslant x \leqslant 1.00$

用 a1 表示产生的随机数，a2 表示到达的车数，a3 表示需要卸货车数，a4 表示实际卸货车数，a5 表示推迟卸货车数。模拟的 MATLAB 程序如下：

```
clc,clear,n=50000;                              % 模拟的次数
m=2;                                            % 每天卸货的车数
a1=unifrnd(0,1,[n,1]);
```

```
a2 = a1;                                            % a2 初始化
a2(a1 < 0.23) = 0;
a2(0.23 <= a1&a1 < 0.53) = 1;
a2(0.53 <= a1&a1 < 0.83) = 2;
a2(0.83 <= a1&a1 < 0.93) = 3;
a2(0.93 <= a1&a1 < 0.98) = 4;
a2(a1 >= 0.98) = 5;
a3 = zeros(n,1);a4 = zeros(n,1);a5 = zeros(n,1);% a3,a4,a5 初始化
a3(1) = a2(1);
if a3(1) <= m
   a4(1) = a3(1);a5(1) = 0;
else
   a4(1) = m;a5(1) = a2(1) - m;
end
for i = 2:n
   a3(i) = a2(i) + a5(i - 1);
   if a3(i) <= m
       a4(i) = a3(i);a5(i) = 0;
   else
       a4(i) = m;a5(i) = a3(i) - m;
   end
end
a = [a1,a2,a3,a4,a5];
s = mean(a)                                         % n 天内的平均值
```

由模拟结果知，每天推迟卸货的平均车数为 1 车。

例 4.16 银行计划安置自动取款机，已知 A 型机的价格是 B 型机的 2 倍，而 A 型机的性能—平均服务率也是 B 型机的 2 倍，问应该购置 1 台 A 型机还是 2 台 B 型机。

解：为了通过模拟回答这类问题，作如下具体假设，顾客平均每分钟到达 1 位，A 型机的平均服务时间为 0.9min，B 型机为 1.8min，顾客到达间隔和服务时间都服从指数分布，2 台 B 型机采取 $M/M/2$ 模型（排一队），用前 100 名顾客（第 1 位顾客到达时取款机前为空）的平均等待时间为指标，对 A 型机和 B 型机分别作 1000 次模拟，取平均值进行比较。

理论上已经得到，A 型机和 B 型机前 100 名顾客的平均等待时间分别为 $\mu_1(100) = 4.13$，$\mu_2(100) = 3.70$，即 B 型机优。

对于 $M/M/1$ 模型，记第 k 位顾客的到达时刻为 c_k，离开时刻为 g_k，等待时间为 w_k，它们很容易根据已有的到达间隔 t_k 和服务时间 s_k 按照以下的递推关系，得

$$c_k = c_{k-1} + t_k, g_k = \max(c_k, g_{k-1}) + s_k, w_k = \max(0, g_{k-1} - c_k), k = 2,3,\cdots。$$

下面模拟时，用 t 表示到达间隔时间，s 表示服务时间，c 表示到达时间，g 表示离开时间，w 表示等待时间。模拟结果也是 B 型机优。

模拟 A 型机时，MATLAB 程序如下：

```
clc,clear,tic                              % 计时开始
```

```
rand('state',sum(100 * clock));          % 初始化计算机随机数发生器
n =100;                                  % 顾客数量
m =1000;                                 % 模拟次数
mu1 =1;mu2 =0.9;
for j =1:m
   t =exprnd(mu1,1,n);                   % 生成到达时间间隔随机数
   s =exprnd(mu2,1,n);                   % 生成服务时间随机数
   c(1) =t(1);                           % 第1个顾客到达时间
   g(1) =c(1) +s(1);                     % 第1个顾客离开时间
   w(1) =0;                              % 第1个顾客的等待时间
   for i =2:n
       c(i) =c(i -1) +t(i);              % 第i个顾客到达时间
       g(i) =max(c(i),g(i -1)) +s(i);    % 第i个顾客离开时间
       w(i) =max(0,g(i -1) -c(i));       % 第i个顾客等待时间
   end
   tt1(j) =mean(w);                      % 第j次模拟的平均等待时间
end
tt2 =mean(tt1)                           % m次模拟的平均等待时间
toc                                      % 计时结束
```

类似地,模拟 B 型机的程序如下:

```
clc,clear,tic
rand('state',sum(100 * clock));
n =100;m =1000;mu1 =1;mu2 =1.8;
for j =1:m
   t =exprnd(mu1,1,n);s =exprnd(mu2,1,n);
   c(1) =t(1);c(2) =c(1) +t(2);
   g(1:2) =c(1:2) +s(1:2);
   w(1:2) =0;flag =g(1:2);
   for i =3:n
       c(i) =c(i -1) +t(i);
       g(i) =max(c(i),min(flag)) +s(i);
       w(i) =max(0,min(flag) -c(i));
       flag = [max(flag),g(i)];
   end
   tt1(j) =mean(w);
end
tt2 =mean(tt1)
toc
```

4.6 存储问题

例 4.17 某小贩每天以 $a=10$ 元/束的价格购进一种鲜花,卖价为 $b=15$ 元/束,当天

卖不出去的花全部损失。顾客一天内对花的需求量 X 是随机变量，X 服从泊松分布

$$P\{X=k\}=\mathrm{e}^{-\lambda}\frac{\lambda^k}{k!},k=0,1,2,\cdots,$$

其中参数 $\lambda=15$。问小贩每天应购进多少束鲜花才能得到好收益？

解：这是一个随机决策问题，要确定每天应购进的鲜花数量以使收入最高。

设小贩每天购进 u 束鲜花。如果这天需求量 $X\leqslant u$，则其收入为 $bX-au$，如果需求量 $X>u$，则其收入为 $bu-au$，因此小贩一天的期望收入为

$$J(u)=-au+\sum_{k=0}^{u}bk\cdot\mathrm{e}^{-\lambda}\cdot\frac{\lambda^k}{k!}+\sum_{k=u+1}^{\infty}bu\cdot\mathrm{e}^{-\lambda}\cdot\frac{\lambda^k}{k!},$$

问题归结为在 a,b,λ 已知时，求 u 使得 $J(u)$ 最大。因而最佳购进量 u^* 满足

$$J(u^*)\geqslant J(u^*+1),J(u^*)\geqslant J(u^*-1),$$

由于

$$J(u+1)-J(u)=-a+b\mathrm{e}^{-\lambda}\sum_{k=u+1}^{\infty}\frac{\lambda^k}{k!}=-a+b\left(1-\sum_{k=0}^{u}\mathrm{e}^{-\lambda}\frac{\lambda^k}{k!}\right),$$

最佳购进量 u^* 满足

$$1-\sum_{k=0}^{u^*}\mathrm{e}^{-\lambda}\frac{\lambda^k}{k!}\leqslant\frac{a}{b},$$

$$1-\sum_{k=0}^{u^*-1}\mathrm{e}^{-\lambda}\frac{\lambda^k}{k!}\geqslant\frac{a}{b},$$

记泊松分布的分布函数为 $F(i)=P\{X\leqslant i\}=\sum\limits_{k=0}^{i}\mathrm{e}^{-\lambda}\frac{\lambda^k}{k!}$，则最佳购进量 u^* 满足

$$F(u^*-1)\leqslant 1-\frac{a}{b}\leqslant F(u^*)。$$

查泊松分布表，或利用 MATLAB 软件，求得最佳购进量 $u^*=13$。

计算的 MATLAB 程序如下：

```
clc,clear
lamda =15;a =10;b =15;
p =1 - a/b
u =poissinv(1 - a/b,lamda)          % 求最佳购进量
p1 =poisscdf(u -1,lamda)            % p1 和 p2 是为验证最佳购进量
p2 =poisscdf(u,lamda)
```

下面用计算机模拟进行检验。

对不同的 a,b,λ，用计算机模拟求最优决策 u 的算法如下：

步骤 1　给定 a,b,λ，记进货量为 u 时，收益为 M_u，当 $u=0$ 时，$M_0=0$；令 $u=1$，继续下一步。

步骤 2　对需求量随机变量 X 做模拟，求出收入，共做 n 次模拟，求出收入的平均值 M_u。

步骤 3　若 $M_u\geqslant M_{u-1}$，令 $u=u+1$，转步骤 2；若 $M_u<M_{u-1}$，输出 $u^*=u-1$，停止。

用 MATLAB 软件进行了模拟，求得最佳进货量为 13 或 14，发现其与理论推导符合得很好。模拟的 MATLAB 程序如下：

```
clc,clear
a =10;b =15;lamda =15;M1 =0;
u =1;n =10000;
for i =1:2 * lamda
    d =poissrnd(lamda,[1,n]);            % 产生 n 个服从 Poiss(lamda)的需求量数据
    M2 =mean((b - a) * u * (u <=d) + ((b - a) * d - a * (u - d)). * (u >d));% 求平均利润
    if M2 >M1
        M1 =M2;u =u +1;
    else
        fprintf('最佳购进量为% d\n',u -1);
        break
    end
end
```

例 4.18 某企业生产易变质的产品。当天生产的产品必须当天售出,否则就会变质。该产品单位成本为 $a=2$ 元,单位产品售价为 $b=3$ 元。假定市场对该产品的每天需求量是一个随机变量,但从以往的统计分析得知它服从正态分布 $N(135,20^2)$。

(1) 求最佳库存方案及对应的最大收益。

(2) 用 Monte Carlo 法确定如下两个方案哪个更优。

方案甲:按前一天的销售量作为当天的存货量;

方案乙:按前二天的平均销售量作为当天的存货量。

解:(1) 设当天的存货量为 s,当天产品的需求量为随机变量 X,$X\sim N(135,20^2)$,则当天的收益

$$Y=\begin{cases}(b-a)s, & s\leqslant X,\\ bX-as, & s>X。\end{cases}$$

记正态分布 $N(135,22.4^2)$ 的概率密度函数为 $f(x)$,当天收益的数学期望

$$Q(s)=EY=\int_0^s(bx-as)f(x)\mathrm{d}x+\int_s^{+\infty}(b-a)sf(x)\mathrm{d}x$$

$$=b\int_0^s xf(x)\mathrm{d}x-as+asF(0)+bs-bsF(s)。$$

要求 $Q(s)$ 的最大值,令

$$\frac{\mathrm{d}Q(s)}{\mathrm{d}s}=0,$$

得

$$F(s)=1+\frac{aF(0)-a}{b},$$

式中:$F(s)$ 为 X 的分布函数。

由于 $Q(s)$ 只有唯一的驻点,所以当 $s=F^{-1}\left(1+\frac{aF(0)-a}{b}\right)$ 时,达到最优收益。

本题利用 MATLAB 软件,求得最佳存货量 $s^*=126.3855$,对应的收益 $Q(s^*)=113.1840$。

计算的 MATLAB 程序如下：

```
clc,clear
a=2;b=3;mu=135;sigma=20;
s=norminv(1+(a*normcdf(0,mu,sigma)-a)/b,mu,sigma)    % 求最佳库存
Qs=b*quadl(@(x)x.*normpdf(x,mu,sigma),0,s)-a*s+a*s*normcdf(0,mu,
sigma)+b*s-b*s*normcdf(s,mu,sigma)                   % 求最佳库存对应的收益
```

(2) 两个方案的随机模拟。模拟时,方案甲第一天存货量的初始值取为服从正态分布 $N(135,20^2)$ 的随机数,方案乙前两天存货量的初始值也是服从正态分布 $N(135,20^2)$ 的随机数。

模拟时取天数 $n=10000$,计算 10000 天收益的平均值,模拟结果显示方案乙较优。

模拟的 MATLAB 程序如下：

```
clc,clear
mu=135;sigma=20;a=2;b=3;n=10000;
d=normrnd(mu,sigma,1,n);                          % 产生 n 天需求的 n 个随机数
s1(1)=normrnd(mu,sigma);                          % 方案甲的第一天存货量
for i=2:n
    s1(i)=min(s1(i-1),d(i-1));                    % 方案甲的第 i 天存货量
end
Y1=mean((b-a)*s1.*(s1<=d)+(b*d-a*s1).*(s1>d))   % 计算方案甲的平均收益
s2(1:2)=normrnd(mu,sigma,[1,2]);                  % 方案乙的前两天存货量
for i=3:n
    s2(i)=mean(min([d(1,2);s2(1,2)]));
end
Y2=mean((b-a)*s2.*(s2<=d)+(b*d-a*s2).*(s2>d))   % 计算方案乙的平均收益
```

4.7 整数规划

整数规划由于限制变量为整数而增加了难度,然而又由于整数解是有限个而为枚举法提供了方便。当然,当自变量维数很大和取值范围很宽情况下,企图用显枚举法(即穷举法)计算出最优值是不现实的,但是应用概率理论可以证明,在一定计算量的情况下,用 Monte Carlo 法完全可以得出一个满意解。

例 4.19 已知非线性整数规划为

$$\max z = x_1^2+x_2^2+3x_3^2+4x_4^2+2x_5^2-8x_1-2x_2-3x_3-x_4-2x_5,$$

$$\text{s.t.}\begin{cases}0\leqslant x_i\leqslant 99, \quad i=1,\cdots,5,\\ x_1+x_2+x_3+x_4+x_5\leqslant 400,\\ x_1+2x_2+2x_3+x_4+6x_5\leqslant 800,\\ 2x_1+x_2+6x_3\leqslant 200,\\ x_3+x_4+5x_5\leqslant 200,\\ x_i\text{为整数}\quad i=1,\cdots,5。\end{cases}$$

如果用显枚举法试探,共需计算$(100)^5=10^{10}$个点,其计算量非常大。然而应用 Monte Carlo 法随机计算10^6个点,便可找到满意解,那么这种方法的可信度究竟怎样呢?

下面就分析随机取样采集10^6个点计算时,应用概率理论来估计一下可信度。

不失一般性,假定一个整数规划的最优点不是孤立的奇点。

假设目标函数落在高值区的概率分别为 0.01,0.00001,则当计算10^6个点后,有任一个点能落在高值区的概率分别为

$$1-0.99^{1000000}\approx 0.99\cdots 99(100\text{ 多位}),$$

$$1-0.99999^{1000000}\approx 0.999954602。$$

解:(1)首先编写 M 文件 mengte.m 定义目标函数 f 和约束向量函数 g,程序如下:

```
function [f,g] = mengte(x);
f = x(1)^2 + x(2)^2 + 3 * x(3)^2 + 4 * x(4)^2 + 2 * x(5) - 8 * x(1) - 2 * x(2) - 3 * x(3) - x
(4) - 2 * x(5);
g = [sum(x) - 400
x(1) + 2 * x(2) + 2 * x(3) + x(4) + 6 * x(5) - 800
2 * x(1) + x(2) + 6 * x(3) - 200
x(3) + x(4) + 5 * x(5) - 200];
```

(2)应用 Monte Carlo 法求解的 MATLAB 程序如下:

```
rand('state',sum(clock));                    % 初始化随机数发生器
p0 = 0;
tic                                          % 计时开始
for i = 1:10^6
   x = randi([0,99],1,5);                    % 产生一行五列的区间[0,99]上的随机整数
   [f,g] = mengte(x);
   if all(g <= 0)
      if p0 < f
         x0 = x;p0 = f;                      % 记录下当前较好的解
      end
   end
end
x0,p0
toc                                          % 计时结束
```

由于是随机模拟,所以每次的运行结果都不一样。

4.8 求偏微分方程的数值解

下面以拉普拉斯方程为例,从有限差分方法入手,结合 Monte Carlo 方法的基本思想,建立一种求解偏微分方程边值问题的随机概率模型。设求解二维区域 Ω 中的问题为

$$\begin{cases}\nabla^2 u=\dfrac{\partial^2 u}{\partial x_1^2}+\dfrac{\partial^2 u}{\partial x_2^2}\equiv 0,\\ u|_{\Gamma}=\phi(\Gamma),\end{cases}\tag{4-40}$$

式中：u 为待求解的实函数；x_1，x_2 均为实自变量；Γ 为求解域的边界；$\phi(\Gamma)$ 为已知的边界值。

以步长 $\Delta x = \Delta y = h$ 的正方形网格覆盖区域 Ω 和边界 Γ，内部网格节点的全体记为 Ω_h，边界网格点的全体记为 Γ_h。网格点 (ih, jh) 就简记为 (i, j)。现在要求这一点的解 $u_{i,j}$。

先叙述直观的做法。取一个四面体的骰子，它有四面，分别记以 1,2,3,4，相当于指示向东、向南、向西和向北移动一步，也就是相当于 $i \to i+1, j \to j+1, i \to i-1, j \to j-1$ 的移动。

现在由 $P(i,j)$ 点出发，每掷一次骰子，根据得到的一个数字按上述规则移动一步，直到边界 Γ_h 为止。设到达边界 Γ_h 上的点 Q_1，则取 $u_1 = \phi(Q_1)$。再从点 $P(i,j)$ 出发，又掷骰子，按上面的办法移动，直到 Γ_h 为止，设到达点 $Q_2 \in \Gamma_h$，又得到一个数值 $u_2 = \phi(Q_2)$，……，如此不断地进行下去，则根据关系式

$$u_{i,j} = \lim_{n \to \infty} \frac{1}{N} \sum_{k=1}^{N} u_k, \tag{4-41}$$

只要 N 取得足够大，即可得到较准确的结果。

例 4.20 求解如下具有第一类边界条件的二维拉普拉斯方程：

$$\begin{cases} \dfrac{\partial^2 u}{\partial x_1^2} + \dfrac{\partial^2 u}{\partial x_2^2} = 0, \quad (x, y) \in \Omega = \{(x, y) \mid 0 \leqslant x, y \leqslant 1\}, \\ u\Big|_{x=0, x=1}^{0 \leqslant y \leqslant 1} = u\Big|_{y=0}^{0<x<1} = 0, \quad u\Big|_{y}^{0<x<1} = 10。 \end{cases}$$

在下面的计算中，取网格的步长 $h = 0.01$，即把单位正方形剖分成 101×101 的小网格。边界网格的编号是从正方形的左上角顶点开始，沿顺时针方向编号。

计算的 MATLAB 程序如下：

```
clc,clear
x = linspace(0,1,101);y = linspace(0,1,101);
phi = zeros(1,400);                          % 边界条件初始化
phi(1:101) = 10;N = 1000;
u = zeros(101);u(:,1) = 10;                  % 初始化
% 内部节点的编号 i = 2,3,...,100;j = 2,3,...,100
for i = 2:100
    for j = 2:100
        for k = 1:N                          % 掷骰子次数
            s(i,j) = 0;
            ii = i;jj = j;
            while ii >1 & ii <101 &jj >1 & jj <101
                r = randi([1,4]);            % 生成取值为 1,2,3,4 的一个随机整数
                ii = ii + (r = =1) - (r = =3);   % 随机游动后的 x 位置
                jj = jj - (r = =2) + (r = =4);   % 随机游动后的 y 位置
            end
            if jj = =101
                kk = ii;
```

```
            elseif ii = =101
                kk =101 + (100 - jj);
            elseif jj = =1
                kk =201 + (100 - ii);
            else
                kk =300 + jj;
            end
            s(i,j) = s(i,j) + phi(kk);
        end
        u(i,j) = s(i,j)/N;
    end
end
contour(x,y,u)                                    % 画数值解的等值线
```

注 4.1 上面的程序还需要改进,运行时间太长了。

4.9 竞赛择优问题

复旦大学参赛队在 1996 年美国大学生数学建模竞赛中,用计算机模拟的方法完美地解决了 B 题竞赛择优问题[18],为中国大学生挣得了荣誉。

论文摘要:构造评选方案的五个模型,借助于计算机模拟,对每个模型给出了最佳方案。

在问题分析部分中,引入一个费用函数来评估方案,分别用偶然误差 d 及系统偏差 e 来定量描述评委的水平。

论文给出了若干假设,进行了计算机模拟算法,讨论了参数 d 与 e 的取值范围,得出结论:为了完成工作,评委的能力必须达到一定水准。

论文讨论了五个模型:理想模型建立在理想条件之下,圆桌模型与经典模型费用较高,为了节省经费,论文给出了截断模型与改进圆桌模型。

截断模型在打分的基础上每轮依据一定的截断水平来筛选论文。根据评委的水平不同,论文可以改变筛选的比例,此方案有一定的弹性,是一种较节省的方案。改进的圆桌模型结合了排序和打分,使得方案既节省又易操作。

论文对所有方案进行了比较,发现后两个方案明显地降低了费用。然后对模型加以推广,发现除圆桌模型外,其他模型均适合不同的 P,J 与 W。截断模型最适合于对优胜者加以分类。

论文发现费用依赖于评委的水平,在每个模型中,评委水平的稍许下降会导致费用较大的提高。因此,论文的主要建议是:挑选最佳的评委。

4.9.1 问题提出

在确定数学建模竞赛这一类比赛的优胜者时,常需评阅大量的答卷。例如,有 P 份答卷,由一个 J 位评委组成的小组完成评阅任务,竞赛组委会对评委人数与评阅时间都有

限制。例如，$P=100$ 时，可取 $J=8$。

在理想情况下，每个评委评阅所有的答卷并给出排序，但这样做工作量太大。还有一种方法是进行多轮次筛选，每一轮次中每个评委只评阅一定数量的答卷，并给出分数。某些评阅方案可用来降低所看答卷的份数，例如，如果给答卷排序，那么每个评委所评阅的排在最后的 30% 的文章被筛除；如果给答卷打分，那么某个分数以下的答卷被筛除。

通过筛选的答卷重新返回到评委小组，重复上述过程。人们关注的是每个评委所看的答卷数要显著地小于 P。当只剩下 W 份答卷时，评阅过程结束，这 W 份就是优胜者。当 $P=100$ 时，常取 $W=3$。

你的任务是利用排序、打分与其他方法的组合，确定一种筛选方案，按照这种方案，最后选中的 W 份答卷只能来自"最好的"$2W$ 份答卷（所谓"最好的"是指假定存在一种评委一致赞同的答卷的绝对顺序）。例如，用你的方案得到的最后 3 份答卷将全部包括在"最好的"6 份答卷中。在所有满足上述要求的方法中，希望你能给出使每个评委所看答卷份数最少的一种方法。

注意：在打分时存在系统偏差的可能。例如，对于一批答卷，一位评委平均给 70 分，而另一位可能给 80 分。

在你给出的方案中如何调节尺度来适应竞赛参数(P,J,W)的变换？

4.9.2 模型假设

(1) 存在所有评委认可的绝对等级划分及得分。

(2) 绝对得分为 1 ~ 100 的整数，符合 $N(70,100)$分布($\mu=70,\sigma^2=100$)。

(3) 一个方案可被接受的充要条件是它能保证最终的 W 个优胜者能以 95% 的概率来自最好的 $2W$ 篇论文中。

(4) 评委独立工作，互不干扰。

(5) 评委评分的偶然误差满足正态分布，其方差大小可以由评委过去的记录得到。

(6) 对于一定类型的文章，某些评委存在系统偏差，从而他们相应的给分会高一些或低一些。

(7) 在等级评定方法中，每个评委筛除 30% 的最差文章。

4.9.3 问题分析

我们的主要任务是提供一个选择 W 个优胜者的可靠方案，并且尽量减少每个评委所评阅文章的数目。

可以用等级评定或依得分来决定优秀文章。当一批文章给定得分后，它们的等级随之而定。因此，我们着重考虑得分情况，等级可由得分来定。

减少每个评委评阅数目是为了节约竞赛费用。根据边际效用原理，审阅数越大，审阅每篇文章所花费用也越大。因此不同的评委所看的论文数应尽可能相等。费用函数由实际情况而定，我们使用下面的函数：1 ~ 20 篇单价为 m 美元，21 ~ 50 篇单价 $2m$ 美元，51 ~ 100 篇单价 $4m$ 美元，费用函数为

$$C = m\sum_{i=1}^{J}\left[a_i + (a_i - 20)\cdot u(a_i - 20) + 2(a_i - 50)\cdot u(a_i - 50)\right],$$

$$u(x-b)=\begin{cases}0, & x<b,\\ 1, & x\geqslant b。\end{cases} \tag{4-42}$$

式中：a_i 为每个评委评阅的篇数。

费用函数中的微小变化对方案没有大的影响。在费用函数中取 $m=10$。

通过初步模拟，我们发现，评委的能力是决定方案的最重要因素，我们用两个参数来描述评委的水平：

第一个变量是评分时的偶然误差变量，这个变量越小，表明评委经验丰富，评分越精确；反之，评分越不精确。这个变量的大小可由评委过去的工作来给出。

第二个变量是系统偏差变量，这个变量的值很难确定，因此我们将评委与文章都分成三种类型：保守、中间、激进。一个激进的评委对激进的文章评分会高一些，对保守的文章评分会低一些，对中间文章没有系统偏差。一个保守的评委态度正好相反。一个中间评委没有系统偏差。

4.9.4 模型的构造

由于在评判过程中，有很多随机因素，很难从理论上解决问题。因此，我们在理论分析的基础上用计算机模拟来解决问题。

1. 计算机模拟算法

（1）构造符合 $N(70,100)$ 分布的 1～100 间的 100 个整数作为文章的分数 $\{w_i, i=1,\cdots,100\}$，存在于数组 score(i)。

（2）取一个常数 d 作为评委偶然误差的上界，构造符合离散均匀分布（从 0 到 d）的 8 个随机整数 $\{d_j, j=1,2,\cdots,8\}$ 作为评委的偶然误差变量，存放于数组 judge(j)。

（3）取常数 $e>0$ 作为系统偏差变量，分别用 1，0，－1 代表激进、中间、保守三种类型。对每篇论文及每个评委分别给予 $\{-1,0,1\}$ 中的一个数。分别令为 paper_type(i) 与 judge_type(j)。用表达式

$$s=e\cdot \text{score\_type(i)}\cdot \text{judge\_type(j)}$$

计算系统偏差。例如，一个保守评委给激进文章评分的系统偏差 $s=-e$。

（4）评委 j 对文章 i 的评分方法。令

$$u=\text{score(i)}+e\cdot \text{score\_type(i)}\cdot \text{judge\_type(j)}。$$

构造在 [1,100] 间符合 $N(u,d_j^2)$ 分布的随机数作为评分，令其为数组 judge_score(i,j)。

2. 参数的确定

需要确定 d 与 e 的值。首先，讨论如何定出 d 的范围。

由概率论，可得以下引理。

引理 4.1 若 $\xi_1,\xi_2,\cdots,\xi_n$ 是独立随机变量，方差为 $\sigma_j^2\ (j=1,2,\cdots,n)$，$\xi=\frac{1}{n}(\xi_1+\xi_2+\cdots+\xi_n)$。则 ξ 的方差为

$$\sigma^2=\frac{1}{n^2}\sum_{i=1}^{n}\sigma_i^2。$$

推论 4.1 $\frac{1}{\sqrt{n}}\min\limits_{1\leqslant i\leqslant n}\{\sigma_i\}\leqslant\sigma\leqslant\frac{1}{\sqrt{n}}\max\limits_{1\leqslant i\leqslant n}\{\sigma_i\}$。

由上述推论,可看出由几个评委评判同一篇文章然后取平均的方法的正确性。

由柯西不等式,有

$$\sigma^2 \geqslant \frac{1}{n^3}\left(\sum_{i=1}^{n}\sigma_i\right)^2,$$

即可得下面的推论。

推论 4.2 $\sigma \geqslant \frac{1}{\sqrt{n}} \cdot \frac{\sum_{i=1}^{n}\sigma_i}{n}$。

由于 σ 满足 $[0,d]$ 上均匀分布,因此

$$\frac{\sum_{i=1}^{n}\sigma_i}{n} \approx \frac{d}{2}。$$

根据 $n \leqslant 8$,上式变为

$$\sigma \geqslant \frac{1}{2\sqrt{2}} \cdot \frac{\sum_{i=1}^{n}\sigma_i}{n} \approx \frac{\sqrt{2}}{8}d。$$

结论 4.1 一般而言,几个评委评判同一篇文章可减少偶然误差,评委越多结果越精确。

结论 4.2 通常,评判一篇文章时,平均的偶然误差不低于$\frac{\sqrt{2}}{8}d$。

法则 4.1 $d < 10$(d 是偶然误差上界)。

法则 4.1 的说明:

仅需解释 $d = 10$ 时没有方案满足 4.9.2 节假设(3)。考虑理想情形,即每个评委评阅所有文章。如果此时方案不能保证最后 3 篇来自于最好的 6 篇文章里,我们的法则就是正确的。由结论 4.2,8 个评委的平均偶然误差 $\sigma \geqslant \frac{\sqrt{2}}{8}d$,可以假设 $\sigma = \frac{\sqrt{2}}{8}d$,$d = 10$,系统偏差 e 设为 0。

论文对圆桌模型做了 10000 次实验,有 9460 次评委能正确地选出 3 篇文章(即来自于最好的 6 篇),正确概率为 94.6%,略小于标准误差。

另外,论文用 Mathematica 软件作了一些理论上的演绎推理,结果显示错误概率为 5.59%,说明实验数据是可信的。

法则 4.2 $d \leqslant 3$ 时,每篇文章只需一个评委审阅就能满足 4.9.2 节假设(3)。

法则 4.1 和法则 4.2 的说明:

法则 4.1 指出,为了成功地挑选优胜者,评委必须达到某个水平。若某评委的 d 变量超过 10 的时候,即使没有系统偏差,对于应得 70 分的文章,他给分大于 80 分或小于 60 分的概率超过 30%,大于 90 分或小于 50 分的概率不低于 5%。这样的人很明显在严格的竞赛中不能胜任评委工作。

法则 4.2 指出,若所有评委都是可信赖的,换句话说,他们都富有经验,很少有系统误差,一个评委的评分就足以评判优胜者。当 $d = 3$ 时,对圆桌模型做 5000 次实验,平均错

误率为 1.2% 。

现在我们得到结论,$e=0$ 时,仅需考虑 $3<d<10$;$e\neq 0$ 时,$0<d<10$。

确定 e 的范围相当困难,有理由假设 e 与 d 同样大小。对不同的 d 与 e,我们做了实验,根据所得数据,可以看出,d 的影响是本质的,e 对结果影响不大。

下面我们将展示几个实际模型,通过计算机模拟对不同的 d 与 e 给出最优方案。

设 $e\in\{0,5,10\}$,$d\in\{1,3,5,7,9\}$,这些值对揭示方案与评委水平之间的关系已经足够。

3. 建立模型

1)模型一——理想模型

当 $d=e=0$ 时,每个评委的排序与打分都与绝对排序一致,此称为理想情形。

对于 100 篇文章,8 个评委,有 4 个评委审阅 13 篇文章,其余 4 个看 12 篇文章,并打分。优胜者是得分最高的文章,总费用 C=\$1000,3 个优胜者必然是最好的 3 篇文章。

评委进行排序时,一个好的方案如图 4.3 所示,它能保证优胜者是最好的 3 篇文章,总费用为 C=\$1210。

最节约的方法如图 4.4 所示。A,B,C,D 分别看了 14 篇文章,其他评委每人看了 13 篇文章。可假设 A 为主评委,负责在最后的 8 篇文章里挑出优胜者,费用 C=\$1070。此时不能保证优胜者是前 3 名,它保证最后 3 篇在前 6 名中的概率为 99.3% 。

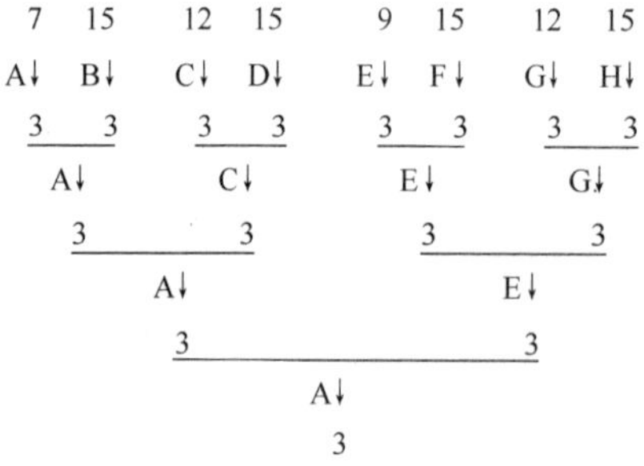

图 4.3 排序方案图

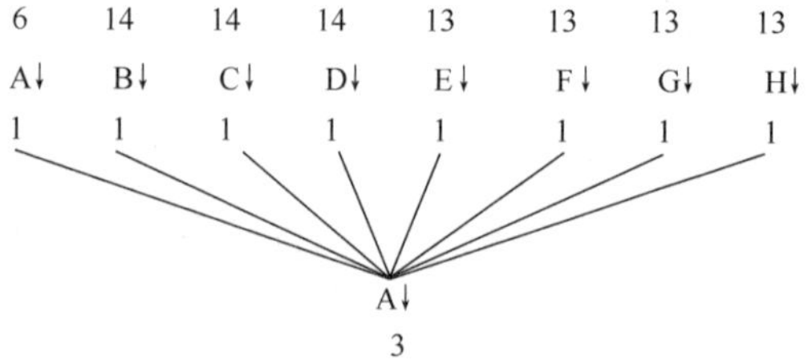

图 4.4 最节约的排序方案图

2)模型二——圆桌模型

(1)根据 d 与 e 决定轮次 n。

(2)让所有评委坐在圆桌旁,将文章均分给评委。在每一轮时,评委评过分后,将文章交给右边的人。

(3)n 论过后,评委在每篇文章上标了 n 个分数。取平均分为最后得分,再决定文章的排序。

这种方法的关键因素是决定轮次 n。通过数据实验,可以发现系统偏差对 n 的影响很小,因此,下面的所有讨论均假设 n 完全由 d 决定。

当每个评委偶然误差分布为 $N(0,d^2)$ 时,不难发现,n 轮过后,误差 $d_n=\frac{d}{\sqrt{n}}$。当 $d<10$,有 8 个评委时,有 $d_n<\frac{\sqrt{2}}{8}\times 10\approx 1.77$。更多的模拟显示出 $d_n\leqslant 1.6$。因此,有以下法则。

法则 4.3 当所有评委的偶然误差服从 $N(0,d^2)$ 时，当 $d_n=\frac{d}{\sqrt{n}}\leqslant 1.6$，即 $n\geqslant\frac{d^2}{1.6^2}$ 时，n 轮方案是可信的；当 $d_n\geqslant 1.77$，即 $n\leqslant\frac{d^2}{1.77^2}$ 时，n 轮方案不可信。

当法则 4.3 所有条件满足时，我们很容易发现 n 的最优值。但误差分布的条件太苛刻。当误差变量服从 $[0,d]$ 均匀分布时，存在一个经验公式 $n=\min\limits_{K\in N}\left\{K\geqslant\left(\frac{d}{2\times 1.6}\right)^2\right\}$。

公式所得 n 值与计算机模拟所得最优值 n 是相符的，如表 4.4 所列。

由表 4.4 看出，随着 d 的增加，费用迅速提高。因此，如果评委水平一般时，最好不用此方案，否则会带来经济损失。

表 4.4[18] 圆桌模型的计算机模拟结果

e	d	轮次	失败比率/%	费用/ $
0	3	1	1.2	1000
5	3	1	3.6	1000
0	5	2	4.4	2400
5	5	2	4.7	2400
0	7	5	3.2	10400
5	7	5	4.8	10400
0	9	8	2.8	22400
5	9	8	4.4	22400

圆桌模型的计算机模拟的 MATLAB 程序如下：

```
clc,clear,P=100;J=8;W=3;m=10;d=5;e=5;        % d 为偶然误差上界,e 为系统偏差
score=normrnd(70,10,1,P);                     % 生成均值 70 标准差 10 的随机数
score=round(score);                           % 取整作为文章的客观分数
judge=randi([0,d],1,J)             % 生成 J 个 0 到 d 的随机整数,作为 J 个评委的偶然误差
paper_type=randi([-1,1],1,P);                 % 生成文章类型随机数
judge_type=randi([-1,1],1,J);                 % 生成评委类型随机数
num=repmat([13,12],1,4);                      % 文章的数量分配
snum=cumsum(num);                             % 求累加和
start=[0,snum(1:end-1)]+1;
n=1;                                          % 评阅的轮次数
for k=1:n
    JJ=[1:J]+k-1;JJ(JJ>J)=mod(JJ(JJ>J),J)  % 评委轮换的编号
    for i=JJ
            a(k,[start(i):snum(i)])=score(start(i):snum(i))+...
            e*paper_type(start(i):snum(i))*judge_type(i)+...
            round(normrnd(0,judge(i),1,num(i)))% 计算第 k 轮的评分
    end
end
```

```
if n >1
    b = mean(a);                                   % 取 n 个评委的平均分作为文章的评分
else
    b = a;
end
[ssore,ind1] = sort(score,'descend');              % 对客观分数按照从大到小排序
[sa,ind2] = sort(b,'descend');                     % 对评委评分按照从大到小排序
[ind1',ind2']                                      % 客观分数排序和评委评分排序对比
for i =1:J
    II = i:i +n -1;II(II >J) =mod(II(II >J),J);   % 第 i 个评委评阅第 II 组文章的序号
    tnum(i) = sum(num(II));                        % 计算第 i 个评委评阅文章的总数
end
fc =@ (x)m * (x + (x -20). * heaviside(x -20) +2 * (x -50). * heaviside(x -50));
                                                   % 定义费用匿名函数
C = sum(fc(tnum))                                  % 计算总费用
```

计算圆桌模型的计算机模拟失败率的 MATLAB 程序如下：

```
clc,clear,P =100;J =8;W =3;m =10;d =3;e =0;      % d 为偶然误差上界,e 为系统偏差
N0 =0;N =10000;                                    % N 为模拟的总次数
for t =1:N
    score = normrnd(70,10,1,P);                    % 生成均值 70 标准差 10 的随机数
    score = round(score);                          % 取整作为文章的客观分数
    judge = randi([0,d],1,J);   % 生成 J 个 0 到 d 的随机整数,作为 J 个评委的偶然误差
    paper_type = randi([-1,1],1,P);                % 生成文章类型随机数
    judge_type = randi([-1,1],1,J);                % 生成评委类型随机数
    num = repmat([13,12],1,4);                     % 文章的数量分配
    snum = cumsum(num);                            % 求累加和
    start = [0,snum(1:end -1)] +1;
    n =3;                                          % 评阅的轮次数
    for k =1:n
        JJ = [1:J] +k -1;JJ(JJ >J) =mod(JJ(JJ >J),J);   % 评委轮换的编号
        for i = JJ
                a(k,[start(i):snum(i)]) = score(start(i):snum(i)) +...
                e * paper_type(start(i):snum(i)) * judge_type(i) +...
                round(normrnd(0,judge(i),1,num(i)));    % 计算第 k 轮的评分
        end
    end
    if n >1
        b = mean(a);                               % 取 n 个评委的平均分作为文章的评分
    else,b = a;end
    [ssore,ind1] = sort(score,'descend');          % 对客观分数按照从大到小排序
    [sa,ind2] = sort(b,'descend');                 % 对评委评分按照从大到小排序
    ind11 = ind1(1:6);                             % 取客观分数的前 6 名
```

```
    ind22 = ind2(1:3);                          % 取评委评分的前 3 名
    flag = ismember(ind22,ind11);           % 检验评委评分的前 3 名是否是真正的前 6 名
    if sum(flag) < 3                            % 评分结果错误
        N0 = N0 + 1;                            % 统计模拟错误的次数
    end
end
rate = N0/N                                     % 计算模拟失败比率
```

注 4.2 上面模拟程序的计算结果与表4.4中失败比率差异很大,表4.4中的失败比率偏小。

3）模型三——经典模型

论文将排序及评分方法相结合给出经典模型如下:

(1) 将文章尽可能地均分给评委,如果评委遇到他所打过分的文章,就和其他评委交换文章。每个评委对他所得文章评分。

(2) 每个评委对他所评过分的文章进行排序,判断最后的30%。每个评委删除最差的30%的文章。

(3) 若最后剩3篇文章,则是最优者。如果已有8轮,所有文章均给了8个分数,取平均,挑出前3名。否则转(1)。

这个模型严格限制了每轮筛选的文章,从而高水平文章最大限度地保留了下来。模型稳定性及精确度提高,但弹性降低。由于用渐次筛选方法,在 d 相对大时比圆桌模型花费小。但一般而言,这个方案比较昂贵的,见表4.5。

表4.5 经典模型的计算机模拟结果

e	d	失败率/%	费用/ $
0	0	0.0	4851
0	5	2.0	5022
0	9	4.1	5563
5	0	1.1	5462
5	5	1.9	5779
5	9	4.8	6250
10	0	5.5	6528
10	5	6.3	6653
10	9	10.7	7395

模型二、三可以作为挑选方案,但花费不能令人满意。可以在它们的基础上建立两个节省费用的模型。

4）模型四——截断模型

此模型建立在经典模型基础上,它在每一轮有不同的截断水平。因此它不再受筛选比例30%的限制。它可以根据不同的情况决定淘汰比率,因此它富有弹性。

(1) 决定淘汰比率，它由筛选轮次而定。一共有 n 轮时，淘汰比率为 $x=\sqrt[n]{0.03}$。在每一轮，给所有文章评分。完成评判工作不超过8轮，n 取8。

(2) 将文章均分给评委，评委不得评阅已看过的文章。

(3) 评委给文章评分，给出本轮评分，决定淘汰水平线，水平线以下淘汰。

(4) 只剩3篇文章时，这3篇文章就是优胜者。否则转(2)。

对固定的 d 与 e，我们对不同的 n 作实验，找出最优方案，即找出最小的 n，使得错误率小于5%。

这个模型的费用比前两个模型低得多，总评阅次数降低是因为低质文章在早期就被淘汰。但每次分发文章相对复杂，实际应用时可能会产生麻烦。

5）模型五——改进圆桌模型

这个模型将排序与评分结合起来。

(1) 将文章均分给评委。每轮淘汰率为30%。n 轮过后，每个评委只剩一篇文章（当所剩30%小于1时，看作是1）。在第一轮，我们控制筛选方法，使得保证每个评委所剩文章数一样。在其他轮次，我们略去尾数。给定评委能力之后，可以确定每轮交换次序 K_i。在我们的问题中，$n=6$，每个评委剩下文章数为9，6，4，3，2，1，淘汰文章数为4，3，2，1，1，1。

(2) 设想评委坐在圆桌旁。令 $K_i=i$（稍后讨论 K_i 的取值方法）。在第一轮，$K_0=0$，评委不交换文章，仅仅作排序，淘汰30%。

(3) 在第二轮，$K_i=1$，每个评委将他看后的最差的30%交给右边的人。每个评委给新拿到的文章评分，再给他手里的所有文章（包括留在他手里的文章）排序，筛除最差的30%。

(4) 当 $K_i \geqslant 2$ 时，交换、打分、重排序、淘汰最差的30%这一过程 i 次。

(5) 当每一评委只剩下一篇文章时，文章已交换了 K_n 次。一旦文章已评了 K_n 次分数，其他的评委不再打分，按照 K_n 次打分的平均分，挑选最好的3篇文章作为优胜者。

这种方案的交换方法类似于圆桌模型，因此把它称为改进的圆桌模型。

为什么交换最差的是30%？

假设只有每个评委认可的最差的30%可被淘汰，于是每轮过后剩下的文章数不固定。这使得方法更复杂，费用增加。但循环评阅这30%后，这种情况可以避免。例如一篇文章是 J_1 交给 J_2 的30%里的一篇，如果在 J_2 重新排序后仍是最差的30%里，它肯定被淘汰。如果他的30%里包含不是 J_1 淘汰的文章，这篇文章就可以在不违反“30%淘汰规则”的情况下被淘汰（它仅被 J_2 排序过）。而且，如果 J_2 认为它比 J_1 淘汰过来的30%还差，对他来说有理由筛除这篇文章。

文章应交换多少次？

在每一轮，必须确定文章轮换多少次，因此这个模型搜索最优方案的过程比圆桌模型与截断模型的搜索过程要困难。模型的弹性随着复杂性的增加而增加。在这个基础上、能找到一个既有效又经济的方法。

首先，$\{K_i\}$ 满足两个性质：

① $\{K_i\}$ 有界，即 $0 \leqslant K_i \leqslant J$。

② $\{K_i\}$ 单调增加，即 $i<j \Rightarrow K_i \leqslant K_j$。

只有 J 个评委,所有文章被分成 J 组。如果 $K_i > J$,必然有一个评委重复评阅同一篇文章。因此,$K_i \leqslant J$。

在最后几轮,优质文章(前六名)被淘汰的可能性增加,在后面的轮次中文章的交换次数应比前面的轮次高。因此 $\{K_i\}$ 是单调增加的。

另外,$\{K_i\}$ 与费用函数 C 之间存在着关系。C 是关于文章评阅总数 $K = 8\sum_{i=0}^{n} P_i K_i + 100$ 的单调增加函数,其中 P_i 是第 i 轮淘汰的文章数。在这个模型中,每个评委评阅的文章数几乎相等(最多相差一篇),因此 C 是 K 的单调增加函数。

很明显,花费与方案的精确性是一对矛盾:花费越少,出错的概率越大。可以从 $\{K_i\}$ 与 C 都取最小的时候开始实验。为逐步实验 $\{K_i\}$,可以一步一步增加费用,提高方案的精确度。一旦精确度得到满足,相应的 $\{K_i\}$ 就是最优方案。可以用计算机模拟程序实验方案的精确度。

不得不说这里的最优方案搜索是颇费机时的。对于某一组确定的 d 与 e,要找到相应的最优方案,要花去数小时。但是,与节省下来的开支相比,几个小时的机时是微不足道的。另一种有效的方法是用二分法来寻找最佳的 $\{K_i\}$。

表 4.6 列出了几组 $\{K_i\}$(两个有星号的是最优方案)。从表 4.6 中可以看出,在同样条件下,这个模型的费用比其他所有模型都低,而且它的操作过程清晰明确,易于理解,便于实施。其缺点也是很明显的,即找出最优的 $\{K_i\}$ 太耗时间。

表 4.6　改进圆桌模型实验结果

e	d	K_n	迭代次数	失败率/%	费用/ $
0	5	1,1,1,1,1,2,4 *	20000	1.8	1120
0	7	1,1,1,1,1,4,5 *	10000	3.9	1560
0	9	1,1,1,2,2,4,5	5000	4.8	1960
5	5	1,1,1,2,2,2,4	1000	0.7	1480
5	7	2,2,2,2,2,4,8	1000	2.7	3760
5	9	2,2,2,2,2,4,8	1000	6.7	3760

4.9.5　模型的比较与评判

论文已讨论了五个模型,除了理想模型必须在理想条件下使用外,其他模型都适合于实际使用。表 4.7 给出了在一定条件下,不同模型的精确度及花费。

从表 4.7 可以看出,在评委水平比较高($d=5$)时,经典模型、截断模型、改进圆桌模型的精确度很高,圆桌模型的精确度相对低一些。而费用则是经典模型最高,接下来是圆桌模型、截断模型及改进圆桌模型,后两个的费用相当低。

当评委水平相对较低($d=7$)时,每个模型的精确度类似。圆桌模型的费用惊人,而截断模型及改进圆桌模型的费用依然比较低。

表4.7 不同模型的精度与花费

模型	e	d	迭代次数	失败率/%	费用/ $
圆桌模型	0	5	1000	4.7	2400
经典模型	0	5	1000	2.0	5022
截断模型	0	5	1000	1.8	1414
改进圆桌模型	0	5	20000	1.8	1120
圆桌模型	0	7	1000	4.8	10400
经典模型	0	7	1000	2.3	5389
截断模型	0	7	1000	4.4	1661
改进圆桌模型	0	7	10000	3.9	1560

竞赛组委会可以根据实际情况决定使用哪个模型,我们建议组委会聘用水平最高的评委,虽然他们的个人费用会高一些,但总体上会更节省。

4.9.6 模型推广

对不同的参数,经典模型可以直接使用,对于其他模型,我们要做的是对新的 P,J 和 W 的值,来决定最优方案的参数。对圆桌模型,要决定的是交换文章的次数;对截断模型,参数是淘汰轮次 n,对改进圆桌模型,参数是每轮交换文章数的序列$\{K_i\}$。

前面给出的所有经验公式与法则在 P,J 与 W 取特殊值100,8,3 时推断出来的,不能立即适用于新问题。不过,使用本书中给出的方法,并结合计算机模拟,可以方便、快捷地找到新的经验公式,给出最优方案的新参数。

例如,讨论 1995 年 MCM 的 B 题,其中 $P=174$,$J=12$,$W=4$。令 $d=e=5$。

使用圆桌模型中的算法可以发现,$n=4$ 是最优选择,此时错误率为 3.0%,费用为 \$13440。对于经典模型,相应的数据为2.8%与 \$21320;对于截断模型,最优值为 $n=4$,错误率为 4.2%,费用为 \$3502;对于改进圆桌模型,最优参数为 $K_1=K_2=\cdots=K_6=0$,$K_7=K_8=1$,错误率为 3.0%,费用为 \$1700。

有时挑选杰出论文并不是竞赛的唯一要求。例如在 MCM 竞赛中,为了鼓励参赛,除了特等奖外,还要挑选一等奖、二等奖及成功参赛奖,除了理想模型外,我们讨论的所有模型都适合这种新问题。比较而言,截断模型是最好的,因为它给所有文章排了序。

4.9.7 模型的优缺点

1. 优点

截断模型与改进圆桌模型成功地给出了评选方案,大幅度削减了给评委的费用。对这两个模型,我们给出了决定最优方案的实用方法。两个模型及其方法不仅易于理解,而且便于实施,也可推广到其他许多情况。

模拟程序对计算机的需求低,运算速度快,因此非常实用。

2. 缺点

由于是用计算机模拟方法来检验模型、验证法则的,不能 100% 保证结果。不过我们在作出结论之前做了上千次的模拟实验,模拟结果非常稳定。

由于缺乏足够的信息,论文给出的费用函数可能与实际不完全相符。

习 题 4

1. 利用 Monte Carlo 方法,模拟掷骰子各面出现的概率。

2. 利用 Monte Carlo 方法,计算定积分 $\int_0^{\pi} e^x \sin x dx$ 的近似值,并分别就不同个数的随机点数比较积分值的精度。

3. 利用 Monte Carlo 方法,求积分 $\int_1^2 \frac{\sin x}{x} dx$,并与数值解的结果进行比较。

4. 利用 Monte Carlo 方法,计算二重积分 $\int_1^2 \int_2^6 e^{-x} \sin(x+2y) dx dy$,并分别就不同个数的随机点数比较积分值的精度。

5. 使用 Monte Carlo 方法,求椭球面 $\frac{x^2}{3}+\frac{y^2}{6}+\frac{z^2}{8}=1$ 所围立体的体积。

6. 假设有一小偷,每天偷一户人家,他每天所获赃物的价值是随机的,构成一列独立同分布且期望有限的随机变量,再假定他每天被抓获而被迫退出全部赃物的概率是 p,并且认为小偷在第 n 次行窃被抓获这一事件与过去已发生的事件是独立的。现在要问小偷如何"明智"地选择一个洗手不干的时间。

7. 机场通常都是用"先来后到"的原则来分配飞机跑道,即当飞机准备好离开登机口时,驾驶员电告地面控制中心,加入等候跑道的队伍(选自 MCM89B)。

假定控制塔可以从快速联机数据库中得到每架飞机的如下信息:

(1) 预定离开登机口的时间。

(2) 实际离开登机口的时间。

(3) 机上乘客人数。

(4) 预定在下一站转机的人数和转机的时间。

(5) 到达下一站的时间。

又设共有 7 种飞机,载客量从 100 人起以 50 人递增,载客量最多的一种是 400 人。试开发和分析一种能使乘客和航空公司双方满意的数学模型。

第5章　复变函数

复变函数理论是数学的一个重要分支，是很多专业必修的基础知识。但由于课程本身的特点，在实际教学中，很多学生认为该门课程抽象、枯燥、难以理解。利用 MATLAB 可以实现复变函数的数据计算并可以方便地将函数及表达式以图形化的形式显示出来。

5.1　复数与复变函数

5.1.1　复数及复变函数的基本计算

MATLAB 对于复数的操作提供的函数见表 5.1。

表 5.1　复数的操作函数

函　数	功　能
abs(X)	求实数 X 的绝对值，或求复数 X 的模
angle(Z)	求复数 Z 的幅角，单位为弧度
complex(a,b)	由实数 a,b，构造复数 $a+bi$
conj(Z)	求 Z 的共轭复数
imag(Z)	求复数 Z 的虚部
real(Z)	求复数 Z 的实部
sign(Z)	求复数 Z 的符号数，对于非零复数，sign(Z) = Z./abs(Z)

例 5.1　设 $z_1=5-5i$，$z_2=-3+4i$，求 $\overline{\left(\frac{z_1}{z_2}\right)}$，并求它是模和幅角主值。

解： $\frac{z_1}{z_2}=\frac{5-5i}{-3+4i}=-\frac{7}{5}-\frac{1}{5}i$，

所以 $\overline{\left(\frac{z_1}{z_2}\right)}=-\frac{7}{5}+\frac{1}{5}i$，它的模 $r=\sqrt{2}$，幅角主值 $\theta=\pi-\operatorname{argtan}\frac{1}{7}$。

计算的 MATLAB 程序如下：

```
clc,clear
z1 = sym(5 -5i);z2 = sym( -3 +4i);
z = conj(z1/z2),r = abs(z),alpha = angle(z)
```

例 5.2　设 $z_1=x_1+iy_1$，$z_2=x_2+iy_2$ 为两个任意复数，求证：$z_1\bar{z}_2+\bar{z}_1z_2=2\mathrm{Re}(z_1\bar{z}_2)$。

证明： $z_1\bar{z}_2+\bar{z}_1z_2=(x_1+iy_1)(x_2-iy_2)+(x_1-iy_1)(x_2+iy_2)$

$$=(x_1x_2+y_1y_2)+i(x_2y_1-x_1y_2)+(x_1x_2+y_1y_2)+i(x_1y_2-x_2y_1)$$
$$=2(x_1x_2+y_1y_2)=2\mathrm{Re}(z_1\bar{z}_2)。$$

用 MATLAB 验证的程序如下：

```
clc,clear
syms x1 y1 x2 y2 real
z1 = x1 + y1 * i;z2 = x2 + y2 * i;
L = z1 * conj(z2) + conj(z1) * z2,L = simplify(L)          % 计算左边的取值
R = 2 * real(z1 * conj(z2))                                % 计算右边的取值
```

例 5.3 求复数 $z=-1-i$ 的模和幅角主值。

解：z 的模 $r=\sqrt{2}$，幅角主值 $\arg z=-\dfrac{3\pi}{4}$。

计算的 MATLAB 程序如下：

```
clc,clear
z = sym(-1 - i);              % 为了精确求解,转化为符号数
r = abs(z),theta = angle(z)
```

例 5.4 已知正三角形的两个顶点为 $z_1=1$ 与 $z_2=2+i$，求它的另一个顶点。

解：如图 5.1 所示，将表示 z_2-z_1 的向量绕 z_1 旋转 $\dfrac{\pi}{3}$ $\left(\text{或}-\dfrac{\pi}{3}\right)$ 就得到另一个向量，它的终点即为所求的顶点 z_3（或 z_3'）。由于复数 $e^{\frac{\pi}{3}i}$ 的模为 1，转角为 $\dfrac{\pi}{3}$，根据复数的乘法，有

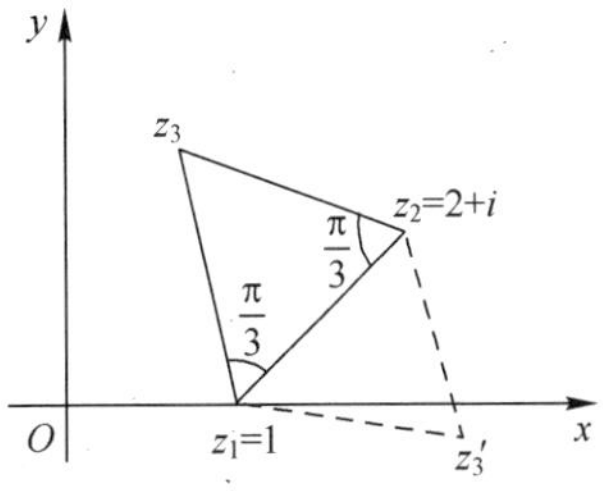

图 5.1 正三角形示意图

$$z_3-z_1=e^{\frac{\pi}{3}i}(z_2-z_1)=\left(\frac{1}{2}+\frac{\sqrt{3}}{2}i\right)(1+i)$$
$$=\left(\frac{1}{2}-\frac{\sqrt{3}}{2}\right)+\left(\frac{1}{2}+\frac{\sqrt{3}}{2}\right)i,$$

所以

$$z_3=\frac{3-\sqrt{3}}{2}+\frac{1+\sqrt{3}}{2}i。$$

类似可得

$$z_3'=\frac{3+\sqrt{3}}{2}+\frac{1-\sqrt{3}}{2}i。$$

计算的 MATLAB 程序如下：

```
clc,clear
z1 = 1;z2 = 2 + i;
z31 = z1 + exp(i * sym(pi/3)) * (z2 - z1)
R1 = real(z31),I1 = imag(z31)                  % 提出实部和虚部
z32 = z1 + exp(i * sym(-pi/3)) * (z2 - z1)
```

```
R2 = real(z32),I2 = imag(z32)
```

例 5.5 求 Ln(−1)的主值。

解:Ln(−1)的主值 ln(−1) = πi。

计算的 MATLAB 程序如下:

```
clc,clear
z = log(sym(-1))
```

例 5.6 求 i^i 的主值。

解:$i^i = e^{i\ln i} = e^{i[\ln 1 + i(\pi/2 + 2\pi n)]} = e^{-\pi/2 - 2\pi n}$,所以 i^i 的主值为 $e^{-\pi/2}$。

计算的 MATLAB 程序如下:

```
clc,clear,z = sym(i);
f = exp(z * log(z))
```

例 5.7 求方程 $z^3 + 8 = 0$ 的所有根。

解:$z = (-8)^{\frac{1}{3}} = 2e^{i\frac{\pi}{3}(1+2k)}, k = 0,1,2$。即原方程有如下三个解:

$$1 + i\sqrt{3}, -2, 1 - i\sqrt{3}。$$

计算的 MATLAB 程序如下:

```
clc,clear,syms z
z = solve(z^3 +8)
```

5.1.2 复变函数的导数

解析函数是复变函数研究的主要内容。计算复变函数的导数也是复变函数的重点内容之一。利用 MATLAB 可以方便地计算复变函数的导数。

例 5.8 计算 $f(z) = e^{\frac{z}{\sin z}}$在 $z = 2i$ 的导数。

解:利用 MATLAB 求得导数值为 $e^{\frac{2}{\sinh 2}}\left[\frac{2\cosh 2}{\sinh^2 2} - \frac{1}{\sinh 2}\right]i$。

计算的 MATLAB 程序如下:

```
clc,clear,syms z
f = exp(z/sin(z));df = diff(f)
df0 = subs(df,z,2 * i)
fprintf('书写习惯的显示方式为:\n'),pretty(df0)
```

5.2 复变函数的可视化

5.2.1 MATLAB 表示四维图的方法

MATLAB 表现四维数据的方法是用 3 个空间坐标再通过颜色来表示第四维空间的值。具体的画法是以 xy 平面表示自变量所在的复平面,以 z 轴表示复变函数值的实部,用颜色表示复变函数值的虚部。用这种方法可以画出复变函数的图形,从图形上容易看出复变函数的某些性质。

MATLAB 画复变函数的图形的命令主要有以下 3 个。

1. cplxgrid 构建一个极坐标的复数数据网格

z = cplxgrid(m);% 产生(m+1)*(2*m+1)的极坐标下的复数数据网格,构成最大半径为 1 的圆面。

在命令窗口输入 type cplxgrid,屏幕将显示它的源程序,可以参考它来编写自己的专用程序。

2. cplxmap 对复变函数作图

cplxmap(z,f(z),[optional bound]) % 画复变函数的图形,可选项用以选择函数的做图范围。

cplxmap 做图时,以 xy 平面表示自变量所在的复平面,以 z 轴表示复变函数的实部,颜色表示复变函数的虚部。

3. cplxroot 画复数的 n 次根函数曲面

cplxroot(n,m) % cplxroot(n,m)是使用 m×m 数据网格画复数 n 次根的函数曲面。如果不指定 m 值,则使用默认值 m=20。

5.2.2 初等函数的可视化

1. 指数函数

定义 5.1 设 $z=x+iy$ 是任意复数,指数函数 e^z 定义为

$$e^z = e^x(\cos y + i\sin y), \tag{5-1}$$

指数函数是以 $2\pi i$ 为周期的周期函数。

例 5.9 画出指数函数 e^z 的图形。

解:使用工具箱的直接画图命令和实函数的画图命令两种方法,画出的图形见图 5.2。

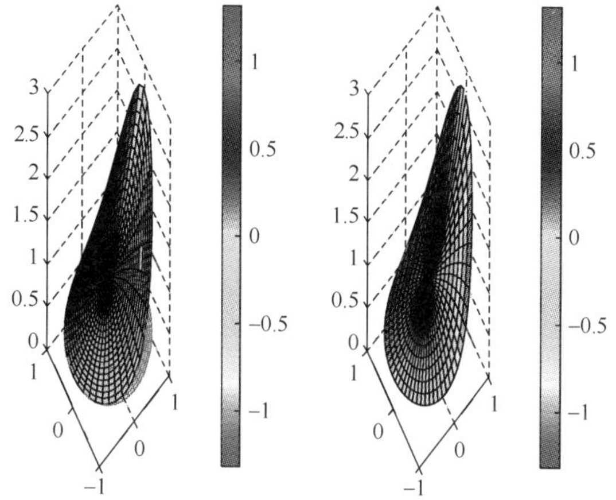

(a) 工具箱命令画图　　(b) 实函数命令画图

图 5.2　两种不同方式画出的图形对比

画图的 MATLAB 程序如下：

```
clc,clear
z = cplxgrid(20);                                    % 生成单位圆盘的网格数据
subplot(121),cplxmap(z,exp(z)),colorbar
r = 0:0.1:1;t = 0:0.1:2 * pi;[r,t] = meshgrid(r,t);  % 生成单位圆盘的极坐标数据
x = r. * cos(t);y = r. * sin(t);z = x + i * y;f = exp(z) % 化成笛卡儿坐标并计算函数值
subplot(122),surf(x,y,real(f),imag(f)),colorbar     % 与工具箱直接画图命令进行比较
```

2. 对数函数

定义 5.2 指数函数的反函数称为对数函数，即满足方程 $e^{w}=z(z\neq 0)$ 的函数称为 z 的对数函数，记作 $w=\mathrm{Ln}z$，且 $w=\mathrm{Ln}z=\ln|z|+i\arg z+2k\pi i(k=0,\pm 1,\pm 2,\cdots)$。

例 5.10 画出 Lnz 的图形。

解：利用 MATLAB 工具箱，直接画出主值分支 ln$z$。另外可以利用对数函数的定义和实变函数的画图命令，画出 Lnz 的 3 个分支值，即

$$w=\ln|z|+i\arg z+2k\pi i,k=0,1,2。$$

所画出的图形见图 5.3。画图的 MATLAB 程序如下：

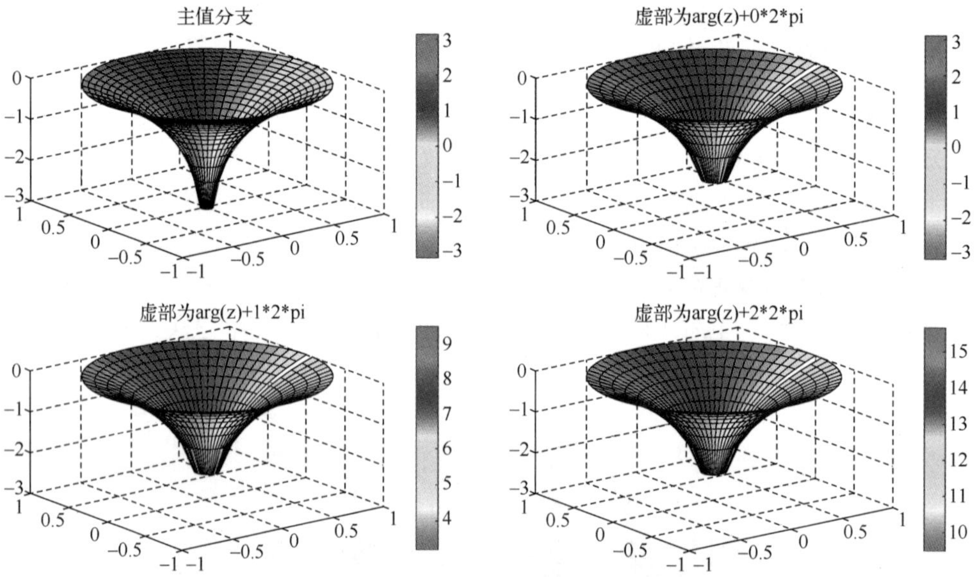

图 5.3　Lnz 的几个分支图形对比

```
clc,clear
z = cplxgrid(20);                                    % 生成单位圆盘的网格数据
subplot(221),cplxmap(z,log(z)),title('主值分支'),colorbar
r = 0:0.1:1;t = 0:0.1:2 * pi;[r,t] = meshgrid(r,t);%  % 生成单位圆盘的极坐标数据
x = r. * cos(t);y = r. * sin(t);z = x + i * y;
for k = 0:2
    f = log(abs(z)) + i * angle(z) + 2 * k * pi * i;  % 计算函数值
    subplot(2,2,k + 2),surf(x,y,real(f),imag(f)),colorbar
                                                     % 与工具箱直接画图命令进行比较
```

```
    title(['虚部为 arg(z) + ',int2str(k),' * 2 * pi '])
end
```

3. 幂函数

定义 5.3 幂函数 $w = z^\alpha$ 定义为 $w = z^\alpha = e^{\alpha \mathrm{Ln} z}$。

(1) α 为整数时，z^α 为单值。

(2) 当 $\alpha = \frac{p}{q}$（p 和 q 为互质的整数，$q > 0$）时，z^α 具有 q 个值。

(3) 当 α 为非有理数时，z^α 具有无穷多的值。

例 5.11 绘制函数 $f(z) = z^{\frac{3}{2}}$。

解：画出的图形见图 5.4。画图的 MATLAB 程序如下：

```
clc,clear
z = cplxgrid(20);                                       % 生成网格数据
cplxmap(z,z.^(3/2)),title('z^{3/2}'),colorbar           % 这里画出的是主值分支
```

例 5.12 绘制函数 $f(z) = z^8$ 的图形。

解：画出的图形见图 5.5。画图的 MATLAB 程序如下：

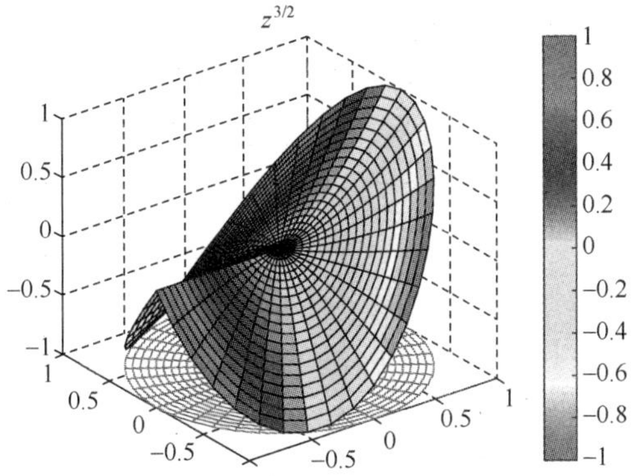

图 5.4 $f(z) = z^{\frac{3}{2}}$ 的主值分支图形

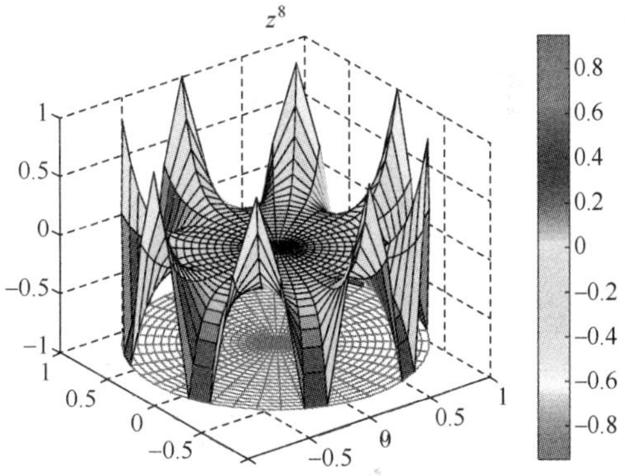

图 5.5 $f(z) = z^8$ 的图形

```
clc,clear,z = cplxgrid(20);              % 生成网格数据
cplxmap(z,z.^8),title('z^8 '),colorbar
```

例 5.13 画出 $\sqrt[4]{z}$ 的图形。

解：画出的 $\sqrt[4]{z}$ 全部四个分支及主值分支的图形见图 5.6。画图的 MATLAB 程序如下：

```
clc,clear
subplot(121),cplxroot(4),title('全部四个分支图'),colorbar
z = cplxgrid(20);
subplot(122),cplxmap(z,exp(log(z)/4)),title('主值分支图'),colorbar
```

4. 三角函数

定义 5.4 一个复变量 z 的正弦函数和余弦函数定义为

$$\cos z = \frac{e^{iz} + e^{-iz}}{2}, \quad \sin z = \frac{e^{iz} - e^{-iz}}{2i}。$$

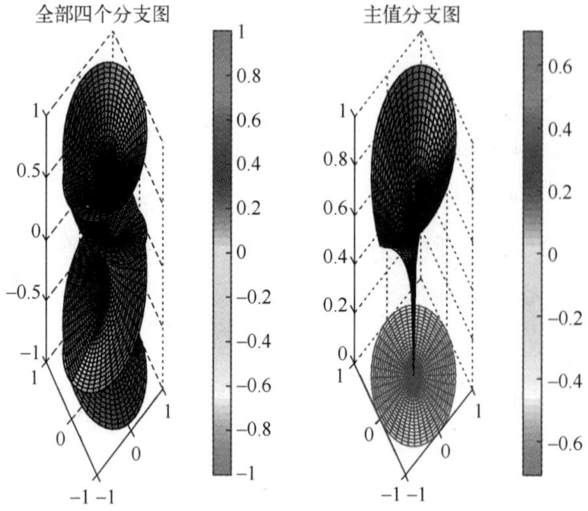

图 5.6 $\sqrt[4]{z}$的全部四个分支及主值分支对比图形

$|\sin z|\leqslant 1$ 和 $|\cos z|\leqslant 1$ 在复数范围内不再成立。

例 5.14 画出 $\sin z$ 的图形。

解:画出的图形见图 5.7。画图的 MATLAB 程序如下:

```
clc,clear
z =10 * cplxgrid(20);                    % 生成半径为 10 的圆盘的网格数据
cplxmap(z,sin(z)),colorbar
```

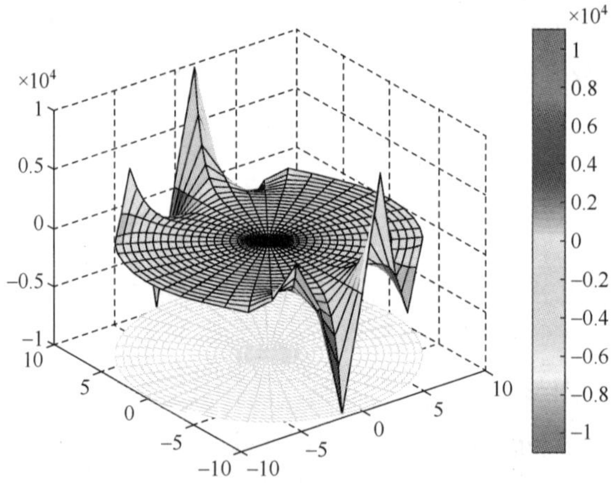

图 5.7 $\sin z$ 的图形

5. 反三角函数

定义 5.5 反三角函数定义为三角函数的反函数。设 $z=\sin w$,那么称 w 为 z 的反正弦函数,记作 $w=\mathrm{Arcsin}z=-i\mathrm{Ln}(iz+\sqrt{1-z^2})$。

类似地,定义 $\mathrm{Arccos}z=-i\mathrm{Ln}(z+\sqrt{z^2-1})$。

例 5.15 画出反正弦函数的主值分支 $\arccos z=-i\ln(z+\sqrt{z^2-1})$。

解:画出的图形见图 5.8。画图的 MATLAB 程序如下:

```
clc,clear
z =10 * cplxgrid(20);                  % 生成半径为 10 的圆盘的网格数据
cplxmap(z,acos(z)),colorbar
```

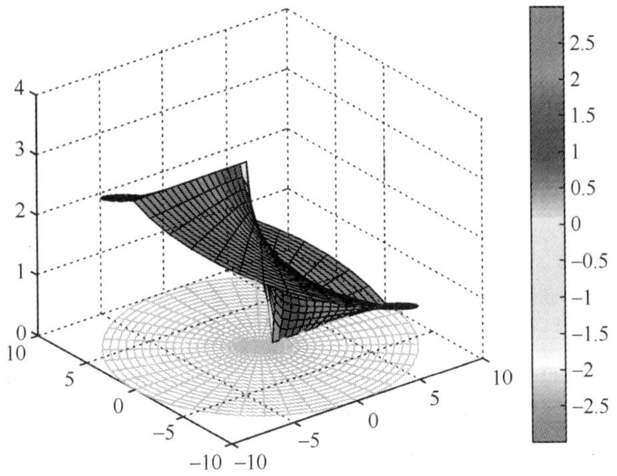

图 5.8　arccosz 的图形

5.2.3　其他图形

例 5.16　画出 $\left|\frac{z-i}{z+i}\right|=1$ 的图形。

解:$\left|\frac{z-i}{z+i}\right|=1$ 等价于 $|z-i|=|z+i|$,因而所画的轨迹是到点(0,1)和(0,-1)距离相等的点的集合,即轨迹为实轴。

画图的 MATLAB 程序如下:

```
clc,clear,syms z
eq = abs((z - i)/(z + i)) - 1
ezplot(eq),title('')
```

例 5.17　绘制椭圆 $x^2+4y^2=1$ 在映射 $w=1/z(z=x+iy)$ 下的像。

解:椭圆的参数方程为

$$\begin{cases} x=\cos t, \\ y=\frac{1}{2}\sin t, \end{cases} \quad 0\leqslant t\leqslant 2\pi,$$

用复函数可以表示为 $z=\cos t+i\frac{1}{2}\sin t$,画图的 MATLAB 程序如下:

```
clc,clear
t =0:0.01:2 * pi;
z =cos(t) + i * sin(t)/2;
```

```
subplot(121),plot(z),title('$x^2 +4y^2 =1$','Interpreter','Latex') % Latex
                                                                   % 格式显示
w=1./z;subplot(122),plot(w),title('$w= \frac{1}{z}$','Interpreter','Latex')
```

画出的图形见图 5.9。

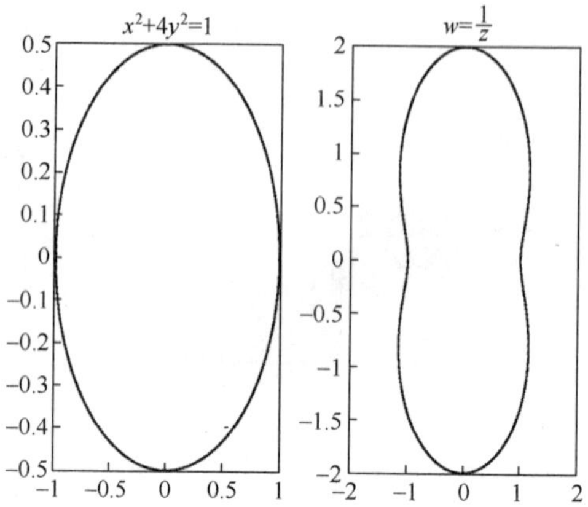

图 5.9　映射的原像与像的图形

5.3　复变函数的零点

5.3.1　复变函数零点的画法

一元函数的零点很容易求得,多元函数的零点求法就复杂一些。复变函数的零点相当于求解两个未知数两个方程的方程组的解,画出零点的分布,对于零点的解释等是有帮助的。

例 5.18　分别画出函数 $f(z)=z^2+1-z\sin z$ 实部和虚部的零值等值线,从而得到函数的零点分布。

解: 函数实部和虚部的零值等值线见图 5.10。从图中可以看出函数有 9 个零点,其中的 4 对零点是互为共轭复数。

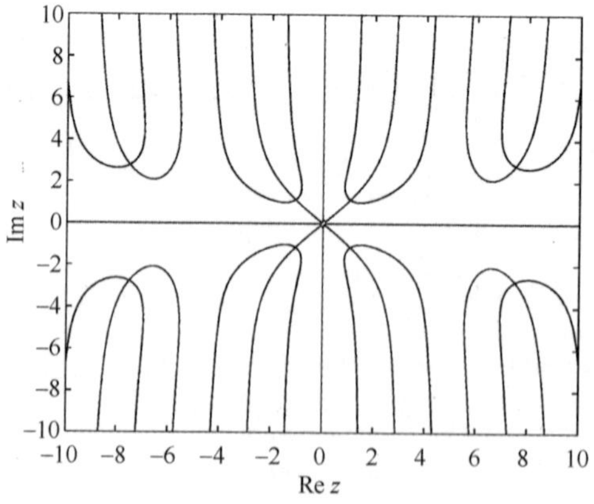

图 5.10　$f(z)=z^2+1-z\sin z$ 实部和虚部的零值等值线

画图的 MATLAB 程序如下：

```
clc,clear
x = -10:0.1:10;[x,y] =meshgrid(x);z = x + i*y;
f = z.^2 +1 - sin(z).*z;
contour(x,y,real(f),[0 0],'k');                  % 画出实部的零值等值线
hold on;contour(x,y,imag(f),[0 0],'r');          % 画出虚部的零值等值线
xlabel('Re$z$','Interpreter','Latex');
ylabel('Im$z$','Interpreter','Latex');
```

5.3.2 迭代算法求函数的零点

1. 不动点迭代

求函数 $f(z)$ 的零点，即解方程

$$f(z)=0 \tag{5-2}$$

常常将它化为解等价方程

$$z=g(z) \tag{5-3}$$

式(5-3)的根又称为函数 $g(z)$ 的不动点。

为了求 $g(z)$ 的不动点，选取一个初始近似值 z_0，令

$$z_k=g(z_{k-1}),k=1,2,\cdots, \tag{5-4}$$

以产生序列 $\{z_k\}$。这一类迭代法称为不动点迭代法，或 Picard 迭代。$g(z)$ 又称为迭代函数，显然，若 $g(z)$ 连续，且 $\lim\limits_{k\to\infty}z_k=z^*$，则 z^* 是 $g(z)$ 的一个不动点。因此，z^* 必为式(5-2)的一个解。

例 5.19 取初值 $z_0=10+10i$，用迭代算法求函数 $f(z)=z^2+1-z\sin z$ 的一个零点。

解：可以化成不同的等价方程，即

$$z=g_1(z)=z-z^2-1+z\sin z,$$

$$z=g_2(z)=\frac{1}{\sin z-z},$$

$$z=z-\frac{z^2+1-z\sin z}{2z-\sin z-z\cos z},$$

$$\vdots$$

下面以 $g_3(z)$ 为例进行迭代，有

$$z_1=z_0-\frac{z_0^2+1-z_0\sin z_0}{2z_0-\sin z_0-z_0\cos z_0},$$

$$z_k=g_3(z_{k-1})=z_{k-1}-\frac{z_{k-1}^2+1-z_{k-1}\sin z_{k-1}}{2z_{k-1}-\sin z_{k-1}-z_{k-1}\cos z_{k-1}},k=1,2,\cdots,N,$$

当 $|z_N-z_{N-1}|<\varepsilon$ 时，算法终止，这里 ε 为所要求的计算精度。

利用 MATLAB 软件，求得 $f(z)$ 的一个零点为 $z^*=7.5067+2.7822i$。

计算的 MATLAB 程序如下：

```
clc,clear
z1 =10 +10*i;epsilon =10^(-5);                    % 给定初始值和计算精度
```

```
z = @ (z)z - (z^2 +1 - z * sin(z))/(2 * z - sin(z) - z * cos(z));% 定义迭代函数
z2 = z(z1);                                                      % 进行第一次迭代
while abs(z1 - z2) > epsilon
z1 = z2;z2 = z(z1);                                              % 继续迭代
end
z2                                                               % 显示所求的不动点
```

如果初始猜测值取得很差,结果可能是很糟糕的。更糟的是,它可能是不可预测的。这就是漂亮 Julia 集的线索,如图 5.11 所示。

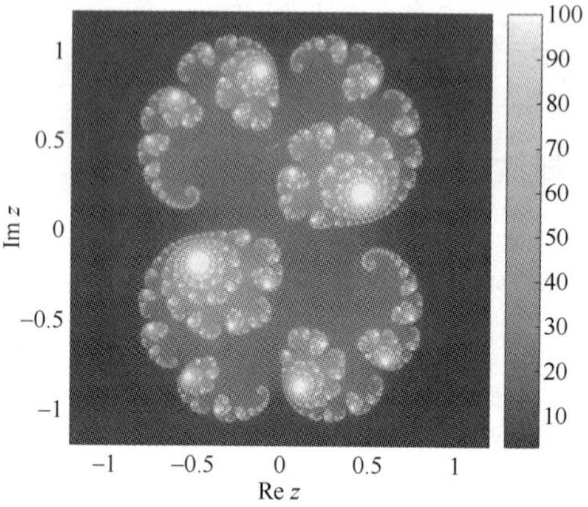

图 5.11　$c = 0.285 + 0.01i$ 的 Julia 集分形图案

画图 5.11 的 MATLAB 程序如下:

```
clc,clear
x = -1.2:0.005:1.2;
[x,y] = meshgrid(x);z = x + i * y;c = 0.285 + 0.01 * i;
for j = 1:length(x);
for k = 1:length(y);
zn = z(j,k);n = 0;
while (abs(zn) < 10 & n < 100)
zn = zn.^2 + c;n = n + 1;
end
f(j,k) = n;
end
end
pcolor(x,y,f);shading flat;axis square;colorbar
xlabel('Re$z$','Interpreter','Latex');
ylabel('Im$z$','Interpreter','Latex');
```

2. Newton - Raphson 方法

Newton - Raphson 方法(或简称 Newton 法)是解非线性方程

$$f(z) = 0$$

的最著名的和最有效的数值方法之一。若初始值充分接近于根,则 Newton 法的收敛速度

很快。在不动点迭代中,用不同的方法构造迭代函数便得到不同的迭代方法。假设 $f'(z)\neq 0$,令

$$g(z)=z-\frac{f(z)}{f'(z)}, \tag{5-5}$$

则方程 $f(z)=0$ 和 $z=g(z)$ 是等价的。选取(5.5)为迭代函数。据式(5-4),Picard 迭代为

$$z_{k+1}=z_k-\frac{f(z_k)}{f'(z_k)}, k=0,1,2,\cdots。 \tag{5-6}$$

式(5-6)称为牛顿迭代公式,称 $\{z_k\}$ 为牛顿序列。

例 5.19 就是使用牛顿法进行迭代的。

5.4 分形图案

分形(Fractal)这个术语是美籍法国数学家曼德尔布罗特(Mandelbrot)于 1975 年创造的。Fractal 出自拉丁语 Fractus(碎片,支离破碎)、英文 Fractured(断裂)和 Fractional(碎片,分数),说明分形是用来描述和处理粗糙、不规则对象的。Mandelbrot 是想用此词来描述自然界中传统欧几里得几何学所不能描述的一大类复杂无规则的几何对象,如蜿蜒曲折的海岸线、起伏不定的山脉、令人眼花缭乱的漫天繁星等。它们的共同特点是极不规则或极不光滑,但是却有一个重要的性质——自相似性,举例来说,海岸线的任意小部分都包含有与整体相似的细节。要定量地分析这样的图形,要借助分形维数这一概念。经典维数都是整数,而分形维数可以取分数。简单来讲,具有分数维数的几何图形称为分形。

1975 年,Mandelbrot 出版了他的专著《分形对象:形、机遇与维数》,标志着分形理论的正式诞生。1982 年,随着他的名著 *The Fractal Geometry of Nature* 出版,分形这个概念被广泛传播,成为当时全球科学家们议论最为热烈、最感兴趣的热门话题之一。

分形具有以下几个特点:

(1) 具有无限精细的结构。

(2) 有某种自相似的形式,可能是近似的或是统计的。

(3) 一般它的分形维数大于它的拓扑维数。

(4) 可以由非常简单的方法定义,并由递归、迭代等产生。

5.4.1 Koch 雪花

1904 年瑞典数学家冯·科赫(Von Koch)发现了一种曲线,该曲线处处连续但处处不光滑、不可微,因而当时认为是一种"病态"的曲线,如果一个三角形按生成 Koch 曲线的生成规则来迭代,则曲线的形状像一朵雪花,故得名 Koch 雪花,该曲线的构成规则如下:以一个正三角形为源多边形,即初始元(图 5.12(a)),将每一边三等分,中间一段用以其为边向外作正三角形的另外两条边来代替,得到一个六角形(图 5.12(b)),然后,再将该六角形的每一边再分三段作相同的替代,如此下去,直至无穷,便可得到 Koch 雪花,该曲线上任何一点均连续且不可微。

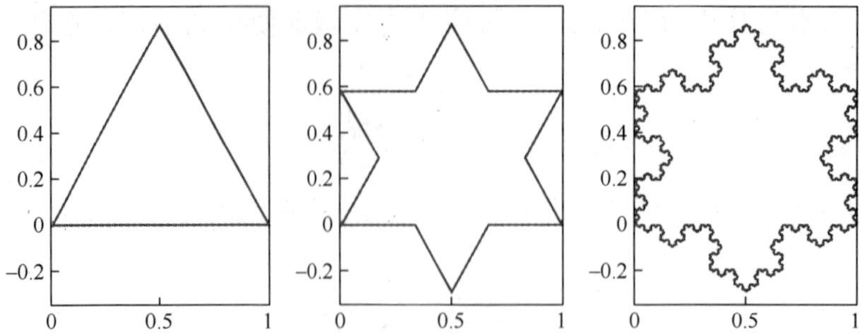

(a) 初始元 (b) 第一次迭代 (c) 第五次迭代

图 5. 12 Koch 雪花图案

例 5.20 编写画 Koch 雪花图案的 MATLAB 程序。

解:编写画 Koch 雪花图案的 MATLAB 函数如下:

```
function mykoch(N)
if nargin = =0;N =5;end                       % N 为迭代的次数,默认值为 5
z1 = [1,(1 +sqrt(3) * i)/2,0,1];              % 画正三角形的复数数据
for k =1:N
    z2 = z1;n = length(z2) -1;
for m =0:n -1;
dz = (z2(m +2) - z2(m +1))/3;
z1(4 * m +1) = z2(m +1);
z1(4 * m +2) = z2(m +1) +dz;
z1(4 * m +3) = z1(4 * m +2) +dz * ((1 - sqrt(3) * i)/2);
z1(4 * m +4) = z2(m +1) +2 * dz;
end
z1(4 * n +1) = z2(n +1);
end
plot(z1),axis equal,xlim([0,1]),ylim([-0.35,0.95])
```

5.4.2 Sierpinski 三角形

谢尔宾斯基(Sierpinski)三角形是波兰数学家 Waclaw Sierpinski 1914 年构造的,其构造方法是取一个等边三角形,将其四等分,得四个较小的正三角形,然后去掉中间的那个三角形,保留周围的三个三角形(图 5.13(a)),然后,再将这三个较小的正三角形按上述方法分割与舍取,无限重复这种操作得到的几何图形便称为 Sierpinski 三角形,巴黎著名的埃菲尔铁塔正是以它为平面图,当然铁塔并没有将分形进行到无穷,但这已经体现了数学的美与精彩。

实现 Sierpinski 三角形的程序很多,但一般都是通过迭代函数或仿射变换得到的,下面给出两种迭代算法来实现它,图 5.13(b)是经过 6 次迭代后的图形。

例 5.21 用迭代算法生成图 5.13(b)中的 Sierpinski 三角形。

解:迭代算法的 MATLAB 程序如下:

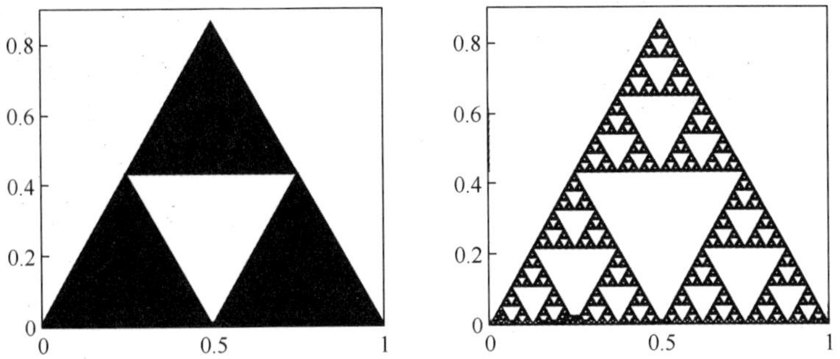

(a) 一次迭代　　　　(b) 六次迭代

图 5.13　Sierpinski 三角形

```
function mysierpinski1(N)
if nargin==0;N=6;end
z1=[1,0,(1+sqrt(3)*i)/2,1];
for k=1:N
    z2=z1;n=length(z2)-1;
for m=0:n-1
dz=(z2(m+2)-z2(m+1))/2;
z1(6*m+1)=z2(m+1);
z1(6*m+2)=z2(m+1)+dz;
z1(6*m+3)=z1(6*m+2)+dz*((-1-sqrt(3)*i)/2);
z1(6*m+4)=z1(6*m+3)+dz;
z1(6*m+5)=z2(m+1)+dz;
z1(6*m+6)=z2(m+1)+2*dz;
end
z1(6*n+1)=z2(n+1);
end
fill(real(z1),imag(z1),'k');axis equal,xlim([0,1]),ylim([0,0.9])
```

例 5.22　用随机点迭代算法生成 Sierpinski 三角形。

解: 迭代算法的 MATLAB 函数如下:

```
function mysierpinski2(N)
if nargin==0;N=20000;end
A=0;B=100;C=complex(50,sqrt(3)*50);   % 用复数表示的三角形三个点 A,B,C 的坐标
P=complex(10,20);                     % 任取三角形内的一点
TP=[];                                % 所有生成点的初始化
gailv=randperm(N);                    % 产生 1 到 N 的随机全排列
for k=gailv
if k<N/3+1;
        P=(P+A)/2;                    % 生成新点为点 P 和 A 的中点
elseif k<2*N/3+1
        P=(P+B)/2;                    % 生成新点为点 P 和 B 的中点
```

```
else
        P = (P + C)/2;        % 生成新点为点 P 和 C 的中点
end
    TP = [TP,P];              % TP 中加入新点
end
plot(TP,'.','markersize',5)  % 画所有生成的新点
```

画出的 Sierpinski 三角形见图 5.14。

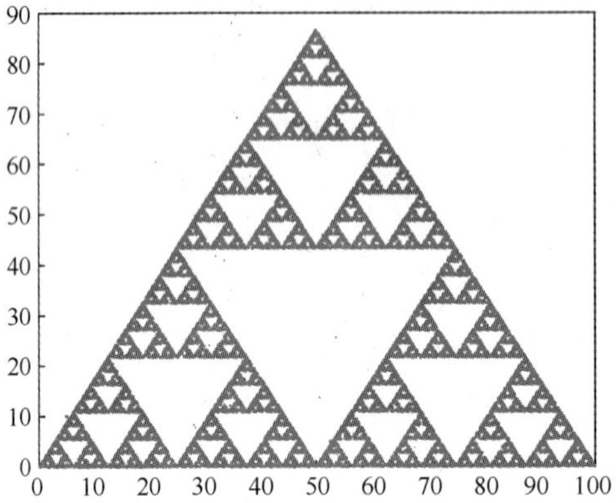

图 5.14 Sierpinski 三角形

注 5.1 由两个实数 x,y 构造复数,要使用命令 complex(x,y),不要使用 $z=x+y*i$,否则有时画图会出错的。

例 5.23 用递归算法生成 Sierpinski 三角形。

解:递归算法中点的相对位置见图 5.15(a),使用 MATLAB 画出的图形效果见图 5.15(b)。

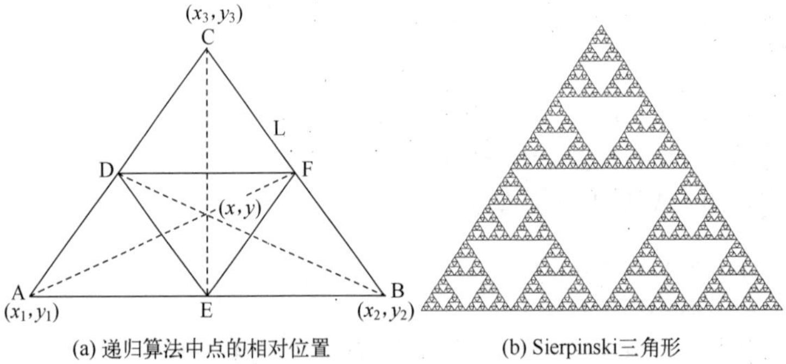

(a) 递归算法中点的相对位置

(b) Sierpinski三角形

图 5.15 递归算法绘制 Sierpinski 三角形

递归算法的 MATLAB 函数如下:

```
function mysierpinski3(x,y,L,n)
if nargin ==0;x =0;y =0;L =100;n =7;end
% x,y 为三角形中心点坐标,L 为三角形边长,n 为递归深度
axis off,hold on
if n ==1
```

```
    z1 = complex(x,y) - complex(L/2,L * tan(pi/6)/2); % 计算三角形顶点的复数坐标
    z2 = complex(x,y) + complex(L/2, - L * tan(pi/6)/2);
    z3 = complex(x,y) + complex(0,L * tan(pi/6)/2);
    plot([z1,z2,z3,z1])                               % 画三角形的边
else
    x01 = x - L/4;y01 = y - L * tan(pi/6)/4;          % 计算小三角形中心的坐标
    x02 = x + L/4;y02 = y - L * tan(pi/6)/4;
    x03 = x;  y03 = y + L * tan(pi/6)/4;
    mysierpinski3(x01,y01,L/2,n - 1)                  % 递归调用
    mysierpinski3(x02,y02,L/2,n - 1)
    mysierpinski3(x03,y03,L/2,n - 1)
end
```

5.4.3 牛顿分形

1. 牛顿迭代法

取一个较简单的函数$f(z)=z^n-1$,则$f(z)$的一阶导数$f'(z)=nz^{n-1}$,代入牛顿迭代公式(5-6),得

$$z_{k+1}=z_k-\frac{f(z_k)}{f'(z_k)}=z_k-\frac{z_k^n-1}{nz_k^{n-1}},k=0,1,2,\cdots。\tag{5-7}$$

式(5-7)就是下面使用的迭代计算公式。

2. 牛顿分形的生成算法

在复平面上取定一个窗口,将此窗口均匀离散化为有限个点,将这些点记为初始点z_0,按式(5-7)进行迭代。其中,大多数的点都会很快收敛到方程$f(z)=z^n-1$的某一个零点,但也有一些点经过很多次迭代也不收敛。为此,可以设定一个正整数M和一个很小的数δ,如果当迭代次数小于M时,就有两次迭代的两个点的距离小于δ,即

$$|z_{k+1}-z_k|<\delta,\tag{5-8}$$

则认为z_0是收敛的,即点z_0被吸引到方程$f(z)=z^n-1=0$的某一个根上;反之,当迭代次数达到了M,而$|z_{k+1}-z_k|>\delta$时,则认为点z_0是发散(逃逸)的。这就是时间逃逸算法的基本思想。

当点z_0比较靠近方程$f(z)=z^n-1=0$的根时,迭代过程就很少;离得越远,则迭代次数越多甚至不收敛。

由此设计出函数$f(z)=z^n-1$的牛顿分形生成算法步骤如下:

(1) 设定复平面窗口范围,实部范围为$[a_1,a_2]$,虚部范围为$[b_1,b_2]$,并设定最大迭代步数M和判断距离δ。

(2) 将复平面窗口均匀离散化为有限个点,取定第一个点,将其记为z_0,然后按式(5-7)进行M次迭代。

每进行一次迭代,按式(5-8)判断迭代前后的距离是否小于δ,如果小于δ,根据当前迭代的次数M选择一种颜色在复平面上绘出点z_0;如果达到了最大迭代次数M而迭代前后的距离仍然大于δ,则认为z_0是发散的,也选择一种颜色在复平面上绘出点z_0。

(3) 在复平面窗口上取定第二个点，将其记为 z_0，按第(2)步的方法进行迭代和绘制。直到复平面上所有点迭代完毕。

例 5.24 按上面的算法绘制牛顿分形图案。

解：编写绘制牛顿分形图案的函数如下：

```
function mynew(N)
if nargin==0;N=5;end
fz=@ (z)z-(z^N-1)/(N*z^(N-1));                     % 定义牛顿迭代函数
x=-1.5:0.01:1.5;
[x,y]=meshgrid(x);z=x+i*y;
for j=1:length(x);
for k=1:length(y);
        n=0;zn1=z(j,k);zn2=fz(zn1);                 % 第一次牛顿迭代
        while (abs(zn1-zn2)>0.01 & n<30)            % n<30 限制颜色的种数
            zn1=zn2;zn2=fz(zn1);n=n+1;              % 继续进行牛顿迭代
        end
        f(j,k)=mod(n,7);% 使用 7 种颜色
        % f(j,k)=n;% 使用 31 种颜色
end
end
pcolor(x,y,f);shading flat;axis square;colorbar
xlabel('Re $ z $','Interpreter','Latex');
ylabel('Im $ z $','Interpreter','Latex');
```

绘制图 5.16 的 MATLAB 调用程序如下：

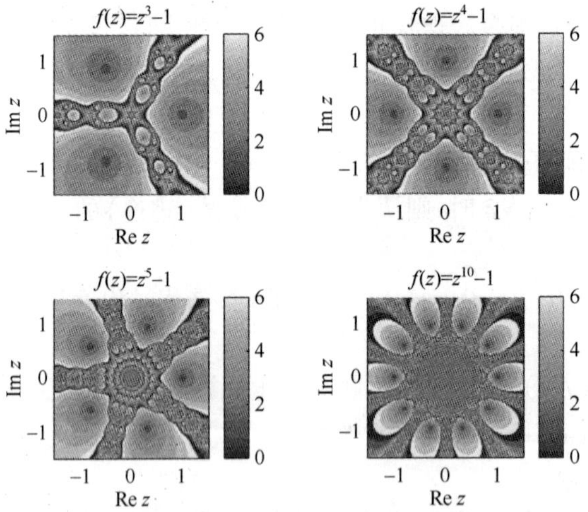

图 5.16 7 种颜色的 Newton 分形图案

```
clc,clear
subplot(221),mynew(3),title('$ f(z)=z^3-1 $','Interpreter','Latex')
subplot(222),mynew(4),title('$ f(z)=z^4-1 $','Interpreter','Latex')
```

```
subplot(223),mynew(5),title('$ f(z) = z^5 -1 $','Interpreter','Latex')
subplot(224),mynew(10),title('$ f(z) = z^{10} -1 $','Interpreter','Latex')
```

分形图案与颜色的种数选择有很大的关系，使用 31 种颜色的牛顿分形图案见图 5.17。

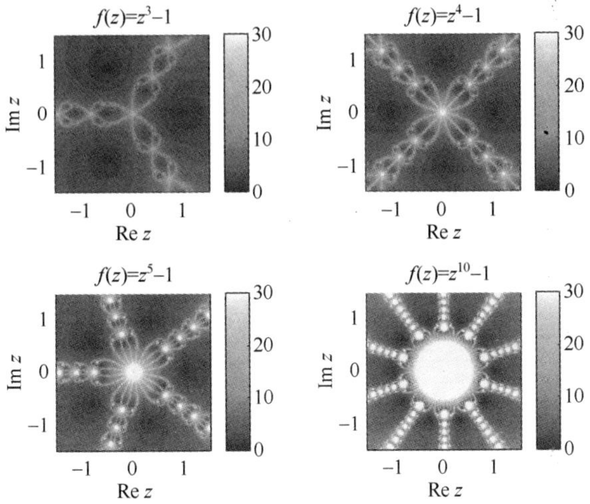

图 5.17　31 种颜色的牛顿分形图案

注 5.2　使用其他的函数，可以生成多种多样的牛顿分形图案。

5.4.4　Julia 集合与 Mandelbrot 集合

Julia 集合与 Mandelbrot 集合是研究复平面上的迭代，考虑的是复平面上的一个二次映射

$$f(z)=z^2+c, z, c\in\mathbb{C}, c=a+ib, a, b\in\mathbb{R} \tag{5-9}$$

的迭代行为，对于这个复平面上的迭代，等价于二维实平面上的迭代

$$\begin{cases}x_{n+1}=x_n^2-y_n^2+a,\\ y_{n+1}=2x_ny_n+b。\end{cases} \tag{5-10}$$

当 $c=0.74543+0.11301i$ 时，利用式(5-9)进行迭代，给定几个初始值，计算发现迭代轨迹是收敛的。式(5-9)的迭代是否收敛与初始值有很大的关系。

1. Julia 集

定义 5.6　一个平面区域上，式(5-9)迭代的收敛点的集合称为填充 Julia 集，填充 Julia 集的边界称为 Julia 集合。

下面是生成一个填充 Julia 集的算法：

(1) 设定参数 $c=a+ib$ 以及一个最大的迭代步数 N。

(2) 设定一个界限值 R，例如实数 $R\geqslant\max(2,\sqrt{a^2+b^2})$。

(3) 对于某矩形区域 $[-a,a]\times[-b,b]$ $(a>0,b>0)$ 内的每一点进行迭代，如果对于所有的 $n\leqslant N$，都有 $|z_{n+1}|\leqslant R$，那么，在屏幕上绘制出相应的起始点，否则不绘制。

例 5.25　绘制 Julia 集图形。

解:编写的 MATLAB 函数如下:

```
function myjulia1(c,R,N)
if nargin==0
    c=-0.11+0.65*i;R=5;N=100;                %R为界限值,N+1为使用的颜色数
end
x=linspace(-1.2,1.2,400);                    %x方向取400个点
[x,y]=meshgrid(x);z=x+i*y;
for j=1:length(x);
for k=1:length(y);
zn=z(j,k);n=0;
while (abs(zn)<R & n<N)
zn=zn.^2+c;n=n+1;
end
f(j,k)=n;
end
end
pcolor(f);shading flat;axis('square');colorbar
xlabel('Re $ z $','Interpreter','Latex');
ylabel('Im $ z $','Interpreter','Latex');
```

也可以利用矩阵的整体操作,编写的 MATLAB 函数如下:

```
function myjulia2(c,R,N)
if nargin==0
    c=-0.11+0.65*i;R=5;N=100;          %R为界限值,N为迭代的次数
end
x=linspace(-1.2,1.2,400);              %x方向取400个点
[x,y]=meshgrid(x);z=x+i*y;
f=zeros(size(x));                      %颜色矩阵的初始化
for  k=1:N
    f=f+(abs(z)<R);z=z.^2+c;
end
pcolor(f);shading flat;axis('square');colorbar
xlabel('Re $ z $','Interpreter','Latex');
ylabel('Im $ z $','Interpreter','Latex');
```

$c=-0.11+0.65i$ 和 $c=-0.19+0.6557i$ 所绘制的分形图案见图 5.18。绘制图 5.18 的 MATLAB 程序如下:

```
clc,clear
subplot(121),myjulia2(-0.11+i*0.65,4,200),
title('$ c=-0.11+0.65i $','Interpreter','latex')
subplot(122),myjulia2(-0.19+i*0.6557,4,200),
title('$ c=-0.19+0.6557i $','Interpreter','latex')
```

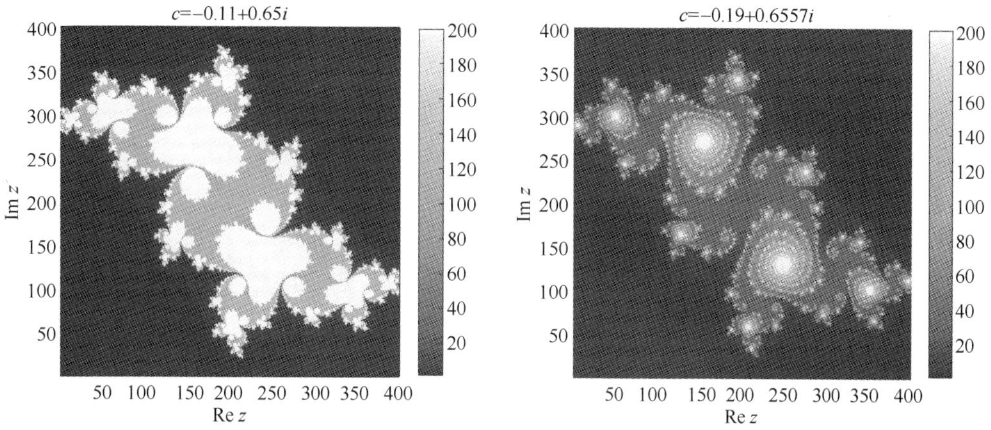

图 5.18　$c=-0.11+0.65i$ 和 $c=-0.19+0.6557i$ 时的 Julia 集图形

2. Mandelbrot 集

Mandelbrot 集合是收敛的迭代中参数 c 的集合。

（1）设定一个最大的迭代步数 N，和一个界限值 R。

（2）对于参数平面上每一点 c，使用式(5-9)作为迭代函数，对以 R 为半径的圆盘内的每一点进行迭代，如果对于所有的 $n \leqslant N$，都有 $|z_{n+1}| \leqslant R$，那么，在屏幕上绘制出相应的参数点 c，否则不绘制。

例 5.26　绘制 Mandelbrot 集图形。

解：画出的图形见图 5.19，画图的 MATLAB 程序如下：

```
clc,clear,n=400;depth=30;          % depth 为迭代次数
x=linspace(-2,1,400);y=linspace(-1,1,400);
[X,Y]=meshgrid(x,y);
Z0=complex(X,Y);C=zeros(n);Z=zeros(n);
for k=1:depth;
   Z=Z.^2+Z0;C(abs(Z)<2)=k;
end
image(C),colormap jet
```

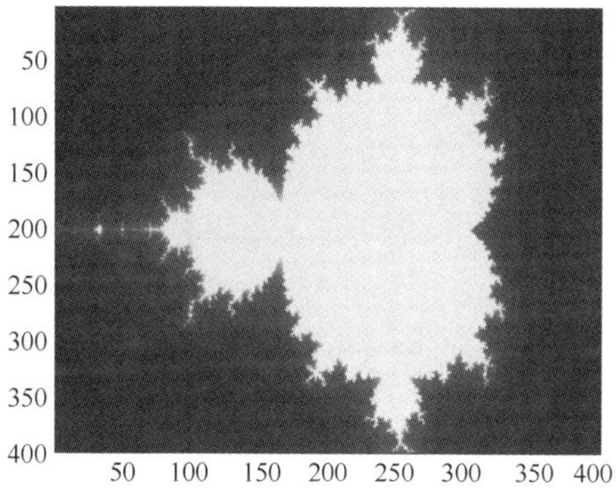

图 5.19　Mandelbrot 集图形

实际上画 Mandelbrot 集图形时，也可以设置不同颜色取值，如图 5.20 所示，画图的 MATLAB 程序如下：

```
clc,clear,n=400;depth=30;           % depth 为迭代次数
x=linspace(-2,1,400);y=linspace(-1,1,400);
[X,Y]=meshgrid(x,y);
Z0=complex(X,Y);W=zeros(n);Z=zeros(n);
for k=1:depth;
    Z=Z.^2+Z0;W=exp(-abs(Z));
end
pcolor(W),colormap(flipud(jet(depth))),shading flat
axis('square','equal','off')
```

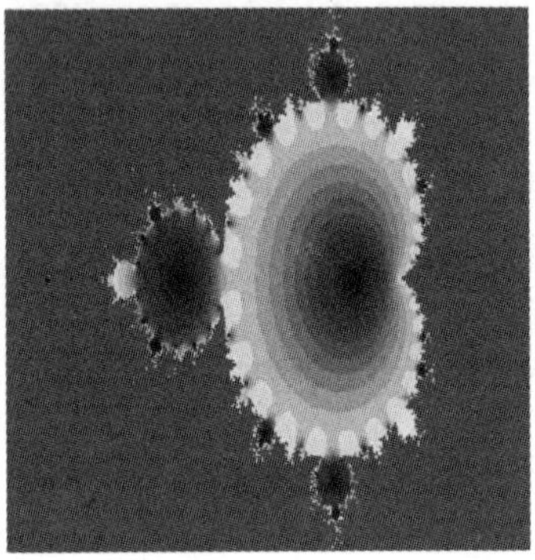

图 5.20 不同颜色设置的 Mandelbrot 集图形

例 5.27 画出 $f(z)=z^{20}+z_0$ 和 $f(z)=z^{\frac{13}{3}}+z_0$ 对应的广义 Mandelbrot 集图形。

解：为了以后使用方便，定义如下画 Mandelbrot 集图形的函数：

```
function mymandelbrot(d)                % d 为幂函数的指数
if nargin==0,d=2;end
n=400;K=30;                             % K 为迭代次数
x=linspace(-2,1,400);y=linspace(-1,1,400);
[X,Y]=meshgrid(x,y);
Z0=complex(X,Y);W=zeros(n);Z=zeros(n);
for k=1:K;
    Z=Z.^d+Z0;W=exp(-abs(Z));
end
pcolor(W),colormap(flipud(jet(K))),shading flat
axis('square','equal','off')
```

画出的广义 Mandelbrot 集图形见图 5.21，画图的 MATLAB 程序如下：

```
clc,clear
subplot(121),mymandelbrot(20)
text(150,420,'$ f(z)=z^{20}+z_0 $','Interpreter','Latex')
subplot(122),mymandelbrot(13/3)
```

```
text(150,420,'$ f(z)=z^\frac{13}{3}+z_0 $','Interpreter','Latex')
```

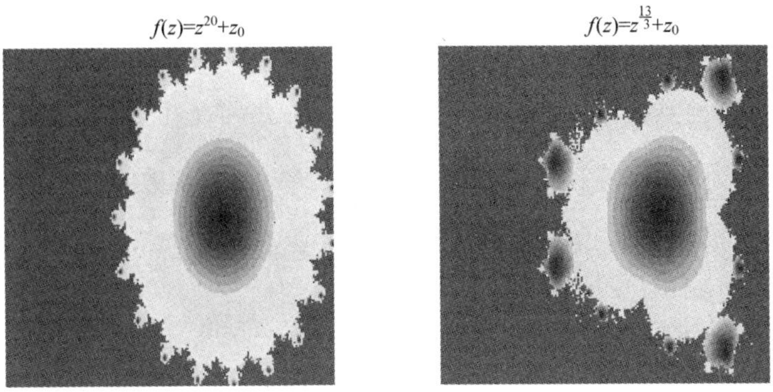

图 5.21　$f(z)=z^{20}+z_0$ 和 $f(z)=z^{\frac{13}{3}}+z_0$ 对应的广义 Mandelbrot 集图形

3. 广义 Julia 集

如果把式(5-9)的迭代函数换成其他的函数,生成的 Julia 集称为广义 Julia 集。

例 5.28　生成 $f(z)=c\cos(\pi z)$,$c=0.62+0.15i$ 时的广义 Julia 集图案。

解:画出的 Julia 集图案见图 5.22,画图的 MATLAB 函数如下:

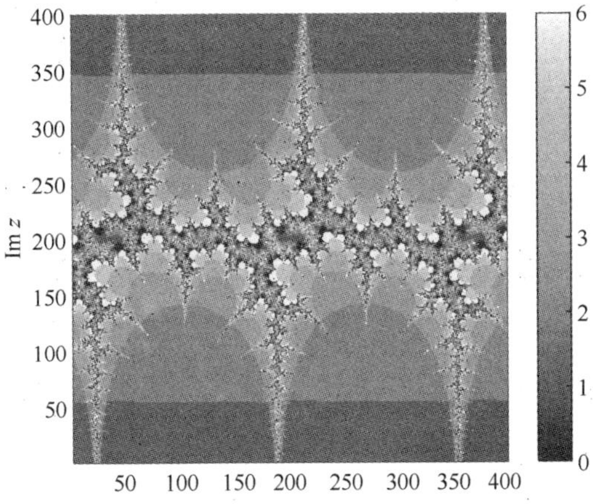

图 5.22　$f(z)=c\cos(\pi z)$,$c=0.62+0.15i$ 时的广义 Julia 集图案

```
function mygyjulia1(c,R,N)
if nargin==0
    c=0.62+0.15*i;R=5;N=100;           % R 为界限值,N 为迭代次数
end
x=linspace(-1.2,1.2,400);              % x 方向取 400 个点
[x,y]=meshgrid(x);z=x+i*y;
f=zeros(size(x));                      % 颜色矩阵的初始化
for  k=1:N
    f=f+(abs(z)<R);z=c*cos(pi*z);
end
f=mod(f,7);                            % 只使用 7 种颜色
```

```
pcolor(f);shading flat;axis('square');colorbar
xlabel('Re $ z $','Interpreter','Latex');
ylabel('Im $ z $','Interpreter','Latex');
```

例 5.29 画出 $f(z)=\frac{1}{2}\sin(2z^2)+c, c=0.62+0.15i$ 时的广义 Julia 集图案。

解:画出的广义 Julia 集图案见图 5.23,画图的 MATLAB 函数如下:

```
function mygyjulia2(c,R,N)
if nargin==0
    c=0.62+0.15*i;R=5;N=100;            % R 为界限值,N 为迭代次数
end
x=linspace(-1.2,1.2,400);               % x 方向取 400 个点
[x,y]=meshgrid(x);z=x+i*y;
f=zeros(size(x));                       % 颜色矩阵的初始化
for  k=1:N
    f=f+(abs(z)<R);z=sin(2*z.^2)/2+c;
end
f=mod(f,8);                             % 只使用 8 种颜色
pcolor(f);colormap jet,shading flat;colorbar,axis('square');
xlabel('Re $ z $','Interpreter','Latex');
ylabel('Im $ z $','Interpreter','Latex');
```

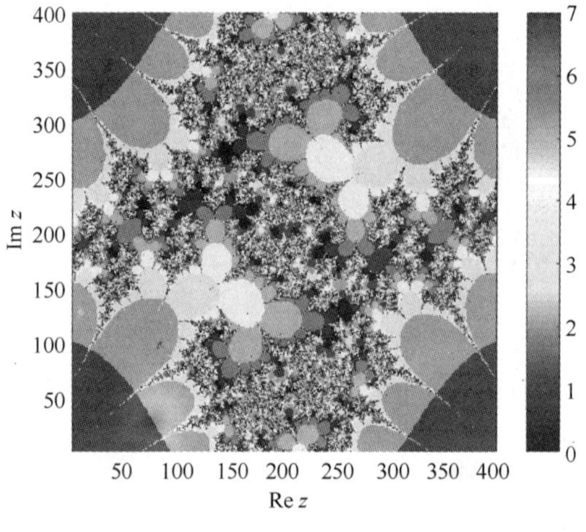

图 5.23 $f(z)=\frac{1}{2}\sin(2z^2)+c, c=0.62+0.15i$ 时的广义 Julia 集图案

5.4.5 分形树

1. 分形树的生成算法

自然界中的树具有十分典型的分型特征。一根树的树干上生长出一些侧枝,每个侧枝上又生长出两个侧枝,以此类推,便成长出疏密有致的分形树结构。这样的树木生长结构也可以用分形递归算法来模拟。

图 5.24 是分叉树生成元的示意图，利用分形算法生成分形树的过程就是将这一生成元在每一层次上不断的重复实现的过程，具体算法步骤如下：

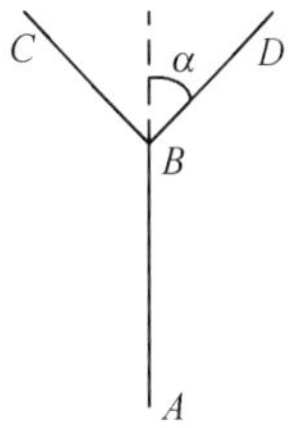

图 5.24 分叉树生成元

(1) 设 A 点坐标为 (x,y)，B 点的坐标为 (x_0,y_0)，计算树干的长度 L，绘制树的主干 AB。

(2) 计算 C 的坐标 (x_1,y_1)，其中 $x_1 = x_0 + \gamma L\cos(-\alpha)$，$y_1 = y_0 + \gamma L\sin(-\alpha)$，这里 γ 为枝干的收缩比例，绘制分支 BC。

(3) 计算 D 的坐标 (x_2,y_2)，其中 $x_2 = x_0 + \gamma L\cos\alpha$，$y_2 = y_0 + \gamma L\sin\alpha$，绘制分支 BD。

(4) 重复步骤(1)～(3)，直至完成递归次数。

2. 算法的 MATLAB 实现

例 5.30 画出分形树的图形。

解：下面 MATLAB 函数中，设 z 为树的起点复数坐标；L 为树干的起始长度；a 为树干的起始倾斜角；b 为枝干的倾斜程度；c 为主干的倾斜程度；K 为细腻程度；s1 为主干的收缩速度，s2 为枝干的收缩速度。算法的 MATLAB 函数如下：

```
function drawleaf(z,L,a)
b=30;K=2;c=9;n=8;s1=1.2;s2=3;hold on
if L>K
z0=z+L*exp(i*a*pi/180);                 % 计算主干另外端点的复数坐标
z1=z0+L/s2*exp(i*(a+b)*pi/180);         % 计算 C 端点的复数坐标
z2=z0+L/s2*exp(i*(a-b)*pi/180);         % 计算 D 端点的复数坐标
plot([z,z0],'k'),plot([z0,z1],'k');plot([z0,z2],'k')
drawleaf(z0,L/s1,a+c),drawleaf(z1,L/s2,a+b),drawleaf(z2,L/s2,a-b);
end
```

在命令窗口中运行 drawleaf(300+i*500,100,80)，得到的图形如图 5.25 所示。

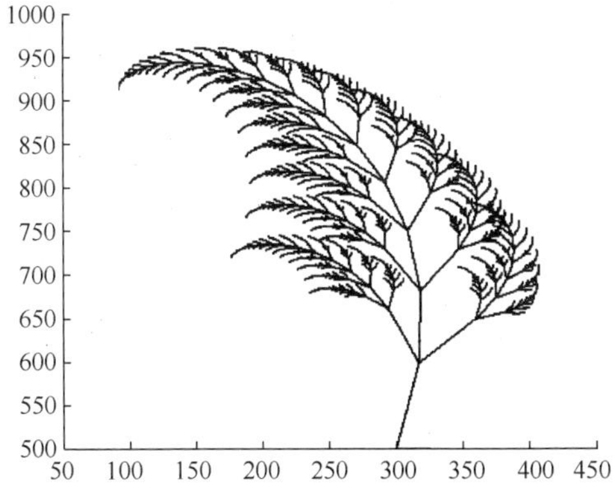

图 5.25 分形树

5.5 复变函数的积分

复变函数的积分是研究解析函数的一个重要工具，所以计算复变函数的积分是复变函数的又一重要内容。由于积分的值不但依赖于被积函数，而且还依赖于积分曲线，从而导致了计算积分的复杂性。对于解析函数的积分和实变函数的积分是一样的。

5.5.1 复变函数积分的概念

定义 5.7 复变函数积分 设函数 $w=f(z)$ 定义在区域 D 内，C 为区域 D 内起点为 A 终点为 B 的一条光滑的有向曲线。把曲线 C 任意分成 n 个弧段，设分点为

$$A=z_0,z_1,z_2,\cdots,z_{k-1},z_k,\cdots,z_n=B。$$

在每个弧段 $z_{k-1}\to z_k(k=1,2,\cdots,n)$ 上任意取一点 ζ_k，并作和式

$$S_n=\sum_{k=1}^{n}f(\zeta_k)(z_k-z_{k-1})=\sum_{k=1}^{n}f(\zeta_k)\Delta z_k,$$

这里 $\Delta z_k=z_k-z_{k-1}$。记 $\Delta s_k=z_{k-1}\to z_k$ 的弧段长度，$\delta=\max\limits_{1\leqslant k\leqslant n}\{\Delta s_k\}$。当 n 无限增加，且 δ 趋于零时，如果不论对 C 的分法及 ζ_k 的取法如何，S_n 有唯一极限，那么称这极限值为函数 $f(z)$ 沿曲线 C 的积分。记为

$$\int_C f(z)\,\mathrm{d}z=\lim_{n\to\infty}\sum_{k=1}^{n}f(\zeta_k)\Delta z_k。$$

如果 C 为闭曲线，那么沿此闭曲线的积分记为 $\oint_C f(z)\,\mathrm{d}z$。

例 5.31 计算 $\int_C z\mathrm{d}z$，其中 C 为从原点到点 $3+4i$ 的直线段。

解：直线的方程可写为

$$z=(3+4i)t,0\leqslant t\leqslant 1。$$

在 C 上，$z=(3+4i)t,\mathrm{d}z=(3+4i)\mathrm{d}t$。于是

$$\int_C z\mathrm{d}z=\int_0^1(3+4i)^2\mathrm{d}t=\frac{1}{2}(3+4i)^2=-\frac{7}{2}+12i。$$

计算的 MATLAB 程序如下：

```
clc,clear,syms t
z = (3 +4 * i) * t;
I = int(z * diff(z),t,0,1)
```

5.5.2 解析函数的积分

定理 5.1 如果 $f(z)$ 在单连通域 B 内处处解析，$G(z)$ 为 $f(z)$ 的一个原函数，那么

$$\int_{z_0}^{z_1}f(z)\,\mathrm{d}z=G(z_1)-G(z_0),$$

式中：z_0,z_1 为域 B 内的两点。

例 5.32 求积分 $\int_0^i z\cos z\mathrm{d}z$ 的值。

解：$z\sin z+\cos$ 是 $z\cos z$ 的一个原函数，所以

$$\int_0^i z\cos z\mathrm{d}z=(z\sin z+\cos z)\Big|_0^i=i\sin i+\cos i-1$$

$$=i\frac{\mathrm{e}^{-1}-\mathrm{e}}{2i}+\frac{\mathrm{e}^{-1}+\mathrm{e}}{2}-1=\mathrm{e}^{-1}-1。$$

计算的 MATLAB 程序如下：

```
clc,clear,syms f(z)
f = z * cos(z);
I = int(f,z,0,i)
```

例 5.33 试沿区域 $\mathrm{Im}(z)\geqslant 0,\mathrm{Re}(z)\geqslant 0$ 内的圆弧 $|z|=1$，计算积分 $\int_1^i \frac{\ln(z+1)}{z+1}\mathrm{d}z$ 的值。

解：函数 $\frac{\ln(z+1)}{(z+1)}$ 在所设区域内解析，它的一个原函数为 $\frac{1}{2}\ln^2(z+1)$，所以

$$\int_1^i \frac{\ln(z+1)}{z+1}\mathrm{d}z = \frac{1}{2}\ln^2(z+1)\Big|_1^i = \frac{1}{2}[\ln^2(1+i)-\ln^2 2]$$

$$= \frac{1}{2}\left[\left(\frac{1}{2}\ln 2+\frac{\pi}{4}i\right)^2-\ln^2 2\right] = -\frac{\pi^2}{32}-\frac{3}{8}\ln^2 2+\frac{\pi\ln 2}{8}i\text{。}$$

计算的 MATLAB 程序如下：

```
clc,clear,syms f(z)
f = log(z+1)/(z+1)
I = int(f,z,1,i)
R = real(I),Im = imag(I)        % 提出积分值的实部和虚部
```

5.5.3 柯西积分公式与解析函数的高阶导数

定理 5.2（柯西积分公式） 如果 $f(z)$ 在区域 D 内处处解析，C 为 D 内的任何一条正向简单闭曲线，它的内部完全含于 D，z_0 为 C 内的任一点，那么

$$f(z_0) = \frac{1}{2\pi i}\oint_C \frac{f(z)}{z-z_0}\mathrm{d}z\text{。} \tag{5-11}$$

定理 5.3 解析函数 $f(z)$ 的导数仍为解析函数，它的 n 阶导数为

$$f^{(n)}(z_0) = \frac{n!}{2\pi i}\oint_C \frac{f(z)}{(z-z_0)^{n+1}}\mathrm{d}z, n=1,2,\cdots\text{。} \tag{5-12}$$

式中：C 为在函数 $f(z)$ 的解析区域 D 内围绕 z_0 的任何一条正向简单闭曲线，而且它的内部全含于 D。

例 5.34 求积分 $\oint_C \frac{\cos\pi z}{(z-1)^5}\mathrm{d}z$ 的值，其中 C 为正向圆周：$|z|=r>1$。

解：函数 $\frac{\cos\pi z}{(z-1)^5}$ 在 C 内的 $z=1$ 处不解析，但 $\cos\pi z$ 在 C 内却是处处解析的。则

$$\oint_C \frac{\cos\pi z}{(z-1)^5}\mathrm{d}z = \frac{2\pi i}{(5-1)!}(\cos\pi z)^{(4)}\Big|_{z=1} = -\frac{\pi^5 i}{12}$$

计算的 MATLAB 程序如下：

```
clc,clear,syms f(z)
f = cos(pi * z);d4f = diff(f,4);        % 求 f(z)关于 z 的四阶导数
I = 2 * pi * i * subs(d4f,z,1)/factorial(4)
```

5.5.4 解析函数与调和函数的关系

定义 5.8 如果二元实变函数 $\varphi(x,y)$ 在区域 D 内具有二阶连续偏导数并且满足拉

普拉斯方程

$$\frac{\partial^2\varphi}{\partial x^2}+\frac{\partial^2\varphi}{\partial y^2}=0,$$

那么,称 $\varphi(x,y)$ 为区域 D 内的调和函数。

定理 5.4 任何在区域 D 内解析的函数,它的实部和虚部都是 D 内的调和函数。

定义 5.9 设 $f=u+iv$ 是解析函数,则称 v 为 u 的共轭调和函数。

已知解析函数 f 的实部 u 或虚部 v,求解析函数 f,有三种方法:偏积分法、不定积分法和直接代入法。

1. 偏积分法

例 5.35 证明 $u(x,y)=y^3-3x^2y$ 为调和函数,并求其共轭调和函数 $v(x,y)$ 和由它们构成的解析函数。

解:(1) 因为 $\frac{\partial u}{\partial x}=-6xy,\frac{\partial^2 u}{\partial x^2}=-6y,\frac{\partial u}{\partial y}=3y^2-3x^2,\frac{\partial^2 u}{\partial y^2}=6y$,所以 $\frac{\partial^2 u}{\partial x^2}+\frac{\partial^2 u}{\partial y^2}=0$,即 $u(x,y)$ 为调和函数。

(2) 由柯西—黎曼方程 $\begin{cases}\frac{\partial u}{\partial x}=\frac{\partial v}{\partial y}\\ \frac{\partial u}{\partial y}=-\frac{\partial v}{\partial x}\end{cases}$,得

$$\mathrm{d}v=-\frac{\partial u}{\partial y}\mathrm{d}x+\frac{\partial u}{\partial x}\mathrm{d}y=(3x^2-3y^2)\mathrm{d}x-6xy\mathrm{d}y,$$

由偏积分法和凑微分法,得 $v=x^3-3xy^2+c$,所以解析函数

$$w=y^3-3x^2y+i(x^3-3xy^2+c)。\tag{5-13}$$

由 $z=x+iy$,得 $x=\frac{z+\bar{z}}{2},y=\frac{z-\bar{z}}{2i}$,代入式(5-13),得 $w=f(z)=i(z^3+c)$。

计算的 MATLAB 程序如下:

```
clc,clear,syms u(x,y) v(x,y) z zb
u=y^3-3*x^2*y;dux2=diff(u,x,2)                  % 求 u 关于 x 的 2 阶偏导数
duy2=diff(u,y,2),del2=dux2+duy2
v1=int(diff(u,x),y),v2=int(-diff(u,y),x)  % 求两个偏积分
f1=u+i*v2                                         % 得到关于 x,y 的解析函数
f2=subs(f1,{x,y},{(z+zb)/2,(z-zb)/(2*i)});f2=simplify(f2)  % 得到关于 z 的解析函数
```

例 5.36 已知一调和函数 $v=\mathrm{e}^x(y\cos y+x\sin y)+x+y$,求一解析函数 $f(z)=u+iv$,使 $f(0)=0$。

解:因为

$$\frac{\partial v}{\partial x}=\mathrm{e}^x(y\cos y+x\sin y+\sin y)+1,$$

$$\frac{\partial v}{\partial y}=\mathrm{e}^x(\cos y-y\sin y+x\cos y)+1,$$

故

$$du = \frac{\partial v}{\partial y}dx - \frac{\partial v}{\partial x}dy,$$

$$= [e^x(\cos y - y\sin y + x\cos y) + 1]dx - [e^x(\sin y + y\cos y + x\sin y) + 1]dy,$$

所以

$$u = e^x(-y\sin y + x\cos y) + x - y + c,$$

因此

$$f(z) = e^x(-y\sin y + x\cos y) + x - y + c + i[e^x(y\cos y + x\sin y) + x + y]$$

$$= xe^x e^{iy} + iye^x e^{iy} + x(1+i) + iy(1+i) + c,$$

则有

$$f(z) = ze^z + (1+i)z + c,$$

由 $f(0)=0$,得 $c=0$,所以所求的解析函数为

$$f(z) = ze^z + (1+i)z。$$

计算的 MATLAB 程序如下:

```
clc,clear,syms u(x,y) v(x,y) z zb c
v = exp(x) * (y * cos(y) + x * sin(y)) + x + y;
u1 = int(diff(v,y),x),u2 = int(-diff(v,x),y)          % 求两个偏积分
u = u1 - y + c
f1 = u + i * v                                         % 得到关于 x,y 的解析函数
f2 = subs(f1,{x,y},{(z + zb)/2,(z - zb)/(2 * i)});
f2 = expand(f2);f2 = simplify(f2)                     % 必须先展开,然后才能化简
c0 = solve(subs(f2,z,0) == 0)                          % 求 c 的取值
f3 = subs(f2,c,c0)                                     % 求得最终的关于 z 的解析函数
```

2. 不定积分法

由柯西—黎曼方程及 $f(z)=u(x,y)+iv(x,y)$ 在点 $z=x+iy$ 的导数公式,得

$$f'(z) = \frac{\partial u}{\partial x} - i\frac{\partial u}{\partial y}, \text{或} f'(z) = \frac{\partial v}{\partial y} + i\frac{\partial v}{\partial x},$$

再积分求得 $f(z)$。

例 5.37 重求例 5.35 的解析函数。

解:由 $u = y^3 - 3x^2y$,计算得

$$f'(z) = \frac{\partial u}{\partial x} - i\frac{\partial u}{\partial y} = -6xy - i(3y^2 - 3x^2)$$

$$= 3i(x^2 + 2xyi - y^2) = 3iz^2。$$

积分,得

$$f(z) = iz^3 + c_1 = i(z^3 + c),$$

式中:c 为任意实常数。

计算的 MATLAB 程序如下:

```
clc,clear,syms u(x,y) z zb
u = y^3 - 3 * x^2 * y;
df = diff(u,x) - i * diff(u,y);
f1 = subs(df,{x,y},{(z + zb)/2,(z - zb)/(2 * i)});f2 = simplify(f1)
```

```
f = int(f2)          % 求不定积分
```

例 5.38 重求例 5.36 的解析函数。

解:由 $v = e^x(y\cos y + x\sin y) + x + y$,计算得

$$f'(z) = \frac{\partial v}{\partial y} + i\frac{\partial v}{\partial x} = e^z + ze^z + 1 + i,$$

积分,得

$$f(z) = \int (e^z + ze^z + 1 + i)\mathrm{d}z = ze^z + (1 + i)z + c,$$

由 $f(0) = 0$,得 $c = 0$,所以

$$f(z) = ze^z + (1 + i)z,$$

计算的 MATLAB 程序如下:

```
clc,clear,syms v(x,y) z zb c
v = exp(x) * (y * cos(y) + x * sin(y)) + x + y;
df = diff(v,y) + i * diff(v,x)
f1 = subs(df,{x,y},{(z + zb)/2,(z - zb)/(2 * i)});
f2 = expand(f1);f3 = simplify(f2)          % 必须先展开,然后才能化简
f = int(f3) + c;                           % 做不定积分,人工加上积分常数
c0 = solve(subs(f,z,0) == 0)               % 求 c 的取值
f = subs(f,c,c0)                           % 求得最终的关于 z 的解析函数
```

3. 直接代入法

记 $f = u + iv$,则 $\bar{f} = u - iv$,$u = \dfrac{f + \bar{f}}{2}$,$v = \dfrac{f - \bar{f}}{2i}$。若已知 u,并把 u 化成 $\dfrac{f(z) + \overline{f(z)}}{2}$ 的形式,提出其中关于 z 的项,则可以求出 f。类似地,已知 v 也可以求出 f。

例 5.39 再求例 5.35 中的解析函数。

解:在 $u(x,y)$ 中直接代入

$$x = \frac{z + \bar{z}}{2}, y = \frac{z - \bar{z}}{2i},$$

然后将 $u(x,y)$ 化成 $\dfrac{f(z) + \overline{f(z)}}{2}$ 的形式:

$$u(x,y) = \left(\frac{z - \bar{z}}{2i}\right)^3 - 3\left(\frac{z + \bar{z}}{2}\right)^2 \cdot \frac{z - \bar{z}}{2i} = \frac{\bar{z}^3 - z^3}{2i} = \frac{1}{2}(iz^3 - i\bar{z}^3),$$

所以

$$f(z) = 2\left[\frac{1}{2}(iz^3 - i\bar{z}^3)\right]\Bigg|_{\bar{z}=0} + c = iz^3 + c$$

式中:c 为纯虚数。

计算的 MATLAB 程序如下:

```
clc,clear,syms u x y z zb
u = y^3 - 3 * x^2 * y;
u = subs(u,{x,y},{(z + zb)/2,(z - zb)/(2 * i)})
u = simplify(u)
f = 2 * subs(u,zb,0)          % 把 u 中的 zb 替换成 0,并乘以 2 即得 f
```

例 5.40 再求例 5.36 中的解析函数。

解:在 $v(x,y)$ 中直接代入

$$x=\frac{z+\bar{z}}{2}, y=\frac{z-\bar{z}}{2i},$$

然后将 $v(x,y)$ 化成$\dfrac{f(z)-\overline{f(z)}}{2i}$的形式:

$$v(x,y)=\frac{z}{2}(1-i-ie^{z})+\frac{\bar{z}}{2}(1+i+ie^{\bar{z}})。$$

则有

$$f(z)=2i\left[\frac{z}{2}(1-i-ie^{z})+\frac{\bar{z}}{2}(1+i+ie^{\bar{z}})\right]\Bigg|_{\bar{z}=0}+c=z(1+i+e^{z})+c,$$

式中:c 为实数。

由 $f(0)=0$,得 $c=0$,所以

$$f(z)=ze^{z}+(1+i)z。$$

计算的 MATLAB 程序如下:

```
clc,clear,syms v x y z zb
v=exp(x)*(y*cos(y)+x*sin(y))+x+y;
v=subs(v,{x,y},{(z+zb)/2,(z-zb)/(2*i)})
v=expand(v),v=simplify(v)             % 必须先展开,然后化简
f=subs(2*i*v,zb,0)
```

5.6 留数与闭曲线积分的计算

5.6.1 留数的计算

留数是复变函数论中重要的概念之一,它与解析函数在孤立奇点处的洛朗展开式、柯西复合闭路定理等都有密切的联系。

定义 5.10 设 z_0 是函数 $f(z)$ 的孤立奇点,把 $f(z)$ 在 z_0 处的洛朗展开式中负一次幂项的系数 c_{-1} 称为 $f(z)$ 在 z_0 处的留数,记为 $\mathrm{Res}[f(z),z_0]$,即 $\mathrm{Res}[f(z),z_0]=c_{-1}$。显然,留数 c_{-1} 就是积分 $\dfrac{1}{2\pi i}\oint_C f(z)\,dz$ 的值,其中 C 为 z_0 的去心邻域内绕 z_0 的闭曲线。

定理 5.5(留数定理) 设函数 $f(z)$ 在区域 D 内除有限个孤立奇点 $z_1,z_2,\cdots,z_n$ 外处处解析,C 是 D 内包围诸奇点的一条正向简单闭曲线,那么

$$\oint_C f(z)\,dz = 2\pi i\sum_{k=1}^{n}\mathrm{Res}[f(z),z_k]。$$

如果 z_0 为 $f(z)$ 的一级极点,则

$$\mathrm{Res}[f(z),z_0]=\lim_{z\to z_0}(z-z_0)f(z)。\quad(5-14)$$

如果 z_0 为 $f(z)$ 的 m 阶极点,则

$$\mathrm{Res}[f(z),z_0]=\frac{1}{(m-1)!}\lim_{z\to z_0}\frac{d^{m-1}}{dz^{m-1}}[(z-z_0)^m f(z)]。\quad(5-15)$$

由于在工程中遇到的$f(z)$多数情况下为有理分式，所以可表示为如下形式：

$$\frac{b_1z^m+b_2z^{m-1}+\cdots+b_{m+1}}{a_1z^n+a_2z^{n-1}+\cdots+a_{n+1}}。\tag{5-16}$$

函数 residue 可以求得该有理式的留数，residue 的调用格式为

[r,p,k] = residue(b,a)

其中返回值 r 为留数向量，p 为极点向量，k 为有理式(5-16)利用长除法得到的商多项式对应的系数向量，如果式(5-16)是一个真分式，则 k 的返回值为空矩阵[ ]；b 为式(5-16)中分子多项式对应的系数向量，a 为式(5-16)中分母多项式对应的系数向量。

反之，利用命令

[b,a] = residue(r,p,k)

可以求得式(5-16)有理分式对应的分子多项式 b 和分母多项式 a。

利用 residue 函数，也可以把有理函数展开成部分分式的和。

定义 5.11 设函数$f(z)$在圆环域$R<|z|<+\infty$内解析，C为这圆环域内绕原点的任何一条正向简单闭曲线，那么积分

$$\frac{1}{2\pi i}\oint_{C^-}f(z)\,\mathrm{d}z$$

的值与C无关，此定值称为$f(z)$在∞点的留数，记为

$$\mathrm{Res}[f(z),\infty]=\frac{1}{2\pi i}\oint_{C^-}f(z)\,\mathrm{d}z。$$

若$f(z)$在圆环域$R<|z|<+\infty$内的洛朗展开式为

$$f(z)=\sum_{n=-\infty}^{\infty}c_nz^n,R<|z-z_0|<+\infty,$$

其中

$$c_n=\frac{1}{2\pi i}\oint_C\frac{f(\zeta)}{\zeta^{n+1}}\mathrm{d}\zeta,n=0,\pm1,\pm2,\cdots。\tag{5-17}$$

式中：C为在圆环域内绕z_0的任何一条正向简单闭曲线。

在(5-17)式中令$n=-1$，有

$$c_{-1}=\frac{1}{2\pi i}\oint_Cf(z)\,\mathrm{d}z。$$

因此，得

$$\mathrm{Res}[f(z),\infty]=-c_{-1}$$

即$f(z)$在∞点的留数等于它在∞点的去心邻域$R<|z|<+\infty$内洛朗展开式中z^{-1}的系数变号。

定理 5.6 如果函数$f(z)$在扩充复平面内只有有限个孤立奇点，那么$f(z)$在所有各奇点(包括∞点)的留数的总和必等于零。

定理 5.7 $\mathrm{Res}[f(z),\infty]=-\mathrm{Res}\left[f\left(\frac{1}{z}\right)\cdot\frac{1}{z^2},0\right]$。

例 5.41 求$f(z)=\dfrac{1-e^{2z}}{z^4}$在有限奇点处的留数。

解：$z=0$是分母的四级零点，是分子的一级零点，所以是$f(z)$的三级极点。

$$\mathrm{Res}[f(z),0]=\lim_{z\to 0}\frac{1}{2!}\frac{d^2}{dz^2}\left[z^3\frac{1-e^{2z}}{z^4}\right]=-\frac{4}{3}$$

也可以按如下方法求留数：

$$\mathrm{Res}[f(z),0]=\lim_{z\to 0}\frac{1}{3!}\frac{d^2}{dz^3}\left[z^4\frac{1-e^{2z}}{z^4}\right]=-\frac{4}{3}$$

计算的 MATLAB 程序如下：

```
clc,clear,syms f(z)
f = (1 - exp(2 * z))/z^4;              % 定义符号函数
Res1 = limit(diff(z^3 * f,2)/factorial(2),0)
Res2 = limit(diff(z^4 * f,3)/factorial(3),0)
```

例 5.42 计算函数$f(z)=\dfrac{e^z}{z^2-1}$在 $z=\infty$ 处的留数。

解：因为$f(z)=\dfrac{e^z}{z^2-1}$在扩充复平面有三个极点，分别为 1，-1，∞，计算得

$$\mathrm{Res}[f(z),1]=\lim_{z\to 1}[f(z)(z-1)]=\frac{e}{2},$$

$$\mathrm{Res}[f(z),-1]=\lim_{z\to -1}[f(z)(z+1)]=-\frac{e^{-1}}{2},$$

$$\mathrm{Res}[f(z),\infty]=-(\mathrm{Res}[f(z),1]+\mathrm{Res}[f(z),-1])=\frac{e^{-1}}{2}-\frac{e}{2}。$$

计算的 MATLAB 程序如下：

```
clc,clear,syms f(z)
f = exp(z)/(z^2 -1);
Res1 = limit(f * (z -1),1)             % 求 Res[f(z),1]
Res2 = limit(f * (z +1), -1)           % 求 Res[f(z), -1]
Res3 = - (Res1 + Res2)                 % 求 Res[f(z),∞ ]
```

例 5.43 求函数$f(z)=\dfrac{z+1}{z^2-2z}$在有限奇点处的留数。

解：计算的 MATLAB 程序如下：

```
clc,clear
b = [1 1];                   % 输入分子多项式
a = [1  -2 0];               % 输入分母多项式
[r,p,k] = residue(b,a)       % 求留数 r,极点 p 和长除法的商的多项式 k
```

求得 $r=\begin{bmatrix}1.5\\-0.5\end{bmatrix}$，$p=\begin{bmatrix}2\\0\end{bmatrix}$，$k=[\ ]$，因此，得

$$\mathrm{Res}[f(z),2]=1.5,\mathrm{Res}[f(z),0]=-0.5。$$

并且可以得到$f(z)$的部分分式展开式为

$$f(z)=\frac{z+1}{z^2-2z}=\frac{1.5}{z-2}+\frac{-0.5}{z}。$$

例 5.44 求函数$f(z)=\dfrac{z^3+2z^2+3z+4}{(z+1)^2(z+2)(z+3)^2}$在有限奇点处的留数。

解:计算的 MATLAB 程序如下:

```
clc,clear
b = [1:4];                                     % 定义分子多项式
a1 = [1 3];                                    % 定义多项式 z +3
a2 = [1 2];                                    % 定义多项式 z +2
a3 = [1 1];                                    % 定义多项式 z +1
a11 = conv(a1,a1)                              % 计算多项式(z +3)^2 的系数
a33 = conv(a3,a3)                              % 计算多项式(z +1)^2 的系数
a = conv(conv(a11,a2),a33)                     % 计算分母多项式
[r,p,k] = residue(b,a)
syms f(z)
f(z) = (z^3 +2 * z^2 +3 * z +4)/((z +1)^2 * (z +2) * (z +3)^2);
r1 = limit(diff((z +3)^2 * f(z)), -3)          % 按式(5-15)求留数
r2 = limit((z +2) * f(z), -2)                  % 按式(5-14)求留数
r3 = limit(diff((z +1)^2 * f(z)), -1)          % 按式(5-15)求留数
```

输出结果:

r = [2.5000   3.5000   -2.0000   -0.5000   0.5000]^{T},
p = [-3.0000   -3.0000   -2.0000   -1.0000   -1.0000]^{T},
k = [].

从结果可知

$$f(z)=\frac{2.5}{z+3}+\frac{3.5}{(z+3)^2}-\frac{2}{z+2}-\frac{0.5}{z+1}+\frac{0.5}{(z+1)^2},$$

且有 $\mathrm{Res}[f(z),-3]=2.5$,$\mathrm{Res}[f(z),-2]=-2$,$\mathrm{Res}[f(z),-1]=-0.5$。

例 5.45 试求有理函数$f(z)=\dfrac{z}{z^3-3z-2}$的部分分式展开式。

解:计算的 MATLAB 程序如下:

```
clc,clear,format rat                 % 为了精确求解,使用有理格式的显示方式
n = [1,0];d = [1,0, -3, -2];
[r,p,k] = residue(n,d)
```

输出结果:

r = [2/9   -2/9   1/3]^{T},
p = [2   -1   -1]^{T},
k = [].

从结果可知

$$f(z)=\frac{2}{9(z-2)}-\frac{2}{9(z+1)}+\frac{1}{3\ (z+1)^2}。$$

5.6.2 闭曲线积分的计算

例 5.46(续例 5.44) 计算积分 $I=\oint_C \frac{z^3+2z^2+3z+4}{(z+1)^2(z+2)(z+3)^2}dz$,其中 C 为正向圆周:$|z|=2.5$。

解:利用 MATLAB 软件,得

$$\mathrm{Res}[f(z),-3]=2.5,\mathrm{Res}[f(z),-2]=-2,\mathrm{Res}[f(z),-1]=-0.5。$$

在 C 的内部有两个孤立奇点,$z=-2,z=-1$,所以

$$I=\oint_C \frac{z^3+2z^2+3z+4}{(z+1)^2(z+2)(z+3)^2}dz=2\pi i(\mathrm{Res}[f(z),-2]+\mathrm{Res}[f(z),-1])=-5\pi i。$$

计算的 MATLAB 程序如下:

```
clc,clear,syms z
b = [1:4];                              % 定义分子多项式
den = (z+3)^2*(z+2)*(z+1)^2;            % 定义分母符号多项式
a = sym2poly(den)                       % 把符号多项式转化成向量表示的多项式
[r,p,k] = residue(b,a)
pp = unique(p)                          % 求不同的奇点
pp = pp(abs(pp)<2.5)                    % 求 C 内部的奇点
s = 0;                                  % 留数和赋初值
for n = 1:length(pp)
    ind = find(p == pp(n),1);           % 找第一个地址
    s = s + r(ind);                     % 计算内部奇点的留数和
end
s                                       % 显示 C 内奇点的留数和
```

MATLAB 输出的 r,p,k 结果如下:

```
r = [2.5000  3.5000  -2.0000  -0.5000  0.5000]^T,
p = [-3.0000  -3.0000  -2.0000  -1.0000  -1.0000]^T,
k = [].
```

例 5.47 求积分 $I=\oint_C f(z)dz$,其中 C 为正向圆周:$|z|=\frac{5}{2}$。

$$f(z)=\frac{e^z(z^3+2z^2+3z+4)}{z^6+11z^5+48z^4+106z^3+125z^2+75z+18}。$$

解:(1) 先将 $f(z)$ 中的有理分式

$$g(z)=\frac{z^3+2z^2+3z+4}{z^6+11z^5+48z^4+106z^3+125z^2+75z+18}$$

进行部分分式展开。

```
clc,clear,format rat                    % 有理分式的数据显示
b = 1:4;a = [1 11 48 106 125 75 18];    % 输入分子和分母多项式
[r,p,k] = residue(b,a)
```

输出结果：

```
r=[-17/8  -7/4  2  1/8  -1/2  1/2]^T
p=[-3  -3  -2  -1  -1  -1]^T
k=[]
```

从结果可知

$$f(z)=-\frac{17e^z}{8(z+3)}-\frac{7e^z}{4(z+3)^2}+\frac{2e^z}{z+2}+\frac{e^z}{8(z+1)}-\frac{e^z}{2(z+1)^2}+\frac{e^z}{2(z+1)^3}。$$

（2）由柯西积分公式和高阶导数公式继续编程。

```
clc,clear,syms z
I1 =2*pi*i*2*limit(exp(z),-2);                    % 求 2exp(z)/(z+2)的积分
I2 =2*pi*i*(1/8)*limit(exp(z),-1);                % 求 exp(z)/(8*(z+1))的积分
I3 =2*pi*i*(-1/2)*limit(diff(exp(z)),-1);  % 求 -exp(z)/(2*(z+1)^2)的积分
I4 =2*pi*i*(1/2)*limit(diff(exp(z),2)/factorial(2),-1);
                                                  % 求 exp(z)/(2*(z+1)^3)的积分
I=I1+I2+I3+I4,pretty(I)                           % 书写习惯的显示方式
```

求得 $I=\left(4e^{-2}-\frac{1}{4}e^{-1}\right)\pi i$。

5.7 共形映射

共形映射是复变函数中重要的概念之一，共形映射的方法，解决了动力学，弹性理论，静电场与磁场等方面的许多实际问题。

5.7.1 分式线性映射

分式线性映射是共形映射中比较简单的又很重要的一类映射，它由

$$w=\frac{az+b}{cz+d}(ad-bc\neq 0) \tag{5-18}$$

来定义，其中 a,b,c,d 均为常数。

为了保证映射的保角性，$ad-bc\neq 0$ 的限制是必要的。否则由于

$$\frac{dw}{dz}=\frac{ad-bc}{(cz+d)^2},$$

将有$\frac{dw}{dz}=0$，这时 $w\equiv$常数，它将整个 z 平面映射成 w 平面上的一点。

分式线性映射又称双线性映射，它是德国数学家莫比乌斯首先研究的，所以也称莫比乌斯映射。

式(5-18)中含有 4 个常数 a,b,c,d。但是，如果用这 4 个数中的一个去除分子和分母，就可将分式中的 4 个常数化为 3 个常数。所以，式(5-18)中实际上只有 3 个独立的常数。因此，只需给定 3 个条件，就能确定一个分式线性映射。因此，有以下定理。

定理 5.8 在 z 平面上任意给定 3 个相异的点 z_1,z_2,z_3，在 w 平面上也任意给定 3 个

相异的点 w_1, w_2, w_3，那么就存在唯一的分式线性映射，将 $z_k(k=1,2,3)$ 依次映射成 $w_k(k=1,2,3)$。此唯一分式线性映射为

$$\frac{w-w_1}{w-w_2}:\frac{w_3-w_1}{w_3-w_2}=\frac{z-z_1}{z-z_2}:\frac{z_3-z_1}{z_3-z_2}。\tag{5-19}$$

下面分两种情况运用 MATLAB 求解分式线性映射。

1. z_1, z_2, z_3 或 w_1, w_2, w_3 中有一个为无穷远点

不妨设 $w_3=\infty$，其他各点均为有限点，则显然有

$$\frac{w-w_1}{w-w_2}:1=\frac{z-z_1}{z-z_2}:\frac{z_3-z_1}{z_3-z_2},$$

即

$$\frac{w-w_1}{w-w_2}\cdot\frac{z_3-z_1}{z_3-z_2}=\frac{z-z_1}{z-z_2}。$$

例 5.48 求把 $z_1=2, z_2=2i, z_3=1$ 分别映为 $w_1=3, w_2=1, w_3=\infty$ 的分式线性映射。

解：利用 MATLAB，得

$$w=\frac{(3+i)z-2i}{2z-2}。$$

计算的 MATLAB 程序如下：

```
clc,clear,syms w z
z1 =2;z2 =2 * i;z3 =1;w1 =3;w2 =1;
eq = (w - w1)/(w - w2) * (z3 - z1)/(z3 - z2) == (z - z1)/(z - z2);      % 定义方程
w = solve(eq,w)                                                          % 解方程
```

2. z_1, z_2, z_3 或 w_1, w_2, w_3 中不存在无穷远点

由式(5-19)得到分式线性映射满足的方程为

$$\frac{w-w_1}{w-w_2}\cdot\frac{z_3-z_1}{z_3-z_2}=\frac{z-z_1}{z-z_2}\cdot\frac{w_3-w_1}{w_3-w_2}。$$

例 5.49 求将点 $z_1=2, z_2=i, z_3=-2$ 分别映射为 $w_1=-1, w_2=i, w_3=1$ 的分式线性映射。

解：利用 MATLAB 求得

$$w=-\frac{iz+6}{3z+2i}。$$

计算的 MATLAB 程序如下：

```
clc,clear,syms w z
z1 =2;z2 =i;z3 = -2;w1 = -1;w2 =i;w3 =1;
eq = (w - w1)/(w - w2) * (z3 - z1)/(z3 - z2) == (z - z1)/(z - z2) * (w3 - w1)/(w3 - w2);
                                        % 定义方程
w = solve(eq,w),w = factor(w)           % 解方程并分解因式
w = prod(w);pretty(w)                   % 用书写习惯的方式显示求得的分式线性映射
```

5.7.2 共形映射图形

例 5.50 绘制圆周 $|z|=2$ 在映射 $w=z+\frac{1}{z}$ 下的像。

解:画图的 MATLAB 程序如下:

```
clc,clear
t=0:0.01:2*pi;z=2*exp(i*t);
subplot(121),plot(z),title('$ |z|=2 $','Interpreter','Latex')
w=z+1./z;subplot(122),plot(w),
title('$ w=z+\frac{1}{z}$','Interpreter','Latex')
```

所画出的图形见图 5.26。

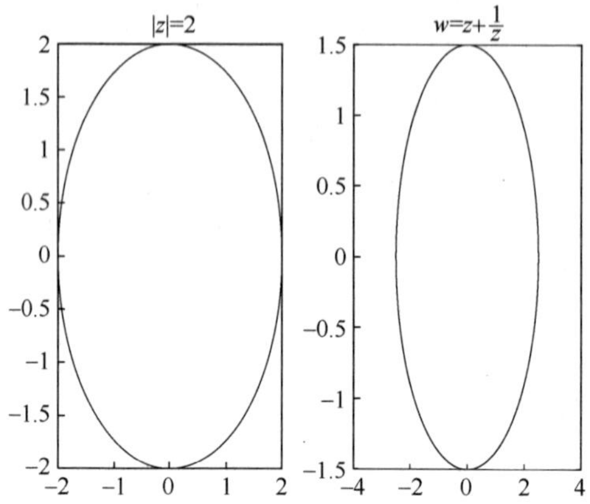

图 5.26 圆周 $|z|=2$ 在映射 $w=z+\frac{1}{z}$ 下的像

例 5.51 绘制曲线 $|z-3i|=2$ 在分式线性映射 $w=\frac{z+i}{z-i}$ 下的像曲线。

解:画图的 MATLAB 程序如下:

```
clc,clear
t=0:0.01:2*pi;z=3*i+2*exp(i*t);
subplot(121),plot(z),title('$ |z-3i|=2 $','Interpreter','Latex')
w=(z+i)./(z-i);subplot(122),plot(w),
title('$ w=\frac{z+i}{z-i}$','Interpreter','Latex')
```

所画图形见图 5.27。

例 5.52 作出圆周 $|z|=r$ 在映射 $w=z+\frac{1}{z}$ 下 w 的实部的等值线。

解:圆周 $|z|=r$ 的参数方程为 $z=re^{it}, t\in[0,2\pi]$,则有

$$w=z+\frac{1}{z}=re^{it}+\frac{1}{r}e^{-it}=\left(r\cos t+\frac{1}{r}\cos t\right)+i\left(r\sin t-\frac{1}{r}\sin t\right)。$$

所以 w 的实部为 $u(r,t)=r\cos t+\frac{1}{r}\cos t$。$u(r,t)$ 的等值线见图 5.28。

画图的 MATLAB 程序如下:

```
clc,clear
urt=@(r,t)(r+1./r).*cos(t),ezcontour(urt)
```

```
title(''),xlabel('$ r $','Interpreter','Latex')
ylabel('$ t $','Interpreter','Latex','Rotation',0)
```

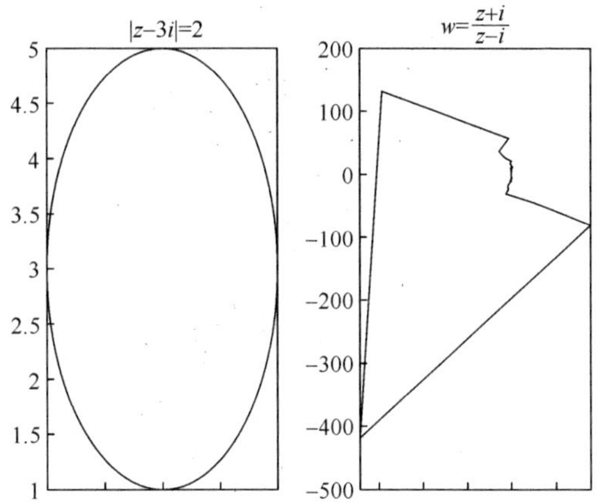

图 5.27　曲线 $|z-3i|=2$ 在分式线性映射 $w=\frac{z+i}{z-i}$ 下的像曲线

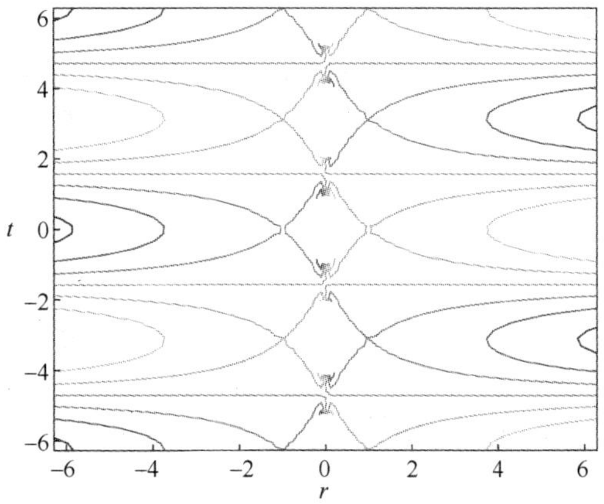

图 5.28　$u(r,t)=r\cos t+\frac{1}{r}\cos t$ 的等值线

也可以使用命令 ezplot 画指定数值的等值线，所画的等值线见图 5.29。

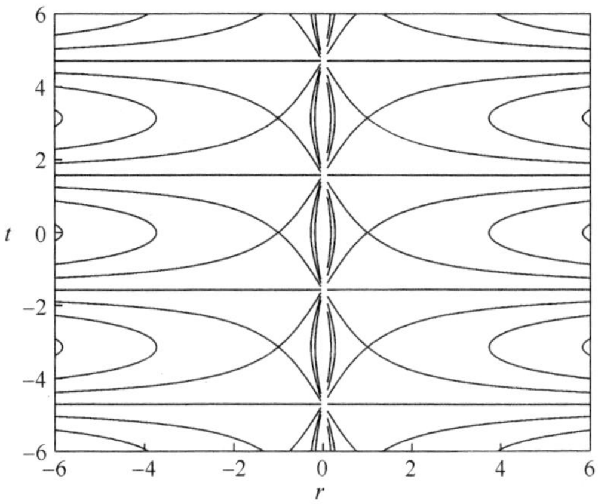

图 5.29　$u(r,t)=r\cos t+\frac{1}{r}\cos t$ 的等值线

画图的 MATLAB 程序如下：

```
clc,clear
urt =@ (r,t,c)(r +1./r). * cos(t) - c;hold on
c = -6:2:6;          % 等值线的取值
for i =1:length(c)
    h =ezplot(@ (r,t)urt(r,t,c(i)),[-6,6,-6,6])
set(h,'Color','k')
end
title(''),xlabel('$ r $','Interpreter','Latex')
ylabel('$ t $','Interpreter','Latex','Rotation',0)
```

习　题　5

1. 计算下列各式的值：

(1) $(\sqrt{3}-i)^5$；　(2) $(1+i)^6$；　(3) $\sqrt[6]{-1}$。

2. 绘制曲线 $z=t^2+i\sin 7(-\pi\leqslant t\leqslant\pi)$ 的图形。

3. 绘制函数 $(z+2)^{\frac{1}{3}}$ 的图形。

4. 绘制圆 $(x-1)^2+y^2=1$ 在映射 $w=\dfrac{1}{z}$ 下的像。

5. 绘制曲线 $|z-2i|=2$ 在分式线性映射 $w=\dfrac{z+i}{z-i}$ 下的像曲线。

6. 计算下列各积分：

(1) $\displaystyle\int_{-\pi i}^{2\pi i}\mathrm{e}^{2z}\mathrm{d}z$；　(2) $\displaystyle\int_{\frac{\pi}{4}i}^{0}\mathrm{ch}2z\mathrm{d}z$；　(3) $\displaystyle\int_{0}^{i}(z-i)\mathrm{e}^{-z}\mathrm{d}z$。

7. 沿指定曲线的正向计算下列各积分：

(1) $\displaystyle\oint_C\frac{\sin z\mathrm{d}z}{\left(z-\frac{\pi}{2}\right)^2},C:|z|=2$；　(2) $\displaystyle\oint_C\frac{\mathrm{e}^z\mathrm{d}z}{z^5},|z|=2$。

8. 由下列各已知调和函数求解析函数 $f(z)=u+iv$。

(1) $u=(x-y)(x^2+4xy+y^2)$；　(2) $u=2(x-1)y,f(2)=-i$。

9. 求函数 $f(z)=\dfrac{\cos z}{z^4-6z^3+11z^2-6z}$ 在有限奇点的留数。

10. 求函数

$$f(z)=\frac{z^5-12z^4+61z^3-159z^2+206z-101}{z^6-11z^5+48z^4-106z^3+125z^2-75z+18}$$

的留数，并求其部分分式展开式。

11. 求 $\mathrm{Res}[f(z),\infty]$ 的值，其中

(1) $f(z)=\dfrac{e^z}{z^2-1}$；　(2) $f(z)=\dfrac{1}{z(z+1)^4(z-4)}$。

12. 计算积分 $\oint_C \dfrac{ze^z}{z^2+1}dz$,C 为正向圆周：$|z|=2$。

13. 计算积分 $\oint_C \dfrac{dz}{(z+i)^{10}(z-1)^2(z-3)}$,C 为正向圆周：$|z|=2$。

14. 作出圆周 $|z|=r$ 在映射 $w=z+\dfrac{1}{z}$ 下 w 的虚部的等值线。

15. 把点 $z=1,i,-i$ 分别映射成点 $w=1,0,-1$ 的分式线性映射把单位圆 $|z|<1$ 映射成什么？并求出这个映射。

16. 取适当的初值，用迭代算法求函数 $f(z)=z^2+1-z\cos z$ 的一个零点。

17. 使用迭代函数 $f(z)=z^d+z_0$，其中 d 取适当的值，设计广义的 Mandelbrot 集图案。

18. 使用适当的迭代函数，设计广义的 Julia 集图案。

第6章　积分变换

6.1　傅里叶积分

6.1.1　傅里叶级数

定义6.1　称实函数$f(t)$在闭区间$[a,b]$上满足狄利克雷(Dirichlet)条件,如果它满足条件:

(1) 在$[a,b]$上连续或只有有限个第一类间断点。

(2) $f(t)$在$[a,b]$上只有有限个极值点。

以T为周期的函数$f_T(t)$,如果在$\left[-\frac{T}{2},\frac{T}{2}\right]$上满足狄利克雷条件,那么在$\left[-\frac{T}{2},\frac{T}{2}\right]$上就可以展成傅里叶级数。在$f_T(t)$的连续点处,级数的三角形式为

$$f_T(t) = \frac{a_0}{2} + \sum_{n=1}^{\infty}(a_n\cos n\omega t + b_n\sin n\omega t) \tag{6-1}$$

式中:

$$\begin{aligned} a_n &= \frac{2}{T}\int_{-\frac{T}{2}}^{\frac{T}{2}} f_T(t)\cos n\omega t\mathrm{d}t, n = 0,1,2,\cdots; \\ b_n &= \frac{2}{T}\int_{-\frac{T}{2}}^{\frac{T}{2}} f_T(t)\sin n\omega t\mathrm{d}t, n = 1,2,3,\cdots。\end{aligned} \tag{6-2}$$

其中$\omega=\frac{2\pi}{T}$为频率,频率ω对应的周期T与$f_T(t)$的周期相同,因而称为基波频率,$n\omega$为$f_T(t)$的n次谐波频率。

在$f_T(t)$的间断点t_0处,式(6-1)的级数收敛到$\frac{1}{2}[f(t_0+0)+f(t_0-0)]$。

利用三角函数的复指数公式,可以把傅里叶级数写成复指数形式,即

$$f_T(t) = \sum_{n=-\infty}^{\infty} c_n \mathrm{e}^{\mathrm{j}n\omega t}, \tag{6-3}$$

式中:

$$c_n = \frac{1}{T}\int_{-\frac{T}{2}}^{\frac{T}{2}} f_T(t)\mathrm{e}^{-\mathrm{j}n\omega t}\mathrm{d}t, n = 0, \pm 1, \pm 2,\cdots。$$

如果$f_T(t)$为实函数,$c_{-n}=\bar{c}_n$。

式(6-3)也可以改写为

$$f_T(t) = \frac{1}{T}\sum_{n=-\infty}^{\infty}\left[\int_{-\frac{T}{2}}^{\frac{T}{2}} f_T(\tau)\mathrm{e}^{-\mathrm{j}n\omega\tau}\mathrm{d}\tau\right]\mathrm{e}^{\mathrm{j}n\omega t}。 \tag{6-4}$$

例 6.1 把$f(t)=\begin{cases}1, & 0\leqslant t<1,\\ -1, & -1\leqslant t<0\end{cases}$展开成傅里叶级数。

解:计算得

$$a_n=\int_{-1}^{0}(-1)\cos n\pi t\mathrm{d}t+\int_{0}^{1}(+1)\cos n\pi t\mathrm{d}t=0,n=0,1,2,\cdots$$

$$b_n=\int_{-1}^{0}(-1)\sin n\pi t\mathrm{d}t+\int_{0}^{1}(+1)\sin n\pi t\mathrm{d}t=\frac{2-2\cos(n\pi)}{n}=\frac{2-2(-1)^n}{n}$$

$$=\begin{cases}0,n=2,4,6\cdots\\ \dfrac{4}{n},n=1,3,5,\cdots\end{cases}$$

所以$f(t)$的傅里叶级数展开式为

$$f(t)=\frac{4}{\pi}\sum_{k=1}^{\infty}\frac{1}{2k-1}\sin[(2k-1)\pi t],-1<t<1\text{ 且 }t\neq 0。$$

前 3 阶傅里叶级数 $F_3(t)=\dfrac{4}{\pi}\left[\sin(\pi t)+\dfrac{1}{3}\sin(3\pi t)\right]$和它的误差函数$|F_3(t)-f(t)|$的图形见图 6.1。前 51 阶傅里叶级数

$$F_{51}(t)=\frac{4}{\pi}\left[\sin(\pi t)+\frac{1}{3}\sin(3\pi t)+\cdots+\frac{1}{51}\sin(51\pi t)\right]$$

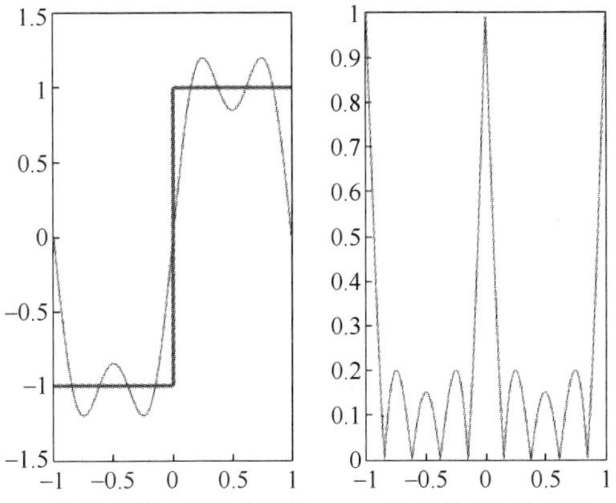

图 6.1 前 3 阶傅里叶级数及它的误差函数图形

和它的误差函数$|F_{51}(t)-f(t)|$的图形见图 6.2。

计算傅里叶系数及画图的 MATLAB 函数如下:

```
function myfourier(K);                                       % K 为系数的个数
if nargin==0,K=51;end
syms n t                                                     % 定义两个符号变量
an=int(-cos(n*pi*t),-1,0)+int(cos(n*pi*t),0,1)               % 符号积分求 an
bn=int(-sin(n*pi*t),-1,0)+int(sin(n*pi*t),0,1)               % 符号积分求 bn
bn=simplify(bn)                                              % 化简符号函数
fbn=MATLABFunction(bn)                                       % 把符号函数转化为匿名函数
```

```
N=1000;t=linspace(-1,1,N);                              % N 为所画点的个数
sum=zeros(size(t));
for k=1:2:K
sum=sum+fbn(k)*sin(k*pi*t);
end
f=sign(t);                                              % 计算符号函数的取值
subplot(121),plot(t,sum,'r','LineWidth',1.2),hold on,plot(t,f,'LineWidth',0.5)
subplot(122),error=abs(sum-f);  plot(t,error)
```

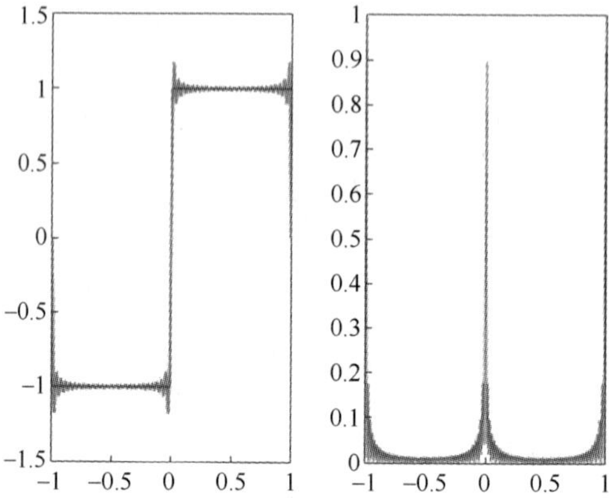

(a) 前51阶傅里叶级数的图形　　(b) 误差函数的图形

图 6.2　前 51 阶傅里叶级数及它的误差函数图形

例 6.2　把$f(t)=t, t\in[-1,1]$展开成复指数的傅里叶级数。然后用有限阶的傅里叶级数来逼近$f(t)$。

解:计算得

$$c_0=\frac{1}{2}\int_{-1}^{1} t\mathrm{e}^{-0}\mathrm{d}t=0,$$

$$c_n=\frac{1}{2}\int_{-1}^{1} t\mathrm{e}^{-\mathrm{j}n\pi t}\mathrm{d}t=\frac{(-1)^n}{n\pi}\mathrm{j}, n=\pm 1, \pm 2,\cdots$$

所以

$$f(t)=\sum_{n=-\infty}^{+\infty} c_n\mathrm{e}^{-\mathrm{j}n\pi t}, -1<t<1。\tag{6-5}$$

当N充分大时，$\sum_{n=-N}^{+N} c_n\mathrm{e}^{-\mathrm{j}n\pi t}\approx f(t)$，$-1<t<1$。

把$f(t)$展开成式(6-5)的 MATLAB 程序如下：

```
clc,clear,syms n t
assume(n,'integer')
cn=1/2*int(t*exp(-i*n*pi*t),t,-1,1)          % 计算傅里叶系数
cn=simplify(cn)                              % 化简
```

当$N=10$时,傅里叶级数的图形见图 6.3。

画图 6.3 的 MATLAB 程序如下：

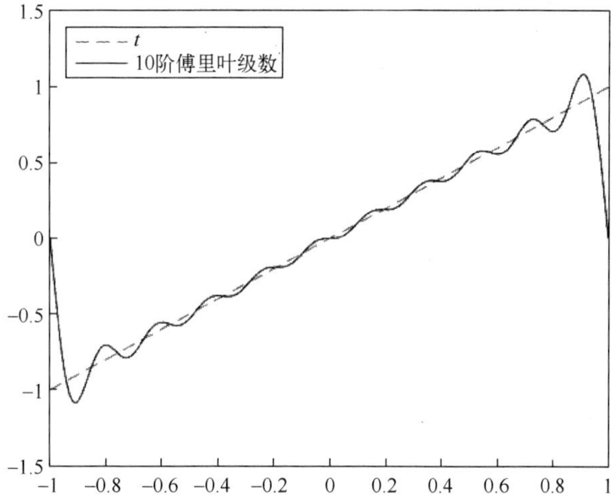

图 6.3　$N=10$ 时的傅里叶级数图形

```
clc,clear
K=10;                          % K 为傅里叶级数的阶数
ftn=@(t,n)t.*exp(-i*n*pi*t);
N=200;t=linspace(-1,1,N);  % N 为画图的点数
F=zeros(size(t));
for m=-K:K
    F=F+1/2*quadl(@(t)ftn(t,m),-1,1)*exp(i*m*pi*t);
end
plot(t,t,'--r'),hold on,plot(t,real(F),'k')
legend({'$t$','10 阶傅里叶级数'},'Interpreter','Latex','Location','NorthWest')
```

例 6.3　设函数 $f(t)$ 的周期为 T，且

$$f(t)=\begin{cases}E, & 0\leqslant t<\dfrac{T}{2},\\ -E, & -\dfrac{T}{2}<t\leqslant 0。\end{cases}$$

求函数 $f(t)$ 的傅里叶系数并绘制当 $E=1$ 时的振幅频谱图。

解：利用 MATLAB 软件求得傅里叶系数

$$a_n=0,n=0,1,2,\cdots,$$

$$b_n=\frac{4E\sin^2\dfrac{n\pi}{2}}{n\pi}=\frac{2E}{n\pi}[1-\cos(n\pi)],n=1,2,\cdots。$$

所以第 n 次谐波的振幅频谱

$$A_0=0,A_n=\sqrt{a_n^2+b_n^2}=b_n,n=1,2,\cdots。$$

$E=1$ 时的振幅频谱图如图 6.4 所示，计算及画图的 MATLAB 程序如下：

```
clc,clear,syms T E t n
an=2/T*int(-E*cos(n*2*pi*t/T),t,-T/2,0)+2/T*int(E*cos(n*2*pi*t/
```

```
T),t,0,T/2)
bn=2/T*int(-E*sin(n*2*pi*t/T),t,-T/2,0)+2/T*int(E*sin(n*2*pi*t/
T),t,0,T/2)
bn=simplify(bn)                % 化简符号表达式
pretty(bn)                     % 按习惯书写方式显示
bn=subs(bn,E,1)                % 把 E 替换成 1
fbn=MATLABFunction(bn)         % 把符号表达式转换成匿名函数格式
m=0:20;bm=[0,fbn(m(2:end))];stem(m,bm,'fill')
```

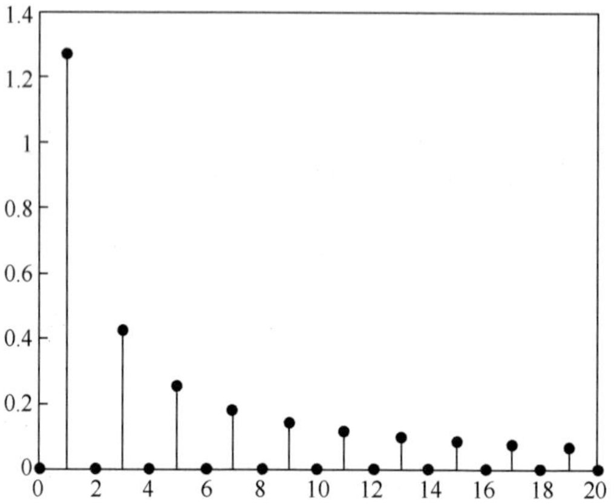

图 6.4　振幅频谱图

6.1.2　傅里叶积分公式

任何一个非周期函数$f(t)$都可以看成由某个周期函数$f_T(t)$当$T\to+\infty$时转化而来的。

定理 6.1　傅里叶积分定理　若$f(t)$在$(-\infty,+\infty)$上满足下列条件:

(1) $f(t)$在任一有限区间上满足狄利克雷条件。

(2) $f(t)$在无穷区间$(-\infty,+\infty)$上绝对可积(即积分$\int_{-\infty}^{+\infty}|f(t)|\mathrm{d}t$收敛)。

则有

$$f(t)=\frac{1}{2\pi}\int_{-\infty}^{+\infty}\left[\int_{-\infty}^{+\infty}f(\tau)\mathrm{e}^{-\mathrm{j}\omega\tau}\mathrm{d}\tau\right]\mathrm{e}^{\mathrm{j}\omega t}\mathrm{d}\omega \tag{6-6}$$

成立,而在$f(t)$的间断点t处,式(6-6)的积分收敛到$\frac{f(t+0)+f(t-0)}{2}$。

式(6-6)是$f(t)$的傅里叶积分公式的复数形式,利用欧拉公式,可将它转化为三角形式。因为

$$f(t)=\frac{1}{2\pi}\int_{-\infty}^{+\infty}\left[\int_{-\infty}^{+\infty}f(\tau)\mathrm{e}^{-\mathrm{j}\omega\tau}\mathrm{d}\tau\right]\mathrm{e}^{\mathrm{j}\omega t}\mathrm{d}\omega=\frac{1}{2\pi}\int_{-\infty}^{+\infty}\left[\int_{-\infty}^{+\infty}f(\tau)\mathrm{e}^{\mathrm{j}\omega(t-\tau)}\mathrm{d}\tau\right]\mathrm{d}\omega$$

$$=\frac{1}{2\pi}\int_{-\infty}^{+\infty}\left[\int_{-\infty}^{+\infty}f(\tau)\cos\omega(t-\tau)\mathrm{d}\tau+j\int_{-\infty}^{+\infty}f(\tau)\sin\omega(t-\tau)\mathrm{d}\tau\right]\mathrm{d}\omega。$$

考虑到积分$\int_{-\infty}^{+\infty}f(\tau)\sin\omega(t-\tau)\mathrm{d}\tau$是$\omega$的奇函数,有

$$f(t)=\frac{1}{2\pi}\int_{-\infty}^{+\infty}\left[\int_{-\infty}^{+\infty}f(\tau)\cos\omega(t-\tau)\mathrm{d}\tau\right]\mathrm{d}\omega。$$

考虑到积分 $\int_{-\infty}^{+\infty} f(\tau)\cos\omega(t-\tau)\mathrm{d}\tau$ 是 ω 的偶函数,有

$$f(t) = \frac{1}{\pi}\int_0^{+\infty}\left[\int_{-\infty}^{+\infty} f(\tau)\cos\omega(t-\tau)\mathrm{d}\tau\right]\mathrm{d}\omega。\tag{6-7}$$

当 $f(t)$ 是奇函数时,有

$$f(t) = \frac{2}{\pi}\int_0^{+\infty}\left[\int_0^{+\infty} f(\tau)\sin\omega\tau\mathrm{d}\tau\right]\sin\omega t\mathrm{d}\omega。\tag{6-8}$$

当 $f(t)$ 是偶函数时,有

$$f(t) = \frac{2}{\pi}\int_0^{+\infty}\left[\int_0^{+\infty} f(\tau)\cos\omega\tau\mathrm{d}\tau\right]\cos\omega t\mathrm{d}\omega。\tag{6-9}$$

例 6.4 求函数 $f(t)=\begin{cases}1, & |t|\leqslant 1,\\ 0, & \text{其他}\end{cases}$ 的傅里叶积分表达式。

解: $f(t)$ 是偶函数,由式(6-9),得

$$f(t) = \frac{2}{\pi}\int_0^{+\infty}\left[\int_0^1 \cos\omega\tau\mathrm{d}\tau\right]\cos\omega t\mathrm{d}\omega = \frac{2}{\pi}\int_0^{+\infty}\frac{\sin\omega\cos\omega t}{\omega}\mathrm{d}\omega, t\neq\pm 1。$$

当 $t=\pm1$ 时,积分收敛到 $\dfrac{f(\pm1+0)+f(\pm1-0)}{2}=\dfrac{1}{2}$。

根据上述的结果,可以写为

$$\frac{2}{\pi}\int_0^{+\infty}\frac{\sin\omega\cos\omega t}{\omega}\mathrm{d}\omega = \begin{cases} f(t), & t\neq\pm1,\\ \dfrac{1}{2}, & t=\pm1。\end{cases}$$

即

$$\int_0^{+\infty}\frac{\sin\omega\cos\omega t}{\omega}\mathrm{d}\omega = \begin{cases} \dfrac{\pi}{2}, & |t|<1,\\ \dfrac{\pi}{4}, & |t|=1,\\ 0, & |t|>1。\end{cases}$$

当 $t=0$ 时,有

$$\int_0^{+\infty}\frac{\sin\omega}{\omega}\mathrm{d}\omega = \frac{\pi}{2}。\tag{6-10}$$

这就是著名的狄利克雷积分。

计算的 MATLAB 程序如下:

```
clc,clear,syms w tau t
I1 = int(cos(w*tau),tau,0,1)           % 计算积分表达式的内层积分
I2 = int(sin(w)/w,0,inf)               % 计算 Dirichlet 积分
```

6.2 傅里叶变换

6.2.1 傅里叶变换的概念

设 $f(t)$ 满足傅里叶积分定理中的条件,则积分变换

$$F(\omega)=\int_{-\infty}^{+\infty} f(t)\mathrm{e}^{-\mathrm{j}\omega t}\mathrm{d}t \tag{6-11}$$

称为$f(t)$的傅里叶变换式，记为

$$F(\omega)=\mathcal{F}[f(t)], \tag{6-12}$$

$F(\omega)$为$f(t)$的象函数。

$$f(t)=\frac{1}{2\pi}\int_{-\infty}^{+\infty} F(\omega)\mathrm{e}^{\mathrm{j}\omega t}\mathrm{d}\omega \tag{6-13}$$

称为$F(\omega)$的傅里叶逆变换式，记为

$$f(t)=\mathcal{F}^{-1}[F(\omega)], \tag{6-14}$$

$f(t)$称为$F(\omega)$的象原函数。

象函数$F(\omega)$和象原函数$f(t)$构成了一个傅里叶变换对，它们有相同的奇偶性。

当$f(t)$为奇函数时，由

$$f(t)=\frac{2}{\pi}\int_{0}^{+\infty}\left[\int_{0}^{+\infty} f(\tau)\sin\omega\tau\mathrm{d}\tau\right]\sin\omega t\mathrm{d}\omega,$$

定义

$$F_s(\omega)=\int_{0}^{+\infty} f(t)\sin\omega t\mathrm{d}t \tag{6-15}$$

称为$f(t)$的傅里叶正弦变换式（简称为正弦变换）。

$$f(t)=\frac{2}{\pi}\int_{0}^{+\infty} F_c(\omega)\cos\omega t\mathrm{d}\omega \tag{6-16}$$

称为$F_s(\omega)$的傅里叶正弦逆变换式（简称为正弦逆变换）。

当$f(t)$为偶函数时，定义

$$F_c(\omega)=\int_{0}^{+\infty} f(t)\cos\omega t\mathrm{d}t \tag{6-17}$$

称为$f(t)$的傅里叶余弦变换式（简称为余弦变换）。

$$f(t)=\frac{2}{\pi}\int_{0}^{+\infty} F_c(\omega)\cos\omega t\mathrm{d}\omega \tag{6-18}$$

叫做$F_c(\omega)$的傅里叶余弦逆变换式（简称为余弦逆变换）。

6.2.2 MATLAB 工具箱的傅里叶变换命令

MATLAB 工具箱关于傅里叶变换的命令使用格式如下：

```
fourier(f)        % 计算符号函数 f 关于默认变量(由 symvar(f,1)确定的变量)的傅里叶
                  % 变换,返回值默认为 w 的函数。
fourier(f,v)      % 计算符号函数 f 的傅里叶变换,返回值为 v 的函数。
fourier(f,u,v)    % 计算符号函数 f 关于变量 u 的傅里叶变换,返回值为 v 的函数。
ifourier(F)       % 计算符号函数 F 关于默认变量的傅里叶逆变换,返回值默认为 x 的函数。
ifourier(F,u)     % 计算符号函数 F 关于默认变量的傅里叶逆变换,返回值为 u 的函数。
ifourier(F,v,u)   % 计算符号函数 F 关于变量 v 的傅里叶逆变换,返回值为 u 的函数。
```

例 6.5 求函数$f(t)=\begin{cases}0, t<0,\\ \mathrm{e}^{-\beta t}, t\geqslant 0\end{cases}$的傅里叶变换及其积分表达式，其中$\beta>0$。这个

$f(t)$称为指数衰减函数,是工程技术中常碰到的一个函数。

解:利用 MATLAB 软件,计算得

$$F(\omega)=\mathcal{F}[f(t)]=\int_{-\infty}^{+\infty}f(t)\mathrm{e}^{-\mathrm{j}\omega t}\mathrm{d}t=\frac{1}{\beta+\mathrm{j}\omega}=\frac{\beta-\mathrm{j}\omega}{\beta^2+\omega^2}。$$

根据式(6-13),并利用奇偶函数的积分性质,得

$$f(t)=\frac{1}{2\pi}\int_{-\infty}^{+\infty}F(\omega)\mathrm{e}^{\mathrm{j}\omega t}\mathrm{d}\omega=\frac{1}{2\pi}\int_{-\infty}^{+\infty}\frac{\beta-\mathrm{j}\omega}{\beta^2+\omega^2}\mathrm{e}^{\mathrm{j}\omega t}\mathrm{d}\omega$$

$$=\frac{1}{2\pi}\int_{-\infty}^{+\infty}\frac{\beta\cos\omega t+\omega\sin\omega t}{\beta^2+\omega^2}\mathrm{d}\omega=\frac{1}{\pi}\int_{0}^{+\infty}\frac{\beta\cos\omega t+\omega\sin\omega t}{\beta^2+\omega^2}\mathrm{d}\omega。$$

由此得到一个含参量广义积分的结果:

$$\int_{0}^{+\infty}\frac{\beta\cos\omega t+\omega\sin\omega t}{\beta^2+\omega^2}\mathrm{d}\omega=\begin{cases}0, & t<0,\\ \dfrac{\pi}{2}, & t=0,\\ \pi\mathrm{e}^{-\beta t}, & t>0。\end{cases}$$

计算的 MATLAB 程序如下:

```
clc,clear,syms t b
assume(b,'positive')
Fw = fourier(exp(-b*t)*heaviside(t))          % 求傅里叶变换
Fw = collect(Fw)                              % 分母实数化
ft = ifourier(Fw,t)                           % 求傅里叶逆变换
pretty(ft)                                    % 以书写习惯的方式显示
```

注 6.1 heaviside(w)为单位阶跃函数,其数学表达式为

$$\mathrm{heaviside}(w)=\begin{cases}0, & w<0,\\ \dfrac{1}{2}, & w=0,\\ 1, & w>0。\end{cases}$$

例 6.6 求函数$f(t)=A\mathrm{e}^{-\beta t^2}$的傅里叶变换及其积分表达式,其中$A,\beta>0$。这个函数称为钟形脉冲函数,也是工程技术中常碰到的一个函数。

解:利用 MATLAB 软件,计算得

$$F(\omega)=\int_{-\infty}^{+\infty}f(t)\mathrm{e}^{-\mathrm{j}\omega t}\mathrm{d}t=\sqrt{\frac{\pi}{\beta}}A\mathrm{e}^{-\frac{\omega^2}{4\beta}}。$$

根据式(6-13),并利用奇偶函数的积分性质,得

$$f(t)=\frac{1}{2\pi}\int_{-\infty}^{+\infty}F(\omega)\mathrm{e}^{\mathrm{j}\omega t}\mathrm{d}\omega=\frac{1}{2\pi}\sqrt{\frac{\pi}{\beta}}A\int_{-\infty}^{+\infty}\mathrm{e}^{-\frac{\omega^2}{4\beta}}(\cos\omega t+\mathrm{j}\sin\omega t)\mathrm{d}\omega$$

$$=\frac{A}{\sqrt{\pi\beta}}\int_{0}^{+\infty}\mathrm{e}^{-\frac{\omega^2}{4\beta}}\cos\omega t\mathrm{d}\omega。$$

由此可得到一个含参量广义积分的结果:

$$\int_{0}^{+\infty}\mathrm{e}^{-\frac{\omega^2}{4\beta}}\cos\omega t\mathrm{d}\omega=\frac{\sqrt{\pi\beta}}{A}f(t)=\sqrt{\pi\beta}\mathrm{e}^{-\beta t^2}。$$

计算的 MATLAB 程序如下：

```
clc,clear,syms t A b,assume(b>0);
Fw=fourier(A*exp(-b*t^2))          % 求傅里叶变换
pretty(Fw)                         % 以书写习惯的方式显示
ft=ifourier(Fw,t)                  % 求傅里叶逆变换
```

例 6.7 求函数$f(t)=\begin{cases}1, & 0<t<1,\\ 0, & 其他\end{cases}$的正弦变换和余弦变换。

解：$f(t)$的正弦变换为

$$F_s(\omega)=\int_0^{+\infty}f(t)\sin\omega t\mathrm{d}t=\frac{1-\cos\omega}{\omega}。$$

$f(t)$余弦变换为

$$F_c(\omega)=\int_0^{+\infty}f(t)\cos\omega t\mathrm{d}t=\frac{\sin\omega}{\omega}。$$

计算的 MATLAB 程序如下：

```
clc,clear,syms t w
Fs=int(sin(w*t),t,0,1)
Fc=int(cos(w*t),t,0,1)
```

求$f(t)$的正弦变换，实际上是把$f(t)$奇延拓到整个数轴上，得到函数

$$f_1(t)=\begin{cases}1, & 0<t<1,\\ -1, & -1<t<0,\\ 0 & 其他。\end{cases}$$

对$f_1(t)$做傅里叶变换，再除以$-2\mathrm{j}$即为$f(t)$的正弦变换。

求$f(t)$的余弦变换，实际上是把$f(t)$偶延拓到整个数轴上，得到函数

$$f_2(t)=\begin{cases}1, & 0<|t|<1,\\ 0, & 其他。\end{cases}$$

对$f_2(t)$做傅里叶变换，再除以 2 即为$f(t)$的余弦变换。

计算的 MATLAB 程序如下：

```
clc,clear,syms t w real
ft1=-heaviside(t+1)+2*heaviside(t)-heaviside(t-1);  % 定义奇延拓函数
Fw1=fourier(ft1,w),Fw1=simplify(Fw1)
RFw1=real(Fw1),RFw1=simplify(RFw1)
IFw1=imag(Fw1),IFw1=simplify(IFw1)
Fs=IFw1/(-2),Fs=simplify(Fs)                        % 计算正弦变换
ft2=heaviside(t+1)-heaviside(t-1);                   % 定义偶延拓函数
Fw2=fourier(ft2,w),Fw2=simplify(Fw2)
Fc=Fw2/2                                             % 计算余弦变换
```

例 6.8 求函数$f_1(t)=1/t$的傅里叶变换。

解：利用 MATLAB 软件，求得$f_1(t)$的傅里叶变换

$$F(\omega)=-\pi\mathrm{i}\,\mathrm{sign}(w)。$$

计算的 MATLAB 程序如下：

```
clc,clear,syms t
Fw = fourier(1/t)
```

例 6.9 求函数 $f(x)=\dfrac{\sin x}{x}$ 的傅里叶变换 $F(w)$，再求 $F(w)$ 的傅里叶逆变换。

解：利用 MATLAB 软件，求得 $f(x)$ 的傅里叶变换为

$$F(w)=\begin{cases}\pi, & |w|<1,\\ 0, & \text{其他。}\end{cases}$$

$F(\omega)$ 的傅里叶逆变换为

$$f(x)=\frac{\sin x}{x}。$$

计算的 MATLAB 程序如下：

```
clc,clear,syms f(x)
f = sin(x)/x;F = fourier(f),F = simplify(F)
ff = ifourier(F),ff = simplify(ff)
```

傅里叶变换的输出结果：

```
F = pi * heaviside( w + 1) - pi * heaviside( w - 1)
```

例 6.10 求函数 $F(w)=\begin{cases}we^{-3w}, & w>0,\\ 0, & w\leqslant 0\end{cases}$ 的傅里叶逆变换 $f(x)$。

解：利用 MATLAB，求得傅里叶逆变换为

$$f(x)=\frac{1}{2\pi\,(-3+x\mathrm{j})^2}。$$

计算的 MATLAB 程序如下：

```
clc,clear,syms F(w)
F(w) = w * exp( - 3 * w) * heaviside(w);
f = ifourier(F),pretty(f)
```

例 6.11 求函数

$$f(t)=\begin{cases}\sin t, & 0\leqslant t\leqslant \dfrac{\pi}{2},\\ 0, & \text{其他。}\end{cases}$$

的傅里叶变换。

解：利用 MATLAB 软件，求得 $f(t)$ 的傅里叶变换为

$$F(w)=\frac{\mathrm{j}w\cos\dfrac{\pi w}{2}+w\sin\dfrac{\pi w}{2}-1}{w^2-1}。$$

计算的 MATLAB 程序如下：

```
clc,clear,syms f(t)
```

```
f=sin(t)*(heaviside(t)-heaviside(t-pi/2));
F=fourier(f),F=simplify(F),pretty(F)     % 以书写习惯的方式显示
```

6.2.3 单位脉冲函数及其傅里叶变换

1. 单位脉冲函数的定义

定义 6.2 满足条件

$$\delta(t)=\begin{cases}0, & t\neq 0,\\ \infty, & t=0,\end{cases}$$

$$\int_{-\infty}^{+\infty}\delta(t)\,\mathrm{d}t = 1$$

的函数称为 δ 函数。

定义 6.3 （普通函数极限定义）满足条件

$$\delta(t)=\lim_{\varepsilon\to 0}\delta_{\varepsilon}(t),$$

其中

$$\delta_{\varepsilon}(t)=\begin{cases}0, & t<0,\\ \dfrac{1}{\varepsilon}, & 0\leqslant t\leqslant\varepsilon,\\ 0, & t>\varepsilon,\end{cases}$$

则 $\delta(t)$ 称为单位脉冲函数。

2. 单位脉冲函数的性质

性质 6.1 若 $f(t)$ 为无穷次可微函数，则

$$\int_{-\infty}^{+\infty}f(t)\delta(t-t_0)\,\mathrm{d}t = f(t_0)。$$

性质 6.2 若 $f(t)$ 为无穷次可微的函数，则有

$$\int_{-\infty}^{+\infty}\delta'(t)f(t)\,\mathrm{d}t = -f'(0)。$$

一般地，有

$$\int_{-\infty}^{+\infty}\delta^{(n)}(t)f(t)\,\mathrm{d}t = (-1)^n f^{(n)}(0)。$$

性质 6.3 δ 函数是偶函数，即 $\delta(t)=\delta(-t)$。

性质 6.4 $\int_{-\infty}^{t}\delta(\tau)\,\mathrm{d}\tau = u(t)$，$\dfrac{\mathrm{d}}{\mathrm{d}t}u(t)=\delta(t)$。

3. δ 函数在积分变换中的作用

（1）有了 δ 函数，对于点源和脉冲量的研究就能够象处理连续分布的量那样，以统一的方式来对待。

（2）尽管 δ 函数本身没有普通意义下的函数值，但它与任何一个无穷次可微的函数的乘积在 $(-\infty,+\infty)$ 上的积分都有确定的值。

（3）δ 函数的傅里叶变换是广义傅里叶变换，许多重要的函数，如常函数、符号函数、单位阶跃函数、正弦函数、余弦函数等是不满足傅里叶积分定理中的绝对可积条件的（即 $\int_{-\infty}^{+\infty}|f(t)|\,\mathrm{d}t$ 不存在），这些函数的广义傅里叶变换都可以利用 δ 函数而得到。

例 6.12 单位阶跃函数 $u(t)=\begin{cases}0, & t<0\\ 1, & t>0\end{cases}$ 的傅里叶变换为 $-\dfrac{\mathrm{j}}{\omega}+\pi\delta(\omega)$。

解:计算的 MATLAB 程序如下:

```
fourier(heaviside(t))
```

MATLAB 的输出结果:

```
pi*dirac(w)-1i/w
```

注 6.2 MATLAB 中 dirac(w)表示单位脉冲函数 $\delta(w)$,dirac(n,t)表示单位脉冲函数 $\delta(t)$ 的 n 阶导数。

注 6.3 1 和 $2\pi\delta(\omega)$ 构成了一个傅里叶变换对;$\mathrm{e}^{\mathrm{j}\omega_0 t}$ 和 $2\pi\delta(\omega-\omega_0)$ 也构成了一个傅里叶变换对。

例 6.13 求正弦函数 $f(t)=\sin\omega_0 t$ 的傅里叶变换。

解:$f(t)$ 的傅里叶变换

$$F(\omega)=\mathrm{j}\pi[\delta(\omega+\omega_0)-\delta(\omega-\omega_0)]。$$

计算的 MATLAB 程序如下:

```
clc,clear,syms t w0 w
f=sin(w0*t);F=fourier(f,t,w)
```

6.2.4 傅里叶变换的物理意义——频谱

1. 非正弦的周期函数的频谱

对于以 T 为周期的非正弦函数 $f_T(t)$,它的第 n 次谐波$\left(\omega_n=n\omega=\dfrac{2n\pi}{T}\right)$

$$a_n\cos\omega_n t+b_n\sin\omega_n t=A_n\sin(\omega_n t+\phi_n)$$

的振幅为

$$A_n=\sqrt{a_n^2+b_n^2}。$$

而在复指数形式中,第 n 次谐波为 $c_n\mathrm{e}^{\mathrm{j}\omega_n t}+c_{-n}\mathrm{e}^{-\mathrm{j}\omega_n t}$,其中

$$c_n=\frac{a_n-\mathrm{j}b_n}{2},c_{-n}=\frac{a_n+\mathrm{j}b_n}{2},$$

并且

$$|c_n|=|c_{-n}|=\frac{1}{2}\sqrt{a_n^2+b_n^2}。$$

所以,以 T 为周期的非正弦函数 $f_T(t)$ 的第 n 次谐波的振幅为

$$A_n=2|c_n|,n=0,1,2,\cdots。$$

所谓频谱图,通常是指频率和振幅的关系图,所以 A_n 称为 $f_T(t)$ 的振幅频谱(简称频谱)。由于 $n=0,1,2,\cdots$,所以频谱 A_n 的图形是不连续的,称为离散频谱。

2. 非周期函数的频谱

对于非周期函数 $f(t)$,当它满足傅里叶积分定理中的条件时,则在 $f(t)$ 的连续点处可表示为

$$f(t) = \frac{1}{2\pi}\int_{-\infty}^{+\infty} F(\omega)\mathrm{e}^{\mathrm{j}\omega t}\mathrm{d}\omega,$$

式中：

$$F(\omega) = \int_{-\infty}^{+\infty} f(t)\mathrm{e}^{-\mathrm{j}\omega t}\mathrm{d}t$$

为它的傅里叶变换。

定义 6.4 在频谱分析中，傅里叶变换 $F(\omega)$ 又称为 $f(t)$ 的频谱函数，而频谱函数的模 $|F(\omega)|$ 称为 $f(t)$ 的振幅频谱（亦简称为频谱）。由于 ω 是连续变化的，所以称为连续频谱。

振幅频谱 $|F(\omega)|$ 是频率 ω 的偶函数，即 $|F(\omega)| = |F(-\omega)|$，事实上，有

$$F(\omega) = \int_{-\infty}^{+\infty} f(t)\mathrm{e}^{-\mathrm{j}\omega t}\mathrm{d}t = \int_{-\infty}^{+\infty} f(t)\cos\omega t\mathrm{d}t - \mathrm{j}\int_{-\infty}^{+\infty} f(t)\sin\omega t\mathrm{d}t,$$

所以

$$|F(\omega)| = \sqrt{\left(\int_{-\infty}^{+\infty} f(t)\cos\omega t\mathrm{d}t\right)^2 + \left(\int_{-\infty}^{+\infty} f(t)\sin\omega t\mathrm{d}t\right)^2},$$

显然有 $|F(\omega)| = |F(-\omega)|$。

定义 6.5 称 $\phi(\omega) = \arctan\dfrac{\int_{-\infty}^{+\infty} f(t)\sin\omega t\mathrm{d}t}{\int_{-\infty}^{+\infty} f(t)\cos\omega t\mathrm{d}t}$ 为 $f(t)$ 的相角频谱。

显然，相角频谱 $\phi(\omega)$ 是 ω 的奇函数，即 $\phi(\omega) = -\phi(-\omega)$。

例 6.14 作指数衰减函数 $f(t) = \begin{cases} 0, & t<0 \\ \mathrm{e}^{-\beta t}, & t\geqslant 0 \end{cases}$ $(\beta>0)$ 的频谱图。

解： 根据例 6.5 的结果，得

$$F(\omega) = \frac{1}{\beta + j\omega},$$

所以

$$|F(\omega)| = \frac{1}{\sqrt{\beta^2 + \omega^2}}$$

频谱图形如图 6.5 所示。

计算及画图的 MATLAB 程序如下：

```
clc,clear,syms t b w real
assume(b,'positive')
Fw = fourier(exp(-b*t)*heaviside(t))          % 求傅里叶变换
aFw = abs(Fw)                                  % 求频谱
aFw2 = subs(aFw,b,2)                           % 下面画图取 b=2
subplot(121),h1 = ezplot(exp(-2*t),[0,2*pi]);set(h1,'Color','k')
title(''),xlabel('$ t $','Interpreter','Latex')
ylabel('$ f(t) $','Interpreter','Latex')
subplot(122),h2 = ezplot(aFw2,[-2*pi,2*pi]);set(h2,'Color','k')
title(''),xlabel('$ \omega $','Interpreter','Latex')
```

```
ylabel('$|F(\omega)|$','Interpreter','Latex')
```

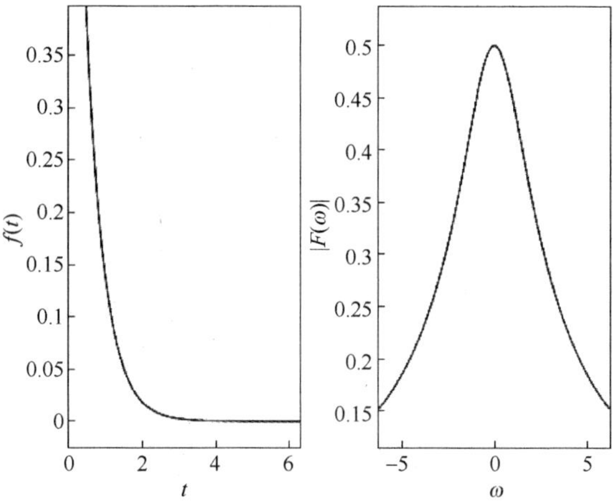

图 6.5　$\beta=2$ 时的函数图及频谱图

例 6.15　作单位脉冲函数 $\delta(t)$ 的频谱图。

解:傅里叶变换

$$F(\omega) = \int_{-\infty}^{+\infty}\delta(t)\mathrm{e}^{-\mathrm{j}\omega t}\mathrm{d}t = 1。$$

它的图形表示如图 6.6 所示。

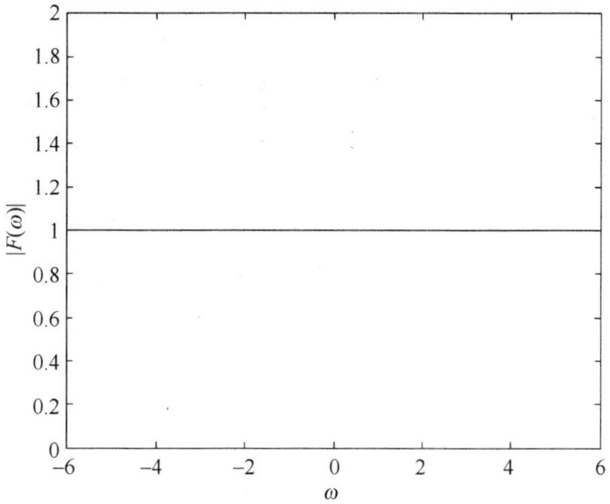

图 6.6　单位脉冲函数 $\delta(t)$ 的频谱图

计算及画图的 MATLAB 程序如下:

```
clc,clear,syms t
Fw = fourier(dirac(t))
h = ezplot(Fw,[-6,6]);set(h,'Color','k')
title(''),xlabel('$\omega$','Interpreter','Latex')
ylabel('$|F(\omega)|$','Interpreter','Latex')
```

6.3 傅里叶变换的性质

1. 线性性质

设 $F_1(\omega)=\mathcal{F}[f_1(t)]$，$F_2(\omega)=\mathcal{F}[f_2(t)]$，$\alpha,\beta$ 是常数，则

$$\mathcal{F}[\alpha f_1(t)+\beta f_2(t)]=\alpha F_1(\omega)+\beta F_2(\omega)。$$

同样，傅里叶逆变换也具有类似的线性性质，即

$$\mathcal{F}^{-1}[\alpha F_1(\omega)+\beta F_2(\omega)]=\alpha f_1(t)+\beta f_2(t)。$$

2. 相似性质

若 $\mathcal{F}[f(t)]=F(\omega)$，$a$ 为非零实常数，则

$$\mathcal{F}[f(at)]=\frac{1}{|a|}F\left(\frac{\omega}{a}\right)。\tag{6-19}$$

3. 位移性质

$$\mathcal{F}[f(t\pm t_0)]=\mathrm{e}^{\pm \mathrm{j}\omega t_0}\mathcal{F}[f(t)]。$$

同样，傅里叶逆变换也具有类似的位移性质，即

$$\mathcal{F}^{-1}[F(\omega\mp\omega_0)]=f(t)\mathrm{e}^{\pm \mathrm{j}\omega_0 t}。$$

4. 微分性质

定理 6.2 如果 $f(t)$ 在 $(-\infty,+\infty)$ 上连续或只有有限个可去间断点，且当 $|t|\to+\infty$ 时，$f(t)\to 0$，则

$$\mathcal{F}[f'(t)]=\mathrm{j}\omega\mathcal{F}[f(t)]。$$

推论 6.1 若 $f^{(k)}(t)$ 在 $(-\infty,+\infty)$ 上连续或只有有限个可去间断点，且

$$\lim_{|t|\to+\infty}f^{(k)}(t)=0,k=0,1,2,\cdots,n-1,$$

则有

$$\mathcal{F}[f^{(n)}(t)]=(\mathrm{j}\omega)^n\mathcal{F}[f(t)]。\tag{6-20}$$

同样，可以得到象函数的导数公式，设 $F(\omega)=\mathcal{F}[f(t)]$，则

$$\frac{\mathrm{d}}{\mathrm{d}\omega}F(\omega)=\mathcal{F}[-\mathrm{j}tf(t)]。$$

一般地，有

$$\frac{\mathrm{d}^n}{\mathrm{d}\omega^n}F(\omega)=(-\mathrm{j})^n\mathcal{F}[t^nf(t)]。\tag{6-21}$$

在实际中，常用象函数的导数公式来计算 $\mathcal{F}[t^nf(t)]$。

例 6.16 已知函数 $f(t)=\begin{cases}0, & t<0,\\ \mathrm{e}^{-\beta t}, & t\leqslant 0\end{cases}(\beta>0)$，试求 $\mathcal{F}[tf(t)]$ 及 $\mathcal{F}[t^2f(t)]$。

解：根据例 6.5 知

$$F(\omega)=\mathcal{F}[f(t)]=\frac{1}{\beta+\mathrm{j}\omega}。$$

利用象函数的导数公式，有

$$\mathcal{F}[tf(t)]=\mathrm{j}\frac{\mathrm{d}}{\mathrm{d}\omega}F(\omega)=\frac{1}{(\beta+\mathrm{j}\omega)^2},$$

$$\mathcal{F}[t^2 f(t)] = \mathrm{j}^2 \frac{\mathrm{d}^2}{\mathrm{d}\omega^2}F(\omega) = \frac{2}{(\beta+\mathrm{j}\omega)^3}。$$

计算的 MATLAB 程序如下：

```
clc,clear,syms t b w
assume(b,'positive')
Fw = fourier(exp(-b*t)*heaviside(t),w)   % 求傅里叶变换
DFw1 = i*diff(Fw,w)                      % 求 tf(t)的傅里叶变换
DFw2 = i^2*diff(Fw,w,2)                  % t^2*f(t)的傅里叶变换
```

例 6.17 求函数 $f(x) = g'(x)$ 的傅里叶变换。

解:计算的 MATLA 程序如下：

```
clc,clear,syms g(t)w
Fw = fourier(diff(g),w)
```

MATLAB 的输出结果为：

```
w*fourier(g(t),t,w)*1i
```

5. 积分性质

如果当 $t \to +\infty$ 时，$g(t) = \int_{-\infty}^{t} f(t)\mathrm{d}t \to 0$，则

$$\mathcal{F}\left[\int_{-\infty}^{t} f(t)\mathrm{d}t\right] = \frac{1}{\mathrm{j}\omega}\mathcal{F}[f(t)]。$$

6. 乘积定理

定理 6.3 若 $F_1(\omega) = \mathcal{F}[f_1(t)]$，$F_2(\omega) = \mathcal{F}[f_2(t)]$，则

$$\int_{-\infty}^{+\infty} \overline{f_1(t)} f_2(t)\mathrm{d}t = \frac{1}{2\pi}\int_{-\infty}^{+\infty} \overline{F_1(\omega)} F_2(\omega)\mathrm{d}\omega, \tag{6-22}$$

$$\int_{-\infty}^{+\infty} f_1(t)\overline{f_2(t)}\mathrm{d}t = \frac{1}{2\pi}\int_{-\infty}^{+\infty} F_1(\omega)\overline{F_2(\omega)}\mathrm{d}\omega, \tag{6-23}$$

式中：$\overline{f_1(t)}$，$\overline{f_2(t)}$，$\overline{F_1(\omega)}$ 及 $\overline{F_2(\omega)}$ 分别为 $f_1(t)$，$f_2(t)$，$F_1(\omega)$ 及 $F_2(\omega)$ 的共轭函数。

若 $f_1(t)$，$f_2(t)$ 为实函数，则乘积定理的结论可写为

$$\int_{-\infty}^{+\infty} f_1(t)f_2(t)\mathrm{d}t = \frac{1}{2\pi}\int_{-\infty}^{+\infty} \overline{F_1(\omega)} F_2(\omega)\mathrm{d}\omega = \frac{1}{2\pi}\int_{-\infty}^{+\infty} F_1(\omega)\overline{F_2(\omega)}\mathrm{d}\omega。 \tag{6-24}$$

7. 能量积分

若 $F(\omega) = \mathcal{F}[f(t)]$，则有

$$\int_{-\infty}^{+\infty} [f(t)]^2\mathrm{d}t = \frac{1}{2\pi}\int_{-\infty}^{+\infty} |F(\omega)|^2\mathrm{d}\omega, \tag{6-25}$$

这一等式又称为 Parseval 等式。

定义 6.6 $S(\omega) = |F(\omega)|^2$ 称为能量密度函数，又称能量谱密度。

能量谱密度可以决定函数 $f(t)$ 的能量分布规律。将它对所有频率积分再除以 2π，就得到 $f(t)$ 的总能量 $\int_{-\infty}^{+\infty} [f(t)]^2\mathrm{d}t$。故 Parseval 等式又称为能量积分。显然，能量密度函

数 $S(\omega)$ 是 ω 的偶函数,即 $S(\omega)=S(-\omega)$。

利用能量积分还可以计算某些积分的数值。

例 6.18 求 $\int_{-\infty}^{+\infty}\frac{\sin^2 x}{x^2}\mathrm{d}x$。

解:设 $f(x)=\frac{\sin x}{x}$,则由例 6.9 知,它的傅里叶变换

$$F(\omega)=\begin{cases}\pi, & |\omega|<1,\\ 0, & \text{其他。}\end{cases}$$

根据 Parseval 等式 $\int_{-\infty}^{+\infty}[f(x)]^2\mathrm{d}x=\frac{1}{2\pi}\int_{-\infty}^{+\infty}|F(\omega)|^2\mathrm{d}\omega$,得

$$\int_{-\infty}^{+\infty}\frac{\sin^2 x}{x^2}\mathrm{d}x=\frac{1}{2\pi}\int_{-1}^{1}\pi^2\mathrm{d}\omega=\pi\text{。}$$

计算的 MATLAB 程序如下:

```
clc,clear,syms x w real
fx = sin(x)/x;
I1 = int(fx^2, -inf,inf)  % 直接用 MATLAB 计算积分
Fw = fourier(fx,w)        % 计算傅里叶积分
Fw = simplify(Fw)
I2 = int(Fw * conj(Fw), -1,1)/(2 * pi)
```

6.4 傅里叶变换的卷积与相关函数

6.4.1 卷积定理

1. 卷积的概念

若已知函数 $f_1(t)$,$f_2(t)$,则积分

$$\int_{-\infty}^{+\infty}f_1(\tau)f_2(t-\tau)\mathrm{d}\tau$$

称为函数 $f_1(t)$ 与 $f_2(t)$ 的卷积,记为 $f_1(t)*f_2(t)$。

卷积满足交换律 $f_1(t)*f_2(t)=f_2(t)*f_1(t)$。

例 6.19 若 $f_1(t)=\begin{cases}0, & t<0,\\ 1, & t\geqslant 0,\end{cases}$ $f_2(t)=\begin{cases}0, & t<0,\\ \mathrm{e}^{-t}, & t\geqslant 0.\end{cases}$ 求 $f_1(t)$ 与 $f_2(t)$ 的卷积。

解:按照卷积的定义,有

$$f_1(t)*f_2(t)=\int_{-\infty}^{+\infty}f_1(\tau)f_2(t-\tau)\mathrm{d}\tau=\int_0^t 1\cdot\mathrm{e}^{-(t-\tau)}\mathrm{d}\tau=\begin{cases}1-\mathrm{e}^{-t}, & t\geqslant 0,\\ 0, & \text{其他。}\end{cases}$$

计算的 MATLAB 程序如下:

```
clc,clear,syms t x
f1 = heaviside(t); f2 = exp(-t) * heaviside(t);                % 定义两个函数
ff = int(subs(f1,t,x) * subs(f2,t,t-x),x, -inf,inf) % 按照定义计算卷积
pretty(ff)                                                      % 按照书写习惯方式显示
```

2. 卷积定理

定理 6.4 假定$f_1(t)$,$f_2(t)$都满足傅里叶积分定理中的条件,且$\mathcal{F}[f_1(t)]=F_1(\omega)$,$\mathcal{F}[f_2(t)]=F_2(\omega)$,则

$$F[f_1(t)*f_2(t)]=F_1(\omega)\cdot F_2(\omega), \tag{6-26}$$

或

$$\mathcal{F}^{-1}[F_1(\omega)\cdot F_2(\omega)]=f_1(t)*f_2(t)。 \tag{6-27}$$

上述定理标明,两个函数卷积的傅里叶变换等于这两个函数傅里叶变换的乘积。同理,得

$$\mathcal{F}[f_1(t)\cdot f_2(t)]=\frac{1}{2\pi}F_1(\omega)*F_2(\omega)。 \tag{6-28}$$

即两个函数乘积的傅里叶变换等于这两个函数傅里叶变换的卷积除以2π。

例 6.20 (续例 6.19)若$f_1(t)=\begin{cases}0, & t<0,\\ 1, & t\geqslant 0,\end{cases}$ $f_2(t)=\begin{cases}0, & t<0,\\ e^{-t}, & t\geqslant 0,\end{cases}$ 利用卷积定理计算$f_1(t)$与$f_2(t)$的卷积。

解:计算得

$$f_1(t)*f_2(t)=\begin{cases}1-e^{-t}, & t\geqslant 0,\\ 0, & 其他。\end{cases}$$

计算的 MATLAB 程序如下:

```
clc,clear,syms t
f1 = heaviside(t);f2 = exp(-t)*heaviside(t);   % 定义两个函数
ff = ifourier(fourier(f1)*fourier(f2),t)       % 利用卷积定理计算两个函数的卷积
ff = expand(ff),pretty(ff)
```

6.4.2 相关函数

相关函数的概念和卷积的概念一样,也是频谱分析中的一个重要概念。

1. 相关函数的概念

定义 6.7 对于两个不同的函数$f_1(t)$和$f_2(t)$,则积分

$$\int_{-\infty}^{+\infty} f_1(t)f_2(t+\tau)\,dt$$

称为两个函数$f_1(t)$和$f_2(t)$的互相关函数,用记号$R_{12}(\tau)$表示,即

$$R_{12}(\tau)=\int_{-\infty}^{+\infty} f_1(t)f_2(t+\tau)\,dt, \tag{6-29}$$

而积分

$$\int_{-\infty}^{+\infty} f_1(t+\tau)f_2(t)\,dt$$

记为$R_{21}(\tau)$,即

$$R_{21}(\tau)=\int_{-\infty}^{+\infty} f_1(t+\tau)f_2(t)\,dt。 \tag{6-30}$$

定义 6.8 积分

$$\int_{-\infty}^{+\infty} f(t)f(t+\tau)\,dt$$

称为函数$f(t)$的自相关函数(简称相关函数)。用记号$R(\tau)$表示,即

$$R(\tau) = \int_{-\infty}^{+\infty} f(t)f(t+\tau)\,dt \text{。} \tag{6-31}$$

根据$R(\tau)$的定义,可以看出:自相关函数是一个偶函数,即$R(-\tau)=R(\tau)$。关于互相关函数,有如下性质:$R_{21}(\tau)=R_{12}(-\tau)$。

2. 相关函数和能量谱密度的关系

在式(6-24)中,令$f_1(t)=f(t)$,$f_2(t)=f(t+\tau)$且$F(\omega)=\mathcal{F}[f(t)]$,再根据位移性质,得

$$\begin{aligned}\int_{-\infty}^{+\infty} f(t)f(t+\tau)\,dt &= \frac{1}{2\pi}\int_{-\infty}^{+\infty} \overline{F(\omega)}F(\omega)e^{j\omega\tau}\,d\omega \\ &= \frac{1}{2\pi}\int_{-\infty}^{+\infty} |F(\omega)|^2 e^{j\omega\tau}\,d\omega = \frac{1}{2\pi}\int_{-\infty}^{+\infty} S(\omega)e^{j\omega\tau}\,d\omega,\end{aligned}$$

即

$$R(\tau) = \frac{1}{2\pi}\int_{-\infty}^{+\infty} S(\omega)e^{j\omega\tau}\,d\omega \text{。}$$

由能量谱密度的定义可以推得

$$S(\omega) = \int_{-\infty}^{+\infty} R(\tau)e^{-j\omega\tau}\,d\tau \text{。}$$

由此可见,自相关函数$R(\tau)$和能量谱密度$S(\omega)$构成了一个傅里叶变换对:

$$\begin{cases} R(\tau) = \dfrac{1}{2\pi}\displaystyle\int_{-\infty}^{+\infty} S(\omega)e^{j\omega\tau}\,d\omega, \\ S(\omega) = \displaystyle\int_{-\infty}^{+\infty} R(\tau)e^{-j\omega\tau}\,d\tau \text{。} \end{cases} \tag{6-32}$$

利用相关函数$R(\tau)$及$S(\omega)$的偶函数性质,可将式(6-32)写成三角函数的形式,即

$$\begin{cases} R(\tau) = \dfrac{1}{2\pi}\displaystyle\int_{-\infty}^{+\infty} S(\omega)\cos\omega\tau\,d\omega, \\ S(\omega) = \displaystyle\int_{-\infty}^{+\infty} R(\tau)\cos\omega\tau\,d\tau \text{。} \end{cases} \tag{6-33}$$

当$\tau=0$时,有

$$R(0) = \int_{-\infty}^{+\infty} [f(t)]^2\,dt = \frac{1}{2\pi}\int_{-\infty}^{+\infty} S(\omega)\,d\omega,$$

即 Parseval 等式。

若$F_1(\omega)=\mathcal{F}[f_1(t)]$,$F_2(\omega)=\mathcal{F}[f_2(t)]$,根据乘法定理,得

$$R_{12}(\tau) = \int_{-\infty}^{+\infty} f_1(t)f_2(t+\tau)\,dt = \frac{1}{2\pi}\int_{-\infty}^{+\infty} \overline{F_1(\omega)}F_2(\omega)e^{j\omega\tau}\,d\omega \text{。}$$

$S_{12}(\omega)=\overline{F_1(\omega)}F_2(\omega)$称为互能量谱密度。同样,它和互相关函数也构成一个傅里叶变换对:

$$\begin{cases} R_{12}(\tau) = \dfrac{1}{2\pi}\displaystyle\int_{-\infty}^{+\infty} S_{12}(\omega)e^{j\omega\tau}\,d\omega, \\ S_{12}(\omega) = \displaystyle\int_{-\infty}^{+\infty} R_{12}(\tau)e^{-j\omega\tau}\,d\tau \text{。} \end{cases} \tag{6-34}$$

还可以发现,互能量谱密度有如下的性质:

$$S_{21}(\omega)=\overline{S_{12}(\omega)},$$

式中:$S_{21}(\omega)=F_1(\omega)\overline{F_2(\omega)}$。

例 6.21 已知某信号的相关函数为 $R(\tau)=\frac{1}{2}\cos 4\tau$,求它的能量谱密度。

解:能量谱密度

$$S(\omega)=\mathcal{F}[R(\tau)]=\int_{-\infty}^{+\infty}\frac{1}{2}(\cos 4\tau)\mathrm{e}^{-\mathrm{j}\omega\tau}\mathrm{d}\tau=\frac{\pi}{2}[\delta(\omega-4)+\delta(\omega+4)]。$$

计算的 MATLAB 程序如下:

```
clc,clear,syms tau
Rtau = cos(4 * tau)/2;Sw = fourier(Rtau)
```

例 6.22 求指数衰减函数 $f(t)=\begin{cases}0, & t<0,\\ \mathrm{e}^{-\beta t}, & t\geqslant 0\end{cases}$ $(\beta>0)$ 的自相关函数和能量谱密度。

解:记 $f(t)$ 的傅里叶变换为 $F(\omega)$,则能量谱密度

$$S(\omega)=|F(\omega)|^2=\frac{1}{\beta^2+\omega^2}。$$

自相关函数

$$R(\tau)=\frac{1}{2\pi}\int_{-\infty}^{+\infty}S(\omega)\mathrm{e}^{\mathrm{j}\omega\tau}\mathrm{d}\omega=\begin{cases}\dfrac{\mathrm{e}^{-\beta t}}{2\beta} & t\geqslant 0,\\ \dfrac{\mathrm{e}^{\beta t}}{2\beta} & t<0。\end{cases}$$

可见,当 $-\infty<\tau<+\infty$ 时,自相关函数可合写为

$$R(\tau)=\frac{1}{2\beta}\mathrm{e}^{-\beta|\tau|}。$$

计算的 MATLAB 程序如下:

```
clc,clear,syms t b w real
assume(b,'positive')
Fw = fourier(exp(-b * t) * heaviside(t))    % 求傅里叶变换
Sw = Fw * conj(Fw)                          % 求能量谱密度
Rt = ifourier(Sw,w,t),Rt = expand(Rt)       % 求自相关函数
pretty(Rt)                                  % 以书写习惯方式显示
```

6.5 傅里叶变换的应用

本节应用傅里叶变换求解线性方程。

6.5.1 微分、积分方程的傅里叶变换解法

根据傅里叶变换的线性性质、微分性质和积分性质,对欲求解的方程两端取傅里叶变换,将其转化为象函数的代数方程,由这个代数方程求出象函数,然后再取傅里叶逆变换就得出原来方程的解。这是求解此类方程的主要方法。

例 6.23 求积分方程 $\int_0^{+\infty} g(\omega)\sin\omega t\mathrm{d}\omega = f(t)$ 的解 $g(\omega)$，其中

$$f(t) = \begin{cases} \frac{\pi}{2}\sin t, & 0 < t \leqslant \pi, \\ 0, & t > \pi。 \end{cases}$$

解：由已知条件知，$f(t)$ 是 $g(\omega)$ 的傅里叶正弦变换，所以 $g(\omega)$ 是 $f(t)$ 的傅里叶正弦逆变换，从而有

$$g(\omega) = \frac{2}{\pi}\int_0^{+\infty} f(t)\sin\omega t\mathrm{d}t = \int_0^{\pi}\sin t\sin\omega t\mathrm{d}t = \begin{cases} \frac{\sin\omega\pi}{1-\omega^2}, & \omega \neq \pm 1, \\ \frac{\pi}{2}, & \omega = 1, \\ -\frac{\pi}{2}, & \omega = -1。 \end{cases}$$

计算的 MATLAB 程序如下：

```
clc,clear,syms t w real
I1 = int(sin(t) * sin(w * t),t,0,pi)                        % 直接求 g(w)
fprintf('书写习惯的显示方式如下:\n')
pretty(I1)                                                  % 按照书写习惯方式显示 g(w)
ft = sym(pi)/2 * sin(t) * (heaviside(t) - heaviside(t - pi)); % 定义函数 f(t)
Fw = ifourier(ft,w)                                         % 求逆变换
gw = 4 * imag(Fw)                                           % 求 g(w)
pretty(gw)
```

例 6.24 求常系数非齐次线性微分方程

$$\frac{\mathrm{d}^2}{\mathrm{d}t^2}y(t) - y(t) = -f(t)$$

的解，其中 $f(t)$ 为已知函数。

解：设 $F[y(t)] = Y(\omega)$，$F[f(t)] = F(\omega)$。对上述微分方程两端取傅里叶变换，得

$$(\mathrm{j}\omega)^2 Y(\omega) - Y(\omega) = -F(\omega),$$

所以

$$Y(\omega) = \frac{1}{1+\omega^2}F(\omega),$$

从而

$$y(t) = \frac{1}{2\pi}\int_{-\infty}^{+\infty} Y(\omega)\mathrm{e}^{\mathrm{j}\omega t}\mathrm{d}\omega = \frac{1}{2\pi}\int_{-\infty}^{+\infty}\frac{F(\omega)}{1+\omega^2}\mathrm{e}^{\mathrm{j}\omega t}\mathrm{d}\omega。$$

计算的 MATLAB 程序如下：

```
clc,clear,syms y(t) f(t) Yw w
eq = diff(y,2) - y + f                      % 定义微分方程
Feq = fourier(eq)                           % 两边取傅里叶变换
Feq = subs(Feq,fourier(y(t),t,w),Yw)        % 把 fourier(y(t),t,w)替换为 Yw
Yw = solve(Feq,Yw)                          % 解代数方程求 Yw
yt = ifourier(Yw)                           % 求傅里叶逆变换
```

例 6.25 求微分积分方程

$$ax'(t)+bx(t)+c\int_{-\infty}^{t}x(t)\mathrm{d}t=h(t)$$

的解,其中 $-\infty<t<+\infty$,a,b,c 均为常数,$h(t)$ 为已知函数。

解:设 $F[x(t)]=X(\omega)$,$F[h(t)]=H(\omega)$,对上述方程两端取傅里叶变换,得

$$a\mathrm{j}\omega X(\omega)+bX(\omega)+\frac{c}{\mathrm{j}\omega}X(\omega)=H(\omega),$$

$$X(\omega)=\frac{H(\omega)}{b+\mathrm{j}\left(a\omega-\dfrac{c}{\omega}\right)},$$

取傅里叶逆变换,得

$$x(t)=\frac{1}{2\pi}\int_{-\infty}^{+\infty}\frac{H(\omega)}{b+\mathrm{j}\left(a\omega-\dfrac{c}{\omega}\right)}\mathrm{e}^{\mathrm{j}\omega t}\mathrm{d}\omega 。$$

计算的 MATLAB 程序如下:

```
clc,clear,syms a b c x(t) h(t) Xw w
eq=a*diff(x,2)+b*diff(x)+c*x-diff(h);   % 设x(t),h(t)充分光滑,定义等价的方程
Feq=fourier(eq);                        % 方程两边取傅里叶变换
Feq=subs(Feq,fourier(x(t),t,w),Xw);     % 把 fourier(x(t),t,w)替换为 Xw
Xw=solve(Feq,Xw); pretty(Xw)            % 求象函数,并以书写习惯方式显示
x=ifourier(Xw)                          % 取傅里叶逆变换
```

6.5.2 偏微分方程的傅里叶变换解法

本小节讨论线性偏微分方程中的未知函数是二元函数的情形,通过一些较典型的例题来说明傅里叶变换求解某些偏微分方程定解问题的方法。

为了叙述方便起见,对于 $u=u(x,t)$ 及其偏导数 $\frac{\partial u}{\partial x},\frac{\partial^2 u}{\partial x^2}$ 作为 x 的一元函数取傅里叶变换时都满足傅里叶变换中微分性质的条件;$\frac{\partial u}{\partial t},\frac{\partial^2 u}{\partial t^2}$ 关于 x 取傅里叶变换时允许偏导数运算与积分运算交换次序,即

$$\mathcal{F}\left[\frac{\partial u}{\partial t}\right]=\int_{-\infty}^{+\infty}\frac{\partial u}{\partial t}\mathrm{e}^{-\mathrm{j}\omega x}\mathrm{d}x=\frac{\partial}{\partial t}\int_{-\infty}^{+\infty}u(x,t)\mathrm{e}^{-\mathrm{j}\omega x}\mathrm{d}x=\frac{\partial}{\partial t}\mathcal{F}[u(x,t)] 。$$

同理

$$\mathcal{F}\left[\frac{\partial^2 u}{\partial t^2}\right]=\frac{\partial^2}{\partial t^2}\mathcal{F}[u(x,t)]。$$

在下面解题时,不再重述这些条件。

例 6.26 (一维波动方程的初值问题)利用傅里叶变换求解定解问题:

$$\begin{cases}\dfrac{\partial^2 u}{\partial t^2}=\dfrac{\partial^2 u}{\partial x^2}, & -\infty<x<+\infty,t>0,\\ u|_{t=0}=\cos x,\\ \left.\dfrac{\partial u}{\partial t}\right|_{t=0}=\sin x。\end{cases}$$

解：由于未知函数 $u(x,t)$ 中的自变量 x 的变化范围是 $(-\infty,+\infty)$，因此，对方程及初始条件关于 x 取傅里叶变换，记

$$\mathcal{F}[u(x,t)]=U(\omega,t),$$

$$\mathcal{F}\left[\frac{\partial^2 u}{\partial x^2}\right]=(\mathrm{j}\omega)^2\mathcal{F}[u(x,t)]=-\omega^2 U(\omega,t),$$

$$\mathcal{F}\left[\frac{\partial^2 u}{\partial t^2}\right]=\frac{\partial^2}{\partial t^2}\mathcal{F}[u(x,t)]=\frac{\mathrm{d}^2}{\mathrm{d}t^2}U(\omega,t),$$

$$\mathcal{F}[\cos x]=\pi[\delta(\omega+1)+\delta(\omega-1)],$$

$$\mathcal{F}[\sin x]=\pi\mathrm{j}[\delta(\omega+1)-\delta(\omega-1)]。$$

就将求解原定解问题转化为求解含有参数 ω 的常微分方程的初值问题：

$$\begin{cases}\dfrac{\mathrm{d}^2 U}{\mathrm{d}t^2}=-\omega^2 U,\\ U|_{t=0}=\pi[\delta(\omega+1)+\delta(\omega-1)],\\ \left.\dfrac{\mathrm{d}U}{\mathrm{d}t}\right|_{t=0}=\pi\mathrm{j}[\delta(\omega+1)-\delta(\omega-1)]。\end{cases}$$

这里，方程 $U(\omega,t)$ 是关于 t 的一个二阶常系数齐次微分方程，容易得到该方程的通解为

$$U(\omega,t)=c_1\sin\omega t+c_2\cos\omega t。$$

代入初值条件，得常微分方程初值问题的特解为

$$U(\omega,t)=\pi[\delta(\omega+1)+\delta(\omega-1)]\cos(\omega t)+\mathrm{j}\frac{\pi[\delta(\omega+1)-\delta(\omega-1)]\sin(\omega t)}{\omega}。$$

对上述解进行傅里叶逆变换，可以求得原定解问题的解为

$$u(x,t)=\mathcal{F}^{-1}[U(\omega,t)]=\cos(t-x)。$$

解 $u(x,t)$ 的图形见图 6.7。

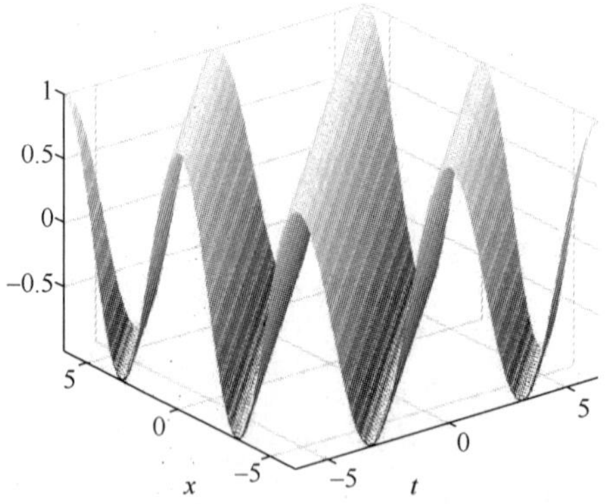

图 6.7　一维波动方程解的图形

计算及画图的 MATLAB 程序如下：

```
clc,clear,syms U(t) w x,assume(w,'real')
dU=diff(U);                          % 为了赋初值,定义 U 的一阶导数
eq=diff(U,2)+w^2*U;                  % 定义象函数的微分方程
```

```
U0 = fourier(cos(x)),dU0 = fourier(sin(x))    % 求初始值
UU = dsolve(eq,U(0) == U0,dU(0) == dU0)      % 解符号常微分方程
pretty(UU)                                    % 按照书写习惯的方式显示常微分方程定解问题
                                                的特解
u = ifourier(UU,w,x),u = simplify(u)         % 求傅里叶逆变换并化简
ezmesh(u),title('')                           % 画出解的图形
```

从例 6.26 求解的过程可以看出,用傅里叶变换求解偏微分方程有 3 个步骤:首先将定解问题中的未知函数看作某一个自变量的函数,对方程及定解条件关于该自变量取傅里叶变换,把偏微分方程和定解条件化为象函数的常微分方程的定解问题;其次根据这个常微分方程和相应的定解条件,求出象函数;最后取傅里叶逆变换,得到原定解问题的解。

例 6.27 (一维热传导方程的初值问题)利用傅里叶变换求解定解问题:

$$\begin{cases}\dfrac{\partial u}{\partial t}=a^2\dfrac{\partial^2 u}{\partial x^2}+f(x,t),\ (-\infty<x<+\infty,t>0),\\ u|_{t=0}=\varphi(x)。\end{cases}$$

解:对定解问题关于 x 取傅里叶变换,记

$$\mathcal{F}[u(x,t)]=U(\omega,t),\mathcal{F}[f(x,t)]=F(\omega,t),\mathcal{F}[\varphi(x)]=\Phi(\omega),$$

$$\mathcal{F}\left[\frac{\partial u}{\partial t}\right]=\frac{\partial}{\partial t}\mathcal{F}[u(x,t)]=\frac{\mathrm{d}}{\mathrm{d}t}U(\omega,t),$$

$$\mathcal{F}\left[\frac{\partial^2 u}{\partial x^2}\right]=(j\omega)^2\mathcal{F}[u(x,t)]=-\omega^2U(\omega,t)。$$

将求解原定解问题转化为求解含有参数 ω 的常微分方程的初值问题:

$$\begin{cases}\dfrac{\mathrm{d}U}{\mathrm{d}t}=-a^2\omega^2U+F(\omega,t),\\ U|_{t=0}=\Phi(\omega)。\end{cases}$$

由一阶线性非齐次常微分方程的求解公式,得

$$U(\omega,t)=\Phi(\omega)\mathrm{e}^{-a^2\omega^2t}+\int_0^t F(\omega,t)\mathrm{e}^{-a^2\omega^2(t-\tau)}\mathrm{d}\tau。\tag{6-35}$$

利用

$$\mathcal{F}^{-1}[\mathrm{e}^{-a^2\omega^2t}]=\frac{1}{2a\sqrt{\pi t}}\mathrm{e}^{-\frac{x2}{4a2t}},$$

再根据取傅里叶变换的卷积性质,对式(6-35)两端取傅里叶逆变换,得原定解问题的解为

$$u(x,t)=\mathcal{F}^{-1}[U(\omega,t)]=\varphi(x)*\frac{1}{2a\sqrt{\pi t}}\mathrm{e}^{-\frac{x2}{4a2t}}+\int_0^t f(x,\tau)*\frac{1}{2a\sqrt{\pi(t-\tau)}}\mathrm{e}^{-\frac{x2}{4a2(t-\tau)}}\mathrm{d}\tau$$

$$=\frac{1}{2a\sqrt{\pi t}}\int_{-\infty}^{+\infty}\varphi(\xi)\mathrm{e}^{-\frac{(x-\xi)2}{4a2t}}\mathrm{d}\xi+\frac{1}{2a\sqrt{\pi}}\int_0^t\int_{-\infty}^{+\infty}\frac{f(\xi,\tau)}{\sqrt{t-\tau}}\mathrm{e}^{-\frac{(x-\xi)2}{4a2(t-\tau)}}\mathrm{d}\xi\mathrm{d}\tau$$

此例中的偏微分方程是非齐次的,这里 $f(x,t)$ 是与热源有关的量,而且求解的区域又是无界的,若用其他方法来求解,其运算要比傅里叶变换方法复杂得多。

如果 $f(x,t)=0$,偏微分方程为齐次的,此时可得

$$u(x,t)=\frac{1}{2a\sqrt{\pi t}}\int_{-\infty}^{+\infty}\varphi(\xi)\mathrm{e}^{-\frac{(x-\xi)2}{4a2t}}\mathrm{d}\xi。\tag{6-36}$$

例 6.28 求解定解问题：

$$\begin{cases}\dfrac{\partial u}{\partial t}=a^2\dfrac{\partial^2 u}{\partial x^2}, -\infty<x<+\infty, t>0,\\ u|_{t=0}=x^2+x。\end{cases}$$

解：将 $\varphi(x)=x^2+x$ 代入式(6－36)，得所求定解问题的解为

$$u(x,t)=2a^2t+x^2+x。$$

解的图形($a=2$ 时)见图 6.8。计算及画图的 MATLAB 程序如下：

```
clc,clear,syms a x t y w U(t)
assume(t >0);assume(a >0);
uxt1 =1/(2 * a * sqrt(pi * t)) * int((y^2 +y) * exp( - (x -y)^2 /(4 * a^2 * t)),y, -inf,inf)
uxt1 = simplify(uxt1)                          % 上面是直接利用式(6 -36)求解,下面的程
                                               % 序给出求解的过程
U0 = fourier(x^2 + x,w)                        % 初值条件的傅里叶变换
U = dsolve(diff(U) + a^2 * w^2 * U,U(0) == U0) % 求解象函数的常微分方程
uxt2 = ifourier(U,w,x),uxt2 = simplify(uxt2)  % 取傅里叶逆变换,求定解问题
uxt2 = subs(uxt2,a,2)                          % 画图时 a =2
ezsurf(uxt2,[0,6, -6,6]),title('')
```

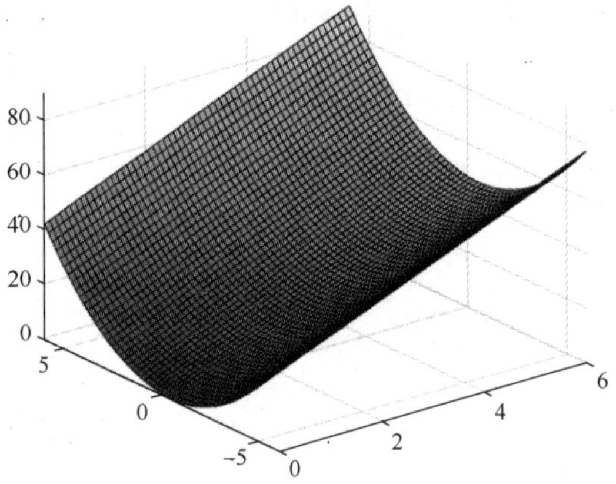

图 6.8　一维热传导方程解的图形

6.6　拉普拉斯变换的概念

6.6.1　拉普拉斯变换的定义及 MATLAB 命令

定义 6.9 设函数 $f(t)$ 当 $t\geqslant 0$ 时有定义，而且积分

$$\int_0^{+\infty} f(t)e^{-st}dt \ (s \text{ 是一个复参量})$$

在 s 的某一域内收敛，则由此积分所确定的函数可写为

$$F(s)=\int_0^{+\infty} f(t)e^{-st}dt。\tag{6-37}$$

式(6－37)称为函数 $f(t)$ 的拉普拉斯变换式。记为

$$F(s)=\mathcal{L}[f(t)]。$$

$F(s)$称为$f(t)$的拉普拉斯变换(或称为象函数)。

若$F(s)$是$f(t)$的拉普拉斯变换,则称$f(t)$为$F(s)$的拉普拉斯逆变换(或称为象原函数),记为

$$f(t)=\mathcal{L}^{-1}[F(s)]。$$

MATLAB 工具箱关于拉普拉斯变换的命令使用格式如下:

```
laplace(f)        % 计算符号函数 f 关于默认变量(由 symvar(f,1)确定的变量)的拉普拉斯变换,
                  % 返回值默认为 s 的函数。
laplace (f,y)     % 计算符号函数 f 的拉普拉斯变换,返回值为 y 的函数。
laplace (f,x,y)   % 计算符号函数 f 关于变量 x 的拉普拉斯变换,返回值为 y 的函数。
ilaplace (F)      % 计算符号函数 F 关于默认变量的拉普拉斯逆变换,返回值默认为 t 的函数。
ilaplace (F,x)    % 计算符号函数 F 关于默认变量的拉普拉斯逆变换,返回值为 x 的函数。
ilaplace (F,y,x)% 计算符号函数 F 关于变量 y 的拉普拉斯逆变换,返回值为 x 的函数。
```

例 6.29 求如下函数的拉普拉斯变换:

$$\delta(t),1,e^{kt},\sin kt,\cos kt,t^n。$$

解:计算的 MATLAB 程序如下:

```
clc,clear,syms t k n
L1 = laplace(dirac(t)),L2 = laplace(sym(1)),L3 = laplace(exp(k * t))
L4 = laplace(sin(k * t)),L5 = laplace(cos(k * t))
assume(n > -1),L6 = laplace(t^n)
```

求得的拉普拉斯变换结果为

$$\mathcal{L}(\delta(t))=1,\mathcal{L}(1)=\frac{1}{s},\mathcal{L}(e^{kt})=\frac{1}{s-k},\mathcal{L}(\sin kt)=\frac{k}{s^2+k^2},$$

$$\mathcal{L}(\cos kt)=\frac{s}{s^2+k^2},\mathcal{L}(t^n)=\frac{\Gamma(n+1)}{s^{n+1}}(n>-1)。$$

6.6.2 拉普拉斯变换的存在定理

定理 6.5 (拉普拉斯变换的存在定理)若函数$f(t)$满足下列条件:

(1) 在$t\geqslant 0$的任一有限区间上连续或分段连续。

(2) 当$t\to+\infty$时,$f(t)$的增长速度不超过某一指数函数,亦即存在常数$M>0$及$c\geqslant 0$,使得

$$|f(t)|\leqslant Me^{ct},0\leqslant t<+\infty$$

成立(满足此条件的函数,称它的增大是指数级的,c为它的增长指数)。则$f(t)$的拉普拉斯变换

$$F(s)=\int_0^{+\infty}f(t)e^{-st}dt$$

在半平面$\mathrm{Re}(s)>c$上一定存在,右端的积分在$\mathrm{Re}(s)\geqslant c_1>c$上绝对收敛而且一致收敛,并且在$\mathrm{Re}(s)>c$的半平面内,$F(s)$为解析函数。

例 6.30 求周期性三角波 $f(t)=\begin{cases}t, & 0\leqslant t<b,\\ 2b-t, & b\leqslant t<2b\end{cases}$ 且 $f(t+2b)=f(t)$ 的拉普拉斯变换。

解:根据式(6-37),有

$$\begin{aligned}\mathcal{L}[f(t)] &= \int_0^{+\infty} f(t)\mathrm{e}^{-st}\mathrm{d}t \\ &= \int_0^{2b} f(t)\mathrm{e}^{-st}\mathrm{d}t + \int_{2b}^{4b} f(t)\mathrm{e}^{-st}\mathrm{d}t + \cdots + \int_{2bk}^{2b(k+1)} f(t)\mathrm{e}^{-st}\mathrm{d}t + \cdots \quad (6-38) \\ &= \sum_{k=0}^{\infty}\int_{2bk}^{2b(k+1)} f(t)\mathrm{e}^{-st}\mathrm{d}t。\end{aligned}$$

令 $t=\tau+2bk$,则

$$\int_{2bk}^{2b(k+1)} f(t)\mathrm{e}^{-st}\mathrm{d}t = \int_0^{2b} f(\tau+2bk)\mathrm{e}^{-s(\tau+2bk)}\mathrm{d}\tau = \mathrm{e}^{-2bsk}\int_0^{2b} f(\tau)\mathrm{e}^{-s\tau}\mathrm{d}\tau。\quad (6-39)$$

因而,有

$$\mathcal{L}[f(t)] = \left(\sum_{k=0}^{+\infty}\mathrm{e}^{-2bsk}\right)\int_0^{2b} f(t)\mathrm{e}^{-st}\mathrm{d}t。\quad (6-40)$$

由于当 $\mathrm{Re}(s)=\mathrm{Re}(\beta+\mathrm{j}\omega)>0$ 时,有

$$|\mathrm{e}^{-2bs}| = \mathrm{e}^{-2b\beta} < 1,$$

所以

$$\sum_{k=0}^{+\infty}\mathrm{e}^{-2bsk} = \frac{1}{1-\mathrm{e}^{-2bs}}。\quad (6-41)$$

又因为

$$\int_0^{2b} f(t)\mathrm{e}^{-st}\mathrm{d}t = \int_0^{b} t\mathrm{e}^{-st}\mathrm{d}t + \int_b^{2b}(2b-t)\mathrm{e}^{-st}\mathrm{d}t = \frac{(1-\mathrm{e}^{-bs})^2}{s^2},\quad (6-42)$$

将式(6-41)和式(6-42)代入式(6-40),得

$$\mathcal{L}[f(t)] = \frac{(1-\mathrm{e}^{-bs})^2}{s^2}\cdot\frac{1}{1-\mathrm{e}^{-2bs}} = \frac{1}{s^2}\cdot\frac{1-\mathrm{e}^{-bs}}{1+\mathrm{e}^{-bs}} = \frac{1}{s^2}\tanh\frac{bs}{2}。$$

一般地,以 T 为周期的函数 $f(t)$,即 $f(t+T)=f(t)\ (T>0)$,当 $f(t)$ 在一个周期上是分段连续时,则有

$$\mathcal{L}[f(t)] = \frac{1}{1-\mathrm{e}^{-sT}}\int_0^{T} f(t)\mathrm{e}^{-st}\mathrm{d}t,\ \mathrm{Re}(s)>0 \quad (6-43)$$

成立。这就是求周期函数的拉普拉斯变换公式。

例 6.31 求函数 $f(t)=\mathrm{e}^{-\beta t}\delta(t)-\beta e^{-\beta t}u(t)\ (\beta>0)$ 的拉普拉斯变换。

解:根据式(6-37),有

$$\begin{aligned}\mathcal{L}[f(t)] &= \int_0^{+\infty} f(t)\mathrm{e}^{-st}\mathrm{d}t = \int_0^{+\infty}[\mathrm{e}^{-\beta t}\delta(t)-\beta\mathrm{e}^{-\beta t}u(t)]\mathrm{e}^{-st}\mathrm{d}t \\ &= \int_0^{+\infty}\delta(t)\mathrm{e}^{-(s+\beta)t}\mathrm{d}t - \beta\int_0^{+\infty}\mathrm{e}^{-(s+\beta)t}\mathrm{d}t \\ &= \mathrm{e}^{-(s+\beta)t}\Big|_{t=0} + \frac{\beta\mathrm{e}^{-(s+\beta)t}}{s+\beta}\Bigg|_0^{+\infty} = 1-\frac{\beta}{s+\beta} = \frac{s}{s+\beta}。\end{aligned}$$

计算的 MATLAB 程序如下:

```
clc,clear,syms b t,assume(b>0)
ft=exp(-b*t)*dirac(t)-b*exp(-b*t)*heaviside(t)  % 定义符号函数
Fs=laplace(ft),Fs=simplify(Fs)
```

例 6.32 求$f(t)=\dfrac{e^{-bt}}{\sqrt{2}}(\cos bt-\sin bt)$的拉普拉斯变换。

解：$\mathcal{L}[f(t)]=\int_0^{+\infty}f(t)e^{-st}dt=\dfrac{\sqrt{2}s}{2(s^2+2bs+2b^2)}$。

计算的 MATLAB 程序如下：

```
clc,clear,syms b t
ft=exp(-b*t)/sqrt(2)*(cos(b*t)-sin(b*t))
Fs=laplace(ft),Fs=simplify(Fs),pretty(Fs)
```

6.7 拉普拉斯变换的性质

1. 线性性质

若α,β是常数，$\mathcal{L}[f_1(t)]=F_1(s)$，$\mathcal{L}[f_2(t)]=F_2(s)$，则有

$$\mathcal{L}[\alpha f_1(t)+\beta f_2(t)]=\alpha F_1(s)+\beta F_2(s),$$
$$\mathcal{L}^{-1}[\alpha F_1(s)+\beta F_2(s)]=\alpha\mathcal{L}^{-1}[F_1(s)]+\beta\mathcal{L}^{-1}[F_2(s)]。$$

2. 微分性质

若$\mathcal{L}[f(t)]=F(s)$，则有

$$\mathcal{L}[f'(t)]=sF(s)-f(0),\mathrm{Re}(s)>c。\tag{6-44}$$

推论 6.2 若$\mathcal{L}[f(t)]=F(s)$，则有

$$\mathcal{L}[f^{(n)}(t)]=s^nF(s)-s^{n-1}f(0)-s^{n-2}f'(0)-\cdots-f^{(n-1)}(0),\mathrm{Re}(s)>c。\tag{6-45}$$

此外，由拉普拉斯变换存在定理，还可以得到象函数的微分性质。

若$\mathcal{L}[f(t)]=F(s)$，则

$$F'(s)=-\mathcal{L}[tf(t)],\mathrm{Re}(s)>c。\tag{6-46}$$

一般地，有

$$F^{(n)}(s)=(-1)^n\mathcal{L}[t^nf(t)],\mathrm{Re}(s)>c。\tag{6-47}$$

例 6.33 用 MATLAB 验证拉普拉斯变换的微分性质式(6-44)。

解：验证的 MATLAB 程序如下：

```
clc,clear,syms f(t)
Fs=laplace(diff(f))
```

例 6.34 求函数$f(t)=\delta''(t)$的拉普拉斯变换。

解：$\mathcal{L}[\delta''(t)]=s^2$。

计算的 MATLAB 程序如下：

```
clc,clear,syms t
Fs1=laplace(dirac(2,t))              % dirac 函数导数的第一种定义方式的拉普拉斯变换
Fs2=laplace(diff(dirac(t),2))  % dirac 函数导数的第二种定义方式的拉普拉斯变换
```

例 6.35 求函数$f(t)=t\sin kt$的拉普拉斯变换。

解:因为 $\mathcal{L}[\sin kt]=\dfrac{k}{s^2+k^2}$,根据上述象函数的微分性质可知

$$\mathcal{L}[t\sin kt]=-\frac{\mathrm{d}}{\mathrm{d}s}\left[\frac{k}{s^2+k^2}\right]=\frac{2ks}{(s^2+k^2)^2},\mathrm{Re}(s)>\mathrm{c}。$$

计算的 MATLAB 程序如下:

```
clc,clear,syms t k s
Fs = laplace(t * sin(k * t),t,s)
```

类似地,有

$$\mathcal{L}[t\cos kt]=-\frac{\mathrm{d}}{\mathrm{d}s}\left[\frac{s}{s^2+k^2}\right]=\frac{s^2-k^2}{(s^2+k^2)^2},\mathrm{Re}(s)>0。$$

例 6.36 设函数$f(t)=\mathrm{e}^{-5t}\sin(2t)$,求函数$f^{(5)}(t)$的拉普拉斯变换。

解:$\mathcal{L}(f^{(5)}(t))=\dfrac{4282(s+5)}{(s+5)^2+4}+\dfrac{2950}{(s+5)^2+4}$。

计算的 MATLAB 程序如下:

```
clc,clear,syms f(t)
f(t) = exp(-5 * t) * sin(2 * t);
Fs = laplace(diff(f,5)),pretty(Fs)  % 以书写习惯的方式显示
```

3. 积分性质

若 $\mathcal{L}[f(t)]=F(s)$,则

$$\mathcal{L}\left[\int_0^t f(t)\mathrm{d}t\right]=\frac{1}{s}F(s)。\tag{6-48}$$

重复运用式(6-48),得

$$\mathcal{L}\Big\{\underbrace{\int_0^t \mathrm{d}t\int_0^t \mathrm{d}t\cdots\int_0^t f(t)\mathrm{d}t}_{n\text{次积分}}\Big\}=\frac{1}{s^n}F(s)。\tag{6-49}$$

对于象函数,有类似的积分性质:若 $\mathcal{L}[f(t)]=F(s)$,则

$$\mathcal{L}\left[\frac{f(t)}{t}\right]=\int_s^{\infty}F(s)\mathrm{d}s。\tag{6-50}$$

一般地,有

$$\mathcal{L}\left[\frac{f(t)}{t^n}\right]=\underbrace{\int_s^{+\infty}\mathrm{d}s\int_s^{+\infty}\mathrm{d}s\cdots\int_s^{+\infty}F(s)\mathrm{d}s}_{n\text{次积分}}。\tag{6-51}$$

例 6.37 已知$f(t)=\int_0^t\sin a\tau\mathrm{d}\tau$,其中$a$为实常数,求 $\mathcal{L}[f(t)]$。

解:根据式(6-48),得

$$\mathcal{L}[f(t)]=\mathcal{L}\left[\int_0^t\sin a\tau\mathrm{d}\tau\right]=\frac{1}{s}\mathcal{L}[\sin at]=\frac{a}{s(s^2+a^2)}。$$

计算的 MATLAB 程序如下:

```
clc,clear,syms a t
Fs = laplace(int(sin(a * t),t,0,t))
```

例 6.38 求函数$f(t)=\frac{\sinh t}{t}$的拉普拉斯变换。

解:因为 $\mathcal{L}[\sinh t]=\frac{1}{s^2-1}$,根据上述象函数的积分性质可知

$$\mathcal{L}\left[\frac{\sinh t}{t}\right]=\int_s^{\infty}\mathcal{L}[\sinh t]\mathrm{d}s=\int_s^{\infty}\frac{1}{s^2-1}\mathrm{d}s$$

$$=\frac{1}{2}\ln\frac{s-1}{s+1}\bigg|_s^{\infty}=\frac{1}{2}\ln\frac{s+1}{s-1}。$$

计算的 MATLAB 程序如下:

```
clc,clear,syms t
Fs = laplace(sinh(t)/t)
```

如果积分 $\int_0^{+\infty}\frac{f(t)}{t}\mathrm{d}t$ 存在,则有

$$\int_0^{+\infty}\frac{f(t)}{t}\mathrm{d}t=\int_0^{+\infty}F(s)\mathrm{d}s。$$

这一公式常用来计算某些积分。例如,$\mathcal{L}[\sin t]=\frac{1}{s^2+1}$,则有

$$\int_0^{+\infty}\frac{\sin t}{t}\mathrm{d}t=\int_0^{+\infty}\frac{1}{s^2+1}\mathrm{d}s=\arctan s\big|_0^{+\infty}=\frac{\pi}{2}。$$

4. 位移性质

若 $\mathcal{L}[f(t)]=F(s)$,则有

$$\mathcal{L}[\mathrm{e}^{at}f(t)]=F(s-a),\mathrm{Re}(s-a)>c。\tag{6-52}$$

例 6.39 求 $L[\mathrm{e}^{at}t^m]$。

解:因为 $\mathcal{L}[t^m]=\frac{\Gamma(m+1)}{s^{m+1}}$,利用位移性质,得

$$\mathcal{L}[\mathrm{e}^{at}t^m]=\frac{\Gamma(m+1)}{(s-a)^{m+1}}。$$

计算的 MATLAB 程序如下:

```
clc,clear,syms t a m,assume(m > -1)
Fs = laplace(exp(a * t) * t^m)
```

例 6.40 求 $\mathcal{L}[\mathrm{e}^{-at}\sin kt]$。

解:已知 $\mathcal{L}[\sin kt]=\frac{k}{s^2+k^2}$,由位移性质,得

$$\mathcal{L}[e^{-at}\sin kt]=\frac{k}{(s+a)^2+k^2}。$$

计算的 MATLAB 程序如下:

```
clc,clear,syms t a k
Fs = laplace(exp(-a * t) * sin(k * t)),pretty(Fs)
```

5. 延迟性质

若 $\mathcal{L}[f(t)]=F(s)$，又 $t<0$ 时 $f(t)=0$，则对于任一非负实数 τ，有

$$\mathcal{L}[f(t-\tau)]=\mathrm{e}^{-s\tau}F(s), \tag{6-53}$$

或

$$\mathcal{L}^{-1}[\mathrm{e}^{-s\tau}F(s)]=f(t-\tau)。 \tag{6-54}$$

例 6.41 求函数 $u(t-\tau)=\begin{cases}0, t<\tau,\\ 1, t>\tau\end{cases}$ 的拉普拉斯变换。

解：已知 $\mathcal{L}[u(t)]=\dfrac{1}{s}$，根据延迟性质，有

$$\mathcal{L}[u(t-\tau)]=\frac{1}{s}\mathrm{e}^{-s\tau}。$$

计算的 MATLAB 程序如下：

```
clc,clear,syms t tau,assume(tau >0)
Fs = laplace(heaviside(t - tau))
```

例 6.42 求函数 $f(t)=\begin{cases}\sin\dfrac{2\pi}{T}t, & 0\leqslant t\leqslant\dfrac{T}{2},\\ 0, & \text{其他}\end{cases}$ 的拉普拉斯变换。

解：$f(t)$ 可以改写为 $f(t)=\left(u(t)-u\left(t-\dfrac{T}{2}\right)\right)\sin\dfrac{2\pi}{T}$，计算得

$$\mathcal{L}[f(t)]=\frac{2\pi T}{T^2s^2+4\pi^2}(1+\mathrm{e}^{-\frac{T}{2}t})。$$

计算的 MATLAB 程序如下：

```
clc,clear,syms t T real,assume(T >0)
Fs = laplace(sin(2 * pi * t /T) * (heaviside(t) - heaviside(t - T/2)))
Fs = simplify(Fs),pretty(Fs)
```

6. 相似性质

若 $\mathcal{L}[f(t)]=F(s)$，则对于任一正实数 a，有

$$\mathcal{L}[f(at)]=\frac{1}{a}F\left(\frac{s}{a}\right)。 \tag{6-55}$$

相似性质也称时间尺度性质。

该性质表明，如果函数 $f(t)$ 的自变量扩展 a 倍，则 $f(at)$ 的象函数等于 $f(t)$ 的象函数 $F(s)$ 在复域上压缩 a 倍，再除以 a，即 $\dfrac{1}{a}F\left(\dfrac{s}{a}\right)$。

7. 初值定理与终值定理

定理 6.6 （初值定理）若 $\mathcal{L}[f(t)]=F(s)$，且 $\lim\limits_{s\to\infty}sF(s)$ 存在，则

$$f(0)=\lim_{s\to\infty}sF(s)。 \tag{6-56}$$

定理 6.7 （终值定理）若 $\mathcal{L}[f(t)]=F(s)$，且 $\lim\limits_{s\to0}sF(s)$ 存在，则

$$f(+\infty)=\lim_{s\to0}sF(s)。 \tag{6-57}$$

在拉普拉斯变换的实际应用中,往往先得到 $F(s)$ 再去求 $f(t)$,但有时只需要知道$f(t)$在 $t=0$ 或 $t\to+\infty$ 时的值,并不需要知道$f(t)$的表达式。初值定理和终值定理提供了直接由 $F(s)$ 求$f(0)$与$f(+\infty)$的方便。

例 6.43 若 $\mathcal{L}[f(t)]=\dfrac{1}{s+a}$,求$f(0)$,$f(+\infty)$。

解:根据式(6-56)和式(6-57),有

$$f(0)=\lim_{s\to\infty}sF(s)=\lim_{s\to\infty}\frac{s}{s+a}=1,$$

$$f(+\infty)=\lim_{s\to 0}sF(s)=\lim_{s\to 0}\frac{s}{s+a}=\begin{cases}0, & a\neq 0,\\ 1, & a=0。\end{cases}$$

计算的 MATLAB 程序如下:

```
clc,clear,syms F(s)a
F(s)=1/(s+a)
f0=limit(s*F(s),inf)
finf=limit(s*F(s),0)
```

为了提高求拉普拉斯变换的综合能力,下面再举几个例题。

例 6.44 设分段函数$f(t)$为

$$f(t)=\begin{cases}0, & t<0,\\ c_1, & 0\leqslant t<a,\\ c_2, & a\leqslant t<b,\\ c_3, & t\geqslant b。\end{cases}$$

求 $\mathcal{L}[f(t)]$。

解:可以把$f(t)$表示为

$$f(t)=c_1[u(t)-u(t-a)]+c_2[u(t-a)-u(t-b)]+c_3u(t-b),$$

利用拉普拉斯变换的线性性质和延迟性质,得

$$\mathcal{L}[f(t)]=c_1\left(\frac{1}{s}-\frac{1}{s}\mathrm{e}^{-as}\right)+c_2\left(\frac{1}{s}\mathrm{e}^{-as}-\frac{1}{s}\mathrm{e}^{-bs}\right)+c_3\frac{1}{s}\mathrm{e}^{-bs}$$

$$=\frac{1}{s}[c_1+(c_2-c_1)\mathrm{e}^{-as}+(c_3-c_2)\mathrm{e}^{-bs}]。$$

计算的 MATLAB 程序如下:

```
clc,clear,syms t a b c1 c2 c3 real
assume(a>0 & a<b)
ft=c1*(heaviside(t)-heaviside(t-a))+c2*(heaviside(t-a)-heaviside(t-
b))+c3*heaviside(t-b);
Fs=laplace(ft),Fs=simplify(Fs)
```

例 6.45 求 $\mathcal{L}[(t-1)^2\mathrm{e}^t]$。

解:利用拉普拉斯变换的线性性质和位移性质,得

$$\mathcal{L}[(t-1)^2\mathrm{e}^t]=\mathcal{L}[(t^2-2t+1)\mathrm{e}^t]=\mathcal{L}[t^2\mathrm{e}^t]-2\mathcal{L}[t\mathrm{e}^t]+\mathcal{L}[\mathrm{e}^t]$$

$$= \frac{2}{(s-1)^3} - 2 \cdot \frac{1}{(s-1)^2} + \frac{1}{s-1} = \frac{s^2-4s+5}{(s-1)^3}。$$

计算的 MATLAB 程序如下:

```
clc,clear,syms t
f(t) = (t -1)^2 * exp(t);
Fs = laplace(f),Fs = simplify(Fs)
```

例 6.46 求 $\mathcal{L}[\int_0^t e^{-3\tau}\cos\tau d\tau]$。

解:利用拉普拉斯变换的积分性质和位移性质,得

$$\mathcal{L}\left[\int_0^t e^{-3\tau}\cos\tau d\tau\right] = \frac{1}{s}\mathcal{L}[e^{-3t}\cos t] = \frac{1}{s} \cdot \frac{s+3}{(s+3)^2+1} = \frac{s+3}{s(s^2+6s+10)}。$$

计算的 MATLAB 程序如下:

```
clc,clear,syms t
Fs = laplace(int(exp( -3 * t) * cos(t),t,0,t))
Fs = simplify(Fs)
```

6.8 拉普拉斯逆变换

已知拉普拉斯变换的象函数 $F(s)$,求它的象原函数 $f(t)$ 的一般公式为

$$f(t) = \frac{1}{2\pi j}\int_{\beta-j\infty}^{\beta+j\infty} F(s)e^{st}ds, \quad t > 0。 \tag{6-58}$$

式(6-58)右端是一个复变函数的积分,称为拉普拉斯反演积分。尽管前面利用拉普拉斯变换的一些性质推出了某些象原函数和象函数之间的对应关系,但对一些比较复杂的象函数,要求出其象原函数,就不得不借助于拉普拉斯反演积分,它和式(6-37)为一对互逆的积分变换公式,也称 $f(t)$ 和 $F(s)$ 构成了一个拉普拉斯变换对。通常情况下,计算式(6-58)的积分比较困难。但是,当 $F(s)$ 满足一定条件时,可以用留数方法来计算这个反演积分。下面的定理将提供计算这个反演积分的方法。

定理 6.8 若 $s_1, s_2, \cdots, s_n$ 是函数 $F(s)$ 的所有奇点(适当选取 β 使这些奇点全在 $\mathrm{Re}(s) < \beta$ 的范围内),且当 $s \to \infty$ 时,$F(s) \to 0$,则有

$$\frac{1}{2\pi j}\int_{\beta-j\infty}^{\beta+j\infty} F(s)e^{st}ds = \sum_{k=1}^{n} \operatorname*{Res}_{s=s_k}[F(s)e^{st}],$$

即

$$f(t) = \sum_{k=1}^{n} \operatorname*{Res}_{s=s_k}[F(s)e^{st}], t > 0。$$

工程实际问题中,绝大多数 $F(s)$ 为有理函数,即

$$F(s) = \frac{A(s)}{B(s)} = \frac{s^m + a_1 s^{m-1} + a_2 s^{m-2} + \cdots + a_m}{s^n + b_1 s^{n-1} + b_2 s^{n-2} + \cdots + a_n}, m < n,$$

式中:$A(s)$,$B(s)$ 为不可约的多项式。

显然,这样的 $F(s)$ 满足定理 6.8 的条件,故可用式(6-58)求它的拉普拉斯逆变换。进而,针对 $F(s)$ 的极点情况,有如下两个具体计算公式。

（1）若 $B(s)$ 有 n 个单零点 $s_1,s_2,\cdots,s_n$，即这些点都是 $F(s)$ 的单极点，有

$$f(t)=\sum_{k=1}^{n}\frac{A(s_k)}{B'(s_k)}e^{s_k t},t>0。\tag{6-59}$$

（2）若 s_1 是 $B(s)$ 的一个 m 阶零点，$s_{m+1},s_{m+2},\cdots,s_n$ 是 $B(s)$ 的单零点，即 s_1 是 $F(s)$ 的唯一一个 m 阶极点，$s_i(i=m+1,m+2,\cdots,n)$ 是它的单极点。则有

$$f(t)=\sum_{k=m+1}^{n}\frac{A(s_k)}{B'(s_k)}e^{s_k t}+\frac{1}{(m-1)!}\lim_{s\to s_1}\frac{d^{m-1}}{ds^{m-1}}\left[(s-s_1)^m\frac{A(s)}{B(s)}e^{st}\right],t>0。\tag{6-60}$$

式(6－59)和式(6－60)通常称为 Heaviside 展开式。

1. 有理函数法

有理函数法就是根据式(6－59)和式(6－60)求象函数对应的象原函数。

例 6.47 利用留数方法求 $F(s)=\frac{s}{s^2+9}$ 的拉普拉斯逆变换。

解：因为 $B(s)=s^2+9$ 仅有两个单零点 $s_1=3j,s_2=-3j$，由式(6－59)得

$$f(t)=\mathcal{L}^{-1}\left[\frac{s}{s^2+9}\right]=\frac{s}{2s}e^{st}\Big|_{s=3j}+\frac{s}{2s}e^{st}\Big|_{s=-3j}$$

$$=\frac{1}{2}(e^{3jt}+e^{-3jt})=\cos 3t,t>0。$$

计算的 MATLAB 程序如下：

```
clc,clear,syms s t,assume(t,'real')
num = s;den = s^2 +9;                                   % 定义分子和分母的符号函数
r = solve(den)                                          % 求极点
fexp = num/diff(den) * exp(s * t);                      % 定义符号函数
Fs1 = subs(fexp,s,r(1)) + subs(fexp,s,r(2)),Fs1 = simplify(Fs1)  % 按照留数计算
Fs2 = ilaplace(num/den)                                 % 直接调用工具箱函数计算
```

例 6.48 利用留数方法求 $F(s)=\frac{16}{s(s-4)^2}$ 的逆变换。

解：因为 $B(s)=s(s-4)^2$ 有一个二级零点 $s_1=4$ 和一个单零点 $s_2=0$，$B'(s)=3s^2-16s+16$，由式(6－60)，得

$$f(t)=\frac{16}{3s^2-16s+16}e^{st}\Big|_{s=0}+\lim_{s\to 4}\frac{d}{ds}\left[(s-4)^2\cdot\frac{16}{s(s-4)^2}e^{st}\right]$$

$$=1+\lim_{s\to 4}\frac{d}{ds}\left(\frac{16e^{st}}{s}\right)=1+16\left(\frac{t}{s}-\frac{1}{s^2}\right)e^{st}\Big|_{s=4}$$

$$=1+(4t-1)e^{4t},t>0。$$

计算的 MATLAB 程序如下：

```
clc,clear,syms s t,assume(t,'real')
num = 16;den = s * (s - 4)^2;   % 定义分子和分母的符号函数
r = solve(den)                  % 求极点
Fs11 = subs(num/diff(den) * exp(s * t),s,r(1))
Fs12 = limit(diff((s - r(2))^2 * num/den * exp(s * t),s),s,4)
Fs1 = Fs11 + Fs12               % 利用留数方法计算
```

```
Fs2 = ilaplace(num/den)      % 直接调用工具箱函数计算
```

2. 部分分式法

部分分式法是直接求一些有理函数拉普拉斯逆变换的简便方法,但要记住几个基本的分式函数的拉普拉斯逆变换:

$$\mathcal{L}^{-1}\left(\frac{1}{s-k}\right)=e^{kt},$$

$$\mathcal{L}^{-1}\left[\frac{m!}{(s-k)^{m+1}}\right]=t^m e^{kt}\,(m\text{ 为自然数}),$$

$$\mathcal{L}^{-1}\left(\frac{k}{s^2+k^2}\right)=\sin kt,$$

$$\mathcal{L}^{-1}\left(\frac{s}{s^2+k^2}\right)=\cos kt。$$

部分分式法都需要结合线性性质,有时还需要结合其他性质。

例 6.49 利用部分分式方法求 $F(s)=\dfrac{2s-5}{s^2-5s+6}$的拉普拉斯逆变换。

解:由于

$$F(s)=\frac{2s-5}{s^2-5s+6}=\frac{1}{s-2}+\frac{1}{s-3},$$

所以

$$f(t)=\mathcal{L}^{-1}[F(s)]=\mathcal{L}^{-1}\left[\frac{1}{s-2}\right]+\mathcal{L}^{-1}\left[\frac{1}{s-3}\right]=e^{2t}+e^{3t}。$$

计算的 MATLAB 程序如下:

```
clc,clear,syms st,assume(t,'real')
num = [2  -5];den = [1  -5 6];                    % 定义分子和分母多项式系数向量
[r,p,k] = residue(num,den)                        % 进行部分分式分解
fs = r./(s - p)                                   % 定义各个分解式
ft = ilaplace(fs)                                 % 求各个分解式的拉普拉斯逆变换
ft1 = sum(ft)                                     % 计算所要求的拉普拉斯逆变换
ft2 = ilaplace(poly2sym(num,s)/poly2sym(den,s))   % 直接调用工具箱求拉普拉斯逆变换
```

例 6.50 利用部分分式方法求 $F(s)=\dfrac{2s+2}{s^3+4s^2+6s+4}$的拉普拉斯逆变换。

解:由于

$$F(s)=\frac{2s+2}{s^3+4s^2+6s+4}=\frac{s+2}{s^2+2s+2}-\frac{1}{s+2}=\frac{s+1}{(s+1)^2+1}+\frac{1}{(s+1)^2+1}-\frac{1}{s+2},$$

所以

$$f(t)=\mathcal{L}^{-1}\left[\frac{s+1}{(s+1)^2+1}\right]+\mathcal{L}^{-1}\left[\frac{1}{(s+1)^2+1}\right]-\mathcal{L}^{-1}\left[\frac{1}{s+2}\right]=e^{-t}\cos t+e^{-t}\sin t-e^{-2t}。$$

计算的 MATLAB 程序如下:

```
clc,clear,syms s t,assume(t,'real')
num = [2 2];den = [1 4 6 4];                      % 定义分子和分母多项式系数向量
```

```
[r,p,k] = residue(num,den)
fz = r./(s - p)                                          % 定义各个分解式
ft = ilaplace(fz)                                        % 求各个分解式的拉普拉斯逆变换
ft1 = sum(ft),ft1 = real(ft1)                            % 计算所要求的拉普拉斯逆变换
ft2 = ilaplace(poly2sym(num,s)/poly2sym(den,s)) % 直接调用工具箱求拉普拉斯逆变换
```

6.9 拉普拉斯变换的卷积

6.9.1 卷积的概念

6.4 节介绍的两个函数的卷积是指

$$f_1(t)*f_2(t)=\int_{-\infty}^{+\infty}f_1(\tau)f_2(t-\tau)\mathrm{d}\tau。$$

如果$f_1(t)$与$f_2(t)$都满足条件：当 $t<0$ 时，$f_1(t)=f_2(t)=0$，则

$$f_1(t)*f_2(t)=\int_{-\infty}^{+\infty}f_1(\tau)f_2(t-\tau)\mathrm{d}\tau=\int_0^t f_1(\tau)f_2(t-\tau)\mathrm{d}\tau。$$

定义 6.10 若给定两个函数$f_1(t)$，$f_2(t)$，当 $t<0$ 时$f_1(t)=f_2(t)=0$，则积分

$$\int_0^t f_1(\tau)f_2(t-\tau)\mathrm{d}\tau$$

称为函数$f_1(t)$和$f_2(t)$的卷积，记为$f_1(t)*f_2(t)$，即

$$f_1(t)*f_2(t)=\int_0^t f_1(\tau)f_2(t-\tau)\mathrm{d}\tau。\tag{6-61}$$

例 6.51 求函数$f_1(t)=t$ 和$f_2(t)=\cos t$ 的卷积。

解：根据式(6-61)，有

$$\begin{aligned}f_1(t)*f_2(t)&=\int_0^t \tau\cos(t-\tau)\mathrm{d}\tau\\&=-\tau\sin(t-\tau)\big|_0^t+\int_0^t\sin(t-\tau)\mathrm{d}\tau=1-\cos t。\end{aligned}$$

计算的 MATLAB 程序如下：

```
clc,clear,syms f1(t) f2(t) tau             % 定义符号变量和符号函数
f1(t) = t; f2(t) = cos(t);                 % 两个函数赋值
F12 = int(f1(tau)*f2(t - tau),tau,0,t)% 求卷积
```

6.9.2 卷积定理

定理 6.9 假定$f_1(t)$，$f_2(t)$满足拉普拉斯变换存在定理中的条件，且 $\mathcal{L}[f_1(t)]=F_1(s)$，$\mathcal{L}[f_2(t)]=F_2(s)$，则$f_1(t)*f_2(t)$的拉普拉斯变换一定存在，且

$$\mathcal{L}[f_1(t)*f_2(t)]=F_1(s)\cdot F_2(s)。\tag{6-62}$$

或 $\mathcal{L}^{-1}[F_1(s)\cdot F_2(s)]=f_1(t)*f_2(t)$。

例 6.52 若 $F(s)=\dfrac{1}{s^2(s^2+1)}$，求$f(t)$。

解：因为

$$F(s)=\frac{1}{s^2(s^2+1)}=\frac{1}{s^2}\cdot\frac{1}{s^2+1},$$

所以

$$f(t)=\mathcal{L}^{-1}\left[\frac{1}{s^2}\cdot\frac{1}{s^2+1}\right]=t*\sin t=\int_0^t \tau\sin(t-\tau)\,\mathrm{d}\tau=t-\sin t。$$

计算的 MATLAB 程序如下:

```
clc,clear,syms f1(t) f2(t) s tau
F1 =1/s^2;F2 =1/(s^2 +1);
f1(t) =ilaplace(F1),f2(t) =ilaplace(F2)
ft1 =int(f1(tau)*f2(t-tau),tau,0,t)   % 用卷积求拉普拉斯逆变换
ft2 =ilaplace(F1*F2)                   % 直接调用工具箱求拉普拉斯逆变换
```

例 6.53 若 $F(s)=\frac{2s}{s^4+10s^2+9}$,求 $f(t)$。

解:因为

$$F(s)=\frac{2s}{s^4+10s^2+9}=2\cdot\frac{1}{s^2+3^2}\cdot\frac{s}{s^2+1^2},$$

所以

$$\begin{aligned}f(t)&=\mathcal{L}^{-1}\left[\frac{2}{3}\cdot\frac{3}{s^2+3^2}\cdot\frac{s}{s^2+1^2}\right]=\frac{2}{3}\sin 3t*\cos t=\frac{2}{3}\int_0^t\sin 3\tau\cdot\cos(t-\tau)\,\mathrm{d}\tau\\&=\frac{1}{3}\int_0^t[\sin(2\tau+t)-\sin(4\tau-t)]\,\mathrm{d}\tau=\frac{1}{4}(\cos t-\cos 3t)。\end{aligned}$$

计算的 MATLAB 程序如下:

```
clc,clear,syms f1(t) f2(t) s tau
F1 =1/(s^2 +9);F2 =s/(s^2 +1);
f1(t) =ilaplace(F1),f2(t) =ilaplace(F2)
ft1 =2*int(f1(tau)*f2(t-tau),tau,0,t)   % 用卷积求拉普拉斯逆变换
ft2 =ilaplace(2*F1*F2)                    % 直接调用工具箱求拉普拉斯逆变换
ft2 =simplify(ft2)
```

例 6.54 若 $F(s)=\frac{1}{(s^2+6s+10)^2}$,求 $f(t)$。

解:因为

$$F(s)=\frac{1}{(s^2+6s+10)^2}=\frac{1}{[(s+3)^2+1]^2}=\frac{1}{[(s+3)^2+1]}\cdot\frac{1}{[(s+3)^2+1]},$$

根据位移性质,有

$$\mathcal{L}^{-1}\left[\frac{1}{[(s+3)^2+1]}\right]=\mathrm{e}^{-3t}\sin t,$$

所以

$$\begin{aligned}f(t)&=\mathrm{e}^{-3t}\sin t*\mathrm{e}^{-3t}\sin t=\int_0^t\mathrm{e}^{-3\tau}\sin\tau\cdot\mathrm{e}^{-3(t-\tau)}\sin(t-\tau)\,\mathrm{d}\tau\\&=\mathrm{e}^{-3t}\int_0^t\sin\tau\cdot\sin(t-\tau)\,\mathrm{d}\tau=\frac{1}{2}\mathrm{e}^{-3t}\int_0^t[\cos(2\tau-t)-\cos t]\,\mathrm{d}\tau\end{aligned}$$

$$= \frac{1}{2}(\sin t - t\cos t)\mathrm{e}^{-3t}。$$

计算的 MATLAB 程序如下：

```
clc,clear,syms f(t) s tau
F=1/(s^2+6*s+10);f(t)=ilaplace(F)
ft1=int(f(tau)*f(t-tau),tau,0,t)  %用卷积求拉普拉斯逆变换
ft2=ilaplace(F*F)                  %直接调用工具箱求拉普拉斯逆变换
ft2=simplify(ft2)
```

6.10　拉普拉斯变换的应用

6.10.1　微分、积分方程的拉普拉斯变换解法

例 6.55　求方程 $y''+2y'-3y=\mathrm{e}^{-t}$ 满足初始条件

$$y|_{t=0}=0, y'|_{t=0}=1$$

的解。

解：设方程的解 $y=y(t)$，$t\geqslant 0$，且设 $\mathcal{L}[y(t)]=Y(s)$。对方程的两边取拉普拉斯变换，并考虑到初始条件，得

$$s^2Y(s)-1+2sY(s)-3Y(s)=\frac{1}{s+1},$$

解之，得

$$Y(s)=\frac{s+2}{(s-1)(s+1)(s+3)}。$$

再将象函数 $Y(s)$ 取拉普拉斯逆变换，即得到微分方程满足初值条件的解为

$$y(t)=\frac{3}{8}\mathrm{e}^{t}-\frac{1}{8}\mathrm{e}^{-3t}-\frac{1}{4}\mathrm{e}^{-t}。$$

计算的 MATLAB 程序如下：

```
clc,clear,syms y(t) YS s
eq=diff(y,2)+2*diff(y)-3*y-exp(-t);  %定义微分方程
L=laplace(eq)                         %计算拉普拉斯变换
L=subs(L,{y(0),'D(y)(0)'},{0,1})      %象函数中代入初值
L=subs(L,laplace(y(t),t,s),YS)        %为了解方程,把 y(t)的象函数替换为 YS
YS=solve(L,YS),pretty(YS)             %求得象函数,并显示
YYS=factor(YS)                        %对 YS 进行因式分解
y=ilaplace(YS),pretty(y)              %求拉普拉斯逆变换,并显示
```

例 6.56　求方程 $y''-2y'+y=0$ 满足边界条件

$$y(0)=0, y(a)=4$$

的解，其中 a 为已知正常数。

解：设方程的解 $y=y(x)$，$0\leqslant x\leqslant a$，且设 $\mathcal{L}[y(x)]=Y(s)$。对方程的两边取拉普拉斯变换，并考虑到边界条件，得

$$s^2Y(s)-sy(0)-y'(0)-2[sY(s)-y(0)]+Y(s)=0,$$

整理,得

$$Y(s)=\frac{y'(0)}{(s-1)^2},$$

取拉普拉斯逆变换,得

$$y(x)=y'(0)xe^x。$$

为了确定 $y'(0)$,令 $x=a$,代入上式,由第二个边界条件,得

$$4=y(a)=y'(0)ae^a,$$

从而

$$y'(0)=\frac{4}{a}e^{-a},$$

于是,求得方程的解为

$$y(x)=\frac{4}{a}xe^{x-a}。$$

计算的 MATLAB 程序如下:

```
clc,clear,syms y(x) s a b YS
eq1 =diff(y,2) -2 * diff(y) +y;                % 定义微分方程
L =laplace(eq1)                                 % 计算拉普拉斯变换
L =subs(L,{y(0),'D(y)(0)'},{0,b})              % 代入初值条件,因题目是边值条件,假定 y'(0)
  =b
L =subs(L,laplace(y(x),x,s),YS)                % 为了解方程,把 y(x)的象函数替换为 YS
YS =solve(L,YS),pretty(YS)                     % 求得象函数,并显示
y =ilaplace(YS,x)                              % 求拉普拉斯逆变换
eq2 =subs(y,x,a) -4                            % 定义求 b 的代数方程
b0 =solve(eq2,b)                               % 求解 b 的取值
y =subs(y,b,b0)                                % 求方程的特解
y =simplify(y)
```

通过求解过程可以发现,常系数线性微分方程的边值问题可以先当作它的初值问题来求解,而所得微分方程的解中含有未知的初值可由已知的边值而求得,从而最后完全确定微分方程满足边界条件的解。

例 6.57 求方程 $ty''+(1-2t)y'-2y=0$ 满足初始条件

$$y|_{t=0}=1,y'|_{t=0}=2$$

的解。

解:设 $\mathcal{L}[y(t)]=Y(s)$,对方程两边取拉普拉斯变换,得

$$\mathcal{L}[ty'']+\mathcal{L}[(1-2t)y']-\mathcal{L}[2y]=0,$$

即

$$-\frac{d}{ds}[s^2Y(s)-sy(0)-y'(0)]+sY(s)-y(0)+2\frac{d}{ds}[sY(s)-y(0)]-2Y(s)=0。$$

考虑到初值条件,代入、整理并化简,得

$$(2-s)Y'(s)-Y(s)=0,$$

解之,得

$$Y(s)=\frac{c}{s-2},$$

取拉普拉斯逆变换,得 $y(t)=ce^{2t}$,为确定常数 c,令 $t=0$ 代入,有

$$c=y(0)=1。$$

故方程满足初始条件的解为 $y(t)=e^{2t}$。

求解的 MATLAB 程序如下:

```
clc,clear,syms y(t) YS(s) DYS s c,assume(t,'real')
eq1 =t * diff(y,2) + (1 -2 * t) * diff(y) -2 * y;% 定义微分方程
L = laplace(eq1)                                  % 计算拉普拉斯变换
L = subs(L,{y(0),'D(y)(0)'},{1,2})                % 象函数中代入初值
L = subs(L,{laplace(y(t),t,s),laplace(t * y(t),t,s)},{YS,DYS})
% 为了解方程,上面把 y(t)的象函数替换为 YS,laplace(t * y(t),t,s)替换为 DYS
DYS = solve(L,DYS),                               % 解 DYS 的代数方程
eq2 =diff(YS) +DYS                                % 定义象函数满足的微分方程,这里 laplace
                                                  % (t * y(t),t,s) = -象函数的导数
YS0 =dsolve(eq2,YS(0) ==c)                        % 求解象函数的微分方程,含未知参数 c
yt =ilaplace(YS0)                                 % 取拉普拉斯逆变换,求象原函数
eq3 =subs(yt,t,0) -1                              % 由初值条件,定义参数 c 满足的方程
c0 =solve(eq3,c)                                  % 解代数方程,求参数 c
yt0 =subs(yt,c,c0)                                % 求得最终的解
```

例 6.58 求积分方程

$$y(t)=h(t)+\int_0^t y(t-\tau)f(\tau)\mathrm{d}\tau$$

的解,其中 $h(t)$,$f(t)$ 为定义在 $[0,+\infty)$ 上的已知实值函数。

解:设 $\mathcal{L}[y(t)]=Y(s)$,$\mathcal{L}[h(t)]=H(s)$ 及 $\mathcal{L}[f(t)]=F(s)$。对方程两边取拉普拉斯变换,由卷积定理,得

$$Y(s)=H(s)+\mathcal{L}[y(t)*f(t)]=H(s)+Y(s)\cdot F(s),$$

所以

$$Y(s)=\frac{H(s)}{1-F(s)}。$$

由拉普拉斯反演积分公式,有

$$y(t)=\mathcal{L}^{-1}\left[\frac{H(s)}{1-F(s)}\right]=\frac{1}{2\pi j}\int_{\beta-j\infty}^{\beta+j\infty}\frac{H(s)}{1-F(s)}e^{st}\mathrm{d}s,t>0。$$

这里给出的是由象函数 $Y(s)$ 求它的象原函数 $y(t)$ 的一般公式,当 $h(t)$ 和 $f(t)$ 具体给出时,可以直接从象函数 $Y(s)$ 的关系式中求出 $y(t)$。例如,当 $h(t)=t^2$,$f(t)=\sin t$ 时,则

$$H(s)=\mathcal{L}[t^2]=\frac{2}{s^3},F(s)=\mathcal{L}[\sin t]=\frac{1}{s^2+1},$$

此时

$$Y(s)=\frac{\frac{2}{s^3}}{1-\frac{1}{s^2+1}}=\frac{2}{s^3}+\frac{2}{s^5},$$

从而

$$y(t)=2\left(\frac{t^2}{2!}\right)+2\left(\frac{t^4}{4!}\right)=t^2+\frac{1}{12}t^4。$$

计算的 MATLAB 程序如下：

```
clc,clear,syms t s
Hs = laplace(t^2),Fs = laplace(sin(t))
Ys = Hs/(1 - Fs),Ys = simplify(Ys)
yt = ilaplace(Ys)
```

例 6.59 求方程组

$$\begin{cases} y''-x''+x'-y=e^t-2, \\ 2y''-x''-2y'+x=-t \end{cases}$$

满足初始条件

$$\begin{cases} y(0)=y'(0)=0, \\ x(0)=x'(0)=0 \end{cases}$$

的解。

解:对方程组的两个方程分别取拉普拉斯变换,设

$$L[y(t)]=Y(s),L[x(t)]=X(s),$$

并考虑到初值条件,得

$$\begin{cases} s^2Y(s)-s^2X(s)+sX(s)-Y(s)=\dfrac{1}{s-1}-\dfrac{2}{s}, \\ 2s^2Y(s)-s^2X(s)-2sY(s)+X(s)=-\dfrac{1}{s^2}, \end{cases}$$

解之,得

$$\begin{cases} Y(s)=\dfrac{1}{s(s-1)^2}, \\ X(s)=\dfrac{2s-1}{s^2(s-1)^2}, \end{cases}$$

取拉普拉斯逆变换,得

$$\begin{cases} y(t)=1-e^t+te^t, \\ x(t)=-t+te^t。 \end{cases}$$

计算的 MATLAB 程序如下：

```
clc,clear,syms x(t) y(t) s XS YS
eq1 = diff(y,2) - diff(x,2) + diff(x) - y - exp(t) + 2;          % 定义第一个方程
eq2 = 2 * diff(y,2) - diff(x,2) - 2 * diff(y) + x(t) + t;        % 定义第二个方程
L1 = laplace(eq1);                                               % 对第一个方程做
                                                                 % 拉普拉斯变换
L2 = laplace(eq2);                                               % 对第二个方程做
                                                                 % 拉普拉斯变换
Leq1 = subs(L1,{x(0),y(0),'D(x)(0)','D(y)(0)'},{0,0,0,0})        % 代入初值条件
Leq2 = subs(L2,{x(0),y(0),'D(x)(0)','D(y)(0)'},{0,0,0,0})        % 代入初值条件
Leq1 = subs(Leq1,{laplace(x(t),t,s),laplace(y(t),t,s)},{XS,YS}) % 符号替换
Leq2 = subs(Leq2,{laplace(x(t),t,s),laplace(y(t),t,s)},{XS,YS}) % 符号替换
```

```
[XS,YS] = solve(Leq1,Leq2,XS,YS)          % 解方程组求象函数
x = ilaplace(XS)                           % 求拉普拉斯逆变换
y = ilaplace(YS)                           % 求拉普拉斯逆变换
```

6.10.2 偏微分方程的拉普拉斯变换解法

拉普拉斯变换也是求解某些偏微分方程的方法之一，其计算过程和步骤与求解上述各类线性方程及用傅里叶变换求解偏微分方程的过程及步骤相似。本小节也针对线性偏微分方程中的未知函数是二元函数的情形。为方便起见，假定二元函数 $u(x,t)$ 的偏导数 $\frac{\partial u}{\partial t},\frac{\partial^2 u}{\partial t^2}$ 关于 x 取拉普拉斯变换或 $\frac{\partial u}{\partial x},\frac{\partial^2 u}{\partial x^2}$ 关于 t 取拉普拉斯变换都允许偏导数运算与积分运算交换次序。在解题时，不再说明。

例 6.60 （半有界杆热传导方程的混合问题）利用拉普拉斯变换求解定解问题：

$$\begin{cases}\dfrac{\partial u}{\partial t}=a^2\dfrac{\partial^2 u}{\partial x^2}, & x>0,t>0,\\ u\big|_{t=0}=3,\\ u\big|_{x=0}=2, & \lim\limits_{x\to+\infty}u(x,t)=3。\end{cases}$$

解： 对定解问题关于 t 取拉普拉斯变换，并利用微分性质及初始条件，得

$$\mathcal{L}[u(x,t)]=U(x,s),$$

$$\mathcal{L}\left[\frac{\partial u}{\partial t}\right]=sU(x,s)-u(x,0)=sU-3,$$

$$\mathcal{L}\left[\frac{\partial^2 u}{\partial x^2}\right]=\frac{\mathrm{d}^2}{\mathrm{d}x^2}U(x,s)。$$

这样，求解原定解问题转化为求解含有参数 s 的常微分方程的边值问题

$$\begin{cases}\dfrac{\mathrm{d}^2 U}{\mathrm{d}x^2}-\dfrac{s}{a^2}U=-\dfrac{3}{a^2},\\ U(0,s)=\dfrac{2}{s}, & \lim\limits_{x\to+\infty}U(x,s)=\dfrac{3}{s}。\end{cases}$$

这是一个二阶常系数非齐次线性微分方程的边值问题，容易求得该方程的通解为

$$U(x,s)=c_1\mathrm{e}^{\frac{\sqrt{s}}{a}x}+c_2\mathrm{e}^{-\frac{\sqrt{s}}{a}x}+\frac{3}{s}。$$

代入边界条件，得

$$U(x,s)=\frac{3}{s}-\frac{1}{s}\mathrm{e}^{-\frac{\sqrt{s}}{a}x},$$

取拉普拉斯逆变换，并查拉普拉斯变换表，得原定解问题的解为

$$u(x,t)=3-\operatorname{erfc}\left(\frac{x}{2a\sqrt{t}}\right),$$

式中：$\operatorname{erfc}\left(\frac{x}{2a\sqrt{t}}\right)=\frac{2}{\sqrt{\pi}}\int_{\frac{x}{2a\sqrt{t}}}^{+\infty}\mathrm{e}^{-\tau^2}\mathrm{d}\tau$ 为余误差函数。$a=1$ 时解的图形见图 6.9。

计算及画出的 MATLAB 程序如下：

```
clc,clear,syms U(x) a s t,assume(a,'positive')
eq1 = diff(U,2) - s/a^2 * U + 3/a^2          % 定义象函数的常微分方程
```

```
U = dsolve(eq1)
V = symvar(U)                                  % 显示 U 中的所有符号变量
U = subs(U,V(1),0)                             % 通解中正指数对应的系数为 0
eq2 = subs(U,x,0) - 2/s                        % 定义初值满足的方程
c = solve(eq2,V(2))                            % 由初始条件确定参数的取值
U = subs(U,V(2),c)                             % 得到象函数的解
u1 = ilaplace(U,s,t),u1 = simplify(u1)         % 实际上 MATLAB 无法求解
u2 = 3 - erfc(x/(2 * sqrt(t)))                 % MATLAB 无法求解,这里直接定义函数
ezsurf(u2,[0,20,0,20])                         % 画出 a = 2 时的解曲面,
title('')
```

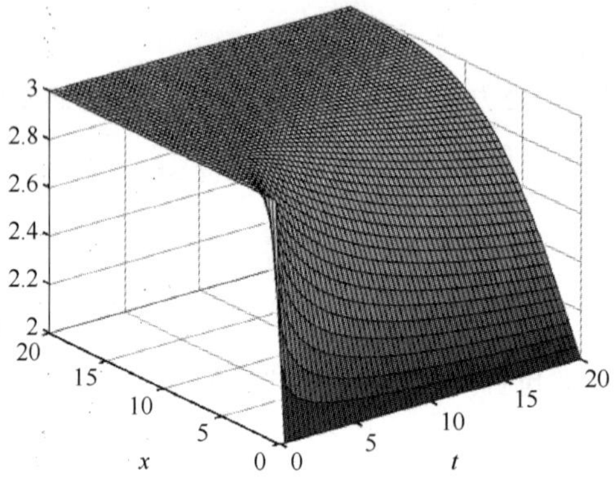

图 6.9　半有界热传导方程混合问题的解曲面

在例 6.60 中,对于 $u=u(x,t)$,x,t 的变化范围都是 $(0,+\infty)$,那么是否可以将此定解问题关于 x 取拉普拉斯变换呢?实际上,设 $\mathcal{L}[u(x,t)]=U(s,t)$,由微分性质可知

$$\mathcal{L}\left[\frac{\partial^2 u}{\partial x^2}\right]=s^2U(s,t)-su\big|_{x=0}-\left.\frac{\partial u}{\partial x}\right|_{x=0},$$

这里 $\left.\frac{\partial u}{\partial x}\right|_{x=0}$ 是未知的,上式不能确定,从而原定解问题中的方程关于 x 取拉普拉斯变换后得到的关于 $U(s,t)$ 的方程也是不确定的。因此,例 6.60 不能对 x 取拉普拉斯变换。这就说明,由二元函数 $u=u(x,t)$ 所构成的定解问题,是关于 x 还是关于 t 取拉普拉斯变换,不仅要看 x 和 t 的变化范围(定义域),还要考虑定解问题中给出的定解条件。

例 6.61　利用拉普拉斯变换求解定解问题:

$$\begin{cases}\dfrac{\partial^2 u}{\partial x\partial y}=1, & x>0,y>0,\\ u\big|_{x=0}=y+1, \\ u\big|_{y=0}=1。\end{cases}$$

解:设二元函数 $u=u(x,y)$,这里 x,y 的变化范围都是 $(0,+\infty)$,将定解问题关于 x 取拉普拉斯变换,记 $\mathcal{L}[u(x,y)]=U(s,y)$,由微分性质及已知条件 $u\big|_{x=0}=y+1$ 可以推出 $\left.\frac{\partial u}{\partial y}\right|_{x=0}=1$,从而

$$\mathcal{L}\left[\frac{\partial^2 u}{\partial x\partial y}\right]=\mathcal{L}\left[\frac{\partial}{\partial x}\left(\frac{\partial u}{\partial y}\right)\right]=s\mathcal{L}\left[\frac{\partial u}{\partial y}\right]-\left.\frac{\partial u}{\partial y}\right|_{x=0}=s\frac{\mathrm{d}}{\mathrm{d}y}U(s,y)-1。$$

这样,原定解问题转化为含有参数 s 的一阶常系数线性微分方程的初值问题:

$$\begin{cases}\dfrac{\mathrm{d}U}{\mathrm{d}y}=\dfrac{1}{s^2}+\dfrac{1}{s},\\ U|_{y=0}=\dfrac{1}{s}。\end{cases}$$

该初值问题的解为

$$U(s,y)=\frac{1}{s^2}y+\frac{1}{s}y+\frac{1}{s},$$

取其拉普拉斯逆变换,可得原定解问题的解为

$$u(x,y)=xy+y+1。$$

计算的 MATLAB 程序如下:

```
clc,clear,syms U(y) s x
eq=s*diff(U)-1-1/s                    % 定义象函数的微分方程
U=dsolve(eq,U(0)==1/s)                % 解象函数的初值问题
u=ilaplace(U,s,x)                     % 求解原定解问题
ezsurf(u,[0,10,0,10]),title('')       % 画解的图形
```

例 6.62 利用拉普拉斯变换求解定解问题:

$$\begin{cases}\dfrac{\partial u}{\partial t}=a^2\dfrac{\partial^2 u}{\partial x^2}, \quad 0<x<2,t>0,\\ u|_{x=0}=0, \quad u|_{x=2}=0,\\ u|_{t=0}=6\sin\dfrac{\pi x}{2}。\end{cases}$$

解:实际上,这是一个有界杆热传导方程的混合问题。由于 x 的变化范围是(0,2),而 t 的变化范围是(0,+∞)。因此该定解问题应当关于 t 取拉普拉斯变换,记

$$\mathcal{L}[u(x,t)]=U(x,s),$$

$$\mathcal{L}\left[\frac{\partial u}{\partial t}\right]=sU(x,s)-u|_{t=0}=sU-6\sin\frac{\pi x}{2},$$

$$\mathcal{L}\left[\frac{\partial^2 u}{\partial x^2}\right]=\frac{\mathrm{d}^2}{\mathrm{d}x^2}U(x,s)。$$

这样,原定解问题转化为含有参数 s 的二阶常系数线性微分方程的边值问题

$$\begin{cases}a^2\dfrac{\mathrm{d}^2U}{\mathrm{d}x^2}-sU=-6\sin\dfrac{\pi x}{2},\\ U|_{x=0}=0, \quad U|_{x=2}=0。\end{cases}$$

解上述边值问题,得

$$U(x,s)=\frac{24}{\pi^2a^2+4s}\sin\frac{\pi x}{2},$$

取其拉普拉斯逆变换,则原定解问题的解为

$$u(x,t)=6e^{-\frac{\pi^2a^2t}{4}}\sin\frac{\pi x}{2}。$$

$a=2$ 时解的图形见图 6.10。

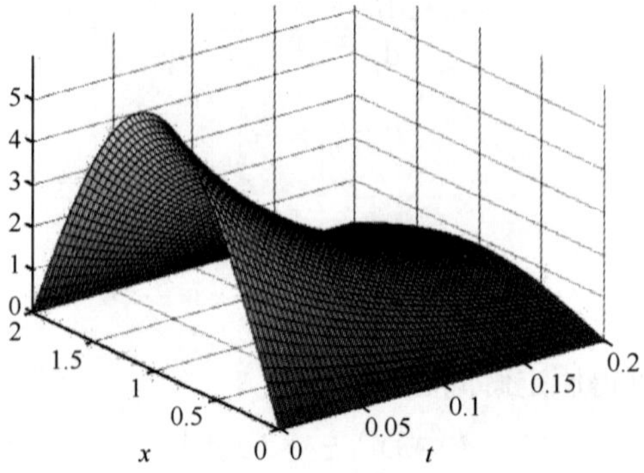

图 6.10　有界杆热传导方程混合问题解的图形

计算及画图的 MATLAB 程序如下：

```
clc,clear,syms U(x) a s t
dU = diff(U),                                           % 定义象函数的一阶导数,为了赋初值
eq1 = s * U - 6 * sin(pi * x/2) - a^2 * diff(U,2)      % 定义象函数的微分方程
U = dsolve(eq1,U(0) == 0,U(2) == 0)                     % 求解象函数的边值问题
U = simplify(U)
u = ilaplace(U,s,t)                                     % 取拉普拉斯逆变换,求原定解问题的解
uu = subs(u,a,2),ezsurf(uu,[0,0.2,0,2]),title('') % 画 a = 2 时的图形 t ∈ [0,0.2]
```

习　题　6

1. 设 $f(t)$ 是周期为 2π 的周期函数，它在 $[-\pi,\pi)$ 上的表达式为

$$f(t)=\begin{cases}-1, & -\pi\leqslant t<0,\\ 1, & 0\leqslant t<\pi。\end{cases}$$

将 $f(t)$ 展开成傅里叶级数。

2. 求 $f(t)=t^2$ 在区间 $[-\pi,\pi]$ 上的前 10 个傅里叶系数。

3. 求函数 $f(t)=\dfrac{1}{2+t^2}$ 的傅里叶变换。

4. 求函数 $f(t)=\cos at\cdot u(t)$ 的傅里叶变换。

5. 求函数 $f(t)=e^{-t}(t>0)$ 的傅里叶正弦变换，并证明

$$\int_0^{+\infty}\frac{\omega\sin t\omega}{1+\omega^2}d\omega=\frac{\pi}{2}e^{-t},\quad t>0。$$

6. 求函数$f(t)=\sin^3 t$的傅里叶变换。

7. 求高斯(Gauss)分布函数

$$f(t)=\frac{1}{\sqrt{2\pi}\sigma}e^{-\frac{t^2}{2\sigma^2}}$$

的频谱函数。

8. 利用象函数的微分性质,求$f(t)=te^{-t^2}$的傅里叶变换。

9. 利用能量积分$\int_{-\infty}^{+\infty}[f(t)]^2dt=\frac{1}{2\pi}\int_{-\infty}^{+\infty}|F(\omega)|^2d\omega$,求下列积分的值:

(1) $\int_{-\infty}^{+\infty}\frac{1-\cos x}{x^2}dx$;(2) $\int_{-\infty}^{+\infty}\frac{x^2}{(1+x^2)^2}dx$。

10. 利用傅里叶变换,解下列积分方程:

(1) $\int_0^{+\infty}g(\omega)\cos\omega t d\omega=\frac{\sin t}{t}$;

(2) $\int_0^{+\infty}g(\omega)\sin\omega t d\omega=\begin{cases}1, & 0\leqslant t<1,\\ 2, & 1\leqslant t<2,\\ 0, & t\geqslant 2。\end{cases}$

11. 用傅里叶变换,求下列微分积分方程的解$x(t)$:

$$x'(t)-4\int_{-\infty}^{t}x(t)dt=e^{-|t|},\quad -\infty<t<+\infty。$$

12. 用傅里叶变换,求解下列偏微分方程的定解问题:

(1) $\begin{cases}\frac{\partial^2 u}{\partial t^2}=\frac{\partial^2 u}{\partial x^2}+t\sin x, & -\infty<x<+\infty, t>0,\\ u|_{t=0}=0,\\ \left.\frac{\partial u}{\partial t}\right|_{t=0}=\sin x;\end{cases}$

(2) $\begin{cases}\frac{\partial u}{\partial t}=a^2\frac{\partial^2 u}{\partial x^2}, & 0<x<+\infty, t>0,\\ u|_{x=0}=0,\\ u|_{t=0}=\begin{cases}1, & 0<x\leqslant 1,\\ 0, & x>1。\end{cases}\end{cases}$

13. 求下列函数的拉普拉斯变换:

(1) $f(t)=\begin{cases}3, & t<\frac{\pi}{2},\\ \cos t, & t\geqslant\frac{\pi}{2};\end{cases}$

(2) $f(t)=\delta(t)\cos t-u(t)\sin t$。

14. 设$f(t)$是以2π为周期的函数,且在一个周期内的表达式为

$$f(t)=\begin{cases}\sin t, & 0<t\leqslant\pi,\\ 0, & \pi<t\leqslant 2\pi,\end{cases}$$

求$\mathcal{L}[f(t)]$。

15. 求下列函数的拉普拉斯变换式:

(1) $f(t)=e^{-2t}\sin 6t$；(2) $f(t)=\dfrac{e^{3t}}{\sqrt{t}}$。

16. 求下列函数的拉普拉斯变换式：

(1) $f(t)=t\int_0^t e^{-3t}\sin 2t\,dt$；(2) $f(t)=\int_0^t te^{-3t}\sin 2t\,dt$。

17. 求下列函数的拉普拉斯变换式：

(1) $f(t)=\dfrac{e^{-3t}\sin 3t}{t}$；(2) $f(t)=\int_0^t \dfrac{e^{-3t}\sin 2t}{t}dt$。

18. 求下列函数的拉普拉斯逆变换，并用另一种方法加以检验。

(1) $F(s)=\dfrac{1}{s(s+a)(s+b)}$；(2) $F(s)=\dfrac{s}{(s^2+1)(s^2+4)}$。

19. 求下列函数的拉普拉斯逆变换。

(1) $F(s)=\dfrac{s+1}{9s^2+6s+5}$；(2) $F(s)=\ln\dfrac{s^2-1}{s^2}$；

(3) $F(s)=\dfrac{1+e^{-2s}}{s^2}$；(4) $F(s)=\dfrac{s^3+5s^2+9s+7}{(s+1)(s+2)}$。

20. 求下列卷积：

(1) $t*\sinh t$；(2) $\sinh at*\sinh at\,(a\neq 0)$；

(3) $u(t-a)*f(t)\,(a\geqslant 0)$；(4) $\delta(t-a)*f(t)\,(a\geqslant 0)$。

21. 利用卷积定理，求证：

$$\mathcal{L}^{-1}\left[\frac{s}{(s^2+a^2)^2}\right]=\frac{t}{2a}\sin at。$$

22. 利用卷积定理，求证：

$$\mathcal{L}^{-1}\left[\frac{1}{\sqrt{s}(s-1)}\right]=\frac{2}{\sqrt{\pi}}e^t\int_0^{\sqrt{t}}e^{-\tau^2}d\tau，$$

并求 $\mathcal{L}^{-1}\left[\dfrac{1}{s\sqrt{s+1}}\right]$。

23. 求下列常系数微分方程的解：

(1) $y''+4y'+3y=e^{-t}, y(0)=y'(0)=1$；

(2) $y''-2y'+2y=2e^t\cos t, y(0)=y'(0)=0$；

(3) $y''-y=4\sin t+5\cos 2t, y(0)=-1, y'(0)=-2$；

(4) $y'''+3y''+3y'+y=1, y(0)=y'(0)=y''(0)=0$。

24. 求下列变系数微分方程的解：

(1) $ty''+y'+4ty=0, y(0)=3, y'(0)=0$；

(2) $ty''+2(t-1)y'+(t-2)y=0, y(0)=3, y'(0)=1$；

(3) $ty''+(t-1)y'-y=0, y(0)=5, y'(+\infty)=0$；

(4) $ty''+(1-n-t)y'+ny=t-1, y(0)=0, y'(0)=1, n=2,3,\cdots$。

25. 求下列积分方程的解：

(1) $y(t)=at+\int_0^t y(\tau)\cdot\sin(t-\tau)d\tau$；

(2) $y(t)+\int_0^t e^{\tau}y(t-\tau)d\tau=2t-3$。

26. 求下列微分积分方程的解：

(1) $\int_0^t y(\tau)\cos(t-\tau)\mathrm{d}\tau = y'(t), y(0) = 1$;

(2) $y'(t) + 2y(t) + 2\int_0^t y(\tau)\mathrm{d}\tau = u(t-b), y(0) = -2$;

(3) $y'(t) + 3y(t) + 2\int_0^t y(\tau)\mathrm{d}\tau = 2[u(t-1) - u(t-2)], y(0) = 1$。

27. 求下列微分、积分方程组的解：

(1) $\begin{cases} x' + x - y = \mathrm{e}^t, \\ y' + 3x - 2y = 2\mathrm{e}^t, \end{cases} x(0) = y(0) = 1$;

(2) $\begin{cases} 2x'' - x' + 9x - y'' - y' - 3y = 0, x(0) = x'(0) = 1, \\ 2x'' + x' + 7x - y'' + y' - 5y = 0, y(0) = y'(0) = 0; \end{cases}$

(3) $\begin{cases} ty + z + tz' = (t-1)\mathrm{e}^{-t}, \\ y' - z = \mathrm{e}^{-t}, \end{cases} y(0) = 1, z(0) = -1$;

(4) $\begin{cases} -3y'' + 3z'' = t\mathrm{e}^{-t} - 3\cos t, \\ ty'' - z' = \sin t, \end{cases} y(0) = -1, y'(0) = 2, z(0) = 4, z''(0) = 0$;

(5) $\begin{cases} x'' + 2x' + \int_0^t y(\tau)\mathrm{d}\tau = 0, \\ 4x'' - x' + y = \mathrm{e}^{-t}, \end{cases} x(0) = 0, x'(0) = -1$ 。

28. 求下列线性偏微分方程定解问题的解：

(1) $\begin{cases} \dfrac{\partial^2 u}{\partial t^2} = a^2 \dfrac{\partial^2 u}{\partial x^2} + g, \quad g\text{ 为常数}, x > 0, t > 0, \\ u|_{t=0} = 0, \quad \left.\dfrac{\partial u}{\partial t}\right|_{t=0} = 0, \\ u|_{x=0} = 0; \end{cases}$

(2) $\begin{cases} \dfrac{\partial^2 u}{\partial x\,\partial y} = x^2 y, \quad 0 < x, y < +\infty, \\ u|_{y=0} = x^2, \\ u|_{x=0} = 3y; \end{cases}$

(3) $\begin{cases} \dfrac{\partial^2 u}{\partial t^2} = a^2 \dfrac{\partial^2 u}{\partial x^2}, \quad 0 < x < 1, t > 0, \\ u|_{x=0} = 1, \quad u|_{x=1} = \sin t, \\ u|_{t=0} = 0, \quad \left.\dfrac{\partial u}{\partial t}\right|_{t=0} = 0. \end{cases}$

29. 用拉普拉斯变换求微分方程 $x''(t) - 2x'(t) + 2x(t) = e^t\sin t, x(0) = 0, x'(1) = 1$ 的解。

30. 质量为 m 的物体挂在弹性系数为 k 的弹簧一端，外力为 $f(t) = A\sin t$，物体自平衡位置 $x = 0$ 处开始运动，不计阻力，求该物体的运动规律 $x(t)$。

31. 设在原点处质量为 m 的一质点在 $t = 0$ 时在 x 方向上受到了冲击力 $k\delta(t)$ 的作用，其中 k 为常数，假定质点的初速度为零，不计阻力，求其运动规律。

参 考 文 献

[1] 胡鹤飞. MATLAB 及应用. 北京:北京邮电大学出版社,2012.

[2] 张霞萍. MATLAB 8. X 程序设计及典型应用. 西安:西安电子科技大学出版社,2013.

[3] 司守奎,孙玺菁. 数学建模算法与应用. 2 版. 北京:国防工业出版社,2015.

[4] 栾颖. MATLAB R2013a 求解数学问题. 北京:清华大学出版社,2014.

[5] 同济大学数学系. 工程数学——线性代数. 5 版. 北京:高等教育出版社,2012.

[6] 时宝,盖明久. 矩阵分析引论及其应用. 北京:国防工业出版社,2010.

[7] 廖普明. 基于马尔可夫链状态转移概率矩阵的商品市场状态预测. 统计与决策. 2015(422):97 - 99.

[8] 赵国,宋建成. Google 搜索引擎的数学模型及其应用. 西南民族大学学报(自然科学版),2010(36) 3:480 - 486.

[9] David C. Lay. 线性代数及其应用. 3 版. 刘深泉,洪毅,马东魁,等译. 北京:机械工业出版社,2005.

[10] 徐翠薇,孙绳武. 计算方法引论. 北京:高等教育出版社,2010.

[11] 王淑芬. 应用统计学. 2 版. 北京:北京大学出版社,2014.

[12] Latent Semantic Analysis (LSA) Tutorial. http://www. puffinwarellc. com/index. php/news - and - articles/articles/33 - latent - semantic - analysis - tutorial. html.

[13] Charles W. Groetsh. 反问题——大学生的科技活动. 程晋,谭永基,刘继军,译. 北京:清华大学出版社,2007.

[14] 盛骤,谢式千,潘承毅. 概率论与数理统计. 4 版. 北京:高等教育出版社,1989.

[15] 盛骤,谢式千. 概论论与数理统计及其应用. 北京:高等教育出版社,2006.

[16] 孙立娟. 风险定量分析. 北京:北京大学出版社,2011.

[17] 蔡光兴,金裕红. 大学数学实验. 北京:科学出版社,2007.

[18] 陈理荣. 数学建模导论. 北京:北京邮电大学出版社,2000.

[19] 西安交通大学高等数学教研室. 复变函数. 4 版. 北京:高等教育出版社,2012.

[20] 孙玺菁,司守奎. 复杂网络算法与应用. 北京:国防工业出版社,2015.

[21] 于万波. 混沌的计算实验与分析. 北京:科学出版社,2008.

[22] 邱玮炜,安宁,戚烜. 分形树生成算法研究及其 MATLAB 实现. 科技信息,2010(17):696,708.

[23] 张元林. 积分变换. 4 版. 北京:高等教育出版社,2004.

[24] 周忠荣等. 工程数学. 北京:化学工业出版社,2014.

[25] 江世宏. MATLAB 语言与数学实验. 北京:科学出版社,2007.

[26] 胡守信,李柏年. 基于 MATLAB 的数学实验. 北京:科学出版社,2005.

[27] 和正风. MATLAB 在数学方面的应用. 北京:清华大学出版社,2012.

[28] 万福永,戴浩辉,潘建瑜. 数学实验教程. 北京:科学出版社,2006.

[29] 张小红,张建勋. 数学软件与数学实验. 北京:清华大学出版社,2004.